ÉTUDES

SUR LA RESTAURATION

DU

CHANT GRÉGORIEN.

Rennes, imprimerie de J.-M. VATAR.

ÉTUDES

SUR LA

RESTAURATION

DU

CHANT GRÉGORIEN

AU

XIXᵉ SIÈCLE,

Par Théodore NISARD.

« L'on a tant écrit de la musique et de l'art
» de chanter, qu'il est à craindre que plusieurs
» à la seule vûe du titre de cét ouvrage ne le
» méprisent, et ne le mettent au nombre des
» Livres inutiles : Mais il y a aussi lieu de se
» promettre que les personnes équitables en
» useront autrement, et qu'ils voudront con-
» noistre avant que de juger. »

(Dom Jumilhac, *Préface* de *La Science
et la Pratique du Plain-Chant*).

<table>
<tr><td>RENNES,
J.-M. VATAR, IMPRIMEUR,
RUE S.-FRANÇOIS, 8.</td><td>PARIS,
CHEZ L'AUTEUR,
RUE DES DAMES, 112, A BATIGNOLLES.</td></tr>
</table>

1856.

HOMMAGE

RESPECTUEUX ET DÉVOUÉ

A MESSEIGNEURS

LES ARCHEVÊQUES ET ÉVÊQUES

DE FRANCE.

PRÉFACE.

—

Batignolles, 15 janvier 1856.

Il y a près de trois ans que cet ouvrage a été commencé, au milieu d'incessantes préoccupations qui en ont retardé l'achèvement jusqu'à ce jour (1).

(1) J'avais à peine entrepris cet ouvrage, lorsque l'idée de propager l'orgue dans les églises rurales, et de réduire, à sa plus simple expression, l'exécution du plain-chant sur cet instrument, me vint à l'esprit. Il me sembla que le *clavier transpositeur* dont on fait tant de bruit, n'avait aucune des conditions nécessaires pour être *utile à la cause du chant grégorien*. L'expérience me démontra que j'avais parfaitement raison sur ce point. Je me mis donc à l'œuvre avec courage : j'inventai un orgue d'un nouveau système de construction et de clavier transpositeur, j'ouvris un atelier et je plaçai ma découverte sous la sauvegarde de plusieurs brevets. Après bien des expériences et des essais, j'eus l'honneur d'être admis à l'exposition universelle de 1855. Seul, j'y parus avec la prétention d'offrir des orgues à anches libres d'une sonorité favorable aux voix, avec un clavier qui permît, *même à des enfants*, de transposer le plain-chant sans préparation, sans calcul, dans toutes les hypothèses possibles, et conformément aux règles établies dans la pratique. Les membres du jury international, c'est-à-dire, les représentants officiels de l'art musical dans le monde entier, ont comblé mes espérances et mes vœux, en m'accordant la MÉDAILLE DE PREMIÈRE CLASSE, et en mettant ainsi mon invention au-dessus de toutes ses analogues qui n'ont obtenu *aucune récompense à l'Exposition universelle* (V. le *Moniteur* du 8 décembre 1855). Je demande pardon de cette longue note, et je reviens à ma *Préface*.

HOMMAGE

RESPECTUEUX ET DÉVOUÉ

A MESSEIGNEURS

LES ARCHEVÊQUES ET ÉVÊQUES

DE FRANCE.

PRÉFACE.

—

Batignolles, 15 *janvier* 1856.

Il y a près de trois ans que cet ouvrage a été commencé, au milieu d'incessantes préoccupations qui en ont retardé l'achèvement jusqu'à ce jour (1).

(1) J'avais à peine entrepris cet ouvrage, lorsque l'idée de propager l'orgue dans les églises rurales, et de réduire, à sa plus simple expression, l'exécution du plain-chant sur cet instrument, me vint à l'esprit. Il me sembla que le *clavier transpositeur* dont on fait tant de bruit, n'avait aucune des conditions nécessaires pour être *utile à la cause du chant grégorien.* L'expérience me démontra que j'avais parfaitement raison sur ce point. Je me mis donc à l'œuvre avec courage: j'inventai un orgue d'un nouveau système de construction et de clavier transpositeur, j'ouvris un atelier et je plaçai ma découverte sous la sauvegarde de plusieurs brevets. Après bien des expériences et des essais, j'eus l'honneur d'être admis à l'exposition universelle de 1855. Seul, j'y parus avec la prétention d'offrir des orgues à anches libres d'une sonorité favorable aux voix, avec un clavier qui permit, *même à des enfants*, de transposer le plain-chant sans préparation, sans calcul, dans toutes les hypothèses possibles, et conformément aux règles établies dans la pratique. Les membres du jury international, c'est-à-dire, les représentants officiels de l'art musical dans le monde entier, ont comblé mes espérances et mes vœux, en m'accordant la MÉDAILLE DE PREMIÈRE CLASSE, et en mettant ainsi mon invention au-dessus de toutes ses analogues qui n'ont obtenu *aucune récompense à l'Exposition universelle* (V. le *Moniteur* du 8 décembre 1855).

Je demande pardon de cette longue note, et je reviens à ma *Préface.*

Le titre de mon livre sauvera peut-être le livre lui-même.

Des *Études*, en effet, n'exigent pas toutes les rectitudes d'un plan symétrique. L'auteur, surtout s'il est placé dans les conditions qui ont été les miennes, commence souvent sans trop savoir où sa plume le conduira : il examine les faits à mesure qu'ils se présentent à lui, s'empare des polémiques qui surgissent pendant qu'il travaille, et parvient ainsi à produire une œuvre dont les défauts littéraires de l'ensemble sont quelquefois rachetés par l'abondance et la nouveauté des détails.

J'étais bien décidé à ne plus écrire sur un sujet qui m'a créé d'implacables ennemis : aussi m'a-t-il fallu, pour reparaître dans la lice, que j'y fusse sollicité par beaucoup de personnes éminentes qui m'honorent de leur sympathie. En leur obéissant, je susciterai peut-être contre moi de nouvelles tempêtes. Je m'en console d'avance en pensant que, si je suis utile à la restauration de l'unité liturgique dans le monde, j'aurai rendu un service dont Dieu me tiendra compte, et que l'Église bénira.

Beaucoup de catholiques s'imaginent que le chant religieux n'a pas toute l'importance qu'on lui attribue. J'espère que la lecture de ce petit ouvrage détruira complétement leur erreur.

Les érudits pourront se convaincre que la plupart des plans de restauration auxquels on veut soumettre le chant grégorien dequis quelques années, offrent tous les caractères d'un immense danger pour la Religion.

Si je suis dans le vrai, si le danger que je signale est réel, si la voie que l'on poursuit est mauvaise, — n'aurai-je pas utilement servi la cause du chant liturgique?

Si, au contraire, toutes mes craintes ne sont pas également fondées, la discussion séparera le bon grain de l'ivraie qui pourrait se trouver dans la synthèse que j'offre aujourd'hui à la science; et comme, en définitive, mon unique ambition est le seul triomphe de la vérité, j'aurai toujours aidé à ce triomphe par la bonne foi de mes recherches et les polémiques sérieuses qu'elles feront naître.

Je me suis constamment efforcé d'attaquer les doctrines que je croyais mauvaises, mais je proclame ici que je reste pénétré de respect, dans le fond du cœur, pour les hommes dont je combats les opinions, et que je rétracte d'avance tout ce qui, dans mes paroles, pourrait ressembler à l'ombre même d'une injure personnelle.

Enfin, je soumets humblement tout ce que j'ai dit au jugement de l'autorité ecclésiastique. J'ai voulu servir loyalement l'Église, et non la contrister. Si je suis dangereux ou inutile, un seul mot d'en haut suffira pour me faire retirer de la lutte, et m'imposer désormais le plus absolu silence.

ERRATA.

———

P. 2, dernière ligne, *au lieu de :* Le Clerq, *lisez :* Le Clercq.

P. 9, ligne 12, *au lieu de :* les avait, *lisez :* les avaient.

P. 11, ligne 8, *au lieu de :* rajeuni, *lisez :* rajeunie.

P. 12, ligne 12, *au lieu de :* qu'ils posent, *lisez :* qu'elles posent.

  » ligne 19, *au lieu de :* arrière-pensée, *lisez :* détour.

  » ligne 31, *au lieu de :* (1), *lisez :* (2).

P. 13, ligne 31, *au lieu de :* poétique, *lisez :* poétiques.

P. 14, ligne 13, *au lieu de :* Cluny, *lisez :* Cluni.

  » ligne 15, *au lieu de :* Remy, *lisez :* Remi.

P. 17, ligne 5, *au lieu de :* que ne, *lisez :* que.

P. 18, ligne 32, *au lieu d'*un point ordinaire, *mettez* un point d'interrogation.

P. 22, ligne 23, *au lieu de :* cru indiquer, *lisez :* cru devoir indiquer.

P. 23, lignes 16 et 17, *au lieu de :* on a singulièrement exagéré, *lisez :* on s'est fait une singulière idée de.

P. 26, le numéro de cette page manque.

P. 29, ligne 11, *au lieu de :* s'occupent du plain-chant, *lisez :* s'occupent de plain-chant.

P. 36, lignes 14 et 15, *au lieu de :* ignorance et de mériter, *lisez :* ignorance, et mériter.

P. 38, ligne 8, *au lieu de :* était rempli, *lisez :* était atteint.

P. 45, ligne 32, *au lieu de :* Gaumes, *lisez :* Gaume.

P. 48, ligne 20, *au lieu de :* ῥυθμος, *lisez :* ῥυθμός.

P. 49, lignes 1 et 2, *au lieu de :* la brève d'un temps et la longue de deux, *lisez :* la brève, d'un temps, et la longue, de deux.

P. 71, ligne 13, *au lieu de :* je défends, *lisez :* je soutiens.

P. 76, ligne 1, *au lieu de :* édition définitive de, *lisez :* édition définitive des.

P. 77, ligne 23, *au lieu de :* cathéchisme, *lisez :* catéchisme.

P. 96, ligne 26, *au lieu de : manieres* ou *manieria,* lisez : *mane-
ries* ou *maneria.*

P. 102, ligne 12, *au lieu de :* complétement semblable, *lisez :* complétement identique.

P. 114, ligne 3, *au lieu de :* ajoute ce judicieux écrivain, *lisez :*
continue ce judicieux écrivain.

P. 115, ligne 23, *remplacez* par un c minuscule le C capital du mot
comment.

P. 116, ligne 20, *au lieu de :* preuves certaines, *lisez :* preuves ir-
récusables.

P. 117, ligne 5, *au lieu de :*   ♪■■■■ , *lisez :*   ♪●■■♪
                      tu-o-rum   tu-o-rum.

P. 134, ligne 19, *effacez* la barre qui se trouve, à la fin de la ligne,
après le chant du mot *Deum.*

P. 142, ligne 16, *au lieu de :* Potthier, *lisez :* Pottier.

P. 177, lignes 19 et 20, *au lieu de :* qui peuvent accompagner la,
lisez : qui conviennent à l'accompagnement de la.

    » ligne 27, *au lieu de :* forment la base, *lisez :* sont la base.

P. 184, ligne 12, *écrivez* complétement.

    » lignes 23 et 24, *au lieu de :* qu'il faut éviter dans l'une ou
l'autre des parties des accords qui se suivent immédiatement, *lisez :*
qu'il faut éviter avec beaucoup de soin.

P. 209, *au lieu de :* En D (qui se trouve en tête de la 5ᵉ portée),
lisez : En D.

P. 214, *au lieu de :* CINQUIÈME TON, *lisez :* QUATRIÈME TON.

P. 215, *au lieu de : En E ou A, lisez : En E ou A.*

P. 265, ligne 4, *au lieu de :* un travail pratique qui puisse, *lisez :*
un travail pratique qui peut être.

P. 274, ligne 32, effacez les mots : *ne ressemble à rien, parce
qu'elle.*

P. 276, ligne 29, *au lieu de :* pendant longtemps encore, *lisez :*
pendant longtemps.

P. 277, ligne 1, *au lieu de :* une forme, *lisez :* une physionomie.

P. 309, ligne 18, *au lieu de :* avant les *Instituta, lisez :* immédiatement avant les *Instituta.*

P. 327, ligne 17, *au lieu de : factum factum,* lisez : *factum.*

P. 358, ligne 16, *au lieu de : Dilecticos, lisez : Dialectos.*

xij

P. 368, ligne 6, *au lieu de* : je n'exclue pas, *lisez* : je n'exclus pas.

P. 409, ligne 10, *au lieu de* : son *fond*, lisez : *son fonds*.

P. 412, ligne 29, *au lieu de* : rien ne saurait nous assurer, *lisez* : rien ne saurait nous promettre.

P. 416, ligne 24, *au lieu de* : *Pâque*, lisez : *Pâques*.

P. 422, ligne 17, *au lieu de* : plus angulaire, *lisez* : plus anguleuse.

P. 424, ligne 24, *au lieu de* : comme une musique incomplète, *lisez* : comme une musique rudimentaire.

P. 488, ligne 20, *au lieu de* : IN PARGAMENO, *lisez* : IN PERGAMENO.

P. 491, ligne 6, *au lieu de* : *Pierre de Feller*, lisez : *Gervais de Feller*.

ÉTUDES

SUR LA

RESTAURATION DU CHANT GRÉGORIEN.

CHAPITRE PREMIER.

Des principes qui doivent servir de base à la restauration du chant grégorien.

« Depuis quelques années, l'archéologie du moyen âge compte
» une branche de plus : on étudie l'ancienne musique avec
» ce zèle curieux et persévérant qui a déjà remis en honneur
» notre ancienne architecture nationale et tous les arts du dessin
» qui en dérivent ou s'y rattachent (1). »

Cette science nouvelle, qui fera certainement honneur au
XIXe siècle, a ceci de remarquable, que son principal objet, son
caractère distinctif et ses plus persévérants efforts consistent à
rendre aux chants liturgiques de l'Eglise cette noble et splendide beauté qui en faisait le charme, lorsqu'elles furent données
au monde par le génie de saint Grégoire-le-Grand.

Que n'a-t-on pas écrit sur ces mélodies religieuses? que de
discussions n'ont-elles pas soulevées? que de travaux n'a-t-on pas
entrepris pour les remplacer ou les maintenir, pour les attaquer
ou les défendre?

Charlemagne, dont on ne peut contester le zèle pour les
sciences, les lettres et les arts, ne dédaigna point d'intervenir en
faveur du chant grégorien, de le proclamer supérieur aux pro-

(1) Études sur les anciennes notations musicales de l'Europe, par
M. Théodore Nisard. Articles de M. Vitet (Journal des Savants, cahier
de novembre 1851).

ductions musicales de son temps, et de l'imposer, comme une règle et comme un modèle, à tout le clergé de ses vastes états. Sans doute, on peut voir dans la conduite de l'illustre empereur autre chose qu'une simple question d'esthétique : pour unir entre eux les éléments disparates et souvent hostiles de ses conquêtes, il lui fallait un lien plus puissant que la politique, et plus durable que la victoire. Ce lien, ce fut la religion qui assouplit les âmes à l'obéissance, et sème des germes de civilisation au sein même des nations les plus barbares et les plus indomptables. Et comme le culte est l'expression sensible, vivante et nécessaire des croyances, comme aussi le chant sacré est la chose *la plus importante et la plus considérable dans le culte extérieur* (1), il ne faut donc s'étonner ni de la conduite de Charlemagne, ni de la persistance de ses efforts à établir l'unité de la liturgie musicale; mais il est impossible de ne pas reconnaître aussi, dans cette alliance de la religion et de la politique, un sentiment profond de la supériorité des mélodies de saint Grégoire sur toutes celles qui, au viiie siècle, avaient fait invasion dans l'Eglise de France. Certes, la politique ne joua aucun rôle dans cette discussion célèbre qui s'éleva, dans la ville de Rome, entre les chantres français et les chantres grégoriens. « Les Français, dit le moine de » Saint-Cybard d'Angoulême, prétendaient chanter mieux et plus » agréablement que les Romains. Les Romains, se disant plus » savants dans le chant ecclésiastique qu'ils avaient appris du » pape saint Grégoire, accusaient les Français de corrompre, » d'écorcher et de défigurer le vrai chant.... Comme cette alter- » cation ne finissait pas, le très-pieux roi Charles dit à ses » chantres : *Déclarez-nous quelle est l'eau la plus pure et la meil-* » *leure, celle qu'on prend à la source vive d'une fontaine, ou celle* » *des rigoles qui n'en découlent que de bien loin.* Ils dirent tous que » l'eau de la source était la plus pure.... *Remontez donc,* reprit

---

(1) Dom Jumilhac, *la Science et la Pratique du plain-chant,* édition de 1847, publiée par Th. Nisard et Alexandre Le Clerq, p. 42.

» le seigneur roi Charles, *à la fontaine de saint Grégoire dont vous*
» *avez évidemment corrompu le chant* (1). »

Malgré cette décision suprême de Charlemagne, le chant grégorien ne se maintint pas longtemps en France dans toute sa pureté. C'est que la musique, comme l'a fort bien dit M. Vitet, ne
laisse après elle que des traces fugitives et incomplètes qui s'ef-
facent au travers des siècles. « Nous pouvons, sans trop d'ef-
» forts, reconstruire par la pensée une cathédrale en ruines, un
» donjon démantelé ; les pierres encore debout nous donnent sur
» celles qui ne sont plus des indications certaines ; et presque
» toujours il existe des monuments analogues, plus ou moins
» bien conservés, qui nous servent de jalons. Il n'en est pas de
» même en musique.... Les œuvres musicales ne se passent point
» d'interprètes ; une part considérable des effets qu'elles pro-
» duisent est due à l'exécution (2). »

Or, c'est en vain que l'on établirait des écoles destinées à
maintenir les traditions de cette exécution si nécessaire : le goût
change, l'art se transforme, et les règles primitives finissent à la
longue par s'oblitérer. Ceux qui connaissent l'histoire de la musique en France depuis un demi-siècle seulement, peuvent dire
combien est mobile cette partie de l'art que l'on appelle *le goût
musical*. Il ne faut pas l'oublier : à côté des principes éternels du
beau, il y a des conventions qui appartiennent à la mode, qui
passent comme elle et de l'influence desquelles les intelligences
les plus fortes ne savent pas ou ne peuvent pas toujours se dégager. Personne n'ignore que saint Augustin, malgré son immense génie, a souvent subi le joug du mauvais goût littéraire
de son siècle ; et qui oserait affirmer que saint Grégoire lui-même
se soit complétement affranchi des habitudes d'exécution musicale, en usage à l'époque où il recueillit son *Antiphonaire?* Je ne

(1) *Vita Caroli Magni per monachum Engolismensem descripta, ad
annum* 787.

(2) Articles cités plus haut, cahier de novembre 1851.

crois point détruire les éloges que tous les siècles ont accordés à l'œuvre de ce saint pape, même lorsqu'ils ne l'ont plus comprise, en disant que, parmi les règles de cette exécution, il y en avait certainement qui appartenaient plutôt aux caprices passagers de la fantaisie, qu'aux principes immuables du beau réel. Si j'en juge par l'ingénieux système que Romanus, l'un des chantres envoyés à Charlemagne, inventa pour fixer, sur le parchemin, les traditions de l'école grégorienne au viiie siècle, il y avait alors des ornements de mélodie qu'il était impossible de faire exécuter par les masses, et qui seraient au moins regardés aujourd'hui comme des vieilleries d'un goût fort équivoque.

Etudier ces ornements au point de vue de la science, rien de mieux ; mais vouloir les faire revivre dans la pratique, rien de plus impossible.

Chaque siècle a modifié ou retranché les ornements mélodiques dans le chant de saint Grégoire, sans croire altérer pour cela l'essence même de ce chant.

A l'époque de Gui d'Arezzo, par exemple, le port de voix n'était plus généralement admis ; ce didacticien célèbre enseigne qu'on peut, sans inconvénient, remplacer cette note *coulée*, cette note de passage, par une note réelle (1).

En 1274, Elie de Salomon va plus loin et donne ce précepte remarquable : « *Regula infallibilis : Omnis cantus planus in ali-* » *qua parte sui nullam festinationem in uno loco patitur plusquam* » *in alio, quod est de natura sui : ideo dicitur* cantus planus, *quia* » planissime *appetit cantari* (2). »

Il est vrai que, vers le même temps, le dominicain Jerôme de Moravie donne des règles pour exécuter le plain-chant avec des ornements mélodiques ; mais ces ornements ne sont plus exactement les mêmes que ceux de saint Grégoire, plusieurs méthodes

______

(1) « *Si eam vis plenius proferre non liquefaciens, nihil nocet.* » (Micrologi cap. 15.) Dom Jumilhac n'a point compris ce passage.

(2) *Scientia artis musicæ.* (Ap. Gerberti *Scriptores*, tom. III, p. 21.)

d'exécution y sont concurremment enseignées, et l'auteur ajoute :
« *Si quis indifferenter utitur ipsis, non discernens imbecillitatem*
» *vocum et ipsos dies feriales, non uti, sed potius abuti dictis modis*
» *diceretur* (1). » D'où il résulte, que les fioritures et les agréments de mélodie ne sont pas essentiels au plain-chant, que les
artistes en ont toujours réglé l'exécution d'après le goût dominant
de leur siècle, et que les masses (*propter imbecillitatem vocum*)
ont de tout temps suivi *la règle infaillible* d'Elie de Salomon.

Mais pourquoi invoquer l'histoire, dans une question où l'évidence n'a besoin d'aucun auxiliaire ? Qui pourra jamais supposer,
en effet, que saint Grégoire-le-Grand, à une époque où les barbares du Nord, couvrant l'empire romain dégénéré, se convertis-
saient en foule au catholicisme, ait pu songer à établir une liturgie musicale toute prétintaillée d'ornements mélodiques et d'afféteries profanes ? qui pourra jamais supposer qu'au moment où
il détruisait, en faveur des barbares du dedans et du dehors,
jusqu'aux dernières traces de l'*accentuation latine*, il ait songé à
donner aux fidèles autre chose qu'un chant simple et facile (*planus cantus*), calme comme la prière et opposé aux artifices émou-
vants de l'art mondain ?

Je ne sais si je me trompe, mais il me semble qu'en présence
de ces considérations capitales, les traditions de l'école grégorienne, révélées de nos jours au monde savant par l'Antiphonaire authentique de Romanus, ne prouvent qu'une chose : c'est
que l'illustre saint Grégoire avait songé à former des maîtres.
Pour conduire les masses, il faut toujours être plus instruit
qu'elles. Et puis, il y a une foule de circonstances où ces maîtres
doivent chanter seuls. La religion ne leur défend pas alors de se
distinguer par un sentiment profond de leur art, ni de rehausser,
par la mélodie, le sens mystique des paroles sacrées. Ainsi compris, l'Antiphonaire de Saint-Gall est un monument vrai ; com-

(1) Bib. nationale, département des mss., f. de Sorbonne,
nº 1817 : Tractatus de Musica, cap. XXV.

pris autrement, ce serait un monument faux, parce qu'il attribuerait à saint Grégoire des idées qu'il n'a jamais pu avoir, et aux masses, une aptitude qu'elles ne pourront jamais posséder.

Des auteurs récents ont cru voir, dans les expressions *planus cantus, musica plana*, la consécration d'une grave erreur et tout un divorce avec l'antiquité (1). Si ce qui précède ne suffisait point pour détruire ou modifier ce jugement, nous ferions observer que ces expressions ont été appliquées au chant liturgique à l'époque où un art nouveau surgissait en Europe, et où l'art ancien, celui de l'Eglise, était encore parfaitement connu, du moins dans ses rapports immédiats avec celui dont il était le devancier.

Dans le cours du xie siècle, lorsque les esprits se furent remis de la frayeur universelle de l'an 1000, une véritable *Renaissance* succéda aux angoisses du découragement et de l'épouvante. Gui d'Arezzo parut, et son génie dota la musique d'inventions que l'on s'efforce de méconnaître, mais qui finiront par être appréciées avec cette justice qui triomphe de tout. Grâce au moine de Pompose, l'enseignement et la théorie du chant sacré firent des progrès incontestables. Emule de l'art religieux, l'art profane se fraya une route inconnue aux âges précédents de l'Europe chrétienne : partant des doctrines de la Grèce antique, les musiciens du xie siècle imaginèrent de prendre les principales figures de notes du chant religieux, et de leur attribuer une valeur temporaire bien déterminée. L'art qui sortit de cette combinaison s'appela *musique mesurable, figurée, proportionnelle;* le chant grégorien fut nommé, par opposition, *plain-chant* ou *musique plane.* Pour désigner des faits *nouveaux,* il fallut bien créer des expressions *nouvelles.*

Or, si le chant liturgique avait eu des éléments semblables à ceux de l'art nouveau, celui-ci n'aurait pas eu sa raison d'être, et son apparition, dans le moyen âge, serait un inexplicable

(1) *De la Restauration du Chant liturgique*, par M. l'abbé Cloet, in-8o, Plancy, 1852, p. 42.

phénomène. Il faut donc en conclure, ce me semble , que le rôle des notes grégoriennes, primitives ou modifiées sous le rapport de la calligraphie, n'était point de représenter la valeur des temps musicaux, mais seulement les intonations mélodiques avec quelques accessoires d'agrément; que l'art de phraser ces intonations était de deux sortes : l'ün à l'usage des masses , l'autre à l'usage des musiciens *solistes* et des virtuoses habiles; et enfin, que cette partie de l'œuvre grégorienne, si difficile au point de vue des détails archéologiques, se présente aux restaurateurs modernes avec des proportions moins complexes et moins considérables qu'on ne l'avait cru dans ces derniers temps. Etablir des écoles en faveur des maîtres dans l'art du chant grégorien; exiger d'eux la connaissance du latin et de l'histoire de la liturgie musicale; les familiariser avec la pratique des plus graves et des plus nobles procédés de l'art moderne; leur apprendre à regarder la mélodie sacrée comme une sévère et majestueuse déclamation lyrique : mais en même temps, laisser à ces artistes et à ces exceptions toute leur spontanéité, et publier, en faveur des chantres ordinaires et des fidèles , des éditions de livres de chœur simples, faciles, dégagées de tout fatras scientifique, et en rapport avec des traditions immémoriales sanctionnées par l'Eglise elle-même, telle est, à notre avis, la seule marche à suivre qui ait quelque chance de succès. Toute édition que l'on surchargerait de figures de notes insolites, ne serait d'aucune nécessité pour les vrais artistes, formés à bonne école; et de plus, elle serait un recueil d'hiéroglyphes pour les intelligences ordinaires et pour les masses. Or, le chant religieux exécuté par les masses, c'est là tout le but de l'Eglise; le reste n'est qu'un accident.

Mais les travaux relatifs à une bonne restauration du plainchant ne doivent point s'arrêter là. Dans l'étude du chant grégorien , le savant découvre bien d'autres questions , dignes aussi de toute sa sollicitude. Qu'on nous permette donc de les exposer brièvement et d'essayer de les résoudre.

Les restaurateurs du plain-chant s'attachent, de nos jours comme autrefois, à retrouver la contexture mélodique des cantilènes de saint Grégoire ; mais, pendant qu'ils consument leurs veilles et leurs forces dans ce labeur surhumain, la physiologie se pose ces questions préjudicielles :

La tonalité grégorienne n'est-elle pas incompatible avec la tonalité moderne ?

— *Le retour à cette tonalité n'est-il pas un rêve ?*

— *Toute tentative faite dans ce but ne doit-elle pas être radicalement frappée d'impuissance ?*

Voilà, certes, qui est grave ; il s'agit ici de tout autre chose que de quelques notes furtivement introduites ou retranchées dans l'œuvre de saint Grégoire, de quelques *chevrottements* ou de quelques *appoggiatures* à rétablir : il s'agit de savoir si l'existence même du chant grégorien est un fait possible aujourd'hui ? *Possible !* retenons bien ce mot.............

Avant le xviie siècle, il ne pouvait être question de *tonalité*, puisque l'Europe ne connaissait qu'une musique divisée en trois genres : le *diatonique*, le *chromatique* et *l'enharmonique*. Encore faut-il dire, pour être exact, que cette musique, modification des doctrines grecques, se réduisait à une pratique qui est peu connue de nos jours, malgré les immenses recherches des savants. Ce que l'on enseigne dans les livres d'érudition a surtout pour but le *genre diatonique* du moyen âge, genre que l'on dit avoir été celui du plain-chant grégorien. C'est à peine si l'on ose hasarder de timides conjectures sur l'art profane de cette époque si mystérieuse encore pour nous.

« A coup sûr, dit M. J. d'Ortigue, Lebeuf, non plus que les » théoriciens ecclésiastiques ou autres de son temps, n'avait ni » ne pouvait avoir l'idée de ce que nous appelons aujourd'hui » *tonalité*, de cette notion féconde, qu'entre les mains de M. » Fétis surtout, la science et la philosophie ont dégagée des mys- » tères de l'art, de l'analyse des éléments des divers systèmes » comparés, ainsi que des obscurités de l'histoire. Ce n'est pas

» que ces théoriciens ne fissent la distinction de la musique et du
» plain-chant, des chantres et des musiciens. Mais , observons-le
» bien , faute d'une connaissance suffisante de ce grand principe
» de la tonalité, cette distinction ne tendait à rien moins qu'à
» séparer le plain-chant de la musique, les chantres des musi-
» ciens, comme si le plain-chant était de sa nature en dehors du
» domaine de l'art. Que s'ensuivait-il? Il s'ensuivait que la mu-
» sique seule était un art, et que le plain-chant n'était autre
» chose qu'une sorte de routine , consacrée par un certain usage,
» ayant une certaine destination, et qui pouvait indifféremment
» se plier à telles ou telles règles, suivant que cet usage et cette
» destination les avait sanctionnées. Mais quant à tirer de cette
» distinction de la musique et du plain-chant la moindre consé-
» quence relativement à la constitution de l'une et de l'autre, à
» l'ordre d'idées et d'expression qui devait découler de chacune
» en particulier, à la manière dont l'organisation humaine pou-
» vait en être affectée, aux modifications qui devaient en résul-
» ter dans nos facultés de perception et de sensibilité, c'est à
» quoi Lebeuf, ni les autres théoriciens n'avaient nullement
» songé (1). »

Qu'est-ce donc en général que la *tonalité?*

La tonalité est un principe physiologique en vertu duquel les
sons se succèdent d'une certaine manière dans un système
musical.

Cette succession est déterminée par des *gammes* ou *échelles mélodiques* qui servent comme de types invariables à toutes les
conceptions du génie placé sous leur influence. Ainsi, par
exemple, les tonalités qui procèdent par quarts de ton et même
par des intervalles plus petits encore, constituent un art qui
semble se confondre avec la parole elle-même. Au contraire,

(1) *Revue et Gazette musicale de Paris.* (Troisième lettre à M. le
Prince de la Moskowa sur les tentatives de restauration dont le
plain-chant est l'objet, — 30 mai 1851.)

plus les intervalles mélodiques deviennent appréciables, éloignés les uns des autres et distincts à l'oreille, plus aussi les tonalités engendrent un art qui se dégage de la parole et réagit sur notre organisation d'une manière propre, indépendante, individuelle (1). Et par une conséquence rigoureuse, ici les tonalités sont efféminées et lascives; là, elles sont graves et austères; partout enfin elles revêtent, comme le langage lui-même, un caractère spécial qui les transforme en idiome vivant d'un pays ou d'une époque.

Or, si une tonalité quelconque est à la musique ce que la langue maternelle est à l'éducation littéraire d'un peuple, on peut formuler à bon droit les deux questions suivantes :

1° *La tonalité du plain-chant est-elle différente de la tonalité actuelle?*

2° *S'il en est ainsi, le sdifférences en sont-elles si radicales, que l'une soit exclusive de l'autre, et que toute tentative de retour à la tonalité grégorienne soit, aujourd'hui, une impossibilité physiologique?*

Tous les musiciens instruits répondent affirmativement à la première de ces deux questions ; et M. Joseph d'Ortigue, avec cette supériorité philosophique qui se révèle dans tous ses ouvrages, fait une réponse non moins affirmative à la seconde, et ajoute ces paroles remarquables : — « Dieu sait ce que je » donnerais pour être dans l'erreur! Mais l'erreur véritable est » de s'imaginer que la tonalité du plain-chant vit toujours, » qu'elle subsiste dans le présent et qu'elle subsistera dans l'ave- » nir comme elle a subsisté dans le passé. Voilà l'erreur, et si je » la combats, vous pouvez croire que c'est à contre-cœur, » comme un homme qui l'a partagée longtemps, et qui va jus- » qu'à l'aimer dans ses adversaires, dans ceux qui se figurent

(1) Voyez, sur ce sujet, les belles considérations qu'a émises M. Joseph d'Ortigue dans son *Cours sur la musique religieuse et profane*. (Université catholique, année 1841, tome XII, onzième leçon, n° 68, pp. 93—102.)

» pouvoir ressusciter cette tonalité, y façonner de nouveau nos
» organes, et y plier les habitudes de notre oreille (1). »

Et ailleurs, dans le même travail, M. d'Ortigue laisse échapper de sa plume cet aveu qui complète sa pensée : — « Tout
» musicien qui réfléchit, doit opter entre ces deux hypothèses :
» ou qu'il va se former une nouvelle musique religieuse, autre
» que le chant grégorien; ou que la musique religieuse (tou-
» jours le chant grégorien) sera rajeuni de quelque manière
» extraordinaire : c'est entre ces deux partis qu'il faut choisir,
» suivant le parti qu'on a pris sur l'existence de la tonalité ecclé-
» siastique (2). »

Enfin, dans un excellent article d'archéologie musicale, publié par le *Journal des Débats*, le 11 juin 1852, M. d'Ortigue
dit encore : — « La tonalité du plain-chant est-elle donc perdue
» sans retour? je n'ose prononcer un arrêt terrible. Je sais bien
» qu'elle vit encore dans certaines classes du peuple, du peuple
» des campagnes qui n'a guère entendu que les chants de l'Eglise.
» J'ai beaucoup étudié sous ce rapport les populations rurales.
» Elles chantent encore dans leur dialecte musical, comme elles
» parlent encore leur patois. Et cela est si vrai que les chants
» modernes qu'on leur apprend, elles les traduisent dans la to-
» nalité qui leur est habituelle. Je puis affirmer ce fait pour plu-
» sieurs localités. — Qu'on se hâte, poursuit l'écrivain catho-
» lique. Si le clergé n'ouvre pas dans tous les diocèses des écoles
» gratuites où, sous la surveillance d'une commission composée
» des hommes compétents chargés de donner l'impulsion aux
» études, les enfants du peuple seront tous appelés à apprendre
» le plain-chant en dehors, bien entendu, de toute éducation
» musicale; où des maîtres se formeront, non d'après les mé-
» thodes nouvelles, mais d'après les anciennes, nous craignons

(1) Deuxième lettre à M. le Prince de la Moskowa, dans le Recueil cité plus haut.

(2) *Ibidem*, au commencement.

» bien que le mal ne soit irrémédiable. Nous faisons des vœux
» pour que le clergé se voue à cette œuvre de restauration au
» nom de la religion, POUR QUE LE GOUVERNEMENT S'Y PRÊTE, ET
» LA SECONDE AU NOM DE L'ART. Sans quoi il faudra bientôt mettre
» au rang des stériles témoignages de la vanité scientifique les
» recherches auxquelles se livrent tant d'érudits recomman-
» dables, dans le but de débrouiller le cahos de la notation
» du moyen âge. *In vanum laboraverunt qui œdificant eam.* »

Les lecteurs comprendront sans peine toute l'importance de
la discussion soulevée par M. d'Ortigue, et s'étonneront peut-
être que tant d'intelligences supérieures aient abordé la restauration du plain-chant, sans même se douter qu'ils posent peut-être
sur un abîme les assises de leurs travaux.

M. Fétis, lui, ne s'y est point mépris : ému des conséquences
que l'on tirait de ses magnifiques théories sur les tonalités musicales, il a senti que l'inflexible logique de M. d'Ortigue n'allait à rien moins qu'à *établir le néant des travaux entrepris pour
la restauration du chant ecclésiastique* (1); mais, je dois le dire
sans arrière-pensée, la réplique du Maître ne dissipe aucune
objection et laisse tout esprit sérieux dans le doute. Il ne suffit
pas, en effet, de soutenir que la tonalité du chant grégorien et
la tonalité moderne ont des destinations différentes; il ne suffit
pas de faire observer que si la tonalité du plain-chant était *une
langue morte,* les amateurs, en maintes circonstances, ne se
presseraient point en foule pour entendre les œuvres des maîtres
du xviᵉ siècle, ou pour assister aux offices de la chapelle pontificale pendant la Semaine-Sainte ; il ne suffit pas enfin d'affirmer
vaguement que *l'art n'a pas rompu avec la tonalité ancienne* (2).

(1) Lettre à M. d'Ortigue au sujet de sa lettre à M. le Prince de la
Moskowa. (*Revue et Gazette musicale de Paris,* année 1851, n° 19.)

(1) Dans son *Résumé philosophique de l'histoire de la Musique,*
M. Fétis affirme le contraire : « La tonalité ancienne DISPARUT,
dit-il, et la moderne fut créée. » (Biog. univ. des Musiciens, tome 1,
p. CCXXIII.)

Aucune de ces réponses ne va au but, et c'est résolument qu'il faut y viser.

Essayons donc.

D'abord je crois que, pour aborder les questions qui nous occupent, il faut parfaitement connaître la nature des tonalités. Or, si M. Fétis a supérieurement caractérisé la tonalité moderne qui est notre élément musical, ses travaux ne sont pas aussi satisfaisants en ce qui concerne la tonalité du chant de l'Eglise. C'est du moins mon opinion, et l'on verra bientôt jusqu'à quel point elle est fondée.

Quand on traite de la tonalité du plain-chant, on enseigne toujours qu'elle est purement diatonique; qu'elle est dépouillée du rapport attractif du quatrième degré et de la note sensible; que la seule altération permise dans cette tonalité ne peut affecter que la note *si*, par le moyen du *bémol* ou du *bécarre;* enfin, que l'emploi du *dièse* y est formellement interdit, selon les uns, et quelquefois toléré, selon les autres, soit pour éviter la relation directe du triton ou de la fausse quinte, soit par euphonie dans les cadences.

On ignore que la tonalité du plain-chant ne réside pas tout entière dans la tonalité grégorienne. Celle-ci n'en est qu'une partie, considérable sans doute, mais qui ne constitue pas à elle seule toute la liturgie musicale. Saint Grégoire, en *centonisant* son Antiphonaire, s'attacha principalement à recueillir les plus belles mélodies religieuses employées autrefois dans le culte catholique; et, au nombre de ces mélodies, il faut ranger en première ligne celles que le génie de saint Ambroise avait composées ou recueillies lui-même. Aussi Dom Jumilhac a-t-il raison de diviser le plain-chant en deux espèces essentiellement distinctes : — « Le chant grégorien, *fondé sur la proportion d'égalité* dans la prolation de ses notes, et le chant ambrosien, établi sur les deux éléments poétique du *mètre* et du *rhythme* (1). »

(1) *La Science et la Pratique du plain-chant.* (Nouvelle édition, pp. 140-141.)

Toutefois, cette différence entre le chant de saint Grégoire et celui de saint Ambroise, n'est pas la seule ni la plus importante au point de vue où nous nous trouvons placé. Elle n'a échappé à aucun érudit ; mais ce dont personne ne se doutait, c'est que saint Grégoire et saint Ambroise, bien qu'inspirés tous deux par les théories grecques, n'ont cependant pas suivi la même route. Le premier a choisi le genre diatonique, le plus sévère et le plus grave des trois genres de la musique des anciens Hellènes : l'autre a préféré le genre chromatique, plus doux, plus élégant, plus souple ; l'un a songé aux barbares du Nord, au peuple, aux masses : l'autre a voulu plaire aux oreilles délicates des Romains.

C'est saint Odon, abbé de Cluny, qui nous apprend ce fait si longtemps méconnu. On sait que cet illustre religieux vivait au ixe siècle, qu'il avait été le disciple de S. Remy d'Auxerre, et que Gui d'Arezzo cite avec de grands éloges son *Dialogue sur la musique.*

Voici les paroles de saint Odon : — « Il y a des genres, dit-il, » dont les intervalles musicaux ne se mesurent pas, sur le mo- » nocorde, de la même manière que ceux du diatonique ; mais » nous ne parlons ici que de ce dernier genre, parce qu'il est le » plus parfait, le plus naturel et le plus suave, d'après le témoi- » gnage des saints et des musiciens les plus instruits.... Il y a » une chose certaine : c'est que l'emploi du genre diatonique, » *adopté par saint Grégoire,* repose sur la double autorité de la » science humaine et de la révélation divine. *Les mélodies de saint* » *Ambroise, homme très-versé dans l'art musical, ne s'écartent de* » *la méthode grégorienne que dans les endroits où la voix s'amollit* » *d'une manière lascive et dénature la rigidité des intervalles diato-* » *niques* (1). »

(1) « Sunt præterea et alia musicæ genera, aliis mensuris aptata ; » sed hoc genus musicæ (*diatonicum scilicet*), quod nos exposui- » mus, peritissimorum musicorum sanctissimorumque virorum ra- » tione suaviori, ac veraciori, et naturali modulatione constat esse » perfectum..... Unum constat, quod hoc genus musicæ, divinitus

Il serait impossible de nier la gravité de cette citation. Et , en effet, elle prouve jusqu'à l'évidence que le genre diatonique , contrairement à l'opinion générale, n'a pas été le seul qui fût admis au moyen âge dans le chant liturgique.

Si l'on en doutait encore, je demanderais pourquoi tous les didacticiens de cette époque nous ont laissé des descriptions détaillées et minutieuses des trois genres *diatonique, chromatique* et *enharmonique* (1)? A quoi bon toutes ces descriptions, si les trois genres de la musique grecque, modifiés sans doute, n'eussent plus été en usage? Et d'ailleurs, leur présence dans des ouvrages *pratiques* n'indique-t-elle pas assez leur destination véritable?

Mais voici qui est plus décisif encore. « Réginon , saint et
» savant abbé de Prum à la fin du IXe siècle , suit pas à pas les
» enseignements de Boèce , dans son ouvrage intitulé : *Epistola*
» *de harmonica institutione missa ad Rathbodum , archiepiscopum*
» *Trevirensem.* Gerbert a publié cette épître dans le premier vo-
» lume de ses *Scriptores* (pp. 230-247), d'après le manuscrit
» autographe de l'université de Leipsick , que Louis XIV eût
» voulu acheter au poids de l'or. A l'époque de ce prince pro-
» tecteur des lettres , on ne connaissait que cette copie de l'*Epi-*
» *stola de harmonica institutione.* Depuis lors, on en a découvert
» une autre à la bibliothèque publique d'Ulm; puis, M. Fétis en
» a trouvé une troisième en 1824 , à la bibliothèque royale de
» Bruxelles. J'ai eu le bonheur d'en rencontrer une quatrième,
» qui est du XIe-XIIe siècle ; elle est anonyme , et tout ce qui ap-
» partient à la forme épistolaire en a été retranché, probablement

» sancto Gregorio datum , non solum humana, sed etiam divina
» auctoritate fulcitur. Sancti quoque Ambrosii , prudentissimi in hac
» arte , symphonia nequaquam ab hac discordat regula, nisi in qui-
» bus eam nimium delicatarum vocum pervertit lascivia. » (Apud
Gerberti *Scriptores,* tom. I , p. 275.)

(1) Voir ma dissertation sur la *Musique des Odes d'Horace.* (Archives des Missions scientifiques, tom. 2, février 1851, p. 98 et suiv.)

» par Réginon lui-même, pour faire place à la forme d'un traité
» didactique. Cette copie existe en tête du fameux Antiphonaire
» de Montpellier, et elle est d'autant plus précieuse, qu'elle offre
» à l'érudition moderne plusieurs passages fort importants qui
» ne se lisent pas dans la leçon de Gerbert. Grâce à ces passages,
» je puis affirmer que Réginon admet les trois genres de la
» mélopée grecque, comme Martianus Capella, comme Boèce,
» comme Remi d'Auxerre, comme Hucbald enfin ; l'auteur donne
» même, à ce sujet, des détails qui jettent un jour tout nou-
» veau sur la pratique de l'art au moyen âge......... *Artificialis*
» *musica*, dit-il entre autres choses, *in tria dividitur genera : in*
» *chromaticum, diatonicum, enharmonicum. Chromaticum dicitur*
» quasi colorabile, *quod ab illa naturali discedens intensione* (dia-
» tonica scilicet) *et in mollius decidens*, SICUT IN CHORO LUDEN-
» TIUM MULIERUM FREQUENTER AUDITUR, ET IN HYMNO *Ut queant*
» *laxis*..... (1). »

En présence de ce fait curieux, je ne sais trop ce que les
sceptiques pourraient objecter. Il faut donc choisir entre les
conséquences suivantes :

— Ou saint Grégoire a laissé subsister, parallèlement à la
partie diatonique de son œuvre musicale, le système chromatique employé par saint Ambroise ;

— Ou ces deux systèmes de musique, tout en se maintenant
de conserve pendant le moyen âge, ont constitué deux liturgies
musicales distinctes l'une de l'autre ;

— Ou enfin, saint Grégoire, en absorbant l'œuvre de saint
Ambroise, a exclu le genre chromatique de la liturgie, et l'a relégué
dans l'art profane qui l'a maintenu et en a tiré la tonalité moderne.

La dernière de ces hypothèses n'est guère admissible, puisque Réginon cite, comme spécimen du genre chromatique,
l'hymne *Ut queant laxis*, qui, conçue dans le genre ambrosien
comme toutes les autres hymnes, a été fort en vogue dans
l'Eglise romaine au moyen âge.

(1) *Ibidem.*

Quant aux deux autres hypothèses, on peut s'arrêter à celle que l'on jugera la plus plausible, mais toujours on arrivera fatalement à cette conclusion définitive : — Qu'au moyen âge, la liturgie musicale de l'Eglise catholique a été réglée d'après deux genres de mélopée tout aussi opposés l'un à l'autre, que ne le sont aujourd'hui la tonalité du plain-chant et celle de la musique moderne ; et que si le système de saint Ambroise a pu vivre concurremment, et peut-être même d'une manière assez intime, avec celui de saint Grégoire, il n'est pas impossible de maintenir aujourd'hui deux tonalités qui existent dans des conditions, sinon semblables, du moins très-analogues.

Il y a plus : en supposant même que la tonalité grégorienne pût être comparée à *une langue morte*, comme l'affirme mon savant ami M. Joseph d'Ortigue, la question du plain-chant ne serait pas pour cela, du moins je le crois, définitivement jugée au point de vue physiologique. S'il fallait regarder comme incompatible avec l'organisation de tel ou tel peuple, de telle ou telle époque, toute tonalité musicale qui n'est pas exactement en rapport avec l'art de cette époque ou de ce peuple, il s'ensuivrait des conséquences devant lesquelles reculerait M. d'Ortigue lui-même. Il s'ensuivrait, par exemple, que l'Eglise a tort de conserver, en Occident, la langue latine dans les prières du culte liturgique. La langue latine est bien certainement, elle aussi, une langue morte ; c'est même un idiome dont l'intelligence se perd de jour en jour : et cependant, l'Eglise y tient avec une inflexibilité qui lui fait le plus grand honneur. Quoi de plus beau, en effet, que le maintien de cette langue qui brave les vicissitudes du caprice, de la mode et des transformations littéraires ! Quoi de plus beau que cette expression pour ainsi dire immuable, comme le dogme lui-même, qui traverse majestueusement les siècles et unit d'une manière si étroite tant de nations catholiques (1) !

(1) Voyez, sur la *langue liturgique*, un article fort bien fait de M. l'abbé Pascal, dans son livre intitulé : *Origines et raison de la liturgie catholique*, Paris, 1844, pp. 699-705.

Il en est de même du plain-chant : c'est la langue musicale que l'Eglise s'est choisie, et certes, il faut voir dans ce choix un honneur insigne dont ne peuvent se vanter les autres arts libéraux mis au service de la religion. A ceux qui disent que ce chant est *une langue morte*, on peut, on doit répondre qu'il n'est pas plus mort que le latin, et que, malgré cela, le latin et le plain-chant sont et doivent être, au jugement même de l'Eglise, les idiomes de notre liturgie catholique.

« La corruption du siècle, dit fort bien l'illustre comte de » Maistre, s'empare tous les jours de certains mots et les gâte » pour se divertir. Si l'Eglise parlait notre langue, il pourrait » dépendre d'un bel esprit effronté de rendre le mot le plus sacré » de notre liturgie, ou ridicule, ou indécent. Sous tous les rap- » ports imaginables, la langue religieuse doit être mise hors du » domaine de l'homme (1). »

Egalement, sous tous les rapports imaginables, le chant liturgique doit être mis hors du domaine de l'homme, c'est-à-dire, au-dessus de ses habitudes frivoles, en dehors de l'art profane qui se modifie sans cesse et que l'on consacre à toutes les passions, à tous les plaisirs. Sans cela, il n'y aurait aucune différence entre les chants du ciel et ceux de la terre, et nos sanctuaires retentiraient des accents mondains et passionnés qui se font entendre au théâtre. C'est déjà un malheur assez grand qu'il y ait des *orateurs chrétiens* qui ne le sont guère, et des *musiciens catholiques* qui le sont encore moins : il ne faut pas rendre l'Eglise responsable de cette calamité ; il faut, au contraire, entrer dans ses vues, bénir sa sollicitude maternelle, comprendre ses intentions, et suivre la ligne qu'elle nous trace avec le doigt de Dieu....

Mais qu'ai-je besoin d'insister ? ce qui précède ne suffit-il pas pour rétablir, dans ses vrais termes, la grande question de la tonalité du plain-chant, considérée au point de vue physiologique.

(1) *Du Pape*, livre 1er, chap. XX, pp. 209-210 de l'édit. in-8° de 1821.

La restauration des mélodies religieuses , fondée sur cette tonalité, n'est donc pas une vaine tentative, et le but qu'elle se propose, loin d'être incompatible avec notre organisation musicale actuelle , s'accorde avec les faits de l'histoire mieux connus et les besoins de l'art religieux mieux compris.

Au point de vue cependant de la restauration pratique de ces mêmes mélodies , il ne faut pas se dissimuler que si elle est possible , physiologiquement parlant , elle ne présente pas moins de sérieuses difficultés.

L'étude superficielle de la tonalité du plain-chant a jeté de profondes erreurs dans les esprits les plus droits et les plus généreux. On s'est imaginé que l'on connaissait parfaitement cette tonalité ; et , au lieu de la déduire des monuments réputés les plus authentiques , on a prétendu juger les monuments par une règle scientifique qui n'en est pas une. C'est ainsi que M. Duval , dans ses *Études sur le* Graduale romanum *publié à Paris , chez M. Lecoffre , en 1852* (1), laisse échapper de sa plume ces phrases vraiment inconcevables :« Vouloir produire, au moyen des » manuscrits seuls, un plain-chant, je ne dirai pas parfait, je ne » dirai même pas satisfaisant, mais *supportable ,* est une utopie... » Sans doute , il faut étudier et beaucoup étudier les manuscrits , » mais il faut uniquement les étudier pour les confronter avec les » livres imprimés et avec les chants usités , *avec ceux de Rome » surtout ,* pour corriger ces différents documents les uns par les » autres, pour en retrancher sans miséricorde ce qui est évidem » ment fautif, et pour conserver ainsi , autant que possible, le » chant traditionnel de l'Eglise.... Adopter un manuscrit et ne » vouloir rien ou presque rien y changer, *là même où il viole » ouvertement les règles du chant diatonique ,...* c'est se condamner » à n'avoir éternellement qu'un chant, pour lequel le goût et le » cœur, le sentiment artistique et le sentiment populaire éprou » vent une égale répulsion (2). »

(1) Malines, in-4°. Cet ouvrage se trouve aussi à Paris, chez Lagny frères, rue Bourbon-le-Château, n° 1.

(2) *Ibid.*, pp. V-VI.

Sans doute , la tonalité du chant grégorien est diatonique ;
c'est la règle générale : mais en connaît-on toutes les exceptions
pratiques ? a-t-on contrôlé, sur ce point fondamental, les assertions obscures , embrouillées ou incomplètes des didacticiens du
moyen âge ? pourrait-on dire, d'une manière précise , les limites de l'influence réciproque qu'ont exercées l'une sur l'autre
l'œuvre de saint Grégoire et l'œuvre de saint Ambroise ? Et puis,
n'est-ce pas une prétention inouïe que de venir dire : « Voici
» des monuments ; ils sont anciens , ils appartiennent même à la
» plus belle période de l'art dont ils nous révèlent les chefs-
» d'œuvre. Hé bien ! nous allons voir si ces chefs-d'œuvre le sont
» réellement ; nous allons les juger *sans miséricorde*, en prenant ,
» pour *critérium* de nos décisions , des phrases abstraites em-
» pruntées souvent à des auteurs de la décadence de l'art. »

Je ne crains pas de le proclamer bien haut : non, ce n'est
point sous l'empire de pareils principes que doivent agir les vrais
restaurateurs du plain-chant. Je crois avoir ouvert une voie nouvelle ; qu'on y entre donc avec ardeur et sans préjugés ; plus la
tâche est grande , plus elle est digne des intelligences qui se vouent
sans réserve au triomphe de toutes les questions religieuses !

En attendant que les érudits aient patiemment résolu le problème de la tonalité liturgique , on me permettra de faire observer combien sont mesquines les discussions que l'on soulève à
propos de quelques notes, retranchées ou ajoutées çà et là , dans
les mélodies du plain-chant grégorien. On se récrie contre ces
altérations , on les exagère , on les signale comme les conséquences d'un vandalisme inqualifiable. Sans nier ce qu'elles
peuvent avoir de fâcheux à un certain point de vue, il faut cependant convenir que beaucoup de ces altérations sont le fait de
l'autorité religieuse elle-même. Je pourrais citer ici les décisions
de plusieurs conciles qui ont ordonné, au XVIe siècle, d'abréger les chants liturgiques (1). Loin de s'élever contre ces déci-

(1) Un concile tenu à Reims , en 1564, dit formellement : « *Abbre-*
» *vietur cantus, quantum fieri poterit, quando super unam syllabam*

sions, Rome les a sanctionnées en consacrant, par exemple, la suppression d'une grande partie du texte primitif des *Introïts*, des *Offertoires* et des *Communions*. On sait que Paul V chargea Roger Giovanelli de publier une nouvelle édition du *Graduel* qui parut, en deux volumes in-folio, dans le courant des années 1614 et 1615. Or, le chant y est tellement abrégé, qu'il n'offre qu'un véritable *squelette* des mélodies grégoriennes, et le plus souvent même c'est une sorte de plain-chant qui ne ressemble à rien. Mais Rome voulait remédier à la longueur des offices liturgiques, et l'œuvre de Giovanelli sortit de l'imprimerie des Médicis avec cette inscription : « *Juxta ritum sacrosanctæ Romanæ Ecclesiæ,* » *cum cantu Pauli V pontificis maximi jussu reformato.* » Si, comme cela est évident et malgré tout ce que l'on peut dire de contraire, Giovanelli n'a pas été à la hauteur de sa mission difficile, il n'est pas moins évident qu'*un plan général* lui avait été tracé par l'autorité pontificale elle-même. Qu'était-ce que ce plan? que pouvait-il être? sinon l'abréviation des cantilènes de la liturgie. Est-il présumable que l'artiste eût entrepris cette grande *moisson de notes,* si le Pape, lui mettant une faux entre les mains, ne lui avait pas dit : « Allez, faites tomber les épis qui se pres-» sent trop ! » Seulement, Giovanelli est allé trop loin, et c'est là son unique tort. Quant à la conduite de Paul V, en cette circonstance, la science humaine n'a rien à y voir : en matière de discipline, le rôle de l'Eglise est souverain et doit être respecté. On peut, au point de vue archéologique, trouver très-beaux des passages comme celui-ci, supposé qu'il soit authentique :

No-- stro (1).

» *aut dictionem plures sint notulæ quam par sit.* » — Un autre concile tenu dans la même ville, en 1583, ordonne la même chose presque dans les mêmes termes.

(1) *Graduale Romanum* de Reims et de Cambrai, 1851, p. 300.

On peut, dis-je, s'écrier avec Baini : « Il y a, dans l'ancien
» chant grégorien, un je ne sais quoi d'admirable et d'inimitable,
» une finesse d'expression indicible, un pathétique qui touche,
» un naturel élégant et facile, toujours frais, toujours nouveau,
» toujours fleuri, toujours beau, qui ne se fane pas, qui ne
» vieillit point... » Tout cela est vrai, profondément vrai, bien
qu'on le dise sans trop savoir de quoi l'on parle ; mais au point
de vue pratique, usuel, il s'agit de savoir si toutes ces belles
tirades de notes vont à nos mœurs, et si l'Eglise n'a pas eu de
bonnes raisons pour les supprimer ou les laisser supprimer dans
tous les livres de chant du rit romain. Là est toute la question.

Ce *luxe de vocalises* était regardé comme un défaut capital par
Nivers (1), et cependant il existe bien certainement dans les manuscrits les plus anciens; en sorte que l'opinion de cet auteur
ne repose ici sur rien de solide (2). Mais que penser de certains
éditeurs modernes, qui, après avoir vivement critiqué Nivers
sur ce point, ajoutent tout aussitôt : « Nous publions un livre de
» chant liturgique soigneusement corrigé d'après les monuments
» les plus purs et les plus exacts ; nous avons respecté les longues
» suites de notes qui se trouvent sur certaines syllabes, parce
» qu'elles constituent l'un des principaux caractères de la *richesse*
» et de *l'abondance* des mélodies de saint Grégoire. Cependant,
» nous avons cru indiquer, *pour la pratique*, la suppression de
» certains membres de phrase ou de phrases entières de chant,
» en les marquant d'un signe qui permettra de les exécuter dans
» toute leur étendue, *si on le désire.* »

Un semblable aveu est significatif... Il implique la reconnaissance d'un fait qu'il est d'ailleurs impossible de révoquer en

____

(1) *Dissertation sur le chant grégorien*, Paris, 1683.

(2) Ce qui a trompé Nivers, c'est l'incroyable passage suivant, de
Radulphe de Tongres : « *In Graduali beati Gregorii Romæ paucæ*
» *sunt notæ* » (Lib. de canonum observantia, prop. 23, — dans la
Bibliothèque des Pères.)

doute : c'est que l'Eglise, toujours attentive aux besoins moraux de chaque siècle, s'est peu à peu relâchée de la longueur des offices du culte, comme elle s'est peu à peu relâchée de la rigueur de sa discipline primitive. Or, ces deux choses me paraissent se donner la main et marcher de front. Aujourd'hui, il serait peut-être aussi difficile de revenir à l'une qu'à l'autre, et dans tous les cas, l'Eglise seule doit décider. La science peut se livrer avec ardeur aux recherches et aux grands travaux qui sont du domaine de l'archéologie; elle peut, avec les monuments, avec de la persévérance, reconstruire l'œuvre de saint Grégoire d'une manière complète : c'est là une belle et sainte entreprise, digne de tout homme qui porte en soi un cœur d'artiste et de chrétien; mais il ne faut pas oublier un seul instant que cette entreprise spéculative a un côté pratique qui dépend de l'autorité et non de la science, de l'Eglise et non de l'érudition.

J'insiste, parce que, dans ces derniers temps, on a singulièrement exagéré la restauration du chant grégorien. On a cru qu'il suffisait de trouver une copie de l'Antiphonaire authentique, puis de lire cet antiphonaire, puis de le traduire en notation moderne, puis de le présenter au Souverain Pontife et aux Evêques, en disant : *Adoptez ce travail, c'est l'œuvre de saint Grégoire!*

Etrange erreur, s'il en fut jamais! comme si l'Eglise n'avait pas eu des motifs sérieux, lorsqu'elle a modifié l'œuvre de saint Grégoire! comme si elle n'avait pas cédé à des besoins réels, lorsqu'elle en a retranché quelque chose ou qu'elle a jugé convenable d'y ajouter certaines parties! comme si, enfin, ces changements n'avaient pas eu lieu à des époques où le plain-chant était beaucoup mieux, infiniment mieux connu que de nos jours!

Je me hâte d'ajouter, qu'avant l'invention de l'imprimerie, il y a eu des copistes fort ignorants et des chantres peu instruits; que des fautes véritables et nombreuses se sont glissées dans le tissu mélodique du chant grégorien, et qu'il importe de les corriger. J'ajoute encore que, depuis la fin du xve siècle, les éditeurs ont stéréotypé, propagé beaucoup d'erreurs anciennes et ajouté à ces erreurs l'appoint d'un grand nombre de fautes nouvelles.

Abstraction faite des altérations *tonales*, qu'il faut bien se garder de juger maintenant en dernier ressort, les mutilations mélodiques qui défigurent le plain-chant peuvent se ranger en deux classes principales.

PREMIÈRE CLASSE : *Notes ajoutées;* ces additions sont peu considérables.

DEUXIÈME CLASSE : *Notes retranchées.* Sous ce rapport, la restauration du chant grégorien offrira un immense travail aux archéologues. Tout en se plaçant au point de vue pratique de l'Eglise, qui a ordonné ou approuvé les coupures innombrables que l'on remarque aujourd'hui dans ce qui nous reste des cantilènes de saint Grégoire, il faudra vérifier avec soin si ces coupures ont toujours été réalisées avec intelligence.

L'expérience apprendra qu'en général elles ont été faites d'après une méthode uniforme qui doit peut-être nous servir de modèle; mais aussi qu'il y en a beaucoup qui s'écartent de cette méthode et paraissent inacceptables.

Les coupures *régulières* sont celles qui respectent les groupes mélodiques *extrêmes,* c'est-à-dire, les groupes placés au *commencement* et à la *fin* des notes qui surchargent une syllabe; tout ce qui existe entre ces deux points est plus ou moins retranché, suivant que le chant a été abrégé plus ou moins. Prenons pour exemple le *Graduel* du xᵉ Dimanche après la Pentecôte. Dans le manuscrit de Montpellier, les mots *oculi tui* portent les vocalises suivantes, ainsi notées par la Commission de Reims et de Cambrai :

(1) *Graduale romanum*, Paris, 1851, p. 287.

Les éditeurs du *Graduel romain* de Grenoble (1), de Lyon (2), de Rennes (3) et de Dijon (4), abrégent ainsi ce passage :

Il n'en est pas de même de la version qui existe dans la nouvelle édition du *Graduale romanum* de Malines, publiée par M. Duval en 1848, d'après celle de Giovanelli; là, les abréviations ne se rattachent à rien et sont de pure fantaisie. Voici cette version :

J'appelle encore *régulières*, les coupures qui ne laissent, sur une syllabe surchargée de notes, que la première ligature mélodique, pourvu toutefois que cette suppression ne s'oppose pas à une liaison convenable entre le groupe maintenu et celui qui appartient à la syllabe suivante. En voici un exemple tiré de l'*Offertoire* du ive Dimanche de l'Avent.

Version du *Graduale Romanum* de Reims et de Cambrai (6) :

Version du *Graduale Romanum* de Lyon, in-4°, 1684 (7) :

(1) 1730, in-4°, p. 54.
(2) 1851, p. 274.
(3) 1851, pp. 262-263.
(4) 1851, p. 317.
(5) P. 82.
(6) P. 24.
(7) P. 14. Le *Graduel* de Dijon, édition in-12 de 1851, reproduit la même version, p. 24, et en donne une autre, p. 390.

Je pourrais multiplier les exemples, et prouver que beaucoup d'abréviations mélodiques ont été faites, dans le plain-chant, d'après une certaine méthode que j'appelle *régulière*, par opposition aux retranchements qui semblent avoir été réalisés comme au hasard et que je désigne sous le nom de *coupures irrégulières;* exemple :

Ce fragment est emprunté au *Graduel* du IIIe Dimanche du Carême. La première ligne provient du *Graduale romanum* de Reims et de Cambrai (1), et la seconde, du *Graduale* in-12, imprimé à Liége en 1789, chez le célèbre typographe Clément Plomteux (2).

Je n'ai pas la prétention d'expliquer ici toutes les modifications qui se sont introduites successivement et peu à peu dans le canevas des mélodies de saint Grégoire, encore moins de les approuver d'une manière quelconque : seulement, je constate des faits généraux, et j'essaie de les expliquer et de leur assigner une cause historique.

Or, il me semble démontré que cette cause, c'est la volonté même de l'Eglise qui a, de sa propre autorité, abrégé les offices du culte sous le rapport du chant comme sous celui du texte liturgique. Je ne crois pas que l'Eglise consente à se déjuger sur ce point.

En présence de cette volonté sage et souveraine, les érudits comprendront enfin la véritable mission qu'ils ont à remplir et que je résume en ces quelques mots : « Retrouver archéologique- » ment les mélodies de saint Grégoire, et opérer une grande

(1) P. 133.
(2) P. 126.

» fusion entre toutes les éditions existantes de ces mélodies, en
» rectifiant d'après les vrais types et avec l'approbation *formelle*
» du Souverain Pontife, les abréviations maladroites ou fautives
» et les additions non moins répréhensibles qui défigurent nos
» livres de chant. »

Quelle immense entreprise! que de temps, que de recherches, que de patience il faudra pour arriver à ce résultat désirable et définitif! et que de prudence ne doit-on pas avoir pour
ne point entraver une œuvre si difficile par un zèle indis-
cret!

Et lorsque l'on sera fixé sur la nature même de la phrase grégorienne, l'œuvre de réhabilitation ne sera pas encore terminée
complétement; il restera d'autres questions fort épineuses à résoudre : notamment, celles qui ont rapport à l'*accentuation*, à la
rhythmique et à la *métrique*.

CHAPITRE II.

Continuation du même sujet.

Dans l'œuvre personnelle de saint Grégoire, il n'est point possible d'apercevoir la moindre trace d'accentuation latine. C'est là
un fait qui est démontré par tous les manuscrits de liturgie mu-
sicale, exécutés depuis le VIIe siècle jusqu'à la fin du XVIe. Et pour
que l'on se forme une idée parfaitement juste de ce fait, nous
citerons le mot *Domine* qui, dans le Trait de la quatrième férie
de la Semaine-Sainte, contient une seule note sur la première
syllabe, et quatre sur la seconde, de cette manière d'après le
manuscrit de Saint-Gall :

etc.

Cet exemple n'est pas une exception, mais bien une règle générale, absolue; et c'est ce qui faisait dire au grammairien
Priscianus : *Musica non subjacet regulis Donati, sicut nec divina
Scriptura* (2); et à Gui d'Arezzo en parlant de l'observation des
règles de la quantité : *Musicus non se tanta legis necessitate con-
stringit* (3); et à l'érudit bénédictin Dom Jumilhac : « L'essence
» du chant grégorien ne consiste que dans l'égalité du temps et

(1) C'est-à-dire que les quatre notes posées sur la syllabe *mi*
doivent être chantées modérément : *M mediocriter melodiam mode-
rari mendicando memorat* (Notkeri Balbuli explanatio quid singulæ
litteræ in superscriptione significent cantilenæ, apud Gerberti *Scriptores*, tom. I, pp. 95-96). — Voyez aussi les paragraphes XI et XII
de mes *Etudes sur les anciennes Notations musicales de l'Europe.*

(2) *Instituta Patrum de modo psallendi*, ap. Gerb. *Script.*, tom. I,
pp. 6-7.

(3) Micrologi cap. 15, ap. Gerb. *Script.*, tom. II, pp. 15-16.

» de la mesure de ses sons ou de ses notes ; à laquelle l'on a un
» particulier égard dans cette espece, sans s'arrester ni aux ac-
» cens, ni à la quantité des dictions, ou des syllabes. D'où vient
» que l'on y voit souvent des syllabes breves de la lettre, qui
» sont chargées d'un plus grand nombre de notes que ne sont
» pas les syllabes longues; et plusieurs tant longues que breves,
» qui ont une plus grande multitude de notes que n'ont pas
» d'autres syllabes qui leur sont semblables. L'on y voit pareille-
» ment des syllabes qui y sont élevées à l'aigu quoy qu'elles
» n'ayent point l'accent aigu, ni ne le puissent avoir (1). »

La plupart des personnes qui s'occupent du plain-chant, ne soupçonnent même pas l'existence du point historique dont je viens de parler. Il y en a même qui, malgré toutes les preuves, refuseront d'y croire.

D'autres s'imagineront, pour expliquer le moyen âge et venger saint Grégoire, que ce fait ne s'est établi dans la liturgie musicale qu'après l'époque de Gui d'Arezzo. C'est là l'opinion que M. l'abbé de Voght a émise, dans une préface fort élégante placée en tête du nouveau *Vesperale Romanum* de Malines (in-8°, 1848) : « *Prosodiam... linguæ latinæ*, dit-il, *tunc temporis peri-* » *isse, hinc facile constat quod penultimæ breves aliæque syllabæ,* » *quæ carent accentu, passim neumatis vel plasmatis miserum in* » *modum obrutæ appareant* (2). » — « Il n'est que trop vrai, dit-il » ailleurs, que depuis bien des siècles, avant comme après le » treizième, on a souvent fort mal accentué le latin ; mais il est » également vrai qu'il y a eu toujours des hommes qui savaient » la prosodie latine, et que jusqu'à nos jours même il y en a un » très-grand nombre qui savent les règles authentiques qui font » loi en fait d'accent latin (3). »

(1) *La Science et la Pratique du plain-chant*, nouvelle édition, pp. 141-142.
(2) Pag. XII.
(3) Réponse au sujet d'une dissertation sur les mélodies grégo-

L'abbé Joseph Baini assure que les chantres de la chapelle pontificale ont *de tout temps* conservé quelque chose des règles de la prosodie latine dans l'exécution du chant liturgique (1).

Cette opinion, trop absolue, et fausse de tout point si on l'applique au chant de saint Grégoire, n'a pas peu contribué, ce me semble, à induire en erreur M. l'abbé de Voght; mais l'autorité du nom de Baini n'a pas séduit M. Fétis, qui, l'un des premiers, a reconnu de nos jours la méprise fondamentale de celui qui ne mérite pas moins d'être appelé, suivant l'expression pittoresque de mon ami, M. Adrien de la Fage, *le dernier cierge du candélabre de la Semaine-Sainte* (2) à la chapelle pontificale. M. Fétis, dis-je, a reconnu, constaté et prouvé la suppression totale de l'accentuation dans les antiennes, répons, graduels,

riennes, dont la première partie a paru dans le *Journal Historique* (*de Liége*), livraison du 1er juillet 1849 (Malines, 25 juillet 1849, brochure in-8°, p. 11). — *Les règles authentiques!!!* Heureusement pour nous, l'illustre Académie des Inscriptions et Belles-Lettres de France n'est pas tout-à-fait de cet avis! Elle vient de décider qu'une médaille de 2,000 francs serait accordée, en 1853, à l'auteur du meilleur mémoire sur le sujet suivant: « Examiner toutes les inscrip-
» tions latines qui, jusqu'à la fin du ve siècle de notre ère, portent
» des signes d'accentuation; comparer le résultat de ces recherches
» épigraphiques avec les règles concernant l'accentuation de la
» langue latine, règles données par Quintilien, par Priscien et
» d'autres grammairiens; consulter les travaux des philologues mo-
» dernes sur le même sujet; enfin, essayer d'établir une théorie
» complète sur l'emploi de l'accent tonique dans la langue des Ro-
» mains. » — Certes, c'est là une thèse magnifique!....

(1) *Memorie storico-critiche della vita e delle opere di Giovanni Perluigi da Palestrina*, Rome, 1828, 2 vol. in-4°. Cet ouvrage dont la réputation est grande, offre une lecture dangereuse aux personnes qui ne sont point solidement instruites dans l'histoire de la musique du moyen âge.

(2) *Précis sur la vie et les ouvrages de Palestrina*, suivi d'une notice sur Joseph Baini.

offertoires, etc... Cherchant la cause de ce phénomène philologique, il a cru la trouver dans l'influence que le dur et pesant langage des barbares du Nord a exercée sur la langue latine (1).

Quoi qu'il en soit, et en attendant que la lumière se fasse sur cette partie si importante de la liturgie musicale, on peut formuler cette question : — Quel parti faut-il prendre ici, pour réaliser une sérieuse restauration du plain-chant ?

Si, suivant la route tracée par les liturgistes qui sont venus après le Concile de Trente, on maintient la réforme prosodique qu'ils ont fait subir au texte du plain-chant, il s'ensuit aussitôt l'anéantissement complet de l'une des parties constitutives du chant grégorien, et la consécration définitive de cet anéantissement.

Si, au contraire, on supprime l'accentuation, les conséquences n'en sont pas moins désastreuses : l'Eglise, qui n'a plus devant elle des barbares *en fait de latin* (je demande pardon de cette vanité, et peut-être même de cette impertinence!), l'Eglise se voit à l'instant couverte des malédictions de la philologie moderne et des beaux esprits du siècle......

Que faire donc?

M. l'abbé de Voght veut, non-seulement le maintien de la réforme prosodique, mais encore l'exagération et le purisme de cette réforme poussée à ses dernières limites.

M. Fétis, avec un courage vraiment digne d'éloge et de sympathie, proclame hautement « que nous n'avons rien de mieux à » faire que de rentrer dans les voies des premiers chrétiens, et » de marquer nettement, par le retour à leurs traditions, la » séparation du sacré et du profane (2). »

En présence de cette détermination vigoureuse, M. l'abbé Cloet laisse tomber de sa plume des paroles timides et pleines

_____

(1) Biographie univ. des musiciens, tom. I : *Résumé philosophique de l'Histoire de la Musique*, p. CLXXIII.

(2) *Revue de la musique religieuse*, année 1846, pp. 236-237.

d'anxiété : « Cette réponse de M. Fétis, dit-il, *ne manque point*
» *de sagesse à un point de vue.* Il est certain que la réforme proso-
» dique opérée à la suite du Concile de Trente, sans que la
» sainte assemblée ait pourtant rien statué à cet égard, a été une
» cause d'altération pour beaucoup de chants. En transportant
» sur d'autres syllabes les groupes de notes que portaient origi-
» nairement certaines syllabes brèves, on a souvent bouleversé
» les formes de la mélodie, et cette cause, jointe à celles que
» nous avons fait connaître ailleurs, a achevé la corruption de
» nos chants liturgiques.

» Pourtant, on ne peut le nier, *le rejet de toute quantité est un*
» *défaut.* Dans les beaux siècles de la littérature latine, la langue
» de Cicéron et de Quintilien a toujours été accentuée et proso-
» diée, même dans le langage ordinaire; il suffit de lire les
» deux auteurs que nous venons de nommer pour en être con-
» vaincu, et, comme nous l'avons dit, il faut voir dans l'aban-
» don des règles prosodiques tel qu'il a été réalisé au moyen
» âge, non une amélioration produite par une idée artistique et
» chrétienne, mais bien plutôt une détérioration, une décadence
» que l'état des temps rendait inévitable sans doute, mais qui n'en
» était pas moins une atteinte grave au génie même de la langue
» latine. Dès-lors serait-il sage de perpétuer cette imperfection,
» ou plutôt de la ressusciter, lorsque depuis deux siècles on y a
» partout remédié? Le respect pour les anciens et le moyen âge
» doit-il aller jusque-là? Ne serait-ce pas imiter ces amants pas-
» sionnés qui poussent l'aveuglement jusqu'à adorer les défauts
» mêmes dans l'objet de leur coupable attachement (1). »

On le voit : M. l'abbé Cloet semble ici marcher sur des char-
bons ardents. M. Fétis veut rentrer dans la voie des premiers
chrétiens, et cette résolution *ne manque point de sagesse à un*
point de vue, mais *le rejet de toute quantité est un défaut* : Cicéron
et Quintilien doivent régler la langue liturgique, et non saint

____

(1) *De la Restauration du chant liturgique,* pp. 229-230.

Grégoire. Reste à savoir, cependant, si c'est être aveugle que de voir les choses comme ce saint pontife, et si l'observation d'un principe qui ne manque point de sagesse, peut être comparé à *l'adoration des défauts qui se trouvent dans l'objet d'un coupable attachement*. A quelque point de vue que l'on se place, une question ainsi posée n'a pas de solution possible ; et il en faut une.

Or, supposons un instant qu'au lieu d'*accentuation*, il s'agisse d'*harmonie* appliquée au chant liturgique. On sait que les chantres romains, envoyés à Charlemagne, enseignèrent aux Français l'art d'harmoniser le plain-chant : « *Similiter erudierunt romani* » *cantores supradictos cantores Francorum in arte organandi* (1). » Saint Grégoire avait-il eu égard aux règles de cette harmonisation, lorsqu'il centonisa son antiphonaire? M. l'abbé Cloet n'hésite pas et répond négativement : « Qui ne sait, dit-il, que saint » Grégoire n'a pas composé son chant en vue de ce que nous appelons l'harmonie, et que les cantilènes ecclésiastiques sont » avant tout des mélodies (2). » — Mais d'où vient, répondrons-nous à M. l'abbé Cloet, d'où vient que les chanteurs romains apprirent l'harmonie aux Français? Cette harmonie s'appliquait-elle au plain-chant? Les règles en avaient-elles été tracées ou approuvées seulement par saint Grégoire? Cet enseignement était-il, sous Charlemagne, une tradition grégorienne ou une innovation? — Gui d'Arezzo va répondre pour nous. S'il faut l'en croire, l'illustre centonisateur de la liturgie occidentale avait une affection particulière pour certaines notes de mélodie, parce qu'elles étaient plus favorables que les autres à l'emploi du contrepoint. Aussi, ajoute-t-il, ces notes se rencontrent si souvent dans le tissu mélodique du chant grégorien, que si l'on s'avisait de les en retrancher, on retrancherait presque la moitié de

---

(1) *Vita Caroli Magni per monachum Engolismensem descripta.*
(2) *De la restauration du chant liturgique*, pp. 184-185.

3

l'œuvre de saint Grégoire : « *Cum ergo tritus adeo diaphoniæ obti-*
» *neat principatum, ut aptissimum supra ceteros obtineat locum,*
» *videmus a Gregorio non immerito plus ceteris vocibus* ADAMATUM :
» *etenim multa melorum principia et plurimas repercussiones dedit,*
» *ut sæpe si de ejus cantu triti* F *et* c *subtrahas, prope medietatem*
» *tulisse videaris* (1). »

Voilà qui est formel.

On peut donc demander en quoi consistait l'harmonie, ou si l'on veut, la *diaphonie* et l'*organum* de saint Grégoire.

Or, ceci n'est un mystère pour personne. L'*organum* était une suite d'intervalles de quartes, de quintes et d'octaves par mouvement semblable, avec mélange de quelques dissonnances harmoniques. « C'est quelque chose de bien dur à notre oreille, dit » M. Fétis, que ces successions non interrompues de quartes ou » de quintes (2). » Gerbert va plus loin, et il est encore dans le vrai, lorsqu'en parlant de cette harmonie grossière et barbare pour nous, il s'écrie : « *Rigescent non solum aures, sed etiam* » *dentes obstupescent* (3). » Le moine Hucbald, au Xe siècle, n'était point de cet avis : pour lui, pour ses contemporains, pour tous les artistes de cette époque, ces stridentes successions d'intervalles harmoniques formaient un doux et suave concert : « *Videbis nasci suavem ex hac sonorum commixtione concen-* » *tum* (4). »

Ne discutons pas ici sur la légitimité du goût musical de nos ancêtres, ni sur la légitimité du nôtre ; laissons chaque peuple et chaque époque sous l'influence des progrès de l'art, ou sous l'empire des habitudes formées par l'éducation ; mais demandons-nous s'il serait possible de faire revivre aujourd'hui, dans la

---

(1) Micrologi cap. 18, apud Gerberti *Scriptores*, tom. II, p. 22.

(2) *Les époques caractéristiques de la musique d'Eglise*, 1er article, Revue de la musique religieuse, année 1847, p. 170.

(3) *De cantu et musica sacra*, tom. 2, p. 112.

(4) *Musica enchiriadis*, apud Gerberti *Scriptores*, tom. 1, p. 166.

pratique , l'harmonie qui était en usage au temps de saint Grégoire? Evidemment non. On peut ressusciter les monuments de cette harmonie pour en enrichir les galeries de l'histoire , pour nous faire assister au curieux spectacle du développement de l'intelligence humaine, pour nous initier enfin à la vie intime des peuples qui dorment dans la tombe et nous montrer les anneaux de cette grande chaîne qu'on nomme la civilisation. L'œil de l'artiste moderne ne sera point blessé en contemplant, par l'étude, les œuvres du génie musical de nos pères; mais son *oreille*, loin de les entendre avec plaisir, ne saurait pas même les tolérer un seul instant.

Il me semble que la question de l'accentuation latine est résolue par ce qui précède. Toute restauration du chant grégorien , au point de vue archéologique, doit complétement négliger les règles de l'accent tonique. Il faut qu'elle fasse revivre, si cela est possible, les cantilènes de la primitive Eglise avec toutes leurs beautés et toutes leurs imperfections; il faut qu'elle nous les montre dans leur naïveté charmante comme ces statues allongées, peu correctes, et cependant admirables, qui décorent nos vieux sanctuaires gothiques; il faut qu'elle n'y ajoute rien, qu'elle n'en retranche rien , qu'elle les respecte , en un mot, comme on doit respecter des monuments.

Mais vouloir que cette restauration archéologique passe de la spéculation dans la pratique actuelle; vouloir qu'on n'accentue pas le latin de la liturgie, en plein xixe siècle, c'est chose aussi impossible que de prétendre nous ramener à la diaphonie du moyen âge. Notre oreille ne le souffrirait pas, et l'on sait combien l'oreille est susceptible, combien elle est exigeante, et avec quelle promptitude elle s'irrite de ce qui la blesse.

Il y a un fait qui nous donne pleinement raison : c'est que l'accentuation latine a été introduite dans la liturgie de saint Grégoire d'une manière presque spontanée, pour satisfaire à une nécessité reconnue légitime , et sans que l'Eglise y ait opposé la moindre velléité de résistance. Les éditions de *missels* et de *bréviaires*, publiées à Rome depuis longtemps et approuvées par la Con-grégation des Rites, suivent les règles de cette accentuation. C'est donc un fait acquis.

Or, je trouve que la question, même ramenée à ces termes, offre encore des difficultés considérables dans l'application. Et, en effet, si l'on accentue, il faut d'abord être bien fixé sur la nature intime de l'accentuation elle-même. Qu'est-ce qu'une syllabe accentuée? peut-il y en avoir plusieurs dans un même mot? en quoi cette syllabe diffère-t-elle des autres? doit-elle être longue? ou bien, l'accent n'indique-t-il qu'une simple élévation de la voix? ou bien enfin, n'est-il autre chose qu'un simple coup de gosier (*sforzato*) donné sur la syllabe qui en est pourvue?

Toutes ces questions sont loin d'être résolues, et cependant, je dois les aborder, au risque de mettre à jour mon ignorance et de mériter que M. l'abbé de Voght dise aussi de moi : « *Il nous* » *semble entendre les roseaux murmurer et dévoiler un secret que le* » *monde ignorait encore* (1)! »

L'accent n'était, à l'origine, qu'une *inflexion* de la voix dans la prononciation des mots : *Accentus quasi* accantus *dictus est* (2). Et comme les syllabes doivent se prononcer avec des inflexions différentes pour que le discours soit harmonieux, il en résulta que l'on admit plusieurs sortes d'accents qui, plus ou moins, correspondent à ces inflexions : le *point de départ* de la voix que les grammairiens n'indiquent pas d'une manière explicite, parce qu'il se suppose nécessairement ; l'*élévation* de la voix, qu'ils nommèrent *accent aigu* ou *arsis ;* l'*abaissement* de la voix, qui fut appelé *accent grave* ou *thesis,* et la réunion sur une même syllabe, de ces deux inflexions, qui reçut le nom d'*accent circonflexe.*

Tant que la musique se confondit avec l'art de la parole, les accents de la grammaire suffirent pour représenter ceux de la

(1) Réponse au sujet d'une dissertation, p. 4.
(2) Martianus Capella, lib. 3, tit. *De Fastigio.*

mélodie. « Ces signes tendant, dans l'application, au même but
» que les signes de notation musicale, y a-t-il eu rien de plus
» naturel, dit judicieusement M. de Coussemaker, que de s'en
» servir pour marquer les inflexions du chant (1)? »

De là, l'origine de la notation en neumes qui, en définitive,
ne sont que des accents (2).

Les premiers chrétiens ne me paraissent pas avoir connu
d'autre musique qu'une sorte d'accentuation plus forte que celle
de la parole ordinaire, mais beaucoup moins variée que celle de
la musique proprement dite. C'est du moins ce que je crois pouvoir conclure de deux passages importants que nous fournissent
les œuvres de saint Augustin et de saint Isidore de Séville.
D'après le témoignage du Docteur de la grâce, saint Athanase
faisait chanter les psaumes avec si peu d'inflexion vocale, que
c'était plutôt une *prononciation* qu'un *chant* (3). Saint Isidore dit
exactement la même chose en parlant de la psalmodie de la primitive Eglise (4); et l'on sait que l'expression psalmodier (*psal-
lere*) était, pour les anciens, le synonyme de chanter (*canere*)
dans le sens général du mot (5).

Peu à peu cependant, la musique religieuse prit de l'extension
et devint plus ornée, plus fleurie; les artistes chrétiens finirent

(1) *Hist. de l'harmonie au moyen âge*, Paris, in-4°, 1852, p. 159.

(2) *Ibidem*. — Cf. le premier article que j'ai consacré à l'examen
de l'*Histoire de l'harmonie au moyen âge*, dans la *Revue archéologique* de M. Leleux, livraison du 15 septembre 1852, p. 380.

(3) « Tam modico flexu vocis faciebat sonare lectorem psalmi, ut
» pronuncianti vicinior esset quam canenti. » (*Confess.*, lib. X.)

(4) « Primitiva Ecclesia ita psallebat, ut modico flexu vocis face-
» ret psallentem resonare : ita ut pronuncianti vicinior esset quam
» psallenti. » (*De offic.*, cap. VII.)

(5) Les *Instituta Patrum de modo psallendi sive cantandi* (ap.
Gerb. *Scriptores*, tom. 1, pp. 5-8), sont, d'un bout à l'autre, une
preuve évidente de cette assertion.

même par accumuler, sur une seule syllabe, un nombre considérable d'accents ou d'inflexions vocales. Cela se conçoit d'autant plus facilement, que si, d'une part, il y avait alors des chants réglés par l'autorité et en usage dans toutes les églises, d'autre part on permettait aux fidèles musiciens d'improviser, dans les saintes assemblées du culte, des mélodies religieuses ou d'y exécuter celles qu'ils avaient composées d'avance; pourvu que ces chants pussent tourner à la gloire de Dieu, le but était rempli et l'on n'en exigeait pas davantage (1).

Saint Grégoire fit un choix dans ces deux catégories de chants sacrés. S'il en composa lui-même, ce qui n'est pas douteux, il ne fit aucune innovation et ne se distingua que par la supériorité de son goût. C'est en vain que l'on chercherait, dans son Antiphonaire, la moindre trace d'accentuation latine, soit que l'on considère cette accentuation comme une élévation de la voix sur certaines syllabes aiguës, soit qu'on la regarde comme un signe de quantité prosodique. Et quant à la loi des anciens grammairiens, en vertu de laquelle il n'est pas permis d'attribuer à un mot polysyllabique plus d'un accent *d'arsis*, c'est encore inutile d'en rechercher l'application dans l'édifice liturgique du saint pape.

Il en fut ainsi jusqu'à l'époque du concile de Trente. On s'occupa beaucoup alors d'accentuation latine, et l'on s'efforça d'y assujétir le plain-chant, d'après certains principes qu'il est bon de rappeler ici.

1° On ne fit aucune attention à l'accent aigu considéré comme signe de l'élévation de la voix, ni à l'accent grave comme désignant le contraire.

---

(1) « In primitiva Ecclesia diversi diversa quisque pro suo velle » cantabant, dummodo quod cantabant, ad Dei laudem pertineret. » Quædam tamen officia observabantur ab omnibus ab initio consti- » tuta. » (Durandus, *De officiis*, lib. 5, cap. 2.)

2° On considéra l'accent aigu comme la marque d'une syllabe longue *par position*, suivant l'expression de Jumilhac, et l'on fit invariablement semi-brève toute pénultième syllabe d'un mot polysyllabique, lorsque cette syllabe est prosodiquement brève.

3° On n'adopta point la règle en vertu de laquelle il ne peut y avoir qu'un seul accent aigu dans chaque mot. Même dans la psalmodie, où l'unité de cet accent est d'une pratique facile, on fit chanter :

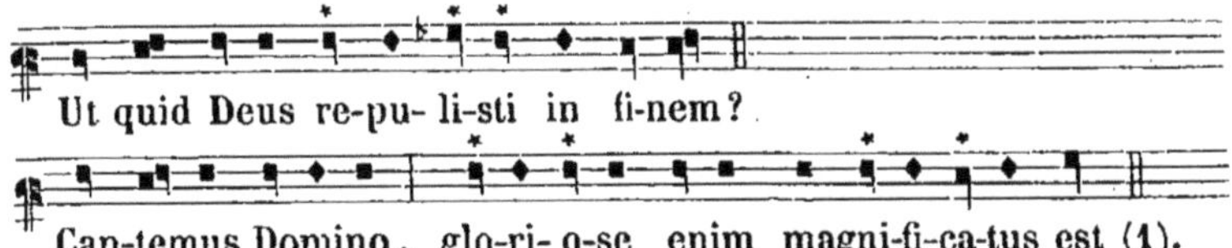

A l'exception de ce qui regarde l'accentuation psalmodique, sujet important sur lequel j'aurai bientôt l'occasion de revenir et de faire mes réserves, on ne peut qu'approuver le plan de conduite des liturgistes de la fin du xvi° siècle et des premières années du suivant. La théorie des accents fût-elle retrouvée d'une manière complète et telle qu'on l'observait aux beaux jours de Cicéron, il n'en résulterait, à mon avis, que de fort médiocres conséquences pour la restauration du chant grégorien, car, entre le prince du latin classique et le prince de la liturgie musicale, il y a un abîme infranchissable.

Il faut donc se résigner philologiquement, en dépit même de la philologie. Il faut oublier l'origine, la nature et les fonctions de l'accent aigu, de l'accent grave et de l'accent circonflexe, sous peine de *bouleverser de fond en comble* ce qui nous reste des mélodies de saint Grégoire ; et, à l'exemple des liturgistes que j'ai mentionnés, on doit se contenter d'une transaction qui, tout en respectant le plus possible ces mélodies, accorde à notre oreille

______

(1) Voir l'ouvage de Jean Guidetti : *Cantus ecclesiasticus officii majoris hebdomadæ*, Rome, in-fol., édition de 1619, pp. 13 et 27.

moderne ce qui est strictement nécessaire, mais rien de plus,
pour ne la point froisser.

Or il suffit, pour atteindre ce but, de suivre la route que nous
trace le P. Athanase Kircher, de la compagnie de Jésus, et l'un
des plus savants hommes du xviie siècle : « Il y a, dit-il, une
» grande différence entre les quantités syllabiques considérées
» au double point de vue de la musique et de la poésie. Les
» poètes observent exactement la quantité des syllabes qui for-
» ment chaque pied métrique. Les musiciens, au contraire, ne
» sont pas aussi scrupuleux : ils se contentent de porter une
» attention spéciale sur la quantité des pénultièmes ou antépénul-
» tièmes syllabes de chaque diction, et ne s'inquiètent guère si
» les autres syllabes sont longues ou brèves. Quant aux dissyl-
» labes, ils les regardent indifféremment comme des spondées,
» des ïambes, des trochées ou des pyrrhiques (1). »

Ces paroles nous dispensent d'entrer dans de longs détails :
elles sont une éclatante justification des principes suivis par les
liturgistes de la fin du xvie siècle. Et ne peut-on pas dire que si
ces principes, qui sont très-favorables au maintien de la plupart
des formes primitives de la mélodie grégorienne, contentaient
l'oreille des puristes de la *Renaissance*, ils doivent certainement
contenter aussi la nôtre ? On a donc lieu de s'étonner des prétentions de MM. de Voght et Duval, de leurs idées sur l'accentuation
des mots dissyllabiques, et des mutilations innombrables qu'ils
ont fait subir au chant de chaque syllabe qui, portant l'accent
aigu, n'indiquait point mélodiquement l'acuité de cet accent (2);
Oportet sapere, sed sapere ad sobrietatem.

(1) Musurgia universalis, tom. 2, lib. VIII, *musurgia mirifica*,
pars secunda, cap 4, pp. 30-45.

(2) On trouvera un spécimen de ces prétentions, de ces idées et de
ces mutilations, dans l'opuscule publié par MM. de Voght et Duval,
sous ce titre : *Réponse aux observations du journal historique de
Liége, sur le Graduel et le Véspéral, éditions de Malines*, 1848 (Malines, avril 1849, brochure de 70 pages).

Je ne dirai rien ici du système d'accentuation adopté par les éditeurs de Reims et de Cambrai : ces messieurs voulaient une restauration *archéologique* du plain-chant, et, par une inconséquence facile à comprendre, ils ont laissé un pied dans cette restauration ainsi comprise, pendant que l'autre glissait dans la restauration *pratique*. En vain M. l'abbé Le Guillou veut-il les défendre; en vain les couvre-t-il de cette phrase : « C'est doublement » une mauvaise querelle que l'on cherche aux nouveaux Graduel et » Vespéral romains, à propos des brèves allongées : d'abord, parce » qu'il est loin d'être prouvé que ces prétendues fautes soient positivement des fautes; et parce que, seraient-ce des fautes, *dès qu'on* » *se propose de remonter au plain-chant primitif, il faut l'accepter* » *tel qu'il nous est offert à son origine, même avec ce que l'on serait* » *inconsidérément tenté d'appeler ses défauts* (1). » Une pareille défense est une terrible condamnation que je ne veux, en ce moment, ni aggraver ni affaiblir. Il me suffit de constater que, sous le rapport de l'accentuation, les éditeurs de Reims et de Cambrai n'ont aucunement adopté le plain-chant primitif *avec ce que l'on serait inconsidérément tenté d'appeler ses défauts.* Ils avouent eux-mêmes avoir changé l'ancienne mélodie, chaque fois qu'elle s'opposait à la brièveté de la pénultième syllabe de tout mot finissant par un dactyle (2). M. Le Guillou, seul, ne le savait pas.

En vérité, était-ce la peine de faire tant de bruit, à Reims, à Cambrai, à Malines et ailleurs, pour arriver à des résultats si peu satisfaisants! Si la quantité prosodique doit être observée dans le chant grégorien (et je crois avoir prouvé qu'elle doit

(1) Du chant grégorien et de la musique religieuse, à propos des Graduel et Vespéral romains, publiés sous les auspices de LL. EE. Mgr le cardinal Giraud et Mgr le cardinal Gousset, avec l'autorisation du Souverain Pontife Pie IX (*L'Ami de la Religion*, livraison du 30 octobre 1852, 3e article, p. 236).

(2) Mémoire sur la nouvelle édition du Graduel et de l'Antiphonaire romains (Paris, chez J. Lecoffre, in-8°, p. 54).

l'être aujourd'hui), qu'on s'en 'tienne donc aux règles posées, avec tant de sagesse et de prudence, par les érudits des xvi° et xvii° siècles. On me dira peut-être, avec M. Fétis, qu'après le concile de Trente, la réforme prosodique n'ayant pas été faite partout de la même manière, il en est résulté que le chant de la liturgie a subi beaucoup de modifications qui ne s'accordent pas entre elles. Cela est vrai; mais il ne faut pas exagérer le mal, ni condamner les principes à cause de l'application peu uniforme qu'on en a faite. Il sera toujours facile, et même plus qu'on ne le croit communément, d'y apporter un remède efficace dans une édition entreprise sous la direction du Souverain Pontife. Que Rome se mette donc à la tête de cette grande réforme, qu'elle publie une édition de plain-chant obligatoire pour tout le monde catholique, qu'elle fasse cesser enfin toutes ces tentatives partielles qui ne peuvent pas avoir d'avenir sérieux, et tout sera dit. Il n'y a pas d'autre moyen de sortir d'une véritable crise qui, au nom de l'unité, menace de jeter le monde religieux dans une confusion plus déplorable à tous égards, que celle dont on se plaint en ce moment à cause de la liturgie gallicane. Espérons!

Mais je m'aperçois que ma tâche n'est point terminée, et qu'il me reste à parler de la restauration de cette partie du chant liturgique qui repose sur les deux éléments du *rhythme* et du *mètre*.

Dom Jumilhac appelle *chant poétique*, celui dont la durée des sons est inégale (2).

Si cette inégalité des sons ne peut pas exactement se déterminer par un nombre certain, ni avoir une mesure précise, elle produit une espèce de chant que l'on nomme *rhythmique* (3).

(1) *Des origines du plain-chant*, 5ᵉ article (*Revue de la musique religieuse*, année 1846, p. 225 et suiv.).

(2) *La Science et la Pratique du plain-chant*, nouvelle édition, pp. 140-142.

(3) *Idem*, p. 142.

Si la durée inégale des sons est telle, qu'elle puisse avoir une mesure certaine, elle engendre une sorte de chant que l'on désigne sous le nom de *métrique* (1).

« Tous les versets des pseaumes et des cantiques, dit Dom Ju-
» milhac, ceux mesme qui suivent apres les introïts, ou apres
» les antiennes *Asperges,* et *Vidi aquam,* apres la communion de la
» messe des defunts, apres le *mandatum* du Jeudi saint, les ver-
» sets apres les hymnes, ou apres les capitules se doivent chan-
» ter en chant rythmique ou psalmodique, à l'exception toutefois
» des ligatures qui se rencontrent aux intonations et aux media-
» tions solemnelles des mesmes versets, et des neumes qui se
» trouvent sur leurs dernieres syllabes; lesquelles ligatures, et
» neumes se doivent chanter en plain-chant.

» Il y a encore plusieurs autres choses qui se chantent en
» chant rythmique, comme les Epistres, les Evangiles, les pre-
» faces, le *Pater noster,* le *Gloria in excelsis* des simples, le *Te*
» *Deum,* les *Kyrie,* les *Sanctus,* et les *Agnus* des feries de ca-
» resme, les leçons, les propheties, les lamentations, les pas-
» sions, les absolutions, les benedictions, les répons brefs, les
» capitules, et autres choses semblables, qui sur les derniers
» mots qui precedent le point et les deux points, ont accoûtumé
» de recevoir et les accents et certain nombre de notes tellement
» disposées qu'elles y font une espece de rythme, et de cadence
» de chant.

» La psalmodie mesmes qui se fait tout droit ou à l'unisson,
» et le reste des offices qui en plusieurs communautez religieuses
» se font pareillement tout droit, ne laissent pas d'appartenir
» aucunement à la mesme espece de chant rythmique, ou psal-
» modique; car les voix n'y estant point continuës comme elles
» le sont dans un simple recit et dans le discours, et n'y estant
» non plus discrettes comme elles le sont dans le chant, elles

(1) *Idem, ibidem.*

» participent quelque chose de l'un et de l'autre, et ont quelque
» ressemblance avec la prononciation des vers, ou des rythmes
» comme en effet.les versets des pseaumes en ont esté composez,
» de sorte que cette maniere de chanter imite celle de la pronon-
» ciation des vers, ou des rythmes, et tient comme le milieu
» entre les sons continus et les sons discrets; n'estant propre-
» ment ni un vray chant ni un simple récit.

» Quant aux pieces qui dans les mesmes livres de l'usage Ro-
» main appartiennent aux chants metriques, le *Credo* y est
» dactylique, à la reserve des mots *Et homo factus est*, qui sont
» en plain-chant. Lé chant de l'hymne *Vt queant laxis*, et des
» autres hymnes qui ont un pareil chant sont aussi dactyliques.

» La prose *Veni sancte Spiritus* est en chant trochaïque. Les
» hymnes des vespres des feries de l'année, ceux des petites heures
» des feries de l'avent et du carême, et l'hymne *Conditor alme syde-*
» *rum* du temps de l'avent sont en chant jambique, etc. (1). »

Or, qu'est-ce que le *rhythme?* qu'est-ce que le *mètre?* la pratique actuelle s'écarte-t-elle des vrais principes qui règlent ces
deux lois du chant poétique de la liturgie? y a-t-il ici matière à
quelque redressement? — Ce sont là autant de questions que je
vais résoudre aussi brièvement que possible.

Il règne, depuis longtemps, une grande incertitude sur la nature du rhythme et du mètre des anciens. L'école d'Hermann
confond ces deux choses (2), et, en France, on ne remarque pas
assez la différence capitale qui existe entre elles (3). Isaac Vossius

(1) *Idem*, pp. 164-165.

(2) Voir l'opuscule in-8° de M. Vincent : Analyse du traité de métrique et de rhythmique de saint Augustin, intitulé : *De musica*
(Paris, 1849, p. 9). — Ce travail, remarquable sous tous les rapports, avait d'abord été publié dans les n°ˢ du 28 février et du 3
mars 1849 du *Journal général de l'instruction publique*.

(3) Notice sur trois manuscrits grecs relatifs à la musique, avec
une traduction française et des commentaires, par M. Vincent,

se plaignait déjà, au xvii° siècle, de cette étrange confusion d'idées, activement entretenue par les définitions discordantes des grammairiens, des musiciens, des philosophes et des rhéteurs (1). Aujourd'hui même, et malgré les efforts de quelques érudits, c'est à peine si l'on est parvenu à dissiper les ténèbres qui enveloppaient la notion de ces deux points de la science antique.

Saint Augustin dit positivement que tout mètre est rhythme, mais que tout rhythme n'est pas mètre : *Omne metrum rhythmus, non omnis rhythmus metrum est* (2).

On va s'en convaincre par l'exposé suivant de la doctrine des anciens.

Le rhythme, dans sa plus large acception, règle les *nombres* ou mouvements cadencés de la voix.

Il y a, suivant Aristide Quintilien, trois sortes de mouvements de la voix : le *continu*, le *diastématique* ou *discontinu*, et l'*intermédiaire* ou *moyen* (3).

Le mouvement *continu* de la voix est celui qui se fait remarquer dans la prose parlée, dans le discours : les mots y sont tel-

p. 198 de la seconde partie du tome XVI des *Notices et extraits des manuscrits de la Bib. du Roi et autres bibliothèques, publiés par l'Institut royal de France*, Paris, in-4°, 1847.— Cette seconde partie forme un volume de 600 pages, et contient, sur la musique des anciens Grecs, des trésors d'érudition que l'on chercherait vainement ailleurs.

(1) « Longum foret singulorum explicare sententias, cum nec » Grammatici, nec Musici, nec Philosophi, aut Rhetores satis sibi » constent, et non discrepantia tantum, sed et sæpe contraria pro- » dant. Hæc vocabulorum confusio nata, nisi fallor, ex diversa ac- » ceptione metri...., etc. » (*De Poematum cantu et viribus rythmi*, Oxonii, in-8°, 1673, p. 11.)

(2) *De musica*, édit. in-12 de Gaumes frères, Paris, 1836, pp. 84, 87 et 153.

(3) M. Vincent, *Notice sur trois manuscrits grecs*, p. 199.

46

lement unis , que , dans le débit , il n'y a pas entre eux d'intervalles sensibles. Le mouvement *discontinu* existe dans la prolátion
des sons de la musique,, lesquels se distinguent exactement lorsqu'on les exécute suivant leur valeur temporaire respective.
Enfin , le mouvement *moyen* se réalise dans la lecture des
vers (1).

Ces trois mouvements engendrent trois espèces de rhythmes :
l'*oratoire*, le *musical* et le *poétique*.

Le rhythme oratoire est le plus vague des trois ; F. Quintilien
renonce même à le définir autrement que par une négation , en
disant qu'il consiste plutôt à éviter l'absence du rhythme qu'à
rechercher le rhythme lui-même : « Magis *non* ἀρυθμόν *quam*
» εὐρυθμόν *esse.* » Ici, point de mesure battue : « *Oratio non*
» *descendit ad strepitum digitorum.* » La mesure y est remplacée
par l'observation de l'accent (2).

Quant au rhythme musical, c'était pour les anciens exactement
ce qu'est pour nous la mesure, c'est-à-dire, le partage de la
durée du chant, de la danse, etc., en intervalles égaux et pé-
riodiquement cadencés, au moyen d'un *frappé* ou temps fort, et
d'un *levé* ou temps *faible* (3).

(1) « Continua vox est loquentium , quando nempe vocabula ita
» coeunt, ut nullum sensile intercedat spatium. Odiosum enim sin-
» gula annumerare verba et veluti guttatim loqui. Cantantium au-
» tem vox debet habere intervalla, non sonorum tantum, sed et
» temporum, ita ut singuli pedes et singula membra exacte distin-
» gui possint ; aliter enim olim si fieret, non canere sed loqui dice-
» bantur....... Medium vocis motum Aristides Musicus, eumque for-
» san secutus Martianus Capella et Boëthius adsignant carmina le-
» gentibus. » (Isaac Vossius, *De Poematum cantu, etc.*, pp. 30-31.)

(2) M. Vincent, ibid. ac sup., p. 202. — Voir aussi la *seconde
lettre* de cet éminent auteur à M. *Rossignol, sur le Rhythme , sur la
Poésie lyrique , et sur le vers dochmiaque* (Journal de l'Instruction
publique, du 6 mars 1847, ou tirage à part, p. 2).

(3) M. Vincent, *Notice sur trois manuscrits grecs*, p. 199.

Le rhythme poétique pur est celui qui convient aux vers héroïques, élégiaques, ïambiques purs, etc. ; les brèves y comptent rigoureusement pour un temps, et les longues pour deux ; le temps *faible* et le temps *fort* y présentent constamment le même rapport dans toute l'étendue du poème ou du morceau : avec ces conditions rigoureusement remplies, on voit qu'il rentre dans le rhythme musical (1).

« Le rhythme est donc la forme et la proportion du mouvement ;
» il appartient en commun à la parole et à la musique, ainsi qu'à
» tous les arts, du reste, qui ont le mouvement pour principe,
» en d'autres termes, pour lesquels le mode de succession est inhé-
» rent au mode de développement de leur manifestation propre. Il
» entre même dans les arts dont le principe est l'immobilité,
» mais qui figurent le mouvement. Ainsi, il y a rhythme dans les
» contours et les ondulations des lignes d'une statue, d'un tableau,
» d'un monument architectural (2). »

En résumé, le rhythme oratoire est une dérivation du rhythme poétique, et celui-ci paraît dériver à son tour du rhythme musical qui est le *principe* et le *proto-type* commun des deux autres. Le rhythme musical est donc le rhythme pur par excellence, et si l'égalité des intervalles de temps successifs qui le composent, ne se trouve pas énoncé formellement dans les auteurs, elle est cependant établie sur des inductions puissantes qui équivalent à la certitude la plus complète. Ainsi, par exemple, les anciens caractérisent le rhythme par le vol des oiseaux, la marche du cheval, etc. ; le bruit surtout des marteaux de la forge a toujours été donné comme type du mouvement rhythmique, à tel point que, suivant saint Clément d'Alexandrie (*Strom.*, I) et d'autres auteurs, l'invention du rhythme ne faisait qu'un avec celle de l'art de forger les métaux. Le rhythme des

(1) *Idem*, *ibidem*, p. 201.
(2) M. J. d'Ortigue, *Cours sur la musique religieuse et profane* (L'Université catholique, année 1841, tom. XII, XIIe leçon).

instruments de percussion et celui du pouls sont d'autres exemples que citent fréquemment les anciens, et qui confirment et continuent les précédents : car, en quoi pourrait consister un tel rhythme, si ce n'est dans l'égalité des intervalles de temps successifs (1) ?

Maintenant, en supposant l'application du rhythme pur à des paroles quelconques, il est évident que les syllabes devront souvent s'allonger ou se raccourcir pour se plier à la symétrie produite par l'égalité parfaite de la mesure (2). Il est également évident que, dans plusieurs cas, il faudra recourir à l'artifice des temps vides ou *silences* (3) ; et qu'enfin, si l'on veut prolonger à sa guise l'enchaînement des mesures d'un rhythme choisi, rien ne s'y opposera, puisque le rhythme n'a point de limite en son cours (4).

Il n'en est pas de même du mètre : c'est un rhythme qui a des limites certaines : *Metrum est rhythmus modis finitus*, selon l'expression de Marius Victorinus (5). A vrai dire, ce n'est donc qu'une partie ou une espèce du rhythme, comme l'enseignent Aristote et Suidas ; en sorte que, sans le rhythme, le mètre n'existerait pas : Μέτρου πατήρ ῥυθμός (6).

Tout mètre est rhythme à cause de l'enchaînement rationnel de ses pieds ; toutefois il en diffère, non-seulement par la limite dont nous avons parlé et que saint Augustin appelle une terminaison saillante (*insignem finem*), mais encore par la manière dont la durée des syllabes est mesurée. Or, la métrique n'admet

(1) M. Vincent, *Seconde lettre*, pp. 2, 3 et 4 du tirage à part. Je me contente de citer les arguments les plus saillants de l'auteur.

(2) Id., *Notice*, pp. 160, 161 et 162. Voir aussi l'*Analyse du traité de saint Augustin*, p. 10.

(3) Id., *Analyse*, pp. 10, 13 et suivantes.

(4) Saint Augustin, *De musica*, p. 82 et suiv.

(5) P. 2494. Cité par M. Vincent, *Notice*, p. 198.

(6) Longin, frag. 3. — Cité par M. Vincent, ibid., p. 199.

que deux sortes de syllabes : la brève d'un temps et la longue
de deux. Ces valeurs temporaires y sont invariablement *fixes*,
comme l'enseigne Longin lorsqu'il dit dans son troisième fragment : « Le mètre diffère encore du rhythme en ceci, que le
» mètre n'emploie que deux temps fixes, le temps long et le
» temps bref (1). » Sans cela, dit M. Vincent que je me plais à
citer, « la mesure rhythmique ne serait plus autre chose que la
» mesure métrique ; en d'autres termes, il n'y aurait plus pro-
» prement de rhythme (2). »

Saint Augustin nous apprend que le moindre mètre est de deux
pieds, et que le plus grand ne peut pas en avoir plus de huit :
Metrum incipit a duobus pedibus... ; *octo pedes non excedit* (3). Le
plus petit pied doit être de deux brèves (le *pyrrhique*), et le plus
grand, de quatre longues (le *dispondée*). La dernière syllabe
d'un mètre est indifférente, à cause du silence qui le termine
toujours (4).

On peut poser des silences non-seulement à la fin du mètre,
mais encore au commencement et partout où le besoin s'en fait
sentir pour l'égalisation des divers pieds (5). Il faut cependant
que ce soit après un mot complet, ayant une dernière syllabe
longue.

(1) M. Vincent, *Notice*, pp. 159-160.
(2) Ibid., p. 159.
(3) *De musica*, p. 107.
(4) « Non absurde illi (*judices grammatici scilicet*) ultimam sylla-
» bam metri, seu longa seu brevis sit, nihil ad rem pertinere volue-
» runt : ubi enim finis est, silentium sequitur, quantum ad ipsum
» metrum attinet quod finitur. » (Saint Augustin, ibid., p. 110.) —
« Ultima syllaba indifferenter est accipienda. » (Id., ibid.)
(5) Saint Augustin, *De musica* : « Non solum in fine, sed etiam
» in capite metrorum » (p. 133). — « Non solum in fine, sed et
» ante finem » (p. 135). — Cf. l'*Analyse* de M. Vincent, p. 13.

Le mot *vers* peut servir à désigner un simple mètre ; mais, ajoute saint Augustin, autre chose est d'employer un mot d'une manière impropre, autre chose est de l'employer d'une manière rigoureuse (1). Or, pour que le mètre soit rigoureusement un vers, que faut-il ? une seule chose : une *incision*, une *césure* qui le partage en deux membres à peu près égaux, et dont le dernier soit invariablement composé d'un nombre impair de demi-pieds. Ceci doit surtout s'entendre d'un vers isolé.

Je ne prolongerai pas davantage cette digression sur l'antique notion du rhythme et du mètre. Ceux qui voudront étudier cette importante matière dans tous ses détails, pourront recourir aux ouvrages du savant académicien que j'ai cité dans cette rapide analyse : la question y est traitée vigoureusement et de main de maître, et mes lecteurs s'empresseront, comme moi, de se ranger au nombre des disciples d'un homme qui a su jeter des clartés si vives sur une théorie que le temps avait complétement embrouillée.

D'après ce qui précède, il me paraît évident que Dom Jumilhac est resté dans la vérité la plus rigoureuse, en rangeant certaines pièces de la liturgie musicale, soit dans la classe des chants rhythmiques, soit dans celle des chants métriques.

Au moyen âge, les musicistes grégoriens faisaient un fréquent appel aux règles de l'accentuation. On lit, dans les *Instituta Patrum* publiés par Gerbert, cette phrase remarquable : « *Accentus* » *verborum non negligatur, quia exinde permaxime redolet intelle-* » *ctus* (2). » Bernon, abbé de Reichenau en Souabe, au commencement du xie siècle, parle également d'accent latin (3). La riche bibliothèque de la Faculté de médecine de Montpellier possède, sous le n° H 322, un traité écrit au xiie siècle environ ; il

____

(1) Saint Augustin, *ibid.*, p. 153. Le saint docteur donne l'étymologie du mot *Vers*, p. 157.

(2) *Scriptores*, tom. I, p. 6.

(3) Ibid., tom. II, p. 77.

commence au fol. 42 verso et porte ce titre : *Incipit opusculum de accentibus.* Un magnifique manuscrit en minuscule caroline, du ixe siècle, repose à la bibliothèque du séminaire d'Autun, et contient les ouvrages du grammairien Priscianus (n° 40* du catalogue rédigé par M. Libri). Il y a aussi un *Priscianus de accentibus*, du xive siècle, à la Faculté de médecine de Montpellier (H. 162). Des monuments du même genre existent, et en assez grand nombre, dans presque toutes les bibliothèques publiques; mais l'un des plus remarquables et des plus précieux, sans contredit, est celui que possède M. Jules Renouvier, savant archéologue de Montpellier, qui a eu l'extrême bienveillance de me le prêter longtemps pendant mon séjour dans cette ville. C'est un petit manuscrit qui provient du couvent des Chartreux de Villeneuve près d'Avignon; au fol. 44, il y a un traité écrit en vue du plain-chant sous le titre d'*Apotheca regularum accentualis disciplinæ;* à la suite, on trouve un riche répertoire des diverses manières de chanter les leçons de matines, les *Gloria Patri* des introïts et des invitatoires, les intonations psalmodiques, les épîtres, les évangiles, les oraisons, etc., etc. Ce manuscrit est du xive siècle.

Il est donc incontestable que les chantres médiévistes étudiaient les règles de l'accentuation latine. Apparemment, c'était pour en faire quelque usage. Or, on a vu que l'observation de ces règles n'avait pas lieu dans le chant des introïts, des graduels, des traits, des offertoires, des communions, des répons et des antiennes. Il faut donc, de toute nécessité, la chercher dans les mélodies que Dom Jumilhac appelle *rhythmiques* et *métriques*, sous peine de ne la trouver nulle part.

Et d'abord, le moyen âge soumettait à l'accent tonique le chant des psaumes et des morceaux de la même espèce. C'est dans ce sens que les *Instituta Patrum*, cités plus haut, prescrivent de ne point négliger les règles de l'accentuation : « *In » omni textu lectionis, psalmodiæ vel cantus* (ejusdem scilicet na- » *turæ*), *accentus sive concentus verborum non negligatur.* » C'est

dans ce sens encore que le moine Hucbald déclare, à la fin de
son opuscule sur la psalmodie, que cette sorte de chant, grâce à
l'accent tonique, doit produire le *rhythme* des Grecs et le *nombre*
des latins : « *Quæ canendi æquitas rhythmus græce, latine dicitur
» numerus* (1). » Cela se conçoit : si l'on en excepte le commencement, le milieu et la fin des versets, la psalmodie n'offre qu'une
série indéterminée de notes à l'unisson qui, sans être du chant ou
de la simple prose parlée, participe cependant de la parole et du
chant. Le mouvement de la voix n'y est point continu comme
dans le discours, ni discontinu comme dans la musique ; l'accentuation y produit des valeurs différentes de quantités syllabiques,
mais ces valeurs échappent à la symétrie du rhythme musical et
à celle du mètre, par leur mélange purement arbitraire : en
sorte que s'il y a rhythme, c'est dans un sens qui ne se rattache
pas directement à l'une des trois divisions de la rhythmique des
anciens. Mais aussitôt que les *teneurs unissoniques* font place,
dans la psalmodie, à des groupes de notes qui revêtent la nature
d'un vrai chant, le rhythme cesse, l'accentuation disparaît, et
l'égalité des notes se fait sentir comme dans le système grégorien pur : ces groupes, dépourvus de rhythme, annoncent surtout la médiante et la finale de chaque verset, et les rendent
ainsi plus distinctes, plus sensibles, plus saisissables. Or, ne
serait-ce pas là une réminiscence de la psalmodie des anciens
Hébreux? Les Pères de l'Eglise nous apprennent que le mot
Sela (en grec διάψαλμα), qui se rencontre assez souvent dans
le texte original des psaumes, signifie : *cantus seu melodiæ quædam immutatio* (2), et M. Vincent, dans sa traduction du *Manuel
de l'art musical* par un auteur grec anonyme, pense que les mots
διαψηλάφημα, διάψαλμα, *sela*, indiquaient des *phrases mélodiques
dépourvues de rhythme*, c'est-à-dire, *une sorte de plain-chant* (3).

(1) Gerberti *Script.*, tom. I, p. 228.
(2) Gerberti *De cantu et musica*, tom. 1, p. 5.
(3) *Notice sur trois manuscrits grecs*, p. 50, et Note 0, pp. 218-219.

Quoi qu'il en soit, les éditeurs des nouveaux livres de chant de Reims et de Cambrai ont compris qu'autrefois l'accent n'était pas observé aux médiantes et aux finales de la psalmodie, d'après cet important passage des *Instituta Patrum* : « *Omnis tonorum* » *depositio in finalibus* MEDIIS *vel* ULTIMIS, *non est secundum* AC- » CENTUM VERBI, *sed secundum* MUSICALEM MELODIAM TONI *fa-* » *cienda......; musica in finalibus versuum per melodiam subprimit* » *syllabas, et accentus sophisticat, et hoc maxime in psalmo-* » *dia......* (1). » S'armant de ce texte, ils combattent les théoriciens modernes qui défendent d'élever la voix sur la dernière syllabe, ou sur la syllabe dactylique, ou sur un monosyllabe dans le chant des psaumes : « De là, disent-ils, ces règles nom- » breuses et obscures; ces exceptions plus nombreuses et plus » obscures encore, qui ont rendu la psalmodie très-difficile. On » peut dire *a priori* que ces règles sont arbitraires, parce que la » psalmodie, le chant populaire par excellence, n'a jamais pu » être embarrassée de pareilles entraves (2). »

En 1846, j'avais fait les mêmes remarques : « Pour qui- » conque a tant soit peu étudié l'histoire de la musique reli- » gieuse, disais-je alors, il est un point qui est comme la syn- » thèse des faits psalmodiques : c'est que le chant des psaumes, » devant être réalisé par les masses, exige une exécution exces- » sivement simple et facile. Aussi, lorsque l'on consulte les plus » anciens traités de psalmodie, on n'y aperçoit pas le moindre » vestige de systèmes, ni de ces difficultés que les modernes ont » accumulées à plaisir (3). » — Et j'invoquais également l'auto- torité des *Instituta Patrum.*

(1) Gerberti *Scriptores*, tom. 1, p. 7.

(2) Mémoire sur la nouvelle édition du Graduel et de l'Antipho-naire romains, Paris, in-8°, 1852, p. 70.

(3) *Du plain-chant parisien. Examen critique des moyens les plus propres d'améliorer et de populariser ce chant*, Paris, in-8°, 1846, chez Perisse frères (p. 16).

Toutefois, je dois l'avouer ici, Dom Jumilhac me semble avoir compris les origines de la psalmodie, mieux qu'aucun auteur moderne. Le docte bénédictin a fait preuve d'une grande érudition et d'une sagacité rare, en nous montrant la vraie nature du chant des psaumes et la vraie manière dont on l'exécutait au moyen âge. Sans doute, on *sophistiquait* alors l'accentuation à la médiante, à la finale (et l'on aurait pu ajouter *à l'intonation*) de chaque verset; mais en vertu de quel principe avait lieu cette infraction aux lois de l'accent (1)? c'est ce que l'on ne savait pas, ou du moins c'est ce dont on n'avait pas une idée bien nette, bien précise.

Avant la fin du xvɪᵉ siècle, la notation des manuscrits n'offrait aucune trace de quantités de prosodie dans la partie rhythmique du chant des psaumes, des leçons, des épîtres, des évangiles, etc.; et c'est un grand sujet de scandale pour les puristes modernes, qui ne comprennent pas que l'accentuation peut être observée avec le seul secours du texte, sans qu'il soit absolument nécessaire de l'indiquer dans l'écriture musicale.

Après le concile de Trente, la quantité prosodique s'introduisit dans le plain-chant, là où saint Grégoire l'avait impitoyablement sacrifiée; mais elle ne fut point appliquée à certaines portions de la psalmodie, à celles-là mêmes que Dom Jumilhac veut que l'on exécute *en chant grégorien*, c'est-à-dire, en notes égales et sans égard au rhythme produit par l'observation de l'accent latin. Je ne sais si les liturgistes de cette époque se rendirent bien compte de leur conduite en cette circonstance; ce qu'il y a de certain, c'est que les puristes modernes en furent encore scandalisés : ils accusèrent de négligence, d'ignorance même, tous les nouveaux éditeurs de livres de plain-chant; la discorde se glissa dans les rangs de l'armée des chantres et des théoriciens, et l'on eut, dans le même volume, les preuves les moins

(1) *Accentus infringatur* (Instituta Patrum, ap. Gerb. *Script.*, tom. I, p. 7).

équivoques de la pluralité des collaborateurs qui l'avaient rédigé, en y voyant côte à côte les versions les plus disparates d'un même chant psalmodique.

Citons un exemple, sans cela on pourrait peut-être ne pas nous croire, tant la chose est singulière!

Nous le prendrons dans le Graduel de Douillier, édition in-12 de 1851, et dans celui de Perisse frères, in-18 cliché, portant aussi la date de 1851 sur le titre que l'on renouvelle de temps en temps.

Or, voici comment y est traitée la fin du *Gloria Patri* des introïts du premier mode :

(Douillier, p. 13 ; Perisse, p. 11.)

Se-cu-lo- rum. A-men.

(Douillier, p. 23 ; Perisse, p. 13.)

Se-cu-lorum. Amen.

(Douillier, p. 425 ; Perisse, p. 383.)

Se-cu-lo-rum. A-men.

(Douillier, p. xx ; Perisse, p. xxv.)

Secu- lo-rum. A- men.

La première question qui se présente au restaurateur du plain-chant, relativement aux compositions rhythmiques de la liturgie, doit donc avoir pour objet la distinction faite par Jumilhac.

Faut-il maintenir cette distinction dans la réforme *pratique* que l'on fera subir à nos livres de chœur? — Je ne le pense pas, à moins qu'on ne veuille tomber dans une évidente contradiction. On a reconnu la nécessité de soumettre aux lois de l'accentuation latine les morceaux vraiment grégoriens, du moins dans de certaines limites ; pourquoi donc refuserait-on d'y assujétir aussi les fractions de chant qui, dans le genre rhythmique, appartiennent au système pur de saint Grégoire? Nier cette seconde nécessité, ne serait-ce pas nier la première? ne serait-ce pas tomber, comme je l'ai dit, dans une inconséquence flagrante?

La question me paraît donc résolue; mais je crois que c'est à une condition : il faudra que les membres de plain-chant qui se trouvent dans les morceaux rhythmiques, conservent, en recevant l'accentuation, la *parfaite régularité* qu'ils avaient auparavant, alors qu'ils n'étaient soumis à aucun rhythme, à aucune quantité de syllabe, à aucune loi de prosodie.

On va me comprendre par un exemple, que je prends dans le chant du psaume et du verset des introïts appartenant au premier mode.

Voici d'abord comment les Chartreux notaient le *Gloria Patri* de ce mode, d'après le précieux manuscrit de M. Jules Renouvier :

INTONATION :　　　　　MÉDIANTE :　　　　FINALE :

Le chant du psaume est établi sur ce modèle avec l'exactitude d'une correspondance parfaite dans le *Graduel* des Chartreux, dont je possède une belle copie, écrite en 1615, par Jacques Le Malle, religieux profès de cet ordre (1). Voici quelques

______

(1) L'édition de ce Graduel, qui a paru à Castres en 1756 et que M. Duval cite dans ses *Etudes sur le Graduale romanum* de 1851, est entièrement conforme à cette copie.

exemples qui viennent à l'appui de ce fait important, et que je donne d'après mon manuscrit :

INTONATION :   MÉDIANTE :   FINALE :

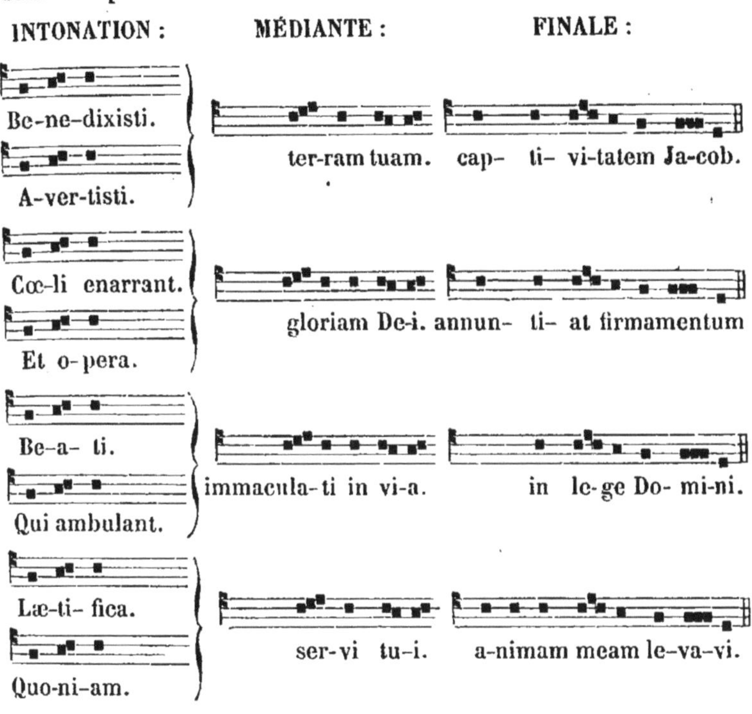

Quelle concordance! quelle symétrie!

Veut-on savoir maintenant jusqu'à quel point l'introduction de l'accent tonique a troublé cette concordance et cette symétrie? Il suffit, pour cela, d'ouvrir l'édition du Graduel romain, publié par M. Duval, sous les auspices de Mgr le cardinal-archevêque de Malines. Le nouvel éditeur n'avait point à se préoccuper des entraves qu'apporte toujours la simple réimpression d'un livre de plain-chant : réformateur, il possédait toute sa liberté d'action, et n'avait d'autre joug à subir que celui des monuments de l'art qu'il était chargé de faire revivre dans toute leur splendeur. Et cependant, comment a-t-il rempli cette belle et sainte mission que lui assignait la science? Ce n'est pas le moment de répondre, d'une manière complète, à cette question délicate : tout ce que je puis dire, c'est que si l'on compare les passages que j'ai tirés des livres carthusiens avec les passages analogues qu'a publiés M. Duval, on est frappé d'étonnement à la vue des bigarrures et des fantaisies capricieuses qu'il a données au public pour des restaurations de bon aloi.

On sera de mon avis, lorsque j'aurai donné des preuves de cette assertion. Je demande donc la permission de les produire ici :

Dans ces passages, le chant présente des coupures si bizarre-
ment arbitraires, qu'il se transforme à chaque intonation et à
chaque finale. C'est à ne pas y croire. Protée est vaincu.

Les mêmes fragments offrent un peu plus de régularité dans
le Graduel de Reims et de Cambrai. Cependant l'autorité des
Chartreux aurait pu dispenser les éditeurs d'écrire l'*immaculati
in via* de cette manière :

immaculati   in vi–a.

Je ne vois pas, non plus, pourquoi les éditeurs de Reims et
de Cambrai n'ont pas suivi, purement et simplement, la méthode de psalmodie carthusienne, puisque, d'une part, ils
avouent que *le chant grégorien se trouve conservé* (dans les livres
des Chartreux) *avec plus de fidélité que partout ailleurs* (1), et
que, d'autre part, ils proclament hautement ce principe : « Dans
» les médiantes et les finales, on ne doit nullement s'inquiéter
» de l'accent, et nous avons agi en conséquence (2). »

En ce qui concerne l'accent dans les intonations, les médiantes et les finales, les éditeurs de Reims et de Cambrai ont
archéologiquement raison; mais, *pratiquement,* ils ont tort, et je
pense l'avoir prouvé, en insistant toutefois sur la nécessité de ne
point troubler, par l'introduction de l'accent, la parfaite symétrie qui existait anciennement dans les parties *diapsalmatiques* du
chant des psaumes et des pièces de la même nature.

La seconde observation que j'ai à faire sur les mélodies rhythmiques, concerne la pratique elle-même de l'accentuation. On ne
doit point oublier que ces sortes de mélodies forment un genre
mixte entre la musique et le discours parlé. Or, sans blesser les
règles générales tracées par les grammairiens antiques, ce genre
doit d'abord admettre, selon moi, un peu de liberté pour la

(1) *Graduale romanum*, Introduction, p. 2.
(2) *Mémoire*, p. 71.

prononciation des mots de deux syllabes. Prétendre que la première syllabe en est toujours longue, parce qu'elle doit porter l'accent tonique, c'est rendre souvent insupportable la lecture du texte et donner au chant une excessive lourdeur. Personne ne s'avisera, je crois, de psalmodier ou de prononcer un texte non métrique, de la manière suivante :

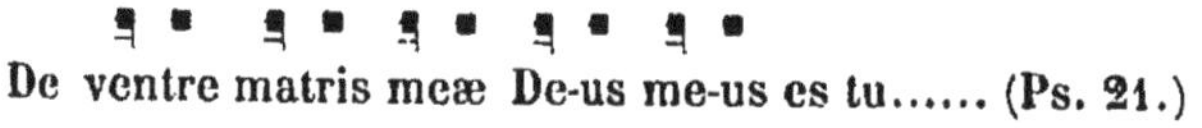

De ventre matris meæ De-us me-us es tu...... (Ps. 21.)

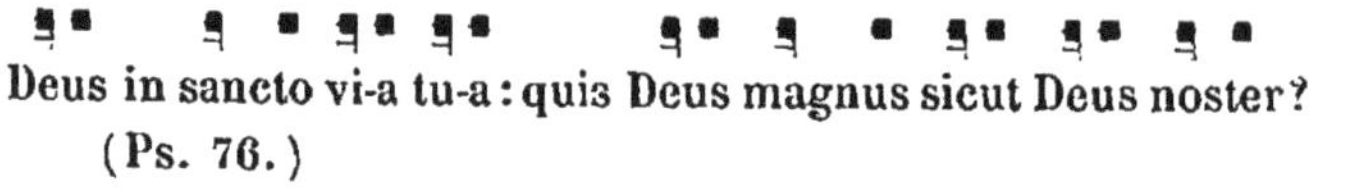

Deus in sancto vi-a tu-a : quis Deus magnus sicut Deus noster?
(Ps. 76.)

Rien ne serait plus gauche ni plus insipide.

On a vu plus haut que Kircher donne ici quelque latitude aux musiciens. Pourquoi ceux-ci n'en profiteraient-ils pas? Saint Augustin dit positivement : « Si eo loco, ubi duas longas syllabas » poni decet, hoc verbum *cano* posueris, et primam quæ brevis » est, pronuntiatione longam feceris, *nihil musica omnino suc-* » *censet* (1). » Cet exemple d'un mot de deux syllabes est curieux sous la plume du saint docteur, et sans trop l'exagérer, on voit qu'il peut trouver sa place dans la question présente. Mais voici qui est plus positif : Guidetti va nous apprendre comment on prosodiait à Rome, à la fin du xvie siècle, les mots dissyllabiques dans la psalmodie. On sait que cet auteur note tous les premiers versets de chaque psaume dans son livre intitulé : *Cantus ecclesiasticus officii majoris hebdomadæ,* — pratique fort sage que d'autres éditeurs plus modernes ont généralisée, notamment Clément Plomteux (2) et M. Edmond Duval (3). Or, Guidetti nous fournit

(1) *De Musica*, lib. 2, cap. 1, pp. 49-50 de l'édition in-12 de Gaume frères. — Cité par Jumilhac, nouv. édit., p. 142.

(2) *Manuale cantorum sive antiphonale romanum,* Liége, in-8°, 1787.

(3) *Vesperale romanum*, Malines, in-8°, 1848.

une foule de leçons qui justifient pleinement les assertions du
P. Kircher. En voici quelques-unes :

Contra legem (p. 14.)

Magnum nomen ejus (p. 18.)

Voce me-a ad De-um (p. 19.)

Salus me-a (p. 45.)

Neque in i-ra tu-a (p. 52.)

Dixi Domino, Deus meus (p. 80.)

In monte sancto ejus (*ibid.*)

Causam meam de gen-te non sancta (p. 96.)

Va-dam ad portas (p. 97.)

Dabis sanctum tuum (p. 98.)

M. Duval a suivi les mêmes principes, et je l'en félicite. Dans
divers écrits de polémique, l'un de ses collaborateurs avait rappelé la règle de Quintilien et de Cicéron relative à l'accentuation
des mots dissyllabiques; mais, par une heureuse inconséquence,
la rédaction du *Vesperale* de Malines a laissé un peu de côté cette
règle trop absolue, pour faire quelques concessions à la méthode romaine de Guidetti. On peut s'en convaincre par les
exemples suivants, que je ne veux pas trop multiplier :

Sede a dextris meis (p. 25.)

Di-co e-go o-pe-ra me-a (p. 35.)

Magnum nomen e-jus (p. 163.)

Secundum magnam (p. 225.)

Lauda De-um tuum Si-on (p. 369.)

Omnes gentes (p. 391.)

J'insiste sur ce point, et l'on en sera peut-être surpris; pour peu, cependant, que l'on veuille y prendre garde, on ne tardera pas à se convaincre que cette petite question est d'une grande importance, parce qu'il faut la résoudre à chaque instant, soit dans la psalmodie, soit dans les autres espèces de chant que Jumilhac appelle *rhythmiques.*

L'accentuation des dictions finissant par un dactyle, un trochée ou un spondée, mérite aussi quelques observations particulières et pratiques. Ordinairement, on chante ou l'on prononce ces mots de cette manière :

Magni-fi-catus est.

In-venerunt.

Cruci-fi-ge.

Sans blâmer cette méthode qui est assez générale, et qui peut être bonne en certains cas, pour varier la rhythmoïde de quelques phrases où abondent les pyrrhiques et les spondées, j'avoue cependant que je lui préfère le système qui n'admet, pour ces mots, qu'un seul accent aigu, avec la faculté de regarder la dernière syllabe comme douteuse.

On trouve, dans l'ouvrage déjà cité de Guidetti, beaucoup

d'exemples qui prouvent l'emploi fréquent de ce dernier système
à Rome. Citons encore :

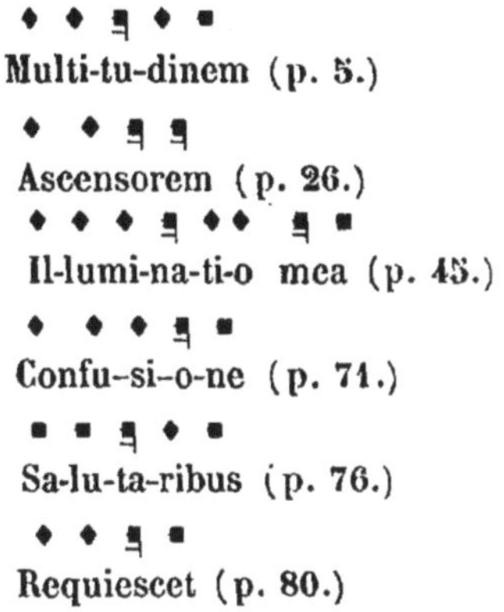

Multi-tu-dinem (p. 5.)

Ascensorem (p. 26.)

Il-lumi-na-ti-o mea (p. 45.)

Confu-si-o-ne (p. 71.)

Sa-lu-ta-ribus (p. 76.)

Requiescet (p. 80.)

Je prévois une objection, et, d'avance, je la déclare fort sérieuse et fort grave. On reconnaîtra sans peine les avantages que
la rhythmoïde peut recueillir de l'application des règles qui
viennent d'être données, et de celles qu'il est facile d'y ajouter
encore. Mais comment les faire passer dans la pratique? comment y façonner des chantres qui, loin de comprendre le latin,
savent tout au plus le lire? comment, par exemple, leur apprendre à prononcer un dissyllabe, tantôt comme un pyrrhique
ou un spondée, tantôt comme un trochée, tantôt comme un
ïambe? n'est-il pas plus facile de leur dire : *Vous accentuerez toujours la première syllabe d'un mot dissyllabique?* et pour suivre une
autre marche, ne faudrait-il pas noter *in extenso* tous les psaumes
dans tous les tons? or, cela serait-il facile, possible même?

Voilà l'objection. — J'aime à me la présenter dans toute sa
force. On va voir qu'elle n'est rien moins qu'insoluble, malgré sa
gravité.

Et, en effet, sur quoi roule ici le point difficile, le véritable
nœud gordien de l'objection? Il ne peut s'agir de l'accentuation
des mots polysyllabiques : ces mots ne portant qu'un accent dans
les livres bien imprimés de liturgie, il est extrêmement aisé de

ne faire longue que la particule qui porte accentuation, et de couler assez légèrement sur les autres portions du mot. Quant aux dictions de deux syllabes, on ne les accentue pas, et c'est peut-être un tort : car rien au monde ne serait plus commode, au point de vue du chant, que d'accentuer alors la syllabe sur laquelle la voix doit appuyer un peu, et de prévenir les exécutants que les deux syllabes sont à peu près égales en valeur temporaire, toutes les fois qu'aucune d'elles n'est accentuée. Quoi de plus simple ? rien assurément; mais l'habitude s'y oppose, et je ne sais trop si le préjugé cèdera jamais sa place à l'innovation que je viens de proposer.

Quant à noter les psaumes dans tous les tons, il y a longtemps que je caresse cette idée comme une espérance qui se réalisera tôt ou tard.

En 1846, j'écrivais à Monseigneur Affre, glorieux martyr de Paris : « — Je voudrais que ce qu'il y a de plus populaire dans » le chant religieux fût à la portée du peuple et des enfants. Et » je crois que pour obtenir ce résultat désirable, l'autorité ecclé- » siastique ne ferait pas mal de renfermer, dans une espèce de » *Psalterium*, le chant des principaux psaumes à l'usage des cho- » ristes et des fidèles, avec tous les versets notés d'après les » huit tons ou modes. C'est la seule partie des offices divins, » Monseigneur, qui soit livrée à l'arbitraire, et il serait bien » temps, ce me semble, de faire cesser un semblable état de » choses (1). »

Examinons un peu cette question.

Pour permettre aux chantres et aux fidèles d'exécuter avec ensemble et précision tous les psaumes des vêpres et des complies, pendant toute l'année, combien faudrait-il noter *in extenso* de psaumes et de cantiques ?

Vingt-trois psaumes et deux cantiques; savoir :

Cum invocarem (ps. 4.)

____

(1) *Du plain-chant parisien*, p. 17.

In te Domine speravi (ps. 30.)

Qui habitat in adjutorio (ps. 90.)

Dixit Dominus (ps. 109.)

Confitebor tibi Domine (ps. 110.)

Beatus vir, qui timet Dominum (ps. 111.)

Laudate pueri Dominum (ps. 112.)

In exitu (ps. 113.)

Credidi, propter quod (ps. 115.)

Ad Dominum cum tribularer (ps. 119.)

Lætatus sum (ps. 121.)

In convertendo Dominus (ps. 125.)

Nisi Dominus ædificaverit (ps. 126.)

Beati omnes (ps. 127.)

De profundis (ps. 129.)

Memento Domine David (ps. 131.)

Ecce nunc benedicite (ps. 133.)

Confitebor tibi Domine (ps. 137.)

Domine probasti me (ps. 138.)

Eripe me Domine (ps. 139.)

Domine clamavi (ps. 140.)

Voce mea ad Dominum (ps. 141.)

Lauda Jerusalem Dominum (ps. 147.)

Nunc dimittis.

Magnificat.

Or, ces psaumes et ces cantiques, entièrement notés, présenteraient un total de 145 morceaux et formeraient un petit volume de 200 pages environ. Il suffit, pour s'en convaincre, de jeter un coup d'œil sur le tableau suivant :

Cum invocarem : 8 G.

In te Domine speravi : 8 G.

Qui habitat : 8 G.

Dixit Dominus : 1 a, *a*, f, g, J. — 2 D. — 3 a, *a*. — 4 E. — 6 F. — 7 a, *a*, c, ç, d. — 8 c, G.

Confitebor tibi Domine : 1 a, f, g, J. — 2 D. — 3 a. — 4 E, g. — 7 a, b, c, ç, d. — 8 G.

Beatus vir : 1 a, *a*, f, g, J. — 3 a. — 4 E, g. — 5 a. — 7 a, c, ç, d. — 8 c, G.

Laudate pueri : 1 A, a, *a*, g. — 2 D. — 3 a. — 4 E, *E*. — 5 a. — 7 a, c, ç, d. — 8 c, G.

In exitu : 1 A, a. — 2 D. — 3 a. — 4 E. — 5 a. — 7 ç. — 8 G.

Credidi : 1 *a*, f. — 2 D. — 3 a, *a*, c. — 4 E, *E*. — 5 a. — 7 a. — 8 c, G.

Ad Dominum : 2 D.

Lætatus sum : 2 D. — 3 a, *a*, c. — 4 E. — 6 F. — 8 G.

In convertendo : 1 f. — 7 a, ç. — 8 c, G.

Nisi Dominus : 1 f. — 4 E. — 7 ç. — 8 G.

Beati omnes : 4 E.

De profundis : 4 E.

Memento Domine David : 7 c. — 8 G.

Ecce nunc benedicite : 8 G.

Confitebor : 3 *a*. — 7 c.

Domine probasti me : 1 f. — 2 D. — 3 a. — 7 a, c, ç. — 8 c.

Eripe me Domine : 3 *a*.

Domine clamavi : 8 G.

Voce mea : 5 a.

Lauda Jerusalem : 1 *a*. — 2 D. — 3 a. — 4 E, *E*. — 5 a. — 7 a, c. — 8 G.

Nunc dimittis : 3 a.

Magnificat : 1 a, *a*, f, g, J. — 2 D. — 3 a. — 4 E, *E*. — 5 a. — 6 F. — 7 a, b, c, d. — 8 c, G.

Dans cet ouvrage, plusieurs innovations importantes permettraient aux chantres et aux fidèles de psalmodier avec toute la précision possible, avec un ensemble qu'on ne réalise nulle part.

La rhythmoïde, bien préparée et bien notée par un éditeur intelligent, ne laisserait place à aucune de ces bévues qui engendrent si souvent la confusion et le désordre, dans les chœurs même les mieux organisés.

Le sens du texte ressortirait mieux, grâce au chant nettement arrêté sur chaque syllabe, sur chaque mot, sur chaque période.

Les respirations souvent indispensables entre l'intonation et la médiante, comme aussi entre la médiante et la finale, seraient indiquées par les petites barres qui traversent une partie des portées, et dont le rôle ne doit pas être de séparer chaque diction, mais bien de marquer les coupures mélodiques (1).

(1) Les barres *séparant chaque mot* sont une innovation qui a une date fort récente, et que l'on a malheureusement introduite dans la notation de tous les livres de plain-chant. Elle ne se comprend que dans les éditions où les syllabes de chaque mot sont isolées et sans traits-d'union, comme on peut le voir dans le *Graduale* et le *Manuale cantorum* de Plomteux. Encore faut-il avouer que cette raison, qui est bonne pour le texte, est très-mauvaise pour le chant, car, entre deux signes de ponctuation, la mélodie peut être plus ou moins étendue; il faut la fractionner pour reprendre haleine; or, cette opération, entièrement abandonnée à l'arbitraire des chantres, a fini par produire partout des résultats d'exécution fort désastreux pour le plain-chant. Il semble que l'on ait accumulé, comme à plaisir, les moyens de rendre impossible toute exécution convenable de ce chant. Cependant, depuis l'invention de l'imprimerie jusqu'à nos jours, il y a eu des artistes habiles qui ont protesté contre le système typographique que je combats ici. C'est ainsi, par exemple, que Guidetti n'admettait les barres que *comme signe de respiration :* « *Notandum*, dit-il en tête de son *Directorium chori*, — *notandum plurimas lineas in hoc libro esse ductas hujus generis* ▮▮▮▮ *Ilæ significant, ut quoties in cas quis inciderit, ibi spiritum possit resumere, nec ob id sensum interrupisse putabitur.* » Cette règle et cette pratique se trouvent également dans la Semaine-Sainte de cet auteur qui ne réunit pas même, par des traits-d'union, les diverses syllabes de chaque mot. A part cette dernière particularité, je citerai, comme ayant suivi la méthode de Guidetti, les diverses éditions anciennes du *Graduale* et de l'*Antiphonarium* de Nivers; le *Cantus missarum totius anni* et le *Cantus vesperarum totius anni* des Dominicains (Paris, in-4° gravé, 1704 et 1722); le *Graduale* et le *Vesperale* de M. Duval (Malines, 1848); le *Vespéral romain* in-18, imprimé à Paris en 1847; la dernière édition du *Graduel parisien* en un seul volume in-12, et deux nouvelles éditions du Graduel et du Vespéral à l'usage de Rome, qui s'impriment en ce moment, l'une

Le placement des syllabes aux médiantes et aux finales de chaque verset, deviendrait quelque chose d'excessivement facile. Ce placement finirait même par se graver dans la mémoire des moins capables.

La pratique du chant des psaumes en faux-bourdon gagnerait aussi beaucoup à la publication d'un Psautier noté entièrement. La teneur des parties harmoniques étant connue, il suffirait alors de l'adapter au chant de chaque verset que l'on aurait sous les yeux, avec tous les détails de l'intonation, du rhythme et des silences.

Mais n'insistons pas davantage sur l'utilité, sur la nécessité même du livre qui manque et dont on vient d'entrevoir le plan. Qu'il paraisse ou non, les vespéraux ordinaires n'en continueront pas moins à être ce qu'ils sont, c'est-à-dire, que les psaumes n'y seront pas notés *in extenso,* par la raison que ces sortes d'ouvrages doivent être portatifs et peu coûteux. Or, en dépit même de ces considérations impérieuses, les éditeurs ne pourraient-ils pas améliorer ce qui concerne la psalmodie?

Je crois pouvoir répondre affirmativement.

à Rennes et l'autre à Paris. Ces tentatives et quelques autres auraient dû faire réfléchir un écrivain moderne qui s'occupe de chant religieux, et qui a émis cette incompréhensible assertion : « J'ai mis » une barre de mesure après chaque mot pour guider, autant que possible, les respirations. D'ailleurs, le rhythme si varié du plain- » chant ne permet que ce mode de division.» Les éditeurs de Reims et de Cambrai ont voulu innover à tout prix : ils ont mis d'énormes barres de respiration après chaque fraction de groupe mélodique appartenant à une seule syllabe, en sorte que le chantre, voyant souvent les syllabes surmontées d'un grand nombre de ces barres, ne sait plus à quoi s'en tenir sur la manière de phraser régulièrement le texte lui-même. C'est à ne pas y croire! Mais je reviendrai plus tard sur toutes ces choses, et je me hâte, en conséquence, de terminer cette note un peu longue. En attendant, je renvoie au savant ouvrage de Dom Jumilhac, nouvelle édition, pp. 133-134.

On a déjà vu que la rhythmoïde peut s'indiquer, dans bien des cas, par la seule manière d'accentuer les dissyllabes. Il serait facile de donner de l'extension à ce système, et de le rendre ainsi plus utile. Ce serait déjà un immense avantage.

Les éditeurs du nouvel *Antiphonarium romanum* de Reims et de Cambrai ont noté, au commencement de chaque psaume, l'intonation et la finale. M. Duval a fait mieux encore : à l'exemple de Plomteux, il a noté tous les premiers versets psalmodiques. De cette manière, le psaume est commencé avec certitude, et le ton en est parfaitement établi sans effort et presque sans science musicale. Une longue expérience m'a démontré que c'est là un point fort important : presque toujours, *un psaume mal entonné est un psaume manqué*.

Feu l'abbé Caron, directeur du séminaire de Saint-Sulpice, liturgiste et plain-chantre très-distingué, a aussi introduit une amélioration considérable dans la dernière édition in-folio du psautier à l'usage de Paris. Cette amélioration est fort ingénieuse : elle consiste à placer un petit signe (") aux endroits où la ponctuation n'indique aucun repos et où il en faut cependant, soit pour permettre à la voix d'atteindre sans fatigue la médiante ou la finale, soit pour prévenir des coupures qui rendent le texte inintelligible ou ridicule ou indécent, comme par exemple :

> *Abraham et semini — ejus in sæcula.*
> *Domine Deus — virtutum quis similis — tibi?*
> *Ex utero ante — luciferum genui te.*

Ceux qui ont l'expérience de la conduite d'un chœur, savent que le plus petit membre même de verset psalmodique est rarement chanté d'un seul trait. Cela tient à plusieurs causes, mais surtout au petit nombre de chantres que possèdent nos lutrins, et à la nécessité dans laquelle les voix se trouvent alors de jeter le plus d'éclat possible pour dissimuler leur petit nombre.

Supposons un instant que l'on ait à prononcer ou à déclamer ces quelques mots : *Le Seigneur a dit à mon Seigneur : asseyez-vous à ma droite.* Il est certain que, dans la conversation, dans une

simple lecture et sans effort de voix, cette phrase pourra s'énoncer en deux périodes, c'est-à-dire, *en deux respirations*. Mais si
l'on sort tant soit peu des limites de la conversation, si la note
s'élève, s'il faut une certaine puissance de poumon, alors la
dualité périodique s'affaiblira et chaque période se partagera forcément en deux membres : *Le Seigneur a dit — à mon Seigneur :
asseyez-vous — à ma droite.* Enfin, s'il faut que cette phrase soit
entendue à l'extrémité d'un local parfois très-vaste, s'il faut en
quelque sorte la *crier* comme ferait un héraut-d'armes, forcément encore les respirations se multiplieront, et, bon gré malgré,
on criera : *Le Seigneur — a dit — à mon Seigneur : asseyez-vous —
à ma droite.*

Or, la psalmodie n'est ni une conversation en tête à tête, ni
un cri de héraut-d'armes : c'est quelque chose d'intermédiaire,
et, s'il faut tenir compte de la pauvreté de nos lutrins, il faut aussi,
autant que possible, tenir compte de la sainte destination de la
psalmodie, en réglant *les petits repos absolument nécessaires pour
la respiration*, comme le dit Léonard Poisson dans son *Traité
théorique et pratique du plain-chant appellé* (sic) *grégorien* (1). On
pourra se récrier contre ces indications de repos ; les puristes
pourront y trouver matière à discussion (et certes, il ne me sera
pas difficile d'avouer que souvent bien des indications plairont à
certaines personnes et ne plairont pas à d'autres), mais l'essen-

(1) Paris, in-8", 1750, p. 407. Ce précieux ouvrage ne porte point
de nom d'auteur. Léonard Poisson a été curé à Marchangis, au diocèse de Sens. Mon ami M. Le Clercq vient de découvrir de curieux
détails biographiques sur cet écrivain célèbre, qu'il ne faut pas confondre avec un curé du même nom et auteur d'une *Nouvelle Méthode
pour apprendre le plain-chant*, Rouen, 1789, in-8° de 223 pages.
Cet ouvrage n'a aucune valeur, tandis que le précédent est justement regardé, par M. Fétis, comme ce qu'on a publié de meilleur
en France sur le plain-chant, avec les traités de Dom Jumilhac et
de l'abbé Lebeuf (*Biographie univ. des musiciens*, tom. VII, p. 276).

tiel n'est pas ici d'obtenir une perfection absolue, qui n'est guère possible : il faut, avant tout, mettre obstacle à la déplorable exécution des chantres qui n'ont point fait d'études latines, et qui outragent, *malgré eux*, la langue liturgique de l'Eglise; il faut qu'ils ne puissent pas dire en latin : *Le Seigneur a — dit à mon — Seigneur : asseyez-vous à — ma droite;* il faut établir de l'uniformité, et, sous ce rapport, le système de M. l'abbé Caron me paraît préférable à toutes les règles vagues, générales, insaisissables, que l'on trouve dans les méthodes de plain-chant, règles que les nouveaux éditeurs de Reims et de Cambrai ont reproduites dans l'avertissement de leur *Antiphonarium romanum* et qui ne signifient absolument rien.

L'Eglise, d'ailleurs, autorise les coupures dont je défends en ce moment l'urgente nécessité, surtout à une époque où, comme on l'a très-bien dit, — « en France, on ne sait plus lire le la-» tin (1). » Par exemple, la liturgie catholique n'a certainement pas égard à la ponctuation, lorsque, prenant la première partie du troisième verset du psaume 97, elle dit :

ỹ. *Notum fecit Dominus, alleluia.*

℟. *Salutare suum, alleluia.*

Elle s'inquiète encore fort peu de la ponctuation, lorsqu'elle fait chanter :

*Magnificat * anima mea Dominum.*

Percipite regnum, alleluia, quod vobis paratum est, etc..

ỹ. *Dominus in cœlo, alleluia.* ℟. *Paravit sedem suum, alleluia.*

Il y aurait tout un volume à composer sur les preuves que l'Eglise elle-même nous fournit en faveur du système de M. l'abbé Caron; mais cela me paraît inutile dans un livre comme celui-ci, et je crois qu'il est préférable de répondre à une objection fondamentale que l'on soulève à propos de l'application de ce système au chant de la psalmodie.

(1) *Mémoire sur la nouvelle édition du Graduel et de l'Antiphonaire romains,* p. 69.

« On conçoit, dira-t-on, que le texte d'un psaume se chante
» facilement, avec l'indication des petits repos, *dans un ton*
» *donné;* mais en sera-t-il de même, si on veut l'adapter aux
» autres tons de la psalmodie, surtout lorsqu'il y a un repos
» avant les quatre dernières syllabes qui précèdent la finale? »

Cette objection n'en est pas une. Oui, dans tous les tons et
avec toutes les terminaisons ou différences, les mêmes repos
peuvent être observés. On peut en faire l'essai, en prenant des
exemples de repos indiqués suivant toutes les hypothèses imaginables. J'ose promettre que pas une seule difficulté sérieuse ne
viendra démentir mon affirmation, parce que les repos dont il est
ici parlé, ne sont que de simples aspirations et doivent à peine
être sensibles : il ne faut jamais les confondre avec les *pauses* qui
caractérisent, dans la psalmodie, les *cadences* de la médiation et
de la finale.

Pour compléter l'étude des chants psalmodiques, je n'ai plus
qu'une remarque à présenter à mes lecteurs; elle a rapport au
répertoire des formules qui diversifient la finale du chant des
psaumes dans les huit tons ou modes.

Voici, d'après le *Directorium chori* de Guidetti, la nature et
le nombre de ces formules, en usage à Rome (1) :

PREMIER TON :

(1) In-4°, édition de 1736, pp. CXIII-CXVI.

DEUXIÈME TON :

TROISIÈME TON :

QUATRIÈME TON :

CINQUIÈME TON :

SIXIÈME TON :

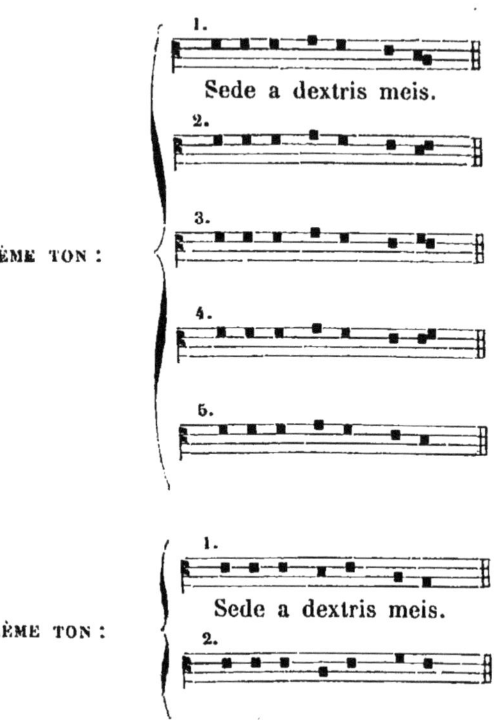

A la seule inspection de ce tableau, on est frappé de l'excessive pauvreté de la psalmodie des 2e, 5e, 6e et 8e tons. Et il faut remarquer ici, d'après M. l'abbé Lorenzo Berti, que la cinquième conclusion du premier ton n'est plus en usage à Rome depuis longtemps : « *Questa conclusione viene assegnata al primo tono dal* » *Guidetti, ma è da molto tempo andata in disuso* (1) »; que la quatrième différence du troisième ton n'est que très-rarement usitée : *Esempj rarissimi* (2); et que la cinquième cadence du

____

(1) *Regole di canto gregoriano.... proposte ai signori alunni del pontificio collegio Urbano* de propaganda fide, *dal sacerdote romano Lorenzo Berti,* etc., Roma, 1836, in-4' lithographié, p. 62.

(2) Ibid., p. 65.

septième ton n'est jamais employée dans le *Directorium* de Guidetti : *Non si trova mai usata nel Direttorio del Coro del Guidetti* (1). En sorte que les partisans du chant psalmodique romain, ceux en un mot qui suivent l'autorité de Guidetti, en sont réduits à DIX-NEUF FORMULES seulement pour les divers tons de toute la psalmodie.

J'avoue que je désirerais, sur cette importante matière, une révision complète du travail du célèbre élève de Palestrina. Sans doute, il ne faudrait pas pousser l'exagération jusqu'à demander, avec un auteur du XVIIe siècle, QUATRE-VINGT terminaisons psalmodiques, sous prétexte de variété (2). Il y a des limites à tout, et l'on peut, sans extravagance, désirer quelque chose de mieux, de moins incomplet que ce qui existe. Qu'est-ce qui empêcherait, par exemple, d'admettre, pour le cinquième ton, cette terminaison en usage à Milan : 𝄞━━━━━ (3) ? Ne pourrait-on pas ajouter aussi, avec les Chartreux, ces deux différences qu'ils emploient dans la psalmodie du huitième mode : 𝄞━━━━━ (4) ?

----

(1) Ibid., p. 70.

(2) « Voulant travailler à l'ornement et à l'embellissement du culte » Divin, aidez des Tons de Rome, de Paris, de quelques autres » Eglises Cathédrales, et de ceux qu'il a plû à Dieu de m'inspirer; » je me suis proposé de faire une Psalmodie Ecclésiastique complète » et parfaite, composée de 60. à 80. *Terminaisons* différentes, dont » il n'y en a pas une qui ne soit tres-raisonnable et qui ne convienne » fort bien au Chant de l'Eglise (*Nouvelle méthode pour apprendre le* » *plain-chant*, par le sieur Droüaux, Paris, in-8°, édit. de 1690, p. 87). — La ridicule encyclopédie psalmodique de cet auteur remplit vingt-cinq pages (90-140) !

(3) *La Regola del canto fermo ambrosiano*, par l'abbé Camille Perego, Milan, in-4°, 1622 : ouvrage imprimé après la mort de l'auteur, par ordre de saint Charles Borromée.

(4) Manuscrit déjà cité de M. Jules Renouvier.

Sous ce rapport, je crois que, dans une édition définitive de livres de chœur, il y aurait de véritables lacunes à combler; les monuments ne feraient pas défaut au zèle des érudits. Mais je n'insiste pas davantage, et j'arrive à la restauration des chants métriques de l'Eglise.

L'expression *Hymne* est d'origine grecque, comme l'a très-bien remarqué Anacletus Siccus, de Crémone, dans la préface de son livre intitulé : *De ecclesiastica hymnodia.* — « *Apud Græcos pro-* » *fanos*, dit-il, *hymnus accipitur pro carmine aliave metrica ora-* » *tione in honore numinis directa, et qui apud illos scripserunt car-* » *mina de Deo, sicuti habiti sunt theologi, inter quos insigniores* » *fuere Linus, Orpheus, et Trismegistus, ita appellati sunt Hymno-* » *graphi.* »

Philon, écrivain juif qui vivait au commencement du premier siècle de notre ère, dit que les chrétiens de son pays passaient les nuits et les jours à chanter des psaumes et des hymnes (1). Saint Denis l'Aréopagite, martyrisé en 95, confirme le même fait dans le quatrième chapitre de son livre *De divinis nominibus.* Paul de Samosate, élu patriarche d'Antioche en 260, fut condamné dans un concile tenu en cette ville quelques années plus tard, parce qu'il rejetait les psaumes et les hymnes chantés en l'honneur de Jésus-Christ dont il niait la divinité (2). Saint Ephrem de Nisibe, mort vers l'an 379, dit dans le deuxième chapitre de son livre sur la pénitence : — « *Festivitates nostras honoremus in psalmis, hymnis* » *et canticis spiritualibus.* » Socrate le Scolastique, né à Constantinople vers l'année 380, assure que, de son temps, l'usage de chanter des hymnes était universel dans l'Eglise d'Orient : — « *Illa* » *traditio in omnibus ecclesiis recepta est* (3). »

A la même époque, saint Hilaire de Poitiers composait une liturgie dans laquelle les hymnes occupaient une large place,

(1) *Lib. de supplicum virtutibus.*
(2) Eusebii *Hist.*, lib. VII, cap. XXIV.
(3) *Hist. eccles.*

comme l'assure saint Jérôme, son contemporain, dans le traité qu'il nous a laissé sur la vie et les écrits des auteurs ecclésiastiques. Mais le premier qui ait *régularisé* le chant des hymnes en Occident, fut saint Ambroise, l'illustre archevêque de Milan, vers la fin du ive siècle. Le diacre Paulin témoigne positivement de ce fait dans sa monographie du saint pontife, et celui-ci dit dans l'un de ses ouvrages : « On prétend que je séduis le peuple au » moyen de certaines hymnes que j'ai composées. Je n'en discon- » viens pas : J'ai en effet composé un chant dont la puissance est » au-dessus de tout, car quoi de plus puissant que la confession » de la Trinité? A l'aide de ce chant, ceux qui étaient à peine » disciples sont devenus des maîtres (1). » Et saint Augustin ajoute qu'en cela le pieux pontife imita la coutume des Eglises orientales : *Secundum morem orientalium partium* (2).

On a soutenu, dans ces derniers temps, que les hymnes n'avaient pas été introduites dans les offices de l'Eglise d'Occident antérieurement au xiie siècle. C'est là, dit-on, un point historique qui a été démontré par le cardinal Tommasi (*Præfat. ad Antiph.*) et le P. Mabillon (*Musæum ital.*, tom. 2, p. 128). « Cependant, » remarque M. Fétis, il est des hymnes composées par de saints » prélats, dont l'antiquité remonte jusqu'au ive siècle; mais il » paraît que leur usage était borné aux assemblées des fidèles » avant et après le prône, ou le cathéchisme, et aux réunions de » famille, comme, de nos jours, les cantiques (3). »

C'est aussi l'opinion de M. l'abbé Cloet. « Au dixième siècle, » dit-il, la liturgie romaine n'avait point encore d'hymnes. Les » offices se célébraient comme on les célèbre encore dans la Se- » maine-Sainte et la fête de Pâque. On prétend même que cette

(1) *Opusc. de Spiritu sancto*, in Epist. 31.

(2) *Confession.*, lib. IX, cap. VII. — Cf. Mabillon, *Liturgia galli- cana*, p. 381.

(3) *Des origines du plain-chant*, 8e article (*Revue de musique relig.*, année 1847, pp. 5 et 6.)

» forme a été conservée comme un monument de l'ancienne dis-
» position des offices sans hymnes. C'est donc seulement plus tard
» et peu à peu que les hymnes furent introduites dans la liturgie
» de Rome (1). »

Je crois avoir prouvé, en 1847, que les hymnes ont fait partie
intégrante de la liturgie occidentale peu après saint Ambroise (2).
Saint Augustin dit dans ses *Confessions :* — » Il n'y avait guère
» plus d'un an que Justine, mère du jeune empereur Valentinien,
» séduite par les ariens dont elle avait embrassé l'hérésie, avait
» persécuté votre serviteur Ambroise. Le peuple fidèle veillait jour
» et nuit dans l'église, prêt à mourir avec son évêque. Ma mère,
» votre servante, toujours la première dans le zèle et dans les
» veilles, était là, vivant, pour toute nourriture, de ses oraisons.
» Moi-même, froid encore, puisque je n'avais pas ressenti la
» chaleur de votre esprit, j'étais ébranlé par le spectacle de cette
» cité plongée dans le trouble et la consternation. Alors il fut
» ordonné que l'on chanterait des hymnes et des psaumes suivant
» la coutume des Eglises d'Orient, dans la crainte que le peuple
» ne succombât au chagrin et à l'ennui. Cet usage a été retenu
» jusqu'aujourd'hui, et dans toutes vos bergeries, *par tout l'uni-*
» *vers, l'usage en a été suivi* (3). » Sans doute, l'autorité de Tommasi et de Mabillon est grande dans le sujet qui nous occupe,
mais ces deux illustres érudits n'ont émis aucune doctrine définitive pour ou contre l'ancienneté des hymnes dans le culte catholique. Ils disent même, en faveur de l'antiquité des hymnes de la
liturgie d'Occident, que saint Benoît, né en 480, loue les hymnes
ambrosiennes dans sa *Règle*, et ordonne à ses religieux de les
chanter. Ils disent encore qu'Ulric ou Udalric, moine de Cluni,
né à Ratisbonne vers 1018, fait mention des *anciennes hymnes de*

(1) *De la restauration du chant liturgique*, p. 107.
(2) *De l'hymnologie catholique*, dans la *Revue du monde catholique*
(année 1847).
(3) *Loco sup. citat.*

l'*Eglise romaine*, dans l'ouvrage qu'il nous a laissé sur les *Coutumes* de son ordre. Il est vrai que Mabillon, en rapportant cette dernière assertion de Tommasi, ajoute sans aucun commentaire : « *Verum id de particularibus quibusdam Urbis ecclesiis vir doctus* » *interpretatur.* » — Ce mot *interpretatur* fait bien voir que Tommasi ne tranchait pas la question. Le docte Mabillon n'a pas été plus loin.

D'un autre côté, Durand, qui est certainement une imposante autorité du xiiie siècle, prouve que les hymnes étaient en usage dans les premiers siècles de l'Eglise latine, en invoquant la conduite de Gélase I, et les décisions des conciles d'Agde et de Tolède. Michel Prœtorius invoque le témoignage de Durand dans le premier volume de son *Syntagma musicum :* — « *Durandus*, dit-il, » *refert ex institutione papœ Galesii* (sic), *approbatione conciliorum* » *Toletani et Agathensis,* hymnos in divinis officiis esse decanta- » tos (1). » C'était aussi l'opinion du savant Labbe, comme on peut le voir dans sa collection des conciles (2), et du célèbre Martène, dans son ouvrage : *De antiquis Ecclesiæ ritibus* (3).

Le concile d'Agde ordonnait en 506 de chanter tous les jours des hymnes à matines et aux vêpres : « *Ut hymni matutini vel* » *vespertini diebus omnibus decantentur* (canon 30e). »

Le deuxième concile de Tours, en 567, est plus explicite encore. Après avoir formellement reconnu l'adoption des hymnes ambrosiennes, il déclare accepter aussi avec plaisir les hymnes des autres auteurs catholiques : « *Licet hymnos ambrosianos ha-* » *beamus in canone, tamen quia reliquorum sunt aliqui qui digni* » *sunt forma cantari, volumus libenter amplecti eos præterea, quo-* » *rum auctorum nomina fuerint in limine prænotata : quoniam quæ* » *fide constiterint, dicendi ratione non obstant* (4). »

(1) Wittemberg, in-4°, 1615, p. 69.

(2) Tom. V, pp. 1731-1732.

(3) Tom. III.

(4) XXIIIe canon cité par le P. Martène, dans le 3e vol. de son livre : *De antiquis Ecclesiæ ritibus*, Anvers (Milan, 2e édition), p. 27.

En 633, les Pères du quatrième concile de Tolède décidèrent que le chant des hymnes et des psaumes était fondé sur l'exemple du Sauveur et des apôtres : « *De hymnis et psalmis canendi pu-* » *blice in ecclesia, et Salvatoris, et Apostolorum habemus exem-* *plum* (1). » Pour bien comprendre toute l'importance de cette décision du concile de Tolède, il faut savoir que certains évêques rejetaient encore les hymnes à cette époque, parce que ces pièces liturgiques n'étaient fondées ni sur les canons, ni sur la tradition apostolique : « *Quos quidam specialiter reprobant pro eo quod de* » *Scripturis sanctorum canonum, vel apostolica traditione non exi-* » *stunt.* » Les Pères de Tolède prouvent que cette raison ne suffit pas pour rejeter de la *liturgie* le chant des hymnes, et EX-COMMUNIENT ceux qui l'en ont exclu. Voici leurs propres paroles : « *Componuntur hymni, sicut componuntur missæ, sive preces, vel ora-* » *tiones, sive commendationes, seu manus impositiones : ex quibus si* » *nulla decantentur in ecclesia, vacant omnia officia ecclesiastica....* » *Sicut orationes, ita et hymnos in laudem Dei compositos, nullus* » *vestrum ulterius improbet, sed pari modo Gallia, Hispaniaque* » *celebret : excommunicatione plectendi, qui hymnos rejicere fuerint* » *ausi* (2). »

Je demande s'il est maintenant possible d'admettre, qu'autrefois les hymnes n'étaient que des cantiques comme on en chante de nos jours, et si des conciles auraient *excommunié* ceux qui auraient refusé d'admettre des chants de pieuse fantaisie? Evidemment, une autorité supérieure et générale inspirait ces conciles, et cette autorité ne pouvait être que celle de Rome.

Avant d'aller plus loin, il faut que je dise aussi un mot des *proses* ou *séquences*.

« Par opposition aux hymnes, qui sont ordinairement en vers, » on donne le nom de *Proses* à une autre espèce de cantiques » liturgiques en prose rimée ou non rimée qui se chantent avant

(1) XIIIe canon cité par le P. Labbe, tom. V, p. 1709.
(2) *Ibid. ac supra.*

» l'évangile de la messe et quelquefois à vêpres, ou au salut qui
» les suit. Il y a cependant des proses en vers auxquelles le nom
» d'hymne conviendrait mieux, mais qu'on appelle également
» *proses*. Le vrai nom de ces compositions est celui de séquence,
» *sequentia*, parce qu'il exprime leur origine. Depuis les temps
» les plus reculés, l'*Alleluia* qui suit l'épître se termine par une
» suite de notes sur la dernière lettre. Ce son de joie qui semble
» avertir de l'impuissance où est la créature de chanter dignement
» le Créateur, selon la pensée de saint Augustin, s'appelle *neume*,
» *air, souffle*. A ces notes sans paroles, on substitua des cantiques
» nommés *séquences* (1). »

C'est pourquoi, suivant certains auteurs, on ne devrait pas admettre le *Dies iræ* à la messe des morts, parce que l'*Alleluia* n'y précède point cette prose (2); mais cette raison purement étymologique n'a aucune valeur en présence d'un fait sanctionné par l'autorité de l'Eglise elle-même.

On n'est pas d'accord sur le nom du premier compositeur de séquences.

Se fondant sur le texte d'un manuscrit très-ancien, qui est une addition faite, à Rome, au livre d'Anastase-le-bibliothécaire, l'abbé Lebeuf pense que le pape Adrien II a donné aux proses *plus de cours qu'elles n'en avaient : « Melodias ante evangelium con-* » *cinendas tradidit, quas dicunt sequentias* (3). »

Le fait de l'existence des proses à l'époque d'Adrien II est aussi positivement appuyé par le récit d'Ekkehard le jeune, chroniqueur de Saint-Gall, au Xe siècle, que M. Vitet ne permet point

(1) *Origines et raison de la liturgie catholique*, par M. l'abbé Pascal, Paris, 1844, in-4°, pp. 1052-1053.

(2) J. Bona, *De rebus liturgicis*, Lib. II, cap. 6. — Cité par M. l'abbé Janssen, dans l'ouvrage qui a pour titre : *Les vrais principes du chant grégorien*, p. 30, Malines, 1845, gr. in-8° de 236-X pages.

(3) *Traité hist. et prat. sur le chant ecclésiastique*, par l'abbé Lebeuf, Paris, in-8°, 1741, pp. 103-104.

de confondre avec un autre Ekkehard moins véridique qui vivait au xiiie (1). Or, Ekkehard le jeune nous apprend que, du temps de Charlemagne et à la demande de cet empereur, le pape Adrien II envoya deux chantres italiens en France. L'un se nommait Pierre; l'autre, Romain. Le premier se fixa dans la ville de Metz; le second, étant tombé malade avant d'arriver à sa destination, fut reçu et soigné dans l'abbaye de Saint-Gall, où la reconnaissance le retint jusqu'à sa mort.

L'école de Metz et celle de Saint-Gall jetèrent un vif éclat; l'émulation y produisit des merveilles. « *Fecerat quidem Petrus* » *jubilos*, dit Ekkehard, *ad sequentias quas* Metenses *vocant : Ro-* » *manus vero romane nobis e contra et amœne de suo jubilos modu-* » *laverat, quos quidem post* (2) *Notkerus quibus videmus verbis* » *ligabat :* fridoræ *et* occidentanæ, *quas sic nominabant, jubilos* » *illis animatus etiam ipse de suo excogitavit. Romanus vero, quasi* » *nostra prœ Metensibus extollere fas fuerit, Romanœ sedis honorem* » *S. Galli cœnobio ita quidem inferre curavit* (3). »

Il est probable, d'après ce récit, que l'invention des proses n'appartient ni à Romain ni à Pierre, et que ces pièces musicales étaient en usage dans l'Italie avant l'arrivée de ces deux artistes à Saint-Gall et à Metz. Il est probable aussi que les proses existaient avant le pape Adrien II, et que ce pontife ne fit qu'en autoriser l'emploi dans la liturgie romaine (4).

Quant à Notker Balbulus, que l'on a regardé longtemps comme

---

(1) *Journal des Savants*, livraison de février 1852.

(2) Voyez, sur le mot *post*, l'explication de M. Vitet (*Ibid. ac supra.*)

(3) *Ekkeardi junioris cœnobitœ S. Galli de casibus monasterii S. Galli in Alemannia*, cap. IV (apud Melch. Goldast, *Rerum alamannicarum Scriptores*, Francfort, in-fol. 1606, tom. I, p. 60).

(4) D'après tout ce qui précède, on ne comprend pas ce qui a pu faire dire à M. de Châteaubriand : — « Les séquences, d'origine barbare, portaient (*au* X[e] *siècle*) le nom de *Frigdora*. » (*Analyse raisonnée de l'Hist. de France* ; œuvres complètes, édition de Pourrat et Furne, 1832, tom. VI, p. 67.)

l'inventeur des proses, ce saint religieux nous apprend lui-même
que cet honneur ne lui appartient pas. Il composa un recueil de
séquences et le dédia à Luitwand, évêque de Verceil. Or, on voit
dans l'épître dédicatoire que Gerbert, M. l'abbé Janssen et
M. l'abbé Cloet ont publiée *in extenso* (1), on voit, dis-je, que
Notker Balbulus aimait beaucoup les proses; qu'il en avait entendu lorsqu'il était jeune encore (*quum adhuc juvenculus es-
sem*) (2); que plus tard, la mélodie de ces proses pour
lesquelles il avait tant d'attrait, s'effaçant peu à peu de sa mémoire, il résolut d'en faire un recueil pour les sauver du naufrage
(*cepi tacitus mecum volvere, quonam modo eas potuerim colligere*);
que, sur ces entrefaites, un religieux qui fuyait les bandes des
Normands dévastateurs, vint à Saint-Gall avec un antiphonaire
dans lequel se trouvaient les séquences dont il voulait conserver
les mélodies, mais que par malheur le chant en était défiguré
(*quorum ut visu delectatus, ita sum gustu amaricatus*); que cependant il essaya d'écrire quelques proses à l'imitation de celles qu'il
avait sous les yeux; que son maître Yson fut obligé d'y corriger
beaucoup de fautes (*imperitiæ compassus, quæ placuerunt laudavit,
quæ autem minus, emendare curavit*); et qu'enfin, il fallut toutes
les instances d'un religieux de Saint-Gall, nommé Othaire, pour
le décider à offrir à Luitwand un recueil de proses de sa composition (*ut hunc minimum vilissimumque codicellum vestræ Celsitu-
dini consecrare præsumerem*).

La différence fondamentale qui existe entre les hymnes et les
proses, consiste en ce que les premières sont soumises aux lois
de la poésie, tandis que les secondes en sont exemptes. C'est du
moins la règle générale.

Les principales espèces de vers employés dans la composition

(1) Gerbert : *De cantu et musica*, tom. 1, p. 112. — M. l'abbé Janssen : *Les vrais principes du chant grégorien*, p. 30, note 3. —
M. Cloet : *De la restauration du chant liturgique*, p. 109.

(2) Sans aucun doute et bien qu'il ne le dise pas, Notker fait ici
allusion aux compositions de Romain.

des hymnes de la liturgie romaine, sont au nombre de quatre,
comme le remarque **M. Fétis**, savoir l'*ïambique,* le *trochaïque,* le
saphique, et le *chorïambique* (1). La liturgie de Paris et celles qui
l'ont imitée en France, font usage de quelques autres espèces de
vers dans leur hymnodie (2).

Dans les hymnes des premiers siècles de l'Eglise, la rime n'apparaît que comme un accident; mais cet accident est un fait assez
considérable pour qu'il mérite de fixer l'attention des philologues
et des linguistes. On trouve des preuves de ce fait curieux dans
l'hymne suivante composée par saint Ambroise :

> O lux beata Trinitas,
> Et principalis unitas,
> Jam sol recedit igneus,
> Infunde lumen cordibus.
>
> *
>
> Te mane laudum carmine,
> Te deprecemur vespere,
> Te nostra supplex gloria,
> Per cuncta laudet sæcula (3).

(1) *Des origines du plain-chant,* ixe article (Revue de la musiq.
relig., année 1847, p. 142 et suiv.).

(2) L'abbé Lebeuf, *Traité hist. et prat. sur le chant ecclésiast.,*
p. 250.

(3) *Psalterivm romanum sacro-sancti Consilii* (sic) *Tridentini de-
creto restitutum,* etc., Lvgdvni, in-4°, M.DC.LXXI, p. 226. — Cette
hymne se chante encore le samedi à vêpres, mais avec les remaniements suivants :

> Jam sol recedit igneus :
> Tu lux perennis Unitas,
> Nostris, beata Trinitas,
> Infunde lumen cordibus.
>
> *
>
> Te mane laudum carmine,
> Te deprecamur vespere :
> Digneris, ut te supplices
> Laudemus inter Cœlites.

Il y a aussi deux strophes franchement rimées dans l'hymne *A solis ortus cardine*, extraite d'un grand poème en cinq livres, composé par Sedulius au ve siècle. Cette hymne se chante, de nos jours encore, aux laudes de Noël. Voici les deux strophes rimées :

> A solis ortus cardine (1)
> Ad usque terræ limitem,
> Christum canamus Principem,
> Natum Maria Virgine.
>
> *
>
> Castæ parentis viscera
> Cœlestis intrat gratia :
> Venter Puellæ bajulat
> Secreta quæ non noverat.

Dans l'hymne *Vexilla Regis* que composa Venant Fortunat, évêque de Poitiers, mort vers l'an 600, il y a également une strophe où la rime est évidente :

> Arbor decora, et fulgida,
> Ornata Regis purpura,
> Electa digno stipite
> Tam sancta membra tangere (2).

L'hymne *Primo dierum ordine*, de saint Grégoire-le-Grand, nous offre aussi des assonnances à la troisième strophe que voici :

> Nostras preces ut audiat,
> Suamque dextram porrigat,
> Et expiatos sordibus
> Reddat polorum sedibus (3).

(1) Le vénérable Bède cite cette hymne dans son traité *De arte metrica* (cap. XXI); le mot *ordine* y remplace le mot *cardine* (*The complete works of venerable Bede, collated with the manuscripts and various printed editions*, by the rev. J. A. Giles, London, MDCCCXLIII, in-8°, tom. VI, p. 75).

(2) Cette strophe n'a subi aucune réforme.

(3) Cette strophe est également restée intacte dans la liturgie romaine.

Je pourrais multiplier les citations, car elles sont fort nombreuses ; mais il me suffit de constater que les plus anciens hymnographes de l'Eglise catholique ont fait usage de la rime, bien avant l'invasion des Arabes et des autres barbares, à qui l'on fait honneur de l'importation en Europe de ce fait littéraire.

A mesure que le sentiment de la poésie latine alla s'affaiblissant dans l'Europe occidentale, les hymnographes chrétiens durent introduire, dans leurs compositions, les rimes ou consonnances qui rendent le rhythme poétique plus appréciable et plus matériel, en sorte qu'au VIIIe siècle déjà, tandis que les savants cherchaient à charmer l'oreille des érudits par des vers souvent rimés et dans lesquels, nous autres puristes, nous trouvons bien des fautes de quantité, la prose ordinaire, grâce à l'*accent* et à la *rime*, devenait la rivale de la poésie classique, et obtenait même la préférence, quand il s'agissait de se faire comprendre par les masses. Les poètes furent alors obligés de regarder la rime comme une condition essentielle de la versification, et ce qui n'avait été qu'un accident et une tendance, devint une règle et une nécessité. Et non-seulement ils eurent recours à la rime finale, mais ils allèrent même jusqu'à distinguer les césures de chaque vers par des rimes que l'on nomme *intérieures*, et dont l'on trouve quelques exemples dans l'hymne *Ut queant laxis*, composée par Paul diacre (VIIIe siècle), comme on peut le voir dans la première strophe de cette composition si célèbre au moyen âge :

> Ut queant laxis — resonare fibris
> Mira gestorum — famuli tuorum,
> Solve polluti — labii reatum,
> Sancte Johannes (1).

La prose latine rimée ne fut pas exclusivement consacrée aux sujets religieux : son usage s'étendit à toutes les choses que l'on voulait chanter et fixer dans la mémoire des peuples. La plainte, l'élégie, la joie, les chants de la victoire, le récit de la vie de

(1) Hymne des vêpres de saint Jean-Baptiste.

notre Seigneur ou des saints, tout fut composé en prose, avec l'accessoire, bien entendu, de la rime consonnante et d'un rhythme engendré par l'accentuation latine. En veut-on des preuves? Elles ne manqueront pas.

Hildegaire, évêque de Meaux sous le règne de Charles-le-Chauve, nous a conservé, dans la vie de saint Faron, quelques lignes d'un chant qui fut composé, en 626, pour célébrer la victoire de Clotaire II sur les Saxons. Ce chant débute ainsi :

Chlotar est canere,
De rege Francorum,
Qui ivit pugnare
In gentem Saxonum ;
Quam graviter provenisset
Si missis Saxonum
Inclytus non fuisset
Faro de Burgundium (1)!

Dom Jumilhac a donné le fac-simile musical et le texte de la première strophe d'une véritable élégie sur la caducité de la vie humaine. Ce fragment, dit-il, est extrait d'un manuscrit de l'ancienne abbaye de Saint-Germain-des-Prés, à laquelle il fut donné par Mgr de Marca, archevêque de Toulouse et de Paris. La date de ce manuscrit y est indiquée de la deuxième année du règne de Louis-le-Débonnaire, c'est-à-dire, de 842 (2). Voici le texte de ce précieux fragment dont j'ai traduit la mélodie qui est du deuxième mode grégorien et d'un caractère fort mélancolique :

Heu! heu (3)! mundi vita!
Quare me delectas ita?
Cum non possis mecum stare,
Cur me cogis te amare?

(1) Barrois, *Eléments de linguistique.* — Cité par **M.** de Coussemaker dans son *Hist. de l'harmonie au moyen âge*, p. **76.**

(2) *La science et la pratique du plain-chant*, nouvelle édit., p. **98.**

(3) Le mot *heu* forme ici deux syllabes, et doit se prononcer *heou.*

Dom Mabillon a publié, dans le tome II de ses *Annales Béné-dictines* (p. 753), le texte d'une complainte sur la destruction par les Normands, en 844, du monastère de Mont-Glonne, aujour-d'hui Saint-Florent-le-Vieux, dans le diocèse d'Angers. J'en pos-sède un bon fac-simile avec notation musicale, exécuté par M. Salmon, d'après le *Livre noir de Saint-Florent*, beau manuscrit du XIᵉ siècle, qui fait partie de la bibliothèque de sir Th. Phil-lips, à Middlehill. Je n'en citerai que la première strophe :

Dulces modos et carmina

Præbe, lyra Threïcia ;

Commota quis cacumina

Planxere hyperborea.

Enfin (car il faut mettre des bornes à tout), M. de Coussemaker, dans son *Histoire de l'Harmonie au moyen âge*, a mis au jour, texte et musique, une *chanson de table* tirée d'un manuscrit du Xᵉ siècle environ (1), laquelle commence de cette manière :

Jam, dulcis amica, venito,

Quam sicut cor meum diligo :

Intra in cubiculum meum

Ornamentis cunctis ornatum.

Ainsi donc, il n'est pas rigoureusement exact de dire avec l'érudit M. Edélestand du Méril : — « Rien ne serait moins » fondé que de regarder la rime comme un élément nécessaire de » la versification pendant le moyen âge ; une semblable croyance » se trouve en opposition avec des faits trop nombreux pour ne » pas être une erreur : c'est insensiblement, et seulement vers le » XIIᵉ siècle, quand on fut habitué à la versification des langues

_____

(1) Page 108. M. de Coussemaker s'est aussi servi de la leçon d'un manuscrit de la bibliothèque impériale de Vienne, dont M. Ferdi-nand Wolf a eu l'obligeance de lui communiquer un *fac-simile*. De pareils actes de courtoisie scientifique méritent que tout musicien français s'associe à la reconnaissance qu'en témoigne M. de Cousse-maker.

» modernes, qu'après avoir été un ornement étranger au rhythme,
» la consonnance finit par en devenir le principe fondamen-
» tal (1). »

Ce qui est vrai, incontestablement vrai, c'est que les premiers poètes de l'Europe catholique obéirent à la rime comme on obéit à une tendance littéraire ; et plus tard, vers le viiie siècle, je le répète, lorsque les peuples ne furent plus capables d'apprécier la poésie latine, on fit pour eux DES VERS EN PROSE : la rime y rendit sensible l'enchaînement des mètres dont les règles furent basées sur l'accent tonique. Telle fut l'origine de notre poésie moderne, comme l'ont fort bien démontré Antonio Scoppa dans son *Traité de la poésie italienne rapportée à la poésie française* (2), et le savant Mablin, dans une excellente dissertation présentée à l'Institut, en 1815. Au lieu de syllabes *longues*, nous avons maintenant des syllabes *accentuées*, comme toutes les versifications de l'Europe moderne, et les syllabes *muettes* remplacent chez nous les syllabes *brèves* des anciens. En appliquant cette observation fondamentale, nous retrouvons dans notre langue les principaux pieds poétiques des Grecs et des Romains. Rien n'y est plus fréquent, par exemple, que l'*anapeste* (v v -) :

| Le moment | où je parle | est déjà | loin de moi. |

Voici un vers dont les pieds *ïambisent* (v -) d'une manière sensible :

| Il en- | tre dans | le tem- | ple auguste. |

(1) *Poésies latines antérieures au XIIe siècle*, Paris, in-8°, 1843, p. 281.

(2) Paris et Versailles, in-8°, an XI (1803). M. L. Quicherat dit, en parlant de l'ouvrage de Scoppa : — « Ce livre, assez ignoré, offre, » outre plus d'une erreur, une rédaction capable de rebuter ceux qui » n'auraient pas les mêmes raisons que moi pour l'étudier et y cher » cher tout ce qu'il recèle de réflexions judicieuses. » (*Traité de versification française*, Paris, 1838, in-12, p. 383.)

Ce vers va *trochaïser* (- v), si l'on en retranche la première syllabe :

| Entre | dans le | temple au- | guste. |

De même que notre poésie est le produit de la transformation de la poésie latine opérée par les proses du moyen âge, de même aussi notre musique mesurée est le résultat de ce phénomène littéraire. Notre poésie et notre musique mesurée sont donc deux sœurs qui ont vu le jour dans le même berceau. Et en effet, tant que les hymnes furent régulièrement composées, les rhythmes de la musique occidentale furent des imitations serviles des rhythmes de la poésie ; on ne songea pas à les représenter, comme autrefois dans la Grèce, par des figures de notes ayant des valeurs intrinsèques de durée temporaire. Mais lorsque les mètres poétiques eurent été remplacés par des mètres fondés sur l'accent, les artistes s'aperçurent aussitôt que ce nouveau principe était plus vague et plus fugitif que celui de la poésie proprement dite. Ils entreprirent donc de créer une *métrique musicale*, indépendante de tout texte littéraire, mais évidemment calquée sur celle des anciens poètes. Ils eurent des longues, des brèves et même des semi-brèves ; les pieds de la poésie furent remplacés par des *modes*, c'est-à-dire, par certains mélanges de longues et de brèves que représentaient des notes à valeur fixe. Les poètes de l'antiquité avaient beaucoup de pieds métriques ; mais les musiciens mensuralistes du moyen âge s'appliquèrent à remplacer ces pieds par des combinaisons peu nombreuses qui, en somme, étaient une véritable synthèse de la versification grecque et latine. Les uns adoptèrent six modes ; d'autres, sept ; d'autres, huit ; d'autres, neuf ; mais, selon Francon de Cologne, cinq suffisaient, parce qu'il était facile d'y ramener tous les autres systèmes de quantités temporaires : « *Modi a diversis diversimode enumerantur* » *et ordinantur...; nos autem quinque tantum ponimus, quia ad hos* » *quinque omnes alii reducuntur* (1). » Du reste, ce n'était là qu'une

______

(1) *Ars cantus mensurabilis*, cap. III : *De modis cujuslibet discantus*.

dispute d'école qui ne prouve rien en faveur du plus ou moins d'ancienneté de tel et tel mensuraliste du moyen âge, comme l'ont cru, mais bien à tort, les auteurs modernes dont aucun n'a soupçonné la véritable origine des *modes* (1).

Saint Augustin nous donne, au second livre de son traité *De Musica* (2), une liste de vingt-huit pieds poétiques. Or, comment opérèrent les musiciens mensuralistes du moyen âge, pour réaliser tous ces pieds avec cinq *modes* seulement? C'est là, si je ne me trompe, une question d'autant plus intéressante, que, loin d'être résolue, elle n'a même jamais été formulée, et qu'elle constitue, à elle seule, toute la philosophie de la métrique musicale du moyen âge (3).

(1) Un passage de Pierre Picard, abréviateur de Francon de Cologne, a complétement égaré M. de Coussemaker : — « *Modi, secun-* » *dum magistrum Franconem, sunt quinque; licet secundum* ANTI- » QUOS *plures essent.* » — Ce mot *antiquos* n'aurait pas mis M. de Coussemaker à la torture, si cet écrivain avait su que *mode* était, au moyen âge, le synonyme de *pied métrique*. Les *antiqui* dont il est ici question ne sont donc et ne peuvent être que les métriciens antiques de la Grèce et de Rome.

(2) Edit. in-12 de Gaume frères, pp. 67-69.

(3) En relisant cette assertion, je m'aperçois que Gerbert a dit, dans la *Préface* de son 3ᵉ volume des *Scriptores* : « Joan. Salisbe- » riensis certe, qui vergente sec. XII. floruit, in suo *Polycrate*, » Lib. I, cap. 6, in musica sui temporis notarum articulorumque » cæsuras carpit, quales in musica mensurabili FRANCONIS depre- » henduntur : quæ ramentum quoddam vetussimæ rhythmicæ dici » potest, sed variegatum admodum : cum vetus illa in divisione » syllabarum longarum et brevium scite composita sese continue- » rit, re omnibus nota et vulgari; quippe teste QUINTILIANO *Institut.* » lib. IX. c. 4. *longam esse duorum temporum, brevem unius, etiam* » *pueri sciunt.* » — Gerbert a donc *entrevu* la véritable origine de la musique mesurée du moyen âge; mais, en diminuant la part qui me revient dans cette découverte importante, cet illustre auteur me donne l'appui de son nom. Je n'ai pas le droit de m'en plaindre.

Aussi longtemps que les textes métriques se chantèrent en mélodie pure, ou avec l'auxiliaire du contrepoint de note contre note
appelé d'abord *diaphonie* et plus tard *organum,* il fut facile aux compositeurs et aux artistes exécutants de suivre les valeurs temporaires de la métrique ancienne, sans notation musicale particulière
et par la seule inspection des paroles latines. Mais le jour où l'on
reconnut la pauvreté d'un accompagnement harmonique qui suit
pas à pas la mélodie, le jour où le génie de l'homme voulut que
cet accompagnement lui-même fût quelque chose de libre, de
gracieux, d'original, ce jour-là, dis-je, l'art fit un progrès immense.

On ignore la date précise de ce grand fait musical, et le nom
de l'artiste qui le balbutia au monde savant. On ne connaît qu'une
chose : c'est que l'idée de donner à chaque partie harmonique l'élégante allure d'une véritable mélodie, apparaît, dans l'histoire, avec
le *Discantus* qui en est le résultat. Or, le *Discantus* ou contrepoint
fleuri date du milieu du xiᵉ siècle environ. A cette époque, cet
art naissant est déjà si remarquable, que les archéologues modernes qui rencontrent, dans les manuscrits, des collections d'accompagnements séparés avec paroles en langue gallo-romane ou
en langue d'Oc, les prennent pour des mélodies enfantées par
l'imagination féconde des troubadours et des trouvères. Il n'en est
rien pourtant, et **M.** Fétis s'est trompé quand il a dit, qu'au
xiᵉ siècle, *la composition de la mélodie paraissait avoir été indépendante de l'harmonie* (1). L'erreur de **M.** Fétis s'explique : ce

(1) *Biographie univ. des music.; Résumé philosoph. de l'hist. de la
mus.,* tome I, p. CLXXXV. L'assertion de **M.** Fétis n'est vraie que
lorsqu'il s'agissait du *Conductus,* sorte de composition que Francon
de Cologne explique au XIᵉ chapitre de son *Ars cantus mensurabilis.*
Dans tous les autres cas, les déchanteurs prenaient pour base de leur
travail un fragment de mélodie populaire, soit religieuse, soit mondaine. — **M.** Danjou (*Gazette musicale de Paris,* 9 janvier 1848) et
M. de Coussémaker (*Hist. de l'harmonie au moyen âge,* pp. 28-29),

savant homme n'avait ici, pour asseoir son appréciation philosophique, qu'un très-petit nombre de documents, tandis que, pour
défendre la mienne, je puis invoquer le plus beau, le plus riche et
le plus complet des vieux recueils de compositions à plusieurs
parties que l'on connaisse : c'est nommer le ms. H. 196 de la
Faculté de médecine de Montpellier, splendide in-4° qui contient
environ trois cents motets-chansons, en latin et en gallo-roman,
à deux, à trois et à quatre voix ; j'en ai fait connaître, le premier
et à plusieurs reprises, la nature et l'importance (1) ; il renferme, entre autres trésors, tous les morceaux dont les premiers
traités de musique mesurable ne nous offrent que des fragments
insignifiants et tronqués, c'est-à-dire qu'il comble, dans l'histoire
de l'art, une lacune de près de trois siècles.

Comme les diverses parties d'un contrepoint fleuri pouvaient
suivre des rhythmes différents, les déchanteurs posèrent un principe fondamental, en vertu duquel il était permis de faire marcher de front et simultanément tous les pieds de la métrique ancienne. Or, on sait que, dans cette métrique, il y a deux éléments distincts et incompatibles : les uns se rapportent à la me-

se sont aussi radicalement trompés, à mon avis du moins, en commentant le quatrième chapitre de l'ouvrage d'Egidius de Murino
(*Tractatus cantus mensurabilis*), chapitre qui a pour titre : *De modo
componendi tenores motetorum*. Ces deux écrivains pensent que le
chant du ténor s'obtenait en l'assouplissant à une mélodie quelconque, tandis, au contraire, que c'était la mélodie qui s'obtenait
harmoniquement d'après un chant de basse choisi et préparé d'a-
vance, comme cela se fait de nos jours encore dans les écoles de
contrepoint.

(1) Voir les *Archives des missions scientifiques*, — l'excellente *Revue archéologique* de M. Leleux, et l'ouvrage rempli d'une immense
érudition que M. le docteur Kühnholtz, bibliothécaire de la Faculté
de médecine de Montpellier, vient de publier sous ce titre : Des
SPINOLA de Gênes, etc., magnifique in-4", — ch. VII : *De la Complainte, depuis les temps les plus reculés jusqu'à nos jours.*

sure binaire, comme le spondée, le dactyle et l'anapeste; les autres sont soumis aux lois de la mesure ternaire, comme le trochée, l'ïambe et le tribraque. De ces deux éléments, il fallait nécessairement en détruire un pour l'assujétir à l'autre, et les déchanteurs n'hésitèrent pas. Subjugués par des idées mystiques, la mesure ternaire fut pour eux la mesure parfaite, la mesure par excellence : — « *Est enim ternarius numerus*, dit Francon de Co-
» logne, *inter numeros perfectissimus, pro eo quod a summa Trini-*
» *tate, quæ vera est et pura perfectio, nomen sumpsit* (1). » — Et, par une conséquence bien naturelle, chaque temps (*quod apud veteres dicebatur esse tempus*), c'est-à-dire chaque brève, fut partagé, aux XIe, XIIe et XIIIe siècles, *en trois instants harmoniques* que l'on représenta par trois semi-brèves. Le temps musical devint ainsi une miniature de la mesure qui lui servit de proto-type. On sait que la métrologie classique n'admettait point cette subdivision, puisqu'elle regardait la brève comme la plus petite valeur temporaire : « —*Successionem trium instantiarum veteres tollunt*, dit
» Jérôme de Moravie, dominicain du XIIIe siècle, *ponentes indivisi-*
» *bile tempus unam esse solam instantiam* (2). » Il en résulta que les valeurs temporaires indivisibles ne furent plus les mêmes, en apparence du moins, dans le système des métriciens et dans celui des harmonistes, dans la doctrine des anciens et dans celle des modernes; mais au fond, ce ne fut qu'une simple transformation qui n'atteignit, en aucune manière, l'essence des choses. Cependant, à l'origine du déchant, les mensuralistes éprouvèrent une certaine difficulté, lorsqu'ils voulurent sauver l'opinion des

(1) *Ars cantus mensurabilis*, cap. IV. La même doctrine est enseignée dans les ouvrages de Marchetto de Padoue et de Jean de Muris.

(2) *Tractatus de musica* (ms. unique, Bibl. impériale, f. de Sorbonne, nᵒ 1817, cap. XXV, fol. 121). — M. de Coussemaker s'est complétement trompé, selon moi, dans l'appréciation qu'il a faite de ce point historique de doctrine musicale (Cf. l'*Hist. de l'harmonie au moyen âge*, p. 142).

anciens et la mettre d'accord avec les dénominations nouvelles. On ne voit pas aujourd'hui, sans une sorte d'étonnement, l'embarras naïf et enfantin de ces hommes qui, s'appuyant religieusement sur l'autorité de la science antique, avaient le génie de l'innovation sans avoir l'audace des novateurs. Ainsi, pour eux, l'idée du temps métrique est toujours l'idée fondamentale et génératrice de tout leur système; la brève en est toujours l'expression : mais comme il y a, dans le temps, un *prius* et un *posterius in motu*, ils subdivisent la brève en trois fractions ou semi-brèves qui, à leur tour, deviennent indivisibles comme la brève des métriciens de la Grèce et de Rome. L'indivisibilité de la *brève* des anciens et de la *semi-brève* des modernes préoccupe les déchanteurs médiévistes et leur inspire des règles singulières, dans lesquelles deux choses différentes leur apparaissent comme deux choses identiques. C'est ainsi qu'ils disent avec la bonne foi qui caractérise les conciliateurs :

« *Nota longa habet et habere debet duo tempora modernorum,*
» *resolvendo vero sex tempora antiquorum; longior, tria tempora*
» *modernorum, sed novem tempora antiquorum; longissima vero,*
» *quatuor tempora modernorum, sed duodecim tempora antiquorum.*
» *Item, nota brevis habet et habere debet unum tempus modernorum,*
» *resolvendo vero tria tempora antiquorum; brevior, duas instantias*
» *modernorum, vel duo tempora antiquorum; brevissima vero, unam*
» *instantiam modernorum, quæ quidem, secundum modernos et*
» *antiquos, indivisibilis est, vel unum tempus antiquorum* (1). »

Ces comparaisons de valeurs temporaires n'étaient donc que purement fictives chez les mensuralistes du moyen âge ; mais la réduction de tous les mètres poétiques de l'antiquité à une mesure unique de trois temps, fut quelque chose de plus grave. Dans ce système tout nouveau, il n'y eut que les valeurs formées par le trochée (– v), par l'ïambe (v –) et par le tribraque (v v v) qui furent respectées. En dehors de ces combinaisons, la longue valut

____

(1) Jérôme de Moravie, *ibid. ac supra.*

toujours trois temps, et, lorsque deux brèves représentaient cette longue, la première forma un temps, et la seconde, deux temps : c'était une faveur que le déchant accordait alors à cette seconde brève, parce que deux temps offrant une moins grande imperfection qu'un seul, en un mot une sorte de perfection relative, PERFECTIO TRIBUEBATUR FINI. Ainsi, pour donner une idée de ce système mystique, nous dirons que le dactyle, par exemple, y occupait deux mesures : la première syllabe remplissait une mesure ternaire, et les deux brèves formaient une deuxième mesure semblable à la première quant à la valeur, mais modelée sur le mètre ïambique quant à la forme.

On conçoit que, dans une pareille théorie, l'*arsis* et la *thésis* des anciens durent être déplacées fort souvent. En effet, ce déplacement fut un principe pour les déchanteurs, du moins dans bien des cas. Par exemple, lorsque les valeurs représentées par le trochée furent chantées en même temps que celles dont l'ïambe se compose, les premières restèrent intactes sous le rapport du temps fort et du temps faible, mais les secondes furent complétement défigurées : pour celles-ci, le temps faible devint le temps fort, et la *thésis* fut changée en *arsis*.

Enfin, les déchanteurs médiévistes s'efforcèrent de donner à la mesure ternaire qu'ils avaient adoptée, comme fondement de leur système de métrique musicale, tous les mélanges de longues et de brèves dont elle est susceptible. Chaque manière de réaliser ces mélanges reçut le nom de *mode*, (*modus*, en latin pur; *manieres* ou *manieria*, en latin dégénéré; *mœuf*, en vieux français).

Dans le premier mode, chaque mesure était remplie par une longue de trois temps, comme l'enseigne Francon, ou par une longue de deux temps suivie d'une brève d'un temps.

Dans le deuxième, une brève d'un temps et une longue de deux temps composaient chaque mesure.

Dans le troisième, il y avait une longue suivie de deux brèves : la longue s'y mesurait comme dans la première hypothèse du premier mode, et les deux brèves constituaient une mesure semblable à celle du deuxième mode.

Le quatrième mode réalisait le contraire du précédent.

La mesure du cinquième était formée par trois brèves valant un temps chacune, et pouvant être remplacées par leur équivalent en semi-brèves.

Avec une mesure du premier mode, on représentait musicalement le trochée (- v) ; avec deux mesures, le spondée (- -), le crétique (- v -), le palimbacchius (- - v), le ditrochée (- v - v) ; avec trois mesures, le molosse (- - -), l'épitrite 2e (- v - -), 3e (- - v -), et 4e (- - - v) ; avec quatre mesures, le dispondée (- - - -).

Le deuxième mode fournissait un contingent peu considérable. Une de ses mesures formait l'ïambe (v -), et deux, le diïambe (v - v -).

Avec deux mesures du troisième mode, on obtenait le dactyle (- v v), et, avec deux mesures du quatrième, l'anapeste (v v -).

Chaque mesure du cinquième mode formait un tribraque (v v v).

Pour réaliser, dans le déchant, les autres mètres poétiques, il fallait combiner entre elles les mesures des cinq modes précédents : — « *Et nota*, dit Francon, *quod in uno solo discantu omnes* » *modi concurrere possunt..... Nec vis est facienda, de tali discantu,* » *de quo modo judicetur : potest tamen dici de illo in quo plus vel* » *pluries commoratur* (1). » Absolument comme dans l'art des métriciens de l'antiquité classique.

Du mélange du premier et du deuxième mode, surgissaient le bacchius (v - -), le choriambe (- v v -), mais il fallait un point de division, l'antispaste (v - - v), et l'épitrite 1er (v - - -).

Le cinquième mode, combiné avec le premier, représentait le péon 1er (- v v v), et le péon 4e (v v v -).

Je ne veux pas prolonger davantage l'exposition de ces faits,

(1) Ibidem ad supra, cap. IX.

d'ailleurs si curieux et si neufs; j'ai hâte de poser et de résoudre des questions qui ont un rapport plus direct avec la manière dont on doit chanter les hymnes et les proses, ou du moins avec les principes qui réglaient, dans le moyen âge, l'exécution de ces pièces liturgiques.

« Parmi les chants religieux, dit M. de Coussemaker, les
» hymnes seules sont rythmées. Toutes les autres pièces de l'an-
» tiphonaire et du graduel sont en plain-chant pur, en musique
» plane. Leur origine est évidemment différente; les hymnes
» étaient ces chants que les poètes chrétiens composèrent pour
» détourner les fidèles des chansons profanes, et auxquels ils
» adaptèrent souvent des mélodies populaires. Dans l'origine, peu
» d'hymnes faisaient partie de l'office divin; la plupart étaient
» destinées aux fidèles pour être chantées en particulier ou dans
» les assemblées. Ce n'est que plus tard qu'elles y ont été intro-
» duites, dépouillées toutefois de leurs accessoires mondains, in-
» compatibles avec la dignité des cérémonies religieuses. Le
» rythme même, qui était un des principaux éléments de la mu-
» sique vulgaire, n'a pas toujours été strictement observé dans les
» mélodies accueillies par l'Eglise. En plus d'une contrée, on l'a
» fait disparaître pour lui conserver un caractère plus majes-
» tueux (1). »

L'opinion de M. l'abbé Cloet mérite aussi d'être connue.

« Dans quelques diocèses, dit-il, sans assujétir les hymnes et
» les proses à une mesure uniforme et musicale, on les a écrites
» selon les règles de la prosodie poétique, en notant les syllabes
» brèves poétiquement par une seule losange, et en faisant porter
» aux seules syllabes poétiquement longues les carrées et les
» séries de notes........ Dans d'autres diocèses, on a donné
» au chant des hymnes et des proses un rhythme rigoureusement
» mesuré et absolument musical...... On trouve de ces sortes de
» chants jusque dans certains livres romains. Telles sont, en

_____

(1) *Hist. de l'harmonie au moyen âge*, p. 83.

» quelques éditions , la prose *Veni sancte Spiritus*, les hymnes
» *Creator alme siderum* de l'Avent, *Iste confessor* du commun des
» confesseurs, *O filii et filiæ* de Pâque , etc. (1)..... Dans les
» églises où le rhythme poétique et le rhythme musical n'ont pas
» été admis, on a introduit une autre espèce de rhythme qui consiste
» en général dans une brève placée à la pénultième syllabe des
» vers , en sorte que tous les vers, lors même qu'ils finissent par
» un mot de deux syllabes, sont censés se terminer par un
» dactyle (2). »

M. l'abbé Cloet discute ensuite la question sous ce triple point
de vue. « Une chose est certaine , dit-il, c'est que depuis long-
» temps *la poésie latine est partout lue comme la prose.* On fait
» sentir dans la lecture des œuvres poétiques les syllabes longues
» ou accentuées, et c'est tout..... L'observance de la prosodie et
» du rhythme poétique a été répudiée par saint Grégoire, et
» cette manière de chanter est une nouveauté dans la musique
» grégorienne. Et puis, ajoute l'auteur, lors même que les
» hymnes et les proses sont de la poésie, ce qui souffre bien des
» exceptions, les mêmes pieds n'étant pas toujours remplis dans
» les différents vers par des syllabes d'égale valeur, ne voit-on
» pas qu'il est impossible de composer des formules de chant en
» respectant constamment la quantité poétique (3). »

« Pour ce qui est du rhythme uniforme ou musical, dit M.
» Cloet, on ne peut même pas invoquer en sa faveur le prétexte
» de l'observance de la prosodie poétique, car il n'y a peut-être
» pas un seul chant mesuré où la quantité , non-seulement
» poétique , mais même prosaïque, ne soit sacrifiée à l'exigence
» du rhythme..... Le rhythme musical n'est pas plus dans les
» traditions grégoriennes que le rhythme poétique (4). »

(1) *De la restauration du chant liturgique* , pp. 261—262.
(2) *Ibid.*, p. 267.
(3) *Ibid.*, pp. 263—264.
(4) *Ibid.*, pp. 264—265.

Enfin, la troisième manière de chanter les hymnes et les proses doit être rejetée comme les deux autres, suivant l'estimable auteur de la *Restauration du chant liturgique* : « Cela n'est » pas grégorien, dit-il, et l'oreille est choquée de la pronon- » ciation exceptionnelle donnée aux mots qui terminent les » vers (1). »

Naturellement, M. l'abbé Cloet tire une conclusion que le lecteur devine sans peine : Les hymnes et les proses doivent être exécutées comme les autres pièces de musique plane, *et une des plus heureuses restaurations qu'on pourra opérer, sera de rendre à ces chants leur marche grave et grégorienne* (p. 267).

MM. l'abbé de Voght et Edmond Duval ont également émis leur sentiment sur le rhythme des hymnes et des proses, dans la *Réponse* qu'ils ont faite, en avril 1849, *aux observations du journal historique de Liége*, etc.. J'ai déjà cité cette brochure. Dans la question des hymnes et des proses, M. l'abbé Cloet aurait dû tenir compte du système des deux principaux restaurateurs du chant grégorien en Belgique : mais il arrive parfois qu'un écrivain ne connaît pas tous les ouvrages qui ont paru sur la matière qu'il étudie; et souvent même aussi cet écrivain émet ses idées sous l'empire de certaines circonstances qui ne sont point favorables à la manifestation complète de ses opinions : il est érudit, loyal et plein d'une généreuse ardeur scientifique; mais on s'aperçoit, à chaque page, que sa plume obéit à je ne sais quelle pression indéfinissable. C'est ainsi, par exemple, que M. l'abbé Cloet, toujours grand admirateur de Dom Jumilhac (et certes, ce n'est pas là une preuve de mauvais goût), c'est ainsi, dis-je, qu'à propos des hymnes et des proses, M. Cloet n'invoque pas une seule fois la grande autorité du bénédictin de Saint-Maur. En face de cette ombre illustre, je conçois facilement l'embarras; je l'excuse même, parce que je le comprends dans la situation où se trouve l'auteur.

(1) *Ibid.*, p. 267.

« Il faut, dans le chant des hymnes d'Eglise, disent MM. de
» Voght et Duval, — il faut considérer soigneusement deux
» choses : 1° l'authenticité de la mélodie; 2° le rhythme propre
» à chaque espèce de strophes.... Quant au rhythme, il est de
» deux espèces : 1° le rhythme *artificiel poétique*, 2° le rhythme
» *naturel*. Dans le rhythme *poétique*, rhythme du véritable vers
» antique, rhythme qui a pour élément la *quantité* des syllabes,
» on tient surtout compte de l'accent métrique (*arsis* et *thesis*,
» élévation et position de la voix), sans cependant perdre de vue
» l'accent du langage (accent tonique). Nous en prendrons un
» exemple dans la strophe composée de quatre vers *dimètres*
» *ïambes*..... Nous figurerons l'accent tonique par des lettres
» *majuscules*, l'accent métrique principal par un double accent
» ("), l'accent métrique moins principal par un accent simple (') :

   "   '   "   '

Tu septiFORmis MUnere

   "   '   "   '

DIgitus (1) paTERnæ DEXteræ,

   "   '   "   '

Tu RIte proMISsum PAtris

   "   '   "   '

SerMOne DItans GUTtura.

MM. de Vogth et Duval donnent ensuite cette strophe notée en
plain-chant. La voici :

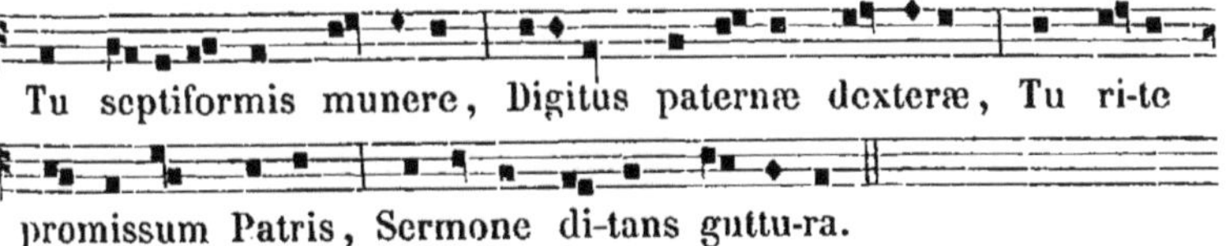

« Il y a ensuite, disent ces estimables écrivains, le rhythme
» *naturel*, usité surtout dans les proses du moyen âge (*Dies iræ*,
» *Stabat mater*), et dans quelques hymnes, par exemple, *Ave*
» *maris stella*. Ce rhythme n'est autre chose que l'*ordre dans*

(1) On trouve souvent un *anapeste* pour un *ïambe* (*Note de MM. de*
Voght et Duval).

» *lequel se succèdent les syllabes accentuées et les syllabes non accen-*
» *tuées.* Il n'y est tenu compte que de l'accent du langage; la
» quantité n'y entre pour rien ; l'*arsis* coïncide toujours avec
» l'accent tonique.

« Cette dernière espèce de rhythme peut être un *ordre*
» *dactylique* (– v v – v v, etc.), un *ordre ïambique* (v – v – v –),
» ou un *ordre trochaïque* (– v – v – v). »

Enfin, M. L.-I. Hallez a publié dans l'*Univers religieux*, il y a
quelques années (1), un article *Sur le rhythme des Proses liturgiques.* Après avoir soutenu que les proses rimées du moyen âge
ne sont, ni un système soutenu d'ïambes, de trochées, ou tout
autre chose semblable, ni un système complétement semblable à
celui de notre versification française, l'auteur enseigne qu'il faut
tenir compte de ce qui nous est resté de la poésie des langues romanes. Or, cette poésie, dit-il, outre la rime et le nombre des
syllabes, offre des vers qui se divisent ici en deux classes distinctes, savoir : en vers graves, spondaïques ou *cadenti*, et en
vers coulants, dactylés ou *sdruccioli*, suivant que la pénultième
syllabe du vers est longue ou brève. Toutes les autres syllabes
sont et doivent être d'égale valeur prosodique. A la terminaison
des vers, cette quantité est réglée par l'accent; dans l'intérieur
des mêmes vers, pas de quantités différentes, pas d'accent, pas
de prosodie.. : uniformité complète....

Cette théorie de la versification italienne, étrangement modifiée par M. Hallez et appliquée par lui aux chants métriques de
l'Eglise, constitue le troisième système dont M. l'abbé Cloet a
fait ressortir le vice radical, en disant avec beaucoup de justesse :
« Cela n'est pas grégorien, et l'oreille est choquée de cette
» prononciation exceptionnelle donnée aux mots qui terminent
» les vers. » Mais à l'époque où parut le travail de M. Hallez,

(1) Cet article, daté de Tours, 25 décembre (1850), a paru dans
l'*Univers* quelques jours après.

quelques personnes , étrangères à l'archéologie musicale, en
jugèrent tout autrement. On en fit même un éloge pompeux.
« L'article de M. Hallez, publié dans l'*Univers*, renferme,
» disait-on, des aperçus ingénieux sur la composition des poésies
» liturgiques du moyen âge. La distinction qu'il établit entre le
» vers à chute grave et le vers dactylé est tellement naturelle
» que, sans s'en être rendu compte, l'artiste l'observerait in-
» failliblement dans l'exécution. J'ajouterai même qu'elle n'existe
» pas seulement dans les proses liturgiques, mais même dans la
» psalmodie. En effet, les longues de la médiation passent de la
» pénultième à l'anté-pénultième, selon que le mot a deux ou
» trois syllabes. Cette manière de lire et de chanter le mot final
» du vers et du verset est un fait que M. Hallez a mis en lumière
» avec autant de sagacité que de raison. Ce fait a une cause, et
» c'est le côté artistique de la question. Le rhythme musical ,
» telle est la cause première de ces variétés de mesures proso-
» diques. Ce rhythme, que tous les hommes comprennent plus
» ou moins, et que le musicien sent d'une manière plus particu-
» lière, est une notion première donnée à l'homme, au commen-
» cement, par le Créateur. Qu'on remonte de la versification
» française à celle des langues romanes ; qu'on étudie les in-
» fluences exercées sur celles-ci par la prosodie antique, il n'en
» faut pas moins admettre une cause générale dont les effets ne
» sauraient être bornés à une époque et à un pays. Pourquoi
» donc rapporter toujours aux formes prosodiques anciennes le
» rhythme poétique et surtout musical ? pourquoi cette notion ,
» que l'intelligence et le sentiment de l'artiste peuvent développer,
» n'aurait-elle pas produit , au moyen âge , des œuvres origi-
» nales ? pourquoi, au lieu de répéter les mêmes formules,
» l'artiste musicien ne chercherait-il pas de nouvelles formes à
» sa pensée ? L'art véritable ne reproduit pas servilement ; il crée
» à l'aide des matériaux divers que la volonté de l'homme a réunis
» et comparés. C'est une des récompenses que la Providence
» accorde au travail de l'homme. Sous ce rapport, l'art du

» moyen âge a été le plus grand et le plus heureux de tous les arts.
» Imitons-le dans son esprit et nous créerons comme lui (1). »

J'ai cité *in extenso* ce long verbiage d'archéologie sentimentale et creuse, parce qu'il complète les diverses opinions émises, depuis quelque temps, sur le rhythme des hymnes et des proses.

Maintenant que les pièces du procès nous sont connues, je puis essayer d'en faire jaillir la lumière, et mes lecteurs deviennent des juges.

D'abord, avant la création d'une notation mesurée en Europe, le rhythme musical ne me paraît pas avoir été indépendant du rhythme poétique, puisque, comme on l'a vu, c'est ce dernier qui a servi de base aux formules métriques des musiciens mensuralistes du xiᵉ siècle. Si donc, à cette époque, les hymnes et les proses ont été rhythmées, ce n'a pu être en vertu d'un élément tombé depuis longtemps en désuétude. Ainsi, par exemple, saint Augustin nous montre, dans son traité *De musica*, que le rhythme musical proprement dit avait disparu du domaine de l'art, vers le vᵉ siècle déjà, pour faire place à celui qu'engendrent les différents pieds de la poésie. Dans l'antiquité, le rhythme musical avait produit le rhythme poétique ; au moyen âge, c'est le contraire : le rhythme poétique crée le rhythme musical ; mais celui-ci prend des développements nouveaux, à partir du xiᵉ siècle, et, grâce à la précision des signes représentant les durées temporaires, il finit par doter l'art d'une rhythmique musicale vraiment indépendante, féconde et audacieuse comme le génie lui-même.

Le rhythme musical est la cause première des variétés de mesures prosodiques.

Cela est vrai dans un certain sens.

Oui, à l'origine des choses dans l'antiquité, la notion du rhythme pur est le principe supérieur qui produit et règle tout ce qui se meut en cadence, soit avec des sons musicaux, soit avec

(1) Les Séquences du moyen âge (*Univers religieux*, feuilleton du 14 mai 1851).

des sons poétiques. Mais au moyen âge, je le répète, l'art reprend l'antiquité en sous-œuvre : il se cramponne à la métrique littéraire dont il a conservé la mémoire, pour remonter à la cause de ce phénomène qu'il veut instinctivement ressaisir, dégager et remettre en relief.

L'auteur des *Séquences du moyen âge* n'a rien compris à ce grand et mystérieux travail de l'intelligence humaine : en refusant de rattacher aux formes prosodiques anciennes le rhythme musical des auteurs médiévistes, il a nié, d'un seul mot, l'histoire des nobles efforts de nos pères ressuscitant le passé et fondant l'avenir de l'art.

A une époque qu'il est impossible de bien fixer, les Grecs avaient des signes pour représenter la valeur des notes chantées et des silences qui peuvent constituer un vrai rhythme musical. Gaffori avait, au xv° siècle, signalé l'existence de ces signes dans son ouvrage intitulé : *Practica utriusque cantus.* Perne a constaté la réalité de ce fait musical dans des manuscrits qu'il a légués à la bibliothèque de l'Institut, et dans de savants articles que la *Revue musicale* a publiés, et M. Vincent, dans sa *Notice sur trois manuscrits grecs relatifs à la musique*, a donné la liste complète des signes dont je viens de parler (1).

(1) « La plupart des auteurs qui ont traité du rhythme de la musique
» de l'antiquité, et Burette lui-même, dit M. Fétis, ont dit que les
» Grecs n'avaient pour exprimer la mesure de ce rhythme que deux
» lettres (*alpha* et *bêta*), dont l'une représentait la brève et l'autre
» la longue : c'est une erreur dans laquelle Gaforio n'est pas tombé;
» car, dans son *Traité de la musique pratique*, il a fait connaître
» cinq signes de mesure musicale qui servaient à marquer les com-
» binaisons du temps chez les anciens, sans indiquer toutefois où il
» avait acquis la connaissance de ces signes. Un livre inédit d'un
» auteur anonyme du quatrième siècle, dont Meibomius a indiqué
» l'existence dans la préface de son édition grecque et latine du
» *Traité de Musique* de Bacchius le vieux, et que M. Perne a fait
» connaître par une notice lue à l'Institut de France, ce livre, dis-je,

Outre la *brève* ou *le temps simple* qui ne s'indiquait peut-être pas, il y avait :

Μακρὰ δίχρονος (*la longue de deux temps*)............. —
Μακρὰ τρίχρονος (*la longue de trois temps*)............. ∟—
Μακρὰ τετράχρονος (*la longue de quatre temps*)......... ∟—⌐
Μακρὰ πεντάχρονος (*la longue de cinq temps*)........... ∟⊥⌐
Κενὸς βραχύς (*le silence d'un temps*)...................... ∧
Κενὸς μαχρὸς διχρόνου (*le silence de deux temps*)....... ⋀̄

» qui est un traité du rhythme de l'ancienne musique grecque, a
» confirmé la réalité des signes dont Gaforio avait parlé, en y ajou-
» tant quatre signes de silence qui se combinaient avec ceux de la
» durée des sons. En cette partie de leur notation, les Grecs avaient
» mis la simplicité qui manque aux signes des sons pour les divers
» modes, car tel est le mécanisme de ces combinaisons, que les neuf
» signes dont il vient d'être parlé, suffisent pour représenter toutes
» les valeurs de durée ainsi que tous les silences qui peuvent entrer
» comme éléments dans le rhythme poétique et musical. Ces signes
» sont, pour la valeur des notes, des lignes horizontales simples et
» doubles, d'autres lignes formant un angle de 90 degrés, le *pi* et
» l'*éta* renversés ; pour le silence, le *lambda* simple ou accompagné
» de traits horizontaux, l'angle et le *pi* surmontés ou souscrits par
» l'accent grave. » (*Biographie universelle des Musiciens*, tom. 1,
imprimé en 1835 : *Résumé philosophique de l'histoire de la Musique*,
p. CXXII).

Je ferai remarquer, avec M. Vincent, que l'ouvrage dont parle ici
M. Fétis, n'est pas un *traité du rhythme*, comme l'ont cru, mais à
tort, Perne et M. Frédéric Bellermann : c'est un *Manuel de l'art musical théorique et pratique*, dont on ne connaît ni l'auteur ni l'époque
où il fut écrit.

La liste que je donne des signes de valeurs de la durée des sons
chez les Grecs, est empruntée à la *Notice* de M. Vincent, pp. 48-49 ;
le lecteur pourra se convaincre, en comparant cette liste à la description qu'en donne le musicographe de Bruxelles, que celui-ci n'est
point parfaitement exact dans les détails qu'il nous offre.

Κενὸς μαχρὸς τριχρόνου (*le silence de trois temps*)..... ⊥干

Κενὸς μαχρὸς τετραχρόνου (*le silence de quatre temps*). 𝖫干

Κενὸς μαχρὸς πενταχρόνου (*le silence de cinq temps*)... 𝖫干

Avec un pareil système, les Grecs pouvaient obtenir un rhythme musical indépendant de tout texte littéraire; mais, en Europe, rien de semblable n'existe jusque vers la fin du XIe siècle.

« Pour saint Augustin, dit M. Vincent, *la musique est la science* » *qui apprend à bien moduler*, et *la modulation est la science des* » *mouvements bien ordonnés* (1). » Et quels sont ces mouvements bien ordonnés qui enchaînent les sons musicaux? précisément ceux de la poésie elle-même... En sorte qu'il ne faut pas s'étonner si, au IXe siècle, Remi d'Auxerre dit positivement que le rhythme ne peut se connaître que *par le texte qui se trouve audessous du chant* : « Cum omnis musica numero constat, sola » tamen humana vox, propter dignitatem rationabilitatis, *rhythmus* » vocatur; unde Virgilius :

« ...... Numeros memini, SI VERBA TENEREM (2). »

Ceci me semble un argument sans réplique contre ceux qui veulent trouver, dans le plain-chant pur, des figures de notes

____

(1) *Analyse du traité de métrique et de rhythmique de saint Augustin*, p. 4 du tirage à part.

(2) Apud Gerberti *Script.*, t. 1, p. 80.— Sans me dissimuler la hardiesse de ma traduction, je défie cependant tout érudit de bonne foi de donner un autre sens à ce passage de Remi d'Auxerre. Sans doute, ce célèbre didacticien, ce condisciple du fameux Hucbald et du prince Lothaire, fils de Charles-le-Chauve, a pu se tromper sur le sens réel des paroles de Virgile; mais, au moyen âge, les écrivains avaient coutume de s'appuyer sur quelque tronçon de monument antique, tant soit peu détourné, presque toujours, de sa vraie signification primitive, pour établir des théories qui allaient se modifiant d'âge en âge. En sorte que si Remi d'Auxerre ne nous révèle pas l'art au temps du Cygne de Mantoue, il nous indique du moins comment on entendait la métrique vers la fin du IXe siècle.

représentant de vraies valeurs de durée temporaire. Une pareille prétention n'est pas soutenable. Ce n'est qu'avec la musique mesurée du moyen âge, qu'on voit reparaître en Europe la possibilité et le fait important d'une rhythmique musicale.

Ainsi, pour être dans le vrai, faut-il faire une distinction entre les proses et les hymnes qui ont été composées avant la fin du xie siècle, et les pièces du même genre qui ont vu le jour après cette remarquable époque. Dans le premier cas, M. l'abbé Cloet a raison : il est certain que le rhythme musical ne peut point leur être appliqué ; mais, dans le second, rien ne s'y oppose, pas même l'inobservance prétendue de la quantité *poétique* ou *prosaïque* dont parle cet estimable auteur, car on sait que, dans l'antiquité et même de nos jours, le rhythme musical donne aux temps l'extension qu'il lui plaît, jusqu'à faire bien souvent, disent les anciens, d'un temps bref un temps long (1). Gui d'Arezzo parle dans le même sens, comme je l'ai fait observer à la page 28 de ce petit volume. M. l'abbé Cloet peut donc se rassurer : ses scrupules, fort honorables du reste, ne peuvent point modifier l'essence des choses.

Quant au rhythme poétique, il me semble que la question est plus facile encore à résoudre que la précédente. Il ne s'agit pas de savoir si, depuis longtemps, il y a des *barbares* qui lisent la poésie comme la prose et qui s'en vantent. On le sait si bien, que la chose étonne peu. Mais le vrai restaurateur du chant grégorien doit s'élever au-dessus des préjugés que l'ignorance a fait naître, que les intelligences d'élite accueillent souvent avec trop de bonne foi, et qui finiraient par prévaloir, par devenir même des axiomes, s'il était possible que l'erreur pût jamais prescrire contre la vérité, son indestructible ennemie.

On a dit que *le rhythme poétique est une nouveauté dans la musique grégorienne.* « On ne trouve point de traces du rhythme » poétique pour les hymnes jusqu'au xve siècle, et ce n'est qu'a-

____

(1) *Notice sur trois manuscrits grecs*, etc., par M. Vincent, p. 160.

» près le concile de Trente que cette manière de rhythmer se di-
» vulgua. » — C'est M. l'abbé Cloet qui l'affirme (1) d'après
M. Fétis (2).

Or, si l'observance du rhythme poétique, dans le chant des
hymnes, date du concile de Trente; si même c'est le fait du Pape
Urbain VIII qui, ainsi qu'on l'avoue (3), a publié une édition des
hymnes liturgiques dans laquelle les anciennes fautes de quantité
sont corrigées avec un soin minutieux, — si, dis-je, il en est
ainsi, ne faut-il pas avouer que la *nouveauté* dont il est ici question, compte déjà près de trois cents ans d'existence, et s'abrite
sous la sauve-garde de l'autorité d'un Pape ?

Mais il y a plus: nier l'observance du rhythme poétique dans
le chant des hymnes, c'est nier un des faits les plus certains et
les plus considérables de l'antiquité catholique.

Saint Ambroise rhythmait le chant des hymnes qu'il introduisit
dans la liturgie de Milan, à l'instar de la poésie latine. Cela est si
vrai, que saint Augustin semble n'avoir publié son ouvrage de musique, en six livres, que dans l'unique but d'expliquer la théorie du
chant des hymnes ambrosiennes. Dans cet ouvrage, en effet, il

(1) *De la restauration du chant liturgique*, p. 263, note 1.

(2) *Des origines du plain-chant* (Revue de la musique religieuse,
année 1847, p. 154).

(3) « Si nous cherchons ce qui a pu conduire les chantres à
» rhythmer le chant des hymnes de l'Eglise à l'instar de la poésie
» profane, peut-être en trouverons-nous *la cause* dans le soin que
» prit le pape Urbain VIII de faire rectifier les fautes de quantité
» qui se trouvent en abondance dans les hymnes anciennes; car *il*
» *est vraisemblable* qu'on n'aura pas considéré cette réforme comme
» purement littéraire : *on aura dû croire, au contraire, que le chef*
» *de l'Eglise n'avait pris ce soin que pour mettre d'accord la quantité*
» *latine avec le rhythme de la mélodie.* Une circonstance, qu'il ne
» faut pas perdre de vue, semble donner du poids à cette conjec-
» ture : c'est que ce n'est qu'au xviie siècle que l'on a commencé
» d'imprimer en France les hymnes avec leur chant rhythmé. »
(*Des origines du plain-chant*, ibid. ac supra.)

ne se propose qu'une chose : *apprendre à chanter la poésie latine.* Or, de quelle poésie chantée le saint docteur voulait-il donner les règles avant tout? était-ce de la poésie profane? non certainement, puisque, pour expliquer le mot *science* dont il honore la musique, il a soin de dire : « Le rossignol chante admirablement, » mais c'est la nature qui le guide; il n'a pas la science : il n'est » pas musicien. Les chanteurs de théâtre n'ont en vue que de » vains applaudissements et un vil lucre; ils ne cherchent qu'à » plaire à leur auditoire, quelque ignare et rustique qu'il soit : » ce ne sont point des musiciens (1). »

Pour Augustin, le musicien véritable est celui qui élève l'âme, et rend les hommes plus vertueux ; c'est l'artiste dont la noble mission est de frapper les oreilles par des nombres et des harmonies terrestres, afin de donner aux intelligences une sorte d'avant-goût des harmonies du ciel : *ut a corporeis ad incorporea transeamus* (2) ; en sorte que si le Docteur de la grâce lui montre la voie, ce n'est point pour retenir ses sens attachés aux choses d'ici-bas, mais pour lui apprendre à aimer Dieu, *beauté toujours ancienne et toujours nouvelle,* — source infinie de tout bien, de tout charme, de tout bonheur.

Saint Augustin ne s'était donc point proposé d'apprendre à chanter les odes d'Horace, ni aucun des chefs-d'œuvre de la poésie du monde païen ou du monde profane ; mais comme son livre roule entièrement sur la poésie latine considérée dans ses rapports avec la musique, il faut en conclure qu'il a uniquement écrit son livre pour les poésies religieuses, c'est-à-dire, pour les hymnes de saint Ambroise, les seules admises alors dans le culte.

(1) *Analyse,* etc., par M. Vincent, pp. 4-5 du tirage à part.

(2) *S. Augustini episcopi de musica liber* VI, § 2. — Ce sixième livre, tout mystique, n'a pas encore été apprécié à sa juste valeur : à mon avis cependant, c'est une des plus sublimes conceptions d'esthétique musicale qui existent, du moins au point de vue religieux.

Augustin va même jusqu'à citer le premier vers de l'hymne *Deus Creator omnium,* qui est de saint Ambroise, et il déclare qu'il faut le prononcer et le chanter d'après le mètre ïambique (1).

Donc, le rhythme poétique était observé dans la mélodie des hymnes à l'époque même où celles-ci furent liturgiquement régularisées en Europe.

Saint Grégoire fit-il disparaître ce rhythme, comme on se plaît à l'affirmer de nos jours? Pour toute réponse, j'invoquerai le témoignage de Gui d'Arezzo.

On sait que ce célèbre auteur est la plus imposante autorité musicale du moyen-âge (2). Pénétré de respect pour saint Grégoire-le-Grand, et plus instruit que personne dans la pratique, la théorie et l'histoire du chant religieux, sa parole doit être accueillie avec une entière confiance.

Or, Gui d'Arezzo nous enseigne au chapitre XVe de son *Micrologue*, que, de son temps encore, c'est-à-dire vers la fin du Xe siècle et au commencement du XIe, on chantait souvent d'après les procédés du rhythme poétique : « *Sæpe ita canimus,* dit-il, » *ut quasi versus pedibus scandere videamur, sicut fit cum ipsa metra* » *canimus.* » Et il ajoute que cela se faisait d'après la coutume introduite en Occident par saint Ambroise *(more perdulcis Ambrosii),* en renvoyant ses lecteurs, pour plus de détail, aux ouvrages mêmes du pieux archevêque de Milan *(Sicut apud Ambrosium curiosus invenire poterit).*

Chanter, comme si l'on scandait des vers en les lisant, — voilà, si je ne me trompe, un fait énoncé en termes si clairs, qu'en le niant on nierait l'évidence. Gui d'Arezzo semble cependant avoir prévu l'incrédulité des modernes à l'endroit de son assertion.

____

(1) *Idem, ibid.,* p. 188 de l'édition in-12 de Gaume frères.

(2) M. Adrien de la Fage, dans un livre qu'il vient de publier, appelle Gui d'Arezzo *le plus célèbre moine-musicien du moyen âge, le seul dont le nom soit resté populaire* (De la reproduction des livres de plain-chant romain, Paris, in-8°, 1853, chez Blanchet, p. 13).

Aussi voit-on, dans le même chapitre, qu'il insiste sur ce point avec une sorte de complaisance. Les chants métriques, c'est-à-dire ceux dans lesquels la mélodie obéit aux pieds de la poésie latine, offrent, dit-il, une grande similitude avec la poésie elle-même : les neumes y tiennent lieu de pieds, et les distinctions ou repos de cadence y remplacent les vers. Tantôt le neume représente un dactyle, tantôt un spondée, tantôt un ïambe; ici la distinction est tétramètre, là elle est pentamètre, ailleurs hexamètre, etc. : « — Non autem parva est similitudo in metris et can-
» tibus [*metricis scilicet* (1)], cum et neumæ loco sint pedum, et
» distinctiones loco sint versuum : utpote ista neuma dactylico,
» illa vero spondaïco, alia ïambico more decurrit; et distinctio-
» nem nunc tetrametram, nunc pentametram, alibi quasi hexa-
» metram cernas; et multa alia ad hunc modum. »

De tout ce qui précède, je crois être en droit de conclure que le rhythme poétique, appliqué au chant des hymnes, n'est pas une nouveauté dans la musique grégorienne, puisqu'aux Xe et XIe siècles, les chantres *grégoriens* l'observaient d'après les traditions *ambrosiennes*. Gui d'Arezzo nous l'atteste positivement. Ce qui revient à dire, qu'après le concile de Trente, l'impulsion donnée par Urbain VIII produisit une *restauration*, une *renaissance*, mais non une *innovation liturgique*.

Ici se présentent plusieurs difficultés trop sérieuses, pour que je les passe sous silence.

Il est d'abord incontestablement vrai, que, dans tous les vers de chaque strophe d'une hymne, *les mêmes pieds ne sont pas toujours remplis par des syllabes d'égale valeur.* Mais qu'est-ce à dire? s'ensuit-il qu'alors même le rhythme poétique soit impossible? non certes; mais on infère, de cette circonstance, que le mélange des valeurs ternaires et binaires ne permet pas toujours de

(1) Car c'est de ces chants que parle Gui d'Arezzo : *metrici autem sunt et cantus,* — ce sont les propres paroles que le docte écrivain pose en tête de la discussion dont j'offre ici l'analyse rapide.

suivre l'impulsion d'un rhythme unique et franchement dessiné ;
que le rhythme de la poésie, appliqué au chant de certaines
pièces, n'a plus alors cette simplicité entraînante qui convient si
bien aux mélodies populaires ; et que les chants religieux ne
peuvent se passer de cette simplicité, qui est pour eux une condition vraiment essentielle. En d'autres termes, l'unité du
rhythme, nécessaire au point de vue de la popularité, est souvent
impossible au point de vue de la poésie.

Oui, l'unité du rhythme, comme on l'entend ici, est nécessaire, indispensable même ; mais si, dans la question que
j'agite, on trouve quelle est impossible, à quoi faut-il s'en
prendre ? — Tout simplement, à l'ignorance des vrais éléments
de la poésie latine.

On a vu plus haut que les principales espèces de vers, employées dans la composition des hymnes de la liturgie romaine,
sont au nombre de quatre, savoir : l'*ïambique*, le *trochaïque*, le
saphique et le *chorïambique*.

D'abord, dans les strophes *saphiques*, les mêmes pieds sont
toujours remplis par des syllabes de même valeur ; donc, l'objection ne peut atteindre les hymnes composées suivant le mètre de
Sapho.

Il en est de même du mètre chorïambique.

Quant aux deux autres, ils offrent une particularité remarquable : c'est que l'ïambe peut être remplacé par un spondée, un
dactyle, un anapeste ou un tribraque dans les pieds impairs, et
le trochée peut recevoir les mêmes substitutions métriques dans
les pieds pairs. Or, comme le remarque très-bien M. Louis
Benloew (1), quoique l'ordre des longues et des brèves se trouve
alors interverti, il faut cependant reconnaître que le phénomène
qui constitue les pieds *irrationnels*, ne modifie pas le caractère

_____

(1) *De l'accentuation dans les langues indo-européennes, tant an-*
ciennes que modernes, in-8°, Paris, L. Hachette, 1847, p. 34 et
suiv.

primitif de ceux-ci, c'est-à-dire qu'ils sont VIRTUELLEMENT ou des
ïambes ou des trochées.

« Un ïambe et un trochée, ajoute ce judicieux écrivain, étant
» des membres trop exigus pour former, ajoutés un à un, des
» vers d'une certaine longueur, le rhythme, toujours dans l'in-
» térêt de l'unité, les réunit deux à deux, ou, comme on dit ha-
» bituellement, les mesure par *dipodies*. Cet accouplement des
» pieds ne leur ôte pas leur caractère primitif, et n'efface pas
» leurs *thesis;* seulement comme l'ïambe a un mouvement as-
» cendant, dans l'intérêt de l'unité que poursuit le rhythme, toute
» la force de la voix tombera sur la seconde *thesis*, le premier
» pied étant *in arsi* par rapport au second. Par la même raison,
» le rhythme trochaïque ayant un mouvement descendant, con-
» centrera toute l'énergie de la voix sur la première *thesis*, éner-
» gie qui ira s'affaiblissant sur la seconde. Comme l'énergie de la
» *thesis* est toujours en raison de la faiblesse de l'*arsis*, là où la
» *thesis* perd de son énergie, l'*arsis* se relève et ressort davan-
» tage. C'est pour cela que, dans le mètre ïambique, la voix
» glissant rapidement sur le premier pied qui est *in arsi*, sup-
» porte le *spondée* qu'elle ne pourrait supporter dans le second;
» et dans le mètre trochaïque, où elle a dépensé toute sa force
» sur la *thesis* du premier pied qui est *in thesi*, elle admet le
» spondée dans le second qui est *in arsi* (1). »

Cette théorie, dans laquelle s'explique l'unité parfaite du rhythme
poétique fondé sur le trochée ou sur l'ïambe, contient la substance
d'une réponse péremptoire à l'objection de M. Cloet. Et, sans insister davantage, je me demande s'il ne serait pas possible de
trouver, dans cette théorie, l'explication d'un fait littéraire que
le moyen âge nous a légué, et dont l'origine philosophique est
encore un mystère pour nous. On a vu précédemment que la
poésie latine de cette époque ne suit pas les quantités temporaires
de la prosodie ancienne. Elle les imite et se les approprie d'après

(1) *Ibid.*, p. 36, § 14.

l'accentuation qui , en fixant la voix d'une manière spéciale sur certaines syllabes, semble donner à celles-ci une durée prosodique de longueur temporaire; en sorte que si l'on tient compte des syllabes accentuées, notamment dans les mots polysyllabiques de tout un morceau littéraire , il en résulte une véritable symétrie qui classe les *thesis* dans un ordre parfait, et correspond , en général, soit à la mesure binaire , soit à la mesure ternaire. Alors , l'appréciation des syllabes non accentuées n'est point facultative : en étudiant l'œuvre de l'écrivain médiéviste, on voit sans peine le mètre poétique dont son génie suit les contours, à peu près comme on replace, dans les simples lignes d'une silhouette, les détails que l'artiste a négligés , mais qui sont présents à la mémoire. Le petit nombre des mètres que l'on peut enchaîner, pour former des vers, ne permet aucun doute sur la vraie valeur qu'il faut attribuer alors aux syllabes dépourvues de l'accent tonique. On a sous les yeux, et grâce à l'ensemble des *thesis* réunies, un cadre facile à remplir; c'est une opération tout-à-fait élémentaire.

Or, qu'est-ce qui a pu donner lieu à cette singulière prosodie du moyen âge? pourquoi les poètes de cette époque, forcés d'abandonner l'antique précision des poètes latins, se contentèrent-ils, pour être compris de la foule, d'une métrique plus vague et plus libre, d'une prosodie à peine formulée dans ce qu'elle a d'essentiel et de fondamental ? Comment la prose parvint-elle à remplacer les nombres harmonieux et positifs de la poésie des premiers poètes ?

Toutes ces questions seraient des énigmes, si l'on ne connaissait point la puissance de l'unité du rhythme quel qu'il soit. Et peut-être ne suis-je point dans l'erreur, en disant que le classicisme antique, subjugué par cette unité, d'une part, et, de l'autre, par le besoin d'accorder peu à peu au génie de l'homme des licences qui n'étaient point absolument incompatibles avec la métrologie de la versification primitive , avait fini par réduire les règles à leur plus simple expression. Dans le rhythme ascendant, on s'était habitué à ne plus respecter que la seconde *thesis*; dans le rhythme descendant, au contraire, la seconde *thesis* avait fini par perdre de son énergie : en sorte qu'il ne serait point impossible que le moyen âge se fût dit, en présence de ce relâchement de la discipline métrique : « *Imitons* les vers de l'antiquité dans » un langage plus populaire, et n'indiquons, à l'intelligence et aux » yeux, que la base même des différents pieds de la poésie. »

Quoi qu'il en soit, la poésie des hymnes qui avait été chantée conformément aux règles de la prosodie, fut également rhythmée quand elle se couvrit d'une parure moins brillante et plus populaire. Sans être générale et absolue, cette observation du rhythme, dans les hymnes dégénérées et dans les *séquences* ou *proses,* n'en est pas moins un fait que l'on a voulu nier, mais qui est incontestable. Dire avec M. de Coussemaker que — « *parmi. les chants* » *religieux, les hymnes seules sont rhythmées,* » — c'est donc une hérésie historique qui est démentie par les monuments.

En droit, les proses se confondant, au moyen âge, avec les hymnes construites d'après le double principe de l'assonnance et de l'accentuation, il en résulte que si les unes sont soumises au rhythme, les autres doivent l'être aussi. Et, en fait, nous avons des preuves certaines que certaines *proses* ou *séquences* étaient alors chantées d'après les règles du rhythme poétique.

En voici un exemple remarquable. Il est tiré du manuscrit 1337 (ancien f. latin de la Bibl. impériale de Paris), magnifique graduel du XIVe siècle. C'est la prose *Veni sancte Spiritus,* écrite en notation mesurée, conformément aux principes que l'on trouve dans l'*Ars cantus mensurabilis* de Francon de Cologne. Je la donne ici telle qu'elle se trouve au fol. 369 v° de ce précieux recueil, et j'y joins une traduction en notation moderne, d'après les mêmes principes : —

TRADUCTION DU MORCEAU PRÉCÉDENT.

Ce morceau liturgique est quelque chose de fort précieux au point de vue du rhythme. Le Pseudo-Béda qui n'est autre, comme l'a découvert fort heureusement M. Bottée de Toulmon, de regrettable mémoire, qu'un certain *Aristote*, célèbre didacticien dont Jean de Muris fait le plus grand éloge (1), donne en exemple, dans son traité de musique mesurable, le commencement de la mélodie du *Veni sancte Spiritus*, de cette manière :

Ve-ni   sancte   Spi-ri-tus (2).

Cette circonstance bibliographique est importante, car elle établit que le Pseudo-Béda ou le surnommé Aristote, et le manuscrit 1337, nous fournissent le *Veni sancte Spiritus* conformément à sa rédaction originale, du moins quant à la métrique. Cette prose, comme on le sait, est attribuée à deux auteurs : à Hermann Contract qui est mort dans la première moitié du XIe siècle, et au pape Innocent III qui a cessé de vivre en 1216. Or, à quelque parti que l'on s'arrête, si, d'une part, on peut maintenant fixer l'époque où Aristote a écrit son traité, il faut, d'autre part, reconnaître aussi que le *Veni sancte Spiritus*, qui vient d'être publié plus haut pour la première fois, reproduit la forme mélodique inventée par l'auteur quel qu'il soit. Mais ce qu'il y a de curieux dans cette discussion, c'est que M. Fétis, homme si éminent d'ailleurs, cite la prose dont il s'agit d'après plusieurs variantes, et conclut en disant qu'*On a trop abusé, dans les livres de chant des églises de France, de l'usage de ces proses rhythmées dans le mètre* IAMBIQUE (3).

L'exemple que je viens de donner, prouve que si M. de Cous-

---

(1) « In musica... practica plana floruit Guido monachus qui novas » adinvenit notas et figuras, et de monocordo et tonis multa scri- » psit. De mensurabili autem musica multi tractaverunt, inter quos » amplius floruisse videntur quidam qui *Aristotiles* in titulo libri sui » nominatur, et Franco Teutonicus. » (*Specul. music.*, lib. I, cap. VI, De musices inventoribus, fol. 4 *v*°.)

(2) Bib. impériale, suppl. latin, manuscrit n° 1136. — Cf. l'édition complète des œuvres du vénérable Bède (Bâle et Cologne).

(3) *Méthode élémentaire de plain-chant*, Paris, gr. in-8°, 1843, p. 58.

semaker se trompe en affirmant que les hymnes seules étaient rhythmées au moyen âge, MM. de Voght et Duval ont, en revanche, touché du doigt la vérité, en reconnaissant, dans les hymnes et dans les proses de cette époque, un rhythme qu'ils appellent *naturel*, et qui engendre l'ordre *dactylique*, l'ordre *ïambique* et l'ordre *trochaïque*. Seulement, dans l'application qu'ils font de cet excellent principe, ces deux auteurs s'en écartent d'une manière évidente et font fausse route. Par exemple, s'il y a une prose conçue dans le rhythme naturel de l'ordre trochaïque, c'est bien certainement celle du jour de la Pentecôte. Or, voici comment ces messieurs notent le commencement de ce morceau célèbre :

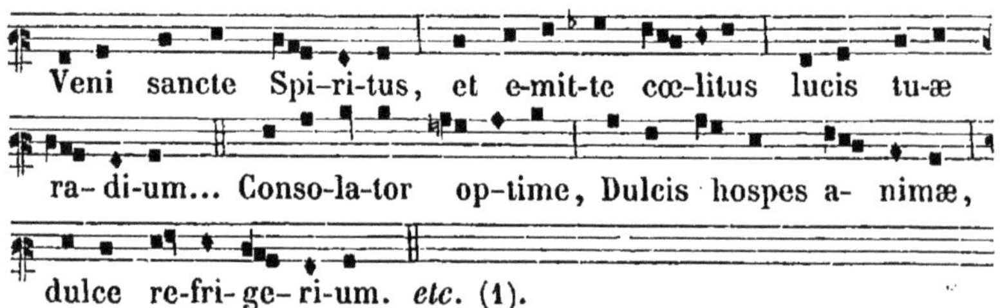

A la seule inspection de ce spécimen, il faut conclure que les éditeurs de Malines se sont complétement fourvoyés, à moins d'admettre qu'au moyen âge on en savait moins qu'eux sur la matière, et sur la méthode de rhythmer le chant des hymnes et des proses : ce ne serait pas la première fois que les archéologues auraient la prétention de voir plus clair que les hommes dont ils veulent faire revivre les mœurs, les coutumes et les idées.

Quant aux réformateurs de Reims et de Cambrai, ont-ils mieux réussi que ceux de Malines? Sont-ils ici parvenus à cette perfection qui semble avoir été le but si louable de leurs travaux? — Pas davantage... Voici, en effet, ce qu'ils nous donnent comme un modèle de restitution archéologique :

____

(1) *Graduale romanum*, Malines, 1848, p. 225.

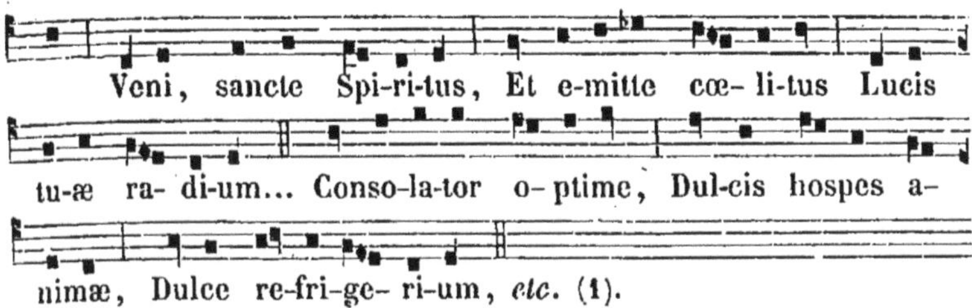

Il doit être maintenant avéré, qu'au moyen âge, on rhythmait
poétiquement certaines hymnes et certaines proses, et le monument que j'ai emprunté au manuscrit 1337 n'est pas le seul qui
puisse être invoqué à l'appui de cette doctrine. J'en ai cité quelques autres dans ma *Lettre à M. Ch. Lenormant au sujet des chants
de la Sainte-Chapelle* (2).

Mais ce qui donne une grande valeur au *Veni sancte Spiritus*
du manuscrit 1337, c'est la précision mathématique avec laquelle
le rhythme y est établi. Il n'y a plus de doute possible, et il
faut admettre aujourd'hui *la succession symétrique de trochées ou
d'ïambes* qu'on ne voulait admettre, en 1850, dans aucune prose
et dans aucune hymne du moyen âge, sous le célèbre prétexte
que cette succession transforme souvent des longues prosodiques
en brèves, ou des brèves en longues.

Est-ce à dire, pourtant, que toutes les hymnes et toutes les
proses doivent être rhythmées soit musicalement, soit poétiquement? — Autant vaudrait dire qu'il y a des règles morales sans
exception, et je n'ai pas, certes, la prétention de soutenir une
pareille énormité.

Quel est l'archéologue qui, ayant quelques notions de musique

(1) *Graduale romanum*, Paris, 1851, pp. 239-240.
(2) Voir le *Correspondant* du 10 décembre 1850. — Cette lettre est
une sorte d'appendice à un article assez considérable que j'ai publié
dans le même recueil, le 25 août de la même année, sur une collection d'anciennes mélodies liturgiques dont on a fait trop de bruit. Il
y a des prétentions qui s'expliquent, mais ne se justifient point.

religieuse, ignore que le texte de la belle antienne à la Vierge : *Alma Redemptoris mater*, par exemple, est écrit en vers hexamètres? Or, on a beau consulter les documents les plus anciens, il faut reconnaître que le chant traditionnel, posé au-dessus de ce texte, consiste en de luxuriantes vocalises qui ne permettent l'observation du rhythme de la poésie que d'une manière fort relative. Il en est de même des répons que Fulbert, évêque de Chartres et ami du roi Robert, composa en l'honneur de Marie. Ils sont aussi en vers hexamètres sous un chant que les contrapuntistes des xie et xiie siècles aimaient à prendre comme ténor ou fondement de leurs compositions à plusieurs parties. J'ai retrouvé à Montpellier, dans un manuscrit fort précieux et peut-être contemporain de Fulbert, deux de ces répons notés sur une ligne sèche. En voici les paroles dont la naïveté exprime un je ne sais quoi de charmant et de suave qui parfume le cœur :

I.

« Ad nutum Domini nostrum ditantis honorem,
Sicut spina rosam, genuit Judæa Mariam ;
Ut vitium virtus operiret, gratia culpam,
Sicut spina rosam, genuit Judæa Mariam.

II.

Stirps Jesse virgam produxit, virgaque florem,
Et super hunc florem requiescit Spiritus almus.
Virgo, Dei genitrix, virga est: flos, Filius ejus. »

Rhythmer poétiquement, dans la mélodie, ces vers gracieux de l'évêque de Chartres, ce serait chose impossible.

Egalement, nous avons des hymnes et des proses dont le chant, sans être aussi prolixe que celui de l'*Alma* et des répons de Fulbert, paraît avoir été composé en dehors de tout rhythme rigoureux. D'autres morceaux du même genre, et surtout ceux qui se chantent en présence du sacrement auguste de l'Eucharistie qu'ils célèbrent d'une manière spéciale, pourraient être rhythmés rigoureusement ; mais une longue désuétude a sanctionné, pour ainsi dire, dans l'exécution de ces pièces, l'abandon de tout rhythme pur : un sentiment vague et indéfinissable d'adoration a remplacé la mesure musicale ou le mètre poétique. Faut-il changer tout cela? Faut-il, sous prétexte de science et de restauration, pourchasser de nos sanctuaires ces mélodies qui bercent les âmes dans une sorte de laisser-aller si mystérieux, si doux, si propice enfin à l'expansion de la piété des fidèles? C'est là un point qui ne me semble pas douteux, et, pour le résoudre, on pourra suivre, tantôt le système de M. Hallez, qui n'est pas aussi absolu qu'il veut bien le dire, tantôt le *rhythme artificiel* que MM. de Voght et Duval expliquent d'une manière plus ou moins rationnelle, mais qui aboutit à des résultats que la nécessité autorise en plusieurs circonstances.

Tels sont les principes qui doivent, selon moi, servir de base à la grande question de la restauration du chant grégorien. Je ne prétends pas en avoir scruté toutes les difficultés, tous les détails : mais j'ai confiance dans la droiture de mes intentions, dans le respect profond que je porte au chant du culte catholique, dans les recherches patientes que je fais depuis longtemps, avec une infatigable ardeur, pour arriver à la vérité sur ce point qui intéresse, à tant de titres, la Religion, l'Eglise et l'unité de la liturgie, trois choses que mon cœur aime et confond, comme tout catholique doit les confondre et les aimer!

CHAPITRE III.

De la restauration du chant grégorien dans ses rapports avec la musique profane.

De tout temps, la musique profane s'est déclarée l'ennemie de la musique grégorienne, ou, si l'on veut, du plain-chant.

Un célèbre auteur qui écrivait, en 1553, un livre devenu fort rare aujourd'hui, nous révèle les discussions agitées de son temps sur la prééminence du chant de la liturgie et de la musique proprement dite.

Il suppose d'abord que la musique est un pays divisé en plusieurs provinces, dont il décrit avec soin la topographie et les mœurs. Deux frères y règnent : l'un sur la province du plain-chant, l'autre sur celle du chant figuré. La bonne harmonie qui unissait les deux monarques, ne tarde pas à faire place à une implacable envie, et, finalement, l'ivrognerie les pousse au combat.

De part et d'autre, on court aux armes.

Plusieurs nations viennent se ranger sous les drapeaux du roi du plain-chant; le pape, les cardinaux, les évêques, les abbés, les chanoines et les ministres luthériens avec leurs femmes fournissent un contingent considérable. Les paysans avec des fourches, les racleurs et les gens qui chantent faux, grossissent aussi l'armée du plain-chant.

Celle du roi de la musique figurée se compose des *mesures,* c'est-à-dire des *modes,* des *temps* et des *prolations,* vrais princes du sang qui ont chacun, sous leurs ordres, des phalanges de *notes* rangées symétriquement en bataille ; les dessus, les ténors et les basses forment des troupes auxiliaires et puissantes en faveur de la musique.

Le combat s'engage. Les succès se balancent et semblent d'abord favoriser l'armée du plain-chant; mais la victoire se décide enfin pour le roi de la musique figurée. Toutefois, les deux frères se réconcilient, et des plénipotentiaires, nommés d'un commun accord, fixent les limites de chaque royaume.

Telle est, en substance, la *plaisanterie sérieuse,* comme l'appelle très-bien M. Fétis, qui sert de cadre au livre publié par Claude Sébastien vers le milieu du XVIᵉ siècle, sous le titre de *Bellum musicale inter plani et mensurabilis cantus Reges...* (1). Mais, malgré la paix définitive signée entre le roi du plain-chant et celui de la musique, malgré les limites qui séparent leurs états, il est impossible de ne pas avouer, quoi qu'en dise Claude Sébastien, que cette paix est une illusion détruite, à chaque instant, par les prétentions ambitieuses de l'art moderne, et la connivence des chrétiens relâchés qui aiment à retrouver les émotions du théâtre, jusque dans le sanctuaire même.

De tout temps, il en a été ainsi.

Les *Instituta Patrum de modo psallendi* nous apprennent que, dans les premiers âges de l'Eglise, il y avait des chantres vaniteux qui s'efforçaient d'exécuter les louanges de Dieu avec les ressources de l'art théâtral et mondain. Les Pères s'élèvent avec force contre cet abus, et disent avec une certaine énergie de langage : « *Histrioneas voces..., sive fœmineas, omnemque vocum* » *falsitatem, jactantiam seu novitatem detestemur et prohibeamus in* » *Choris nostris* (2) ». Mais c'est en vain : la musique propre-

(1) Strasbourg, 1553, in-4º de 21 feuilles sans pagination (Bibl. impériale, Réserve, miscellanées de petit format in-4º, V. 1803). M. Fétis cite deux autres éditions du même ouvrage, l'une de 1563, l'autre de 1568. L'analyse que je donne ici du *Bellum musicale* a été faite d'après celle qu'en a publiée M. Fétis, dans sa *Biographie universelle des musiciens,* tom. VIII, pp. 175-176. Lichtenthal a inséré, dans le deuxième volume de sa *Bibliografia della Musica* (Milan, 1826, pp. 425-426), les titres des 36 chapitres du livre de Sébastien ; ces titres se trouvent également dans la nouvelle édition de *La Science et la Pratique du Plain-Chant* de Dom Jumilhac, pp. 351-352.

(2) Apud Gerberti *Scriptores,* tom. I, p. 8.

ment dite qui prend naissance vers le xie siècle, fait de plus en plus invasion dans le sanctuaire, et s'efforce d'y dominer au préjudice du chant liturgique, plus austère et plus grave.

Malgré la naïveté des mœurs du moyen âge, on a peine à comprendre aujourd'hui les étranges folies musicales qui, au nom de l'art, défigurèrent, sous prétexte de les embellir, les saintes cérémonies du culte.

Pour se faire une idée de ces folies, il faut méditer le fameux manuscrit H. 196, de la faculté de médecine de Montpellier; grâce à ce manuscrit, on peut reconstruire un office liturgique, tel qu'on l'exécutait aux jours de fêtes solennelles, depuis le xie siècle jusqu'à la fin du xive siècle.

Au *Kyrie eleison* de la messe, par exemple, le chœur chantait les paroles grecques sur la mélodie en usage dans le culte. Et, pendant ce temps-là, deux groupes d'artistes faisaient entendre un contrepoint fleuri et prétintaillé. Une partie disait :

> « Aucuns vont souvent par leur envie
> Mesdisant d'amours, mes il n'est si bonne vie
> Com d'aimer loiaument, *etc...* »

Et une autre partie modulait cette chanson latine :

> « Amor qui cor vulnerat
> Humanum quem generat... »

Ou bien, en d'autres circonstances, les deux parties du contrepoint du *Kyrie eleison*, s'énonçaient en latin; l'une d'elles s'adressait à ceux qui veulent épouser des personnes veuves. Ou bien encore, au-dessus de la mélodie grave du *Kyrie*, on entendait la déclaration en règle d'un chevalier à sa *Bonne madame*, et une causerie érotique sur les *Brunettes*.

Certes, je ne refuse pas une certaine originalité poétique à la prière du *Kyrie* ainsi comprise; j'y vois bien, d'un côté, l'image des plaisirs trompeurs du monde, et, de l'autre, les supplications incessantes de l'Eglise qui demande au ciel grâce et miséricorde pour les folies de ses enfants; mais il y a quelque chose que je n'y vois pas : c'est la majestueuse dignité qui convient à la prière. Les prétentions de l'art profane ne peuvent ici remplacer les saintes inspirations de la piété (1).

J'ai recomposé, avec le manuscrit 196, tout un office complet et solennel du moyen âge, et j'avoue que je recule devant la reproduction des turpitudes que l'art des musiciens et celui des trouvères ont, à cette époque, introduites dans la sainte liturgie de l'Eglise. Rome a toujours protesté ; mais elle avait à combattre des hommes qui se croyaient plus habiles que saint Grégoire, et qui parlaient au nom du progrès, dont on abusait alors comme aujourd'hui, comme toujours. En dépit donc de l'autorité, l'usage monstrueux d'allier les paroles lascives et les paroles de la liturgie, dans les différentes parties d'un même morceau de musique sacrée, se maintint jusqu'au milieu du xvi⁰ siècle, et l'on ne chanta pas même autre chose à la chapelle des Papes ; en sorte que l'abus s'éleva jusqu'à l'insolence. C'est seulement après le concile de Trente, grâce à cette vénérable assemblée et au génie sublime de Jean Pierluigi da Palestrina, c'est seulement alors, dis-je, que les extravagances des musiciens disparurent du domaine de l'art religieux, du moins dans ce qu'elles avaient de plus indécent et de plus contraire à la gravité du culte. Depuis cette époque, le plain-chant a toujours conservé, malgré ses rides, quelque chose de pieux et d'inimitable, et la musique, appliquée à la liturgie, n'a guère gagné en onction, en conve-

---

(1) Quand je prête des idées mystiques aux contrapuntistes du moyen âge, il ne faut pas croire que je les imagine par pure fantaisie. Ces idées existaient bien certainement à l'époque dont je parle, et dans les compositions auxquelles je fais allusion en ce moment. Le manuscrit H. 196, le plus beau et le plus complet qui existe, est fort intéressant sous ce rapport : il fournit, sur ce point d'esthétique, d'innombrables documents dont, jusqu'à présent, aucun auteur moderne n'avait soupçonné, je ne dirai pas l'existence, mais la signification philosophique et intime.

nance, en vrai sentiment du but qu'on veut lui faire atteindre. La tonalité moderne, essentiellement passionnée et théâtrale, est d'ailleurs un obstacle à l'expression sereine et calme de la prière : les plus grands génies seront ceux qui échoueront le moins contre cet écueil.

On a méconnu la différence essentielle qui distingue le plain-chant et la musique, et l'on est tombé dans deux erreurs graves.

La première, malgré quelques apparences de respect pour le plain-chant, donne à celui-ci une position inacceptable : « Le » plain-chant et la musique religieuse, dit-on, sont un langage » à formes différentes, mais *également susceptibles* de produire » des effets plus ou moins édifiants et salutaires, selon le degré » de foi qui les inspire ou qui s'en inspire.

» Le plain-chant, c'est la *prose* avec sa forme simple, sévère, » précise et tout au plus cadencée ; la musique, c'est la *poésie* » avec sa forme étudiée, *délicate,* imitative et plus ou moins » énergiquement rhythmée.

» Le plain-chant semble s'emparer d'abord du cœur d'où il » s'épanche pour réagir sur les sens qu'il calme et assujétit ; la » musique commence plutôt par impressionner les sens, pour » ainsi arriver au cœur, l'émouvoir et le dominer par ses angé- » liques inspirations.

» Enfin, le plain-chant est la langue immédiate, vulgaire, ha- » bituelle de l'Eglise, et la masse du peuple chrétien réuni au- » tour du sanctuaire pour adorer, prier et bénir Dieu par Jésus- » Christ, avec Jésus-Christ, et en Jésus-Christ, doit user ordi- » nairement de cette langue qui est à sa portée et qui lui est » propre, comme d'un véhicule extérieur et sensible par lequel » ses sentiments communs et unanimes montent de la terre au » ciel.... La musique est plus spécialement la langue extraordi- » naire, exceptionnelle et réservée qui, *dans des occasions plus* » *solennelles,* peut être appelée à prêter au culte public *l'éclat plus* » *attrayant de ses magnificences,* pour donner à la terre d'exil *un* » *reflet consolateur et stimulant des incessants concerts du ciel* que

» nous esquisse rapidement et à vol d'aigle l'auteur inspiré de
» l'Apocalypse.

» En un mot, le plain-chant est l'aliment journalier, le pain
» indispensable; la musique est le mets accidentel, *le somptueux*
» *dessert des circonstances majeures* (1). »

Or, si l'auteur des lignes qui précèdent eût connu l'histoire
des monuments et la philosophie de l'art, il se serait bien gardé
d'avancer avec tant d'assurance que le plain-chant et la musique
religieuse sont un langage à formes *également susceptibles* de produire des effets édifiants, et surtout il n'aurait pas dit que c'est
la musique qui nous donne *un reflet consolateur des concerts du*
ciel. Il est clair, après cela et malgré toutes les précautions ora-
toires, que l'Eglise devrait laisser de côté le *prosaïque* plain-
chant, pour adopter le *poétique* reflet des chants célestes et le
somptueux dessert des circonstances majeures. Je ne vois pas pourquoi l'Eglise maintiendrait son vieux chant liturgique, puisque
la musique moderne est ÉGALEMENT SUSCEPTIBLE de produire tous
les effets désirables de moralité et de dévotion.

Et qu'on ne croie pas que j'exagère : ce que je dis là est dans
la bouche de toutes les personnes du monde qui s'y connaissent
autant en religion qu'en esthétique musicale. Pour ces personnes,
le plain-chant est une vile prose, quelque chose de gothique qui
n'est plus de mode ni de bon goût. Elles vont un peu plus loin
que l'auteur des lignes singulières que j'ai citées, mais elles
sont sur la pente de son principe, et elles y vont jusqu'au bout,
avec cette logique inflexible qui distingue les masses.

A l'époque où la tonalité de la musique moderne fut créée,
c'est-à-dire, au commencement du XVIIe siècle, on conçoit que
le perfectionnement du plain-chant par la musique ait pu être
une idée vague, et peut-être généreuse, produite par la transfor-

(1) *L'Ami de la Religion*, jeudi 12 août 1852, n° 5409, pp. 354-
355.

mation de l'art; mais aujourd'hui, tout cela n'est que de l'enfantillage ou de l'ignorance.

Or, il faut combattre cet enfantillage et cette ignorance, seconde erreur grave à l'endroit du plain-chant. Autrement, à quoi bon le souci de l'Eglise? à quoi bon tous les travaux des érudits qui consacrent leurs veilles à l'étude et à la restauration des chants de l'antiquité catholique?

L'écrivain le plus célèbre qui ait soutenu qu'il fallait réformer le plain-chant par la musique actuelle, est sans contredit Cousin de Contamine qui nous a laissé un opuscule anonyme publié à Paris, en 1749, par l'imprimeur P.-G. Le Mercier. Cet opuscule a pour titre : *Traité critique du Plain-Chant, usité aujourd'hui dans l'Eglise; contenant les principes qui en montrent les défauts, et qui peuvent conduire à le rendre meilleur.* L'ouvrage, qui est in-12, a 69-XXIV pages de texte, une approbation, un privilége du roi, et 8 planches gravées en taille-douce. L'auteur l'a terminé le 2 décembre 1747, et la bibliothèque de Sainte-Geneviève de Paris en possède un exemplaire sous le n° 1177³ V; un autre exemplaire est dans ma bibliothèque.

Il est bon que l'on sache d'abord que Cousin de Contamine est l'auteur à qui le célèbre Léonard Poisson répond longuement, dans le chapitre préliminaire de son *Traité théorique et pratique du plain-chant appelé grégorien* (pp. 12-17).

De Contamine commence par déclarer qu'il désirerait *que la modulation du Plain-Chant fut* (sic) *rapprochée de la modulation Musicale* (p. 3). Et pourquoi? tout simplement parce que saint Augustin dit, dans sa lettre à l'évêque Mémorius que *David aimait à faire servir la musique à sa piété.* — « Le Prophéte Roy » sçavoit donc la Musique, s'écrie l'auteur (p. 5) », — et alors pourquoi n'assujétirait-on pas le chant de l'Eglise à cet art que connaissait David et que Dieu lui-même a daigné enseigner aux hommes?

Un scrupule arrête cependant l'auteur : — « Il est vrai, dit-il, » que le Pape Jean XXII. a proscrit la Musique qui n'avoit pas le

» Plain-Chant pour base. Mais ceux qui porterent à Jean des
» plaintes contre la Musique, qu'ils appelloient déchant, et ce
» Souverain Pontife lui-même, ne connoissoient point cette
» Poëtique universelle qui donne des Régles pour parvenir à
» l'imitation de la belle nature.... (p. 7). » C'est ce qui engage
de Contamine à déclarer positivement, comme on le ferait en
plein XIXᵉ siècle dans un salon d'amateurs d'opéras, que le plain-
chant est *irrégulier* (p. 9).

Donc, il faut le soumettre à une réforme radicale, autrement
on le rendrait *pusillanime* (p. 20).

Or, — « La Musique ne connoît que deux Modes : l'un Ma-
» jeur, et l'autre Mineur (p. 28). »

La finale ou première note d'une octave fixe le ton, et la tierce
détermine le mode. Le plain-chant s'écarte de cette règle fournie
par la nature (p. 29) ; il faut l'y astreindre.

Les compositeurs du plain-chant ont aussi ignoré l'harmonie
moderne ; par conséquent, *ses modulations sont si contraires* A LA
NATURE, *qu'il serait impossible de le chanter juste, s'il n'étoit rempli d'une multitude infinie de progressions par degrés conjoints*
(pp. 36-37). Sous ce rapport, il faut également réformer le
plain-chant de fond en comble.

Ce n'est pas tout. Le chant liturgique pèche encore sous le
rapport du goût, et les fautes que l'auteur lui reproche ici, se
rapportent à l'expression, à la description et à la narration. «Les
» choses qui servent à lui donner ces caracteres, dit-il, sont la
» mesure, le mouvement des notes, la marche ou progression,
» le choix des cordes, le choix du ton, le choix du mode, les
» modulations, ou transitions, et les figures (p. 56). »

De Contamine entre dans quelques détails, dont voici les principaux.

Il déclare le plain-chant *tout-à-fait défectueux* sous le rapport
de la mesure. « Ne pourroit-on pas convenir, dit-il, de valeurs
» respectives entre les notes usitées, et les fixer ainsi : deux quar-
» rées pour une quarrée à queue, quatre losanges pour la même

» quarrée à queue; par conséquent deux pour une quarrée
» simple; une quarrée pointée et une losange, pour la quarrée à
» queue : et celle qui ressemble à un étendart, de valeur indé-
» terminée, pour n'être jamais mise que sur la dernière syllabe
» du morceau (pp. 57-58)? »

Il serait facile, avec ces éléments, d'assujétir tous les chants
liturgiques à la mesure à deux temps et à la mesure à trois
temps, mais il faudrait s'en tenir là : « N'adopter que ces deux
» mesures primitives, et desquelles sont dérivées toutes celles
» que la Musique connoît, me paroîtroit, dit l'auteur, assez
» noble et digne du Chant Ecclésiastique (p. 59). » Et il ajoute :
« Je ne propose point de séparer les mesures par des barres,
» pour faciliter l'exécution du Chant. Cet usage n'est âgé que de
» cent ans, c'est trop peu pour le Plain-Chant. Je ne perds pas
» cependant l'espérance de voir réussir mon idée; il y a une
» sorte d'acheminement, puisque le Plain-Chant imprimé est
» barré à chaque mot (p. 60). »

L'auteur arrive enfin à l'exposition proprement dite de sa
théorie d'esthétique musicale appliquée au plain-chant. « Pour
» ne la point interrompre, dit-il, je dirai ici que le Chant sylla-
» bique, convient à ce qui est narration simple, à tout ce qui ne
» produit aucune image, à la Psalmodie, aux Hymnes, et aux
» Proses. Il suffit qu'un Chant qui doit être adapté à plusieurs
» versets, à plusieurs strophes de suite, soit composé, autant
» qu'il sera possible, dans l'esprit total et dominant de la
» Piéce.

« Le Chant procédant par grands intervales, sera appliqué à
» tout ce qui est grand, majestueux. Mais on y gardera les dé-
» cences. Dieu parle avec plus de majesté que les hommes.

« Les cordes consonantes conviennent à ce qui est doux, tran-
» quille; et les dissonantes à ce qui a quelque feu, comme le
» courroux. Le mode majeur et les mouvemens légers, à la joie.
» Le mode mineur et la marche lente, et par degrés conjoints,
» sans élévations de voix, à l'humiliation, à la prière. La priére

» fervente pousse des cris. S'il y a action de grace et priére :
» comme ce qui produit l'action de grace excite la joye, le Chant
» participera de l'une et de l'autre.

» Quelquefois l'Ecriture nous représente Dieu passant de la
» bonté au courroux ; on peut rendre ce passage par une transi-
» tion ou modulation non filée, subite : la bonté dans le mode
» mineur, le courroux dans le mode majeur : et ainsi de tout ce
» qui peut y avoir quelque conformité. Ceci peut-être pratiqué
» avec succès dans un même morceau, ainsi que le changement
» de mesure, si les paroles le supportent. Souvent aussi Dieu,
» après avoir menacé son Peuple, lui avoir montré les châtimens
» qu'il est près d'exercer sur lui, dit : *Convertissez-vous à moi,*
» *et je me convertirai à vous.* Ce retour de Dieu à sa bonté peut
» être heureusement exprimé par un passage du majeur au mi-
» neur, avec modulation filée.

» Les Figures (1) seront conformes au mouvement des choses :
» de haut en bas, pour ce qui descend, de bas en haut, pour ce
» qui monte. Elles participeront de l'un et de l'autre, quand la
» chose représentée l'éxigera. Mais on ne doit jamais appliquer
» de Figure à ce qui n'a point de mouvement ; comme dans ce
» cas, *Verbo Domini, Cœli firmati sunt.* Une Figure sur la syllabe
» *ma* du mot *firmati,* que peint-elle ? Des Cieux vacillans, pen-
» dant que les paroles disent que Dieu les a affermis par son
» Verbe. Dans combien d'Antiennes et d'Introïtes, et avec com-
» bien d'indécence, le Seigneur, *Dominus,* n'est-il pas agité par
» une Figure sur la syllabe *Do ?* C'est aux choses de cette nature
» qu'il convient d'appliquer un même son continu ; ce que nous
» appellons faire une tenue.

» Le Compositeur doit laisser toutes choses dans l'ordre établi
» par le Créateur. Dieu, le Seigneur, les Cieux, les Montagnes
» dans le haut de la voix ; et au degré convenable, si les paroles

(1) De Contamine appelle *Figures* — « Les tirades de plusieurs
notes sur une même syllabe (pp. 60-61). »

» en offrent la comparaison. La Terre, et tout ce qui est bas,
» dans le bas de la voix. J'ai honte de proposer pour règle, ce
» que le simple bon sens doit dicter; mais rien de plus commun
» que les fautes contre ce bon sens.....

» Les avertissemens, les exhortations, les menaces dont l'E-
» criture est pleine, sont du ressort de la déclamation. Qu'il
» étudie la nature à cet égard, afin de s'y conformer, et ne pas
» prendre l'artifice pour la vérité (pp. 61-65). »

Maintenant, il me reste à compléter le système de Cousin de
Contamine, système curieux, s'il en fut jamais, par un spécimen
d'un morceau de plain-chant écrit selon les idées de ce singulier
auteur. Lui-même va me le fournir : c'est le *Credo* qu'il nous
offre à la 8e planche qui couronne son ouvrage. *Risum teneatis,
amici.....*

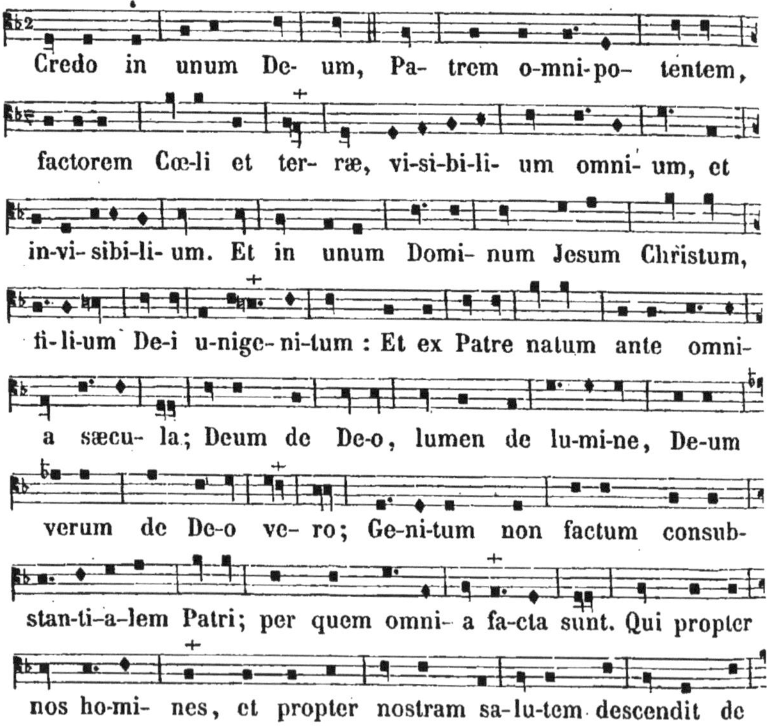

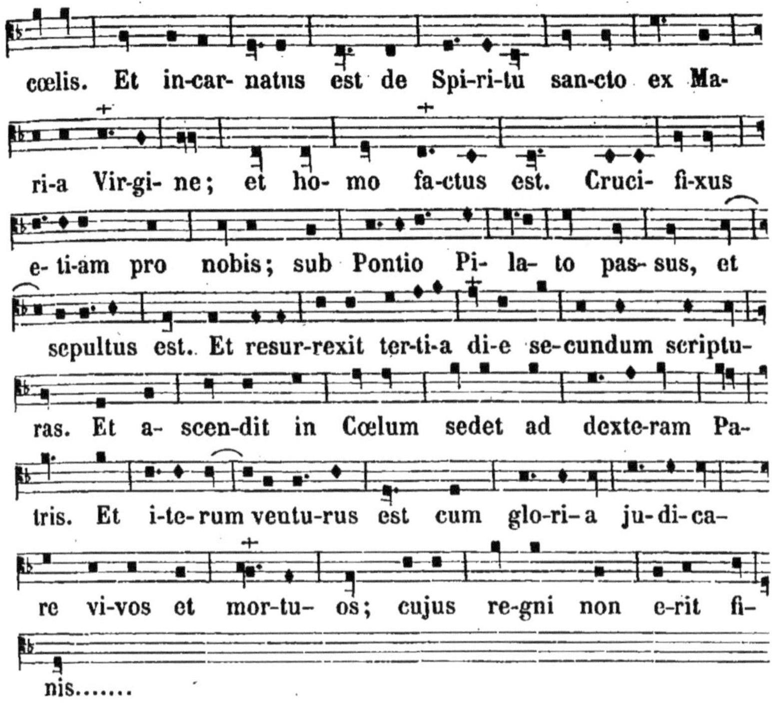

Il faudrait encore quelques lignes pour donner en entier ce chef-d'œuvre de musique religieuse de Cousin de Contamine, mais ma plume n'a pas le courage de les transcrire. Cela me paraît si extravagant, si ridicule même, que je rends de véritables actions de grâces à l'Eglise, d'avoir méprisé de pareilles sottises et maintenu son vieux chant.

J.-J. Rousseau avait, selon moi, raison de dire : « Il reste » assez de beautés au plain-chant, pour être de beaucoup préfé- » rable à ces Musiques efféminées ou théâtrales, ou maussades » et plates, qu'on y substitue dans quelques églises, sans gravité, » sans goût, sans convenance, et sans respect pour le lieu qu'on » ose ainsi profaner (1). » Et ce génie impétueux et brusque ajoutait, comme s'il eût répondu à Cousin de Contamine : « Loin

(1) *Dictionnaire de musique*, art. *Plain-Chant*.

» qu'on doive porter notre Musique dans le *plain-chant*, je suis
» persuadé qu'on gagneroit à transporter le *plain-chant* dans
» notre Musique; mais il faudroit avoir pour cela beaucoup de
» goût, encore plus de savoir, et surtout être exempt de pré-
» jugés (1). »

J.-J. Rousseau avait raison. « Le chant ecclésiastique, dit
» Kircher, est plein de majesté, et possède une mystérieuse
» puissance pour élever les âmes vers Dieu, surtout lorsqu'on
» l'exécute avec la décence et le soin qu'exige la célébration des
» saints mystères (2). » — « Ce chant, dit le P. Eveillon, est le
» seul qui convienne réellement au service de Dieu, le seul qui
» soit vraiment légitime dans le culte de l'Eglise; la musique
» qu'on veut lui opposer, n'a été introduite qu'assez tard dans
» les offices de la liturgie, les hommes les plus pieux l'ont sou-
» vent condamnée, l'Eglise grecque n'en fait point usage, et le
» pape Pie IV *s'est seulement abstenu de la réprouver* (3). » Suivant
» Benoît XIV, — « Le chant de saint Grégoire est celui que le con-
» cile de Trente exigeait pour les cérémonies du culte, parce qu'il
» excite les âmes à la dévotion et à la piété, si on l'exécute bien,
» et que les hommes pieux l'entendent plus volontiers que la
» musique à laquelle ils le préfèrent avec raison (4). » — Et

(1) *Ibidem.*

(2) « Est igitur cantus Ecclesiasticus plenus majestate, et nescio
» quam vim animos in Deum concitandi possidet si cum decore et
» studio requisito peragatur (Musurg. univers., t. I, p. 560). »

(3) « Quin et illud adjungimus cantum Gregorianum seu planum
» aut firmum, solum esse germanum, et legitimum Dei cantum:
» Musicum autem.... serius in choros introductum; ut, ne dicam,
» a sanctis viris sæpe improbatum; a Pio quarto tantum non abro-
» gatum; certe Ecclesiæ Græcæ prorsus incognitum (*De recta ra-
» tione psallendi*, cap. 2, art. 3). »

(4) « Qui (cantus) fidelium animas ad devotionem et pietatem
» excitat, qui, si recte decenterque peragatur in Dei ecclesiis, a
» piis hominibus libentius auditur, et alteri qui musicus dicitur
» merito præfertur.» (*Constit. de* Benoît XIV *en date du* 19 *fév.* 1749.)

c'est aussi l'opinion de l'éminent M. Fétis qui a consacré une grande partie de son existence à l'étude et à la restauration de *ce chant si beau, si solennel, si analogue au culte catholique* (1):
» Plus ou moins pur, plus ou moins altéré dans ses traditions, le
» plain-chant est en usage partout, ainsi que le remarque
» M. Fétis; c'est le seul, dit-il, que les catholiques de *cœur* et
» d'*esprit* connaissent et comprennent, le seul qui réponde à
» leurs dispositions mentales, parce qu'il est calme, simple et
» grave. » Et si l'on objecte au docte écrivain l'empressement
d'une certaine classe à envahir l'Eglise lorsqu'il s'agit de l'exécution d'une messe en musique dont l'auteur est une célébrité
du temps, il répond avec vigueur et avec raison — « que l'esprit
» chrétien, que le sentiment catholique n'existent pas dans une
» assemblée de cette nature. Ce monde est celui de l'Opéra ; ce
» monde n'a point de foi; la messe lui est un concert et peut-
» être un spectacle. Les femmes y contrôlent leur toilette, et les
» hommes y préparent des aventures amoureuses (2). »

Je me résume.

Il faut restaurer le chant de la liturgie catholique.

J'ai sommairement exposé les principes de cette restauration dans les deux premiers chapitres de cet opuscule.

La musique profane ne doit pas intervenir le moins du monde dans cette restauration, autrement tout serait perdu au point de vue de la science et du sentiment religieux, au point de vue de l'esthétique, au point de vue de cette grande philosophie qui doit savoir approprier les choses à leur destination.

La musique moderne, *essentiellement favorable à ce qu'on est convenu d'appeler le sensualisme*, comme le disait si bien Mgr Parisis, dans son *Instruction pastorale* du 28 janvier 1846 (3),

---

(1) *Méthode élémentaire de Plain-Chant*, p. X.

(2) Lettre à M. d'Ortigue (*Revue et Gazette musicale de Paris*, année 1851, n° 19).

(3) Tirage in-8°, Paris, 1846, p. 35.

doit être impitoyablement exclue des réformes que l'on tente aujourd'hui, de toutes parts, en faveur des chants de l'Eglise catholique. Il appartient à l'autorité religieuse de déterminer la part que l'on doit accorder, dans nos sanctuaires, aux œuvres de cet art moderne qui, en définitive, est *un don de Dieu* dont le monde abuse; mais il faut reconnaître que l'art religieux et l'art profane sont si essentiellement dissemblables, que vouloir, au nom du progrès et d'une poétique universelle, assouplir le premier au second, c'est tout confondre, c'est tout gâter, c'est se tromper de la manière la plus déplorable. C'est ici surtout que l'on peut dire, avec les anciens, que des changements, superficiels *en apparence*, auraient des conséquences morales fort profondes et fort fâcheuses (1). Il faut laisser chaque chose à sa place, et, en fait de chant, n'admettre à l'Eglise la musique moderne que *comme une exception*, et non *comme un somptueux dessert*, ni *comme un reflet consolateur des concerts du ciel*..... Les mots les plus magnifiques ne peuvent dérober au regard du bon sens la sottise ou la fausseté des songes creux. Et, pour dire mon opinion en deux mots, en fait de musique et de plain-chant, je suis de l'avis du papiste qu'Artus Désiré représentait au milieu du XVIe siècle, sous les yeux du roi Henri II, avec un naïf et beau langage poétique dont on a perdu le secret.

(1) « Gaudet enim gens modis morum similitudine. Neque ènim
» fieri potest ut mollia duris, dura mollioribus adnectantur aut gau-
» deant. Sed amorem delectationemque.... similitudo conciliat.
» Unde Plato etiam maxime cavendum existimat, ne de bene mo-
» rata musica aliquid permutetur. Negat enim esse ullam tantam
» morum in republica labem, quam paulatim de pudenti ac mode-
» sta musica invertere. Statim enim idem quoque audientium ani-
» mos pati, paulatimque discedere, nullumque honesti ac recti re-
» tinere vestigium, si per lasciviores modos inverecundum aliquid,
» vel per asperiores ferox atque immane mentibus illabatur. Nulla
» enim magis ad animum disciplinis via, quam auribus patet. »
(An. Manl. Sev. Boetii de musica lib. I, cap. I). »

Après avoir dit, en parlant des pasteurs de son temps, qu'il serait beau de les voir

> « Aller aux heures matutines,
> A vespres, messes, et matines :
> Et chanter messes, et cantiques,
> En plein chant, et douces musiques,
> Et des premiers presider là,

Une vive discussion s'engage entre lui, *papiste*, et un personnage qu'il décore du nom significatif d'*antipapiste*.

L'ANTIPAPISTE.

> « Il n'est ia besoing de celà,
> Car tous ces chantz sont inuentez
> Des gens follastres esuentez,
> Qui les ont faict par passetemps,
> Pour rendre lez hommes contens,
> Et pour complaire à leur desir :
> Mais que Dieu y prenne plaisir,
> Ne que l'ouye à celà aye,
> Autant qu'en vn chien qui abbaye :
> Car tu sçais que le bon Seigneur
> Demande seulement le cœur,
> Non point vn tas de chantz prophanes,
> Ne à escouter ces gros asnes,
> Qui sont à vrler aux eglises
> Reuestuz de blanches chemises,
> Pour mieux vser de leurs fredaines.
> Ostons, ostons ces choses vaines,
> Et louons d'esprit seulement,
> Ledict Seigneur deuotement,
> Sans abbayer le parchemin.

LE PAPISTE.

> Mon amy, tu es au chemin
> Du diable, qui te fait la guerre :
> Et m'esbahy comme la terre

Te peut soustenir et porter,
De vouloir abbatre et oster
Ces plaisans chants melodieux,
Qui à l'honneur du Dieu des dieux,
Auecques cierges et chandelles
Sont chantez des Chrestiens fidelles,
Pour donner à Iesus louange,
Et trouues tu celà estrange
Dy miserable desloyal?
Dit pas le Psalmiste Royal,
Qu'il faut de toute sa puissance
Louer Dieu par grand concordance,
En orgues, en psalterions,
En harpes, manicordions,
En espinettes resonnantes,
Et en cymbales bien sonantes
Auec hauxbois et decacordes,
Recordant ses misericordes,
Et que tout bon esprit le louë.

O toy qui nous en fais la mouë
Veus tu dire en ton cœur infaict
Que c'est ausdictz Chrestiens mal faict
De chanter les heures diuines?

La plus part de toutes les hymnes
Qui sont en l'eglise exposez,
Ont esté au vray composez
Par sainct Ambroise, et sainct Hilaire,
Et auiourdhuy en ta colere
Tu reprendras ceste œuure humaine?
Tu feras ta fieure quartaine,
Qui te puisse estrangler le col.

N'as tu pas de Monsieur sainct Paul,
Et de son compagnon Silas
Lesquelz estans liez de lacz
En vne chartre tenebreuse,
Au milieu de la nuict vmbreuse
Chanterent haut leur oraison?

Dont incontinent la prison
Se fendit et escartela,
Que veus tu respondre à celà?
Mourras tu en ta poureté?

L'ANTIPAPISTE.

Ie dy qu'ilz n'en ont point esté
Plustost exaucé pour le chant.

LE PAPISTE.

Tu es bien obstiné meschant,
Et de toi grandement m'estonne.

L'ANTIPAPISTE.

Tous les docteurs de la Sorbonne,
Ne me saroyent mettre au cerueau,
Que celà soit plaisant ne beau,
Ne aggreable au Seigneur Christ :
Car ilz ne chantent point d'esprit,
Et tous ses folz musiciens
Sout glorieux impatiens,
Lubriques, gormans, deprauez,
Et aussi tost qu'ilz sont leuez,
Et que le cul hors du lit ont,
La premiere chose qu'ilz font,
Auant le seruice diuin,
C'est d'enuoyer le pot au vin,
Et se remplir tresbien les ventres,
Et puis se sont messieurs les chantres,
Les gros yurongnes esuentrez,
Si tost qu'ilz sont au cœur entrez,
Tout ainsi qu'vn oyseau en cage,
Commencent leur fol gringotage :
Et tant font retentir leurs voix,
Qu'vn mot disent, deux ou trois fois..... »

La dispute s'échauffe et se prolonge; l'antipapiste débite les
idées en vogue vers la fin du XVIe siècle chez les partisans de

Luther; le papiste le réfute, et, sans prendre la défense de la musique, il s'en tient au plain-chant, et conclut par ces vers :

> « Ie dy contre toùs heretiques,
> Que les chantz ecclesiastiques
> Sont de merueilleuse efficace.... (1) »

On peut dire la même chose à tous les défenseurs de la musique moderne appliquée au culte de l'Eglise. Ce sont, plus ou moins, des hérétiques en fait d'art. Que l'autorité tolère leurs œuvres, c'est son droit; mais qu'ils aient la prétention de s'immiscer dans la grande réforme du plain-chant, c'est impossible!

(1) *Les combatz dv fidelle chrestien, dit papiste, contre l'infidelle apostat antipapiste*, par Artus Desiré, petit in-8° dédié *au tres chrestien Roy Henry II*, et imprimé à Lyon par Jean Temporal, en M. D. LV. — « Le combat sur les chantz de l'Eglise », — fol. 72 recto — fol. 77 verso. — L'édition que je cite ici de ce livre très-rare, se trouve dans la bibliothèque de mon ami M. R.-J. Potthier; c'est la seconde édition du livre qu'Artus Desiré avait précédemment publié sous le titre de : *Combatz du pelerin Romain contre l'Apostat.*

CHAPITRE IV.

De la restauration du chant grégorien dans ses rapports avec le contrepoint ou l'harmonie.

Je viens de prouver que, dans la restauration du plain-chant, il faut soigneusement se prémunir contre l'influence des principes de la musique moderne.

Tout d'abord on pourrait croire que le contrepoint, c'est-à-dire, l'art de combiner les sons d'une manière simultanée, est l'exclusif apanage de la musique profane, et qu'ainsi les réformateurs du chant de l'Eglise n'ont point à s'en préoccuper.

Ce serait une erreur.

J'ai montré que l'harmonie appliquée aux cantilènes liturgiques, était plus ancienne que saint Grégoire ; en sorte qu'il ne me reste plus à faire comprendre, que si le plain-chant admet quelquefois une harmonie, soit vocale, soit instrumentale, celle-ci doit être en rapport avec les mœurs austères de la liturgie, avec les exigences de l'ancienne tonalité qui nous est plus ou moins connue, avec le respect enfin qui doit sauvegarder les frontières légitimes de deux arts qui ne sont pas essentiellement identiques (1).

(1) On a dit cependant, et on dit encore : — « La musique moderne,
» née au sein du Christianisme, et d'ailleurs fille reconnue du chant
» ecclésiastique, ne présente rien, dans sa nature et dans son ori-
» gine, qui puisse motiver son exclusion de l'Eglise, son propre
» berceau. » — Ces paroles, remarquables par leur fausseté, sont
extraites d'un opuscule de M. G.-M. Raymond, inséré dans le numéro d'août 1809 du *Magasin encyclopédique*, et reproduit dans un
volume in-8º, contenant plusieurs autres articles du même auteur
(Paris, Courcier, 1811, *lettre à M. Villoteau*, etc., pp. 165-166). Le

Avant le xviie siècle, la musique moderne n'existait pas. C'est Adam Gumpelzhaimer et Claude de Monteverde qui l'ont créée instinctivement ; mais, avant cette époque, on harmonisait certaines pièces de chant grégorien. L'harmonie est donc un terrain commun au plain-chant et à la musique ; elle forme une question qui n'est point résolue par cela seul que la question de la musique en général le serait. Des détails spéciaux sont par conséquent nécessaires, et je les aborde.

L'influence du contrepoint sur la restauration du chant grégorien est plus profonde qu'on ne le croit communément. On s'imagine, depuis deux siècles, qu'on est libre de faire entendre, sur un plain-chant donné, tous les accords possibles, et l'on ne se doute pas que les accords représentent une tonalité, une synthèse, un système, un art, un monde musical. La philosophie de nos praticiens les plus célèbres ne va pas jusqu'à demander si les principes constitutifs du plain-chant admettent toutes les fantaisies harmoniques dont on fait aujourd'hui un si déplorable usage?

Or, je ne crains point de déclarer que ces artistes se trompent : en accouplant des choses essentiellement incompatibles, ils s'éloignent du milieu dans lequel l'Eglise veut sagement se maintenir ; ils flattent et corrompent les oreilles au détriment des pieuses traditions du culte, et rendent la restauration du plain-chant, sinon impossible, du moins fort difficile. Car, en effet, si l'art moderne doit prévaloir, si c'est lui qui doit réhabiliter l'ancien, pourquoi ne lui ouvrirait-on pas toutes les portes, en lui asservissant tout-à-fait, et d'une manière définitive, les conceptions de la liturgie traditionnelle?

travail où je puise cette citation est intitulé : *De la Musique dans les Eglises*. A l'époque où écrivait M. Raymond, on n'avait pas encore aperçu l'abîme immense que les tonalités viennent jeter entre les divers systèmes de musique. L'esprit éminemment philosophique de M. Fétis a doté la science, comme je l'ai déjà dit plus haut, d'un principe qui dirigera désormais tout véritable musiciste. Une si belle découverte rachète bien des erreurs et immortalise un nom.

Mais il n'en est pas ainsi, fort heureusement. Le plain-chant possède une harmonie qui lui est propre, qui est digne de lui, que l'art actuel admire même, et que l'Eglise place sous sa haute protection. Il importe peu que l'ignorance méconnaisse cette belle et grandiose harmonie, il importe peu qu'elle la méprise et l'outrage. Certes, Palestrina vaut bien, dans son genre, nos célébrités modernes qui s'usent si vite et sont si cruellement punies par la mode éphémère dont elles flattent quelquefois jusqu'aux moins nobles instincts. Palestrina, aux yeux de Cherubini, de Choron, de Fétis, du prince de la Moskowa, — Palestrina, dis-je, est un génie que la rouille de la mode ne dévorera jamais : il plane au-dessus de la voûte sainte de la Chapelle Sixtine, comme un aigle qui, tout en immortalisant le passé, défie majestueusement l'avenir et l'attend avec calme, les ailes éployées.

Mais il ne faut pas que j'anticipe. Après avoir montré à mes lecteurs toute la portée de la question qui m'occupe, je dois m'efforcer de la maintenir dans les limites suivantes :

I. Le plain-chant à l'usage du culte est-il compatible avec l'harmonie ou le contrepoint?

II. Jusqu'où doit aller le rôle du contrepoint, appliqué au plain-chant dans les offices liturgiques de l'Eglise?

III. Quelle doit être la vraie nature de ce contrepoint?

L'autorité du pape Jean XXII va me servir de guide dans la solution de ce triple problème. « Notre intention, dit ce Pontife, » n'est pas d'empêcher que de temps en temps, et surtout aux » grandes fêtes, on n'emploie sur le chant ecclésiastique, dans » les offices divins, des CONSONNANCES ou accords, pourvu que le » chant de l'Eglise, ou le plain-chant, conserve son intégrité. »

Ces paroles se trouvent dans une bulle qui, donnée vers 1322 à Avignon, a été insérée, dit l'abbé Lebeuf (1), dans le Corps du Droit canonique. Elles nous révèlent trois points de doctrine fort importants : la *compatibilité* du chant ecclésiastique avec le

____

(1) *Traité historique et pratique sur le chant ecclésiastique*, Paris, 1741, p. 90.

contrepoint, la *nature* de ce contrepoint, et l'*usage* qu'il en faut faire dans les cérémonies du culte ; en un mot, le pape Jean XXII décide ces choses avec une clarté supérieure et une autorité que personne ne contestera sérieusement. Et comme la solution qu'il en donne n'a pas été modifiée par ses vénérables successeurs, comme elle subsiste encore dans toute sa plénitude, elle a donc toujours force de loi et possède l'avantage d'être, pour nous, un précepte de la liturgie en même temps qu'un monument de l'histoire.

Dans toutes les discussions que l'on agite de nos jours sur ces trois questions, on ne tient aucun compte des paroles du Pontife, et cet oubli n'a pas peu contribué à jeter l'autorité de la science dans une véritable contradiction avec l'autorité de l'Eglise, puisque les musiciens philosophes en sont venus jusqu'à oser défendre ce que l'Église permet.

D'abord, en ce qui concerne la *compatibilité* du contrepoint avec le plain-chant, on l'a niée d'une manière absolue. Un de nos savants les plus distingués, après avoir sacrifié les efforts d'une grande partie de son existence à introduire les orgues d'accompagnement dans les églises, vient de publier une brochure excellente à plus d'un titre et dont j'ai rendu compte ailleurs (1), où l'on remarque ces paroles singulières : — « Avant tout, et je l'entends » de la manière la plus absolue, mon avis, et j'y ai trop réfléchi » pour en changer désormais, A TOUJOURS ÉTÉ que l'essence même » du plain-chant et celle de l'harmonie telle que nous la concevons aujourd'hui sont tout-à-fait contradictoires, et que par » conséquent le plain-chant ne doit en aucun cas porter d'autre » harmonie que celle de l'unisson et de l'octave, et n'avoir » d'autres organes que celui des voix humaines sans aucun mélange d'instruments (2). » — « Ceux qui me connaissent depuis

(1) Voir le journal *La Voix de la Vérité*, n° du 8 janvier 1853.

(2) *De la reproduction des livres de plain-chant romain*, pp. 140-141.

» longtemps, ajoute l'estimable auteur dans une note qui a
» toute l'apparence d'une timide justification, pourraient ici me
» faire deux objections et me rappeler d'une part que j'ai publié
» beaucoup de plain-chant avec harmonie, et que j'en ai com-
» posé bien davantage; de l'autre que c'est moi qui, en 1829,
» ai introduit à Paris l'usage de l'accompagnement de l'orgue
» dans le chœur des églises, usage qui s'est si rapidement pro-
» pagé. Je ne manquerais pas de réponses.... (1). »

Et le docte écrivain s'attache à démontrer, que s'il a rompu
des lances en faveur de l'orgue d'accompagnement, c'était dans
sa *première jeunesse* et en haine du *Serpent*, — « instrument
» grossier, si contraire aux voix, au goût et au bon sens, et dont
» la présence [*dans nos sanctuaires*] était le principal obstacle à
» tout progrès quelconque. »

M. Joseph d'Ortigue partage au fond l'opinion de M. Adrien de
la Fage, mais pour d'autres motifs. « Le plain-chant à l'usage du
» culte, dit-il, le chant liturgique, est incompatible avec l'har-
» monie, et celle-ci en détruit radicalement le caractère. L'har-
» monie est absolument étrangère au plain-chant. Le contrepoint
» des maîtres du xvie siècle constitue un art à part (2). » — Et
ailleurs, M. d'Ortigue affirme qu'il regarde, comme *absolument*
opposé à la saine doctrine, tout écrit destiné à donner des règles
pour l'accompagnement du chant liturgique (3). « Sur une ques-
» tion fondamentale, dit-il, celle de l'accompagnement du plain-
» chant, nous avons demandé nous-même un travail spécial à un
» savant qui professe sur ce point une opinion diamétralement
» opposée à la nôtre. M. Th. Nisard s'est acquitté de cette tâche
» avec l'indépendance de son talent. Tout en étant profondément
» convaincu de l'incompatibilité de l'harmonie, quelle qu'elle
» soit, avec le plain-chant, nous ne sommes pas moins convaincu,

(1) *Ibidem*, p. 141, *note* 1.
(2) *Dictionnaire de plain-chant*, p. 1461, note 818.
(3) *Préface* du même ouvrage, p. viij.

148

» et avant tout, de notre propre faillibilité. Et c'est précisément
» parce que notre ouvrage a été rédigé sous l'empire de cette
» idée, que le plain-chant ne saurait comporter *aucune espèce*
» *d'harmonie*, et que tout système d'accompagnement ne peut
» qu'en hâter la ruine, que nous avons sollicité un Traité à fond
» sur l'harmonisation du chant liturgique (1). »

En face des citations précédentes, on conçoit l'embarras où peuvent se trouver les restaurateurs du plain-chant, les membres du clergé, les maîtres de chapelle, les organistes et les musiciens dont le talent possède quelque influence. Si l'on en croit MM. d'Ortigue et de la Fage, désormais nos sanctuaires ne doivent plus entendre que le chant liturgique *pur*, c'est-à-dire que, dans toutes les circonstances et sans aucune exception, ce chant sera exécuté à l'unisson, à l'octave ou à la double octave. Plus d'autre accompagnement, plus d'autre harmonie, plus d'autre embellissement musical! En vérité, n'est-ce pas nous proposer l'impossible? Et pourquoi donc dépouiller ainsi l'art religieux de ce qui le rehausse et lui donne une certaine pompe? pourquoi faire table rase des traditions les plus anciennes et les plus invétérées? pourquoi nous dire crûment : — « En fait de musique, vos
» oreilles seront sevrées de tout ce qui peut les charmer, même
» religieusement, même pieusement. Si vous voulez un instru-
» ment d'accompagnement, celui-ci devra s'en tenir à l'exé-
» cution pure et simple de la mélodie. Vous serez libre de choi-
» sir, pour cela, parmi *les gros instruments à cordes et à vent, tels*
» *que les violes, les violoncelles, les contrebasses, les cors, les trom-*
» *pettes, les trombonnes, lesquels se prêtent moins, par la gravité*
» *de leur diapason et les conditions de leur mécanisme, à cette va-*
» *riété et à cette délicatesse d'accents incompatibles avec le caractère*
» *de la musique sacrée* (2). Et afin de conserver de plus en plus

(1) *Ibid.*, p. viij, note a.
(2) *Dict. de plain-chant*, article : *Philosophie de la musique*, p. 1217.

» le caractère du plain-chant, vous prendrez tous les moyens ima-
» ginables d'en rendre l'exécution *difficile*, en faisant revivre la
» solmisation du moyen âge par le *système des muances et des*
» *hexacordes* (1). »

Si je ne connaissais point M. de la Fage et M. d'Ortigue; si
je n'avais pas pour leurs personnes et leur érudition la plus
profonde estime; si le dernier ouvrage de M. de la Fage n'était
point un bon livre; si le beau *Dictionnaire de plain-chant* de
M. d'Ortigue n'était pas une encyclopédie essentiellement catholique et digne d'une congrégation de Bénédictins tout entière :
je crierais, en citant ici l'opinion de ces deux auteurs, à l'hérésie des protestants et des iconoclastes d'un nouveau genre; mais
M. de la Fage est un véritable musiciste qui défend avec conviction l'art religieux; c'est un homme de cœur, d'un caractère
franc, spirituel, incisif, convaincu; mais M. d'Ortigue est une
intelligence supérieure, dévouée à tout ce qui est religieux et
vrai, à tout ce qui est philosophique et transcendant : sa plume
est honorée de tous, et il a eu le bonheur de combattre toujours
noblement ce qu'il croyait faux ou mauvais dans l'art musical,
sans jamais susciter d'inimitié dans le cœur de ses adversaires.
Avec de pareils hommes, il m'est donc facile de discuter effica-
cement.

Hé bien! je me permettrai de leur dire : « Pourquoi condam-
» nez-vous d'une manière plus ou moins tranchante ce que le
» pape Jean XXII n'a pas condamné, ce qu'il a même approuvé
» sous de certaines conditions? Comment se pourrait-il faire
» qu'un accompagnement *convenable* fût aujourd'hui la ruine du
» plain-chant, tandis que, dans les premières années du xive
» siècle, ce même accompagnement en était regardé, par le
» Souverain Pontife, comme une condition d'éclat et de solennité
» liturgique? »

Voilà, bien certainement, une réponse générale qui est assez

(1) *Idem*, article : *Tonalité*, p. 1507.

embarrassante pour les adversaires de l'harmonisation du plain-chant, et qui le devient bien plus encore si, pour appuyer l'autorité religieuse, on invoque l'histoire du plain-chant, l'essence même de cette musique vénérable, la thèse obscure encore des tonalités européennes et la nature intime du contrepoint ou de l'harmonie.

En effet, l'histoire du plain-chant donne gain de cause au pape Jean XXII. On connaît les prédilections de saint Grégoire-le-Grand pour certains tons ou modes liturgiques, parce que, comme l'a constaté Gui d'Arezzo, ces tons ou modes étaient plus favorables que les autres à la diaphonie ou au contrepoint de l'époque (1). — Les artistes romains envoyés à Charlemagne par le pape Adrien, apprirent aux Français l'art d'accompagner, d'organiser le plain-chant : « *Similiter erudierunt romani cantores* » *supradictos cantores Francorum* IN ARTE ORGANANDI (2). » — A partir de cette initiation, on voit surgir une foule de monuments qui prouvent l'emploi du plain-chant harmonisé dans les cérémonies liturgiques.

En tête de ces monuments, il faut citer l'*organistrum*, instrument singulier qui était monté de trois cordes, et qui, pour la forme, ressemblait à notre vielle dont il est l'origine. Gerbert en a donné le dessin dans le deuxième volume de son livre *De cantu et musica sacra* (3), d'après un manuscrit fort ancien contenant l'opuscule d'un nommé Odon sur la manière de construire l'*organistrum* (4). Une manivelle faisait tourner une roue sur laquelle reposaient les trois cordes de l'instrument et les mettait en vibration. Le manche était armé de clefs correspondant à autant de petits chevalets qui se relevaient par la pression des clefs, portaient les cordes en manière de sillets et s'abaissaient

(1) Voir plus haut, *pp.* 33-34 de cet ouvrage.
(2) Chronique du moine d'Angoulême.
(3) Planche XXXII, fig. 16.
(4) *Ibidem*, p. 153.

aussitôt que la pression n'existait plus. Le manche à vide était signé C; chacune des clefs avait sa lettre particulière, selon son rang : D, E, F, G, a, ♭, ♮, c.

M. d'Ortigue n'a rien dit de l'*organistrum* dans son Dictionnaire de plain-chant; il s'est contenté de nous apprendre, d'après l'autorité de Ducange, qu'au moyen âge le mot *organistrum* signifiait aussi *le lieu de l'église où sont placées les orgues* (1). Gerbert n'a point tiré de conclusion scientifique de ses précieux renseignements sur l'instrument que je viens de décrire; mais M. de Coussemaker, dans son *Essai sur les instruments de musique au moyen âge* (2) et plus tard dans son *Histoire de l'harmonie à la même époque*, a fort bien démontré que la forme de l'*organistrum* et la disposition de ses cordes impliquaient l'emploi des sons simultanés, — « et comme il n'est pas admissible, selon » lui, que les cordes (de cet instrument) aient été accordées à » l'unisson, il faut en conclure que l'accord était combiné de » manière à faciliter les assemblages de sons alors usités…. Son » nom, composé d'*organum* et de *instrumentum*, en est lui-même » une preuve manifeste; car l'*organum* était précisément le nom » des accords formés de réunions d'octaves, de quintes ou de » quartes, ce qui indique parfaitement sa destination (3). »

On dira peut-être que l'*organistrum* n'a pas été généralement employé, au moyen âge, pour l'accompagnement des mélodies liturgiques; mais cette objection n'en est pas une : la forme de l'instrument, son volume portatif, sa fabrication peu coûteuse, la facilité avec laquelle on pouvait en obtenir les accords nécessaires et adoptés alors, tout semble au contraire

(1) P. 1086.

(2) *Annales archéologiques* de Didron, vol. III, VII, VIII.

(3) *Histoire de l'harmonie au moyen âge*, pp. 6-7. Voir aussi le *Mémoire sur Hucbald*, du même auteur, et la notice que M. Bottée de Toulmon a publiée sur les instruments de musique en usage au moyen âge, dans l'*Annuaire historique de la Société de l'histoire de France*, 1839.

prouver que l'*organistrum* a été fort en vogue pendant toute la période de l'*organisation* du chant par *symphonies* de quartes ou quintes et d'octaves, c'est-à-dire, depuis les temps les plus anciens jusqu'au xᵉ siècle environ. D'ailleurs, l'histoire nous fournit un nombre si considérable de monuments en faveur de l'harmonie appliquée aux chants de l'Eglise, qu'il est inutile d'insister sur le rôle plus ou moins important de l'*organistrum*. Hucbald nous a laissé un long traité de musique dont les deux premières parties ont uniquement pour but l'*art de la diaphonie*, c'est-à-dire, de l'harmonisation du plain-chant par symphonies entremêlées de diaphonies ou dissonnances (1). Gui d'Arezzo a consacré deux chapitres de son précieux *Micrologue* (le XVIIIᵉ et le XIXᵉ) à l'exposition des règles du même art (2). Le XXIIIᵉ chapitre du traité de plain-chant de Jean Cotton, écrivain du xıᵉ siècle, a pour titre : *De Diaphonia, id est organo* (3). Si Jean Cotton aborde ce sujet, c'est, dit-il, pour satisfaire à l'avidité de ses lecteurs (*lectoris aviditati.*) Gui, abbé de Châlis en Bourgogne au xııᵉ siècle, est l'auteur d'un traité de plain-chant et d'*organum*, qui existe en manuscrit à la bibliothèque de Sainte-Geneviève de Paris (4); M. de Coussemaker a publié le traité d'*organum* de ce religieux, avec plusieurs autres non moins importants, dans son *Histoire de l'harmonie au moyen âge* (5). Le XXXᵉ chapitre de l'ouvrage d'Elie de Salomon parle de la manière de chanter à quatre parties : *Rubrica de notitia cantandi in quatuor voces*, etc. (6). Elie de Salomon a écrit son livre de plain-chant en 1274 et l'a dédié au pape Grégoire X. Le *Lucidarium musicæ planæ* de

---

(1) *Hucbaldi musica enchiriadis*, apud Gerberti *Scriptores*, tom. I, p. 152 et suivantes.

(2) Apud Gerberti *Script.*, tom II, pp. 2-24.

(3) *Ibidem*, p. 263.

(4) In-4°, n° 1611.

(5) Pp. 254-258.

(6) Apud Gerberti *Script.*, tom. III, pp. 57-61.

Marchetto de Padoue, recueil de traités terminés aussi en 1274, contient des passages harmoniques en usage alors depuis long-temps, mais si curieux qu'ils ont fait dire à M. Fétis à une époque où les antiquités de la musique européenne étaient encore fort obscures : — « Quelques exemples cités par Marchetto sont non-» seulement en avant de son siècle, mais ne semblent pas être » analogues à la tonalité qui a été en usage jusqu'au commence-» ment du xviie siècle (1). »

Mais à quoi bon prolonger davantage des citations qui devien-nent de plus en plus nombreuses, à mesure que l'histoire ap-proche des temps actuels? Il doit être maintenant avéré pour tout le monde, qu'*historiquement* le contrepoint ou l'harmonie est compatible avec le chant liturgique. Depuis saint Grégoire jus-qu'à nos jours, les artistes ont toujours harmonisé ce chant; pourquoi donc ne le ferait-on plus? pourquoi ravirait-on au plain-chant cette guirlande de fleurs que le contrepoint lui donne, suivant une poétique expression de Réginon de Prum, et qui répand sur ses mélodies un parfum si suave et si doux (2)?

(1) Mémoire sur cette question : *Quels ont été les mérites des Néerlandais dans la musique, principalement aux* 14°, 15° *et* 16° *siècles*, etc. Amsterdam, J. Muller, 1829, in-4°, p. 8. — Dans sa *Biographie universelle des musiciens* (art. Marchetto, t. VI, p. 269), M. Fétis répète la même opinion, mais en des termes plus inadmis-sibles encore, car Marchetto n'a pas eu de *hardiesses prodigieuses* en fait d'harmonie : il n'a fait qu'exposer la doctrine reçue et suivie depuis longtemps. C'est cette doctrine qu'il faut consulter, si l'on veut bien traduire les compositions musicales du moyen âge à plu-sieurs parties. On sait que les anciens étaient fort sobres d'*acci-dents musicaux* : ils *supposaient* ces accidents; quant à les écrire, c'est à quoi ils ne songeaient guère, parce que les règles leur suffisaient.

(2) « [Toni vel modi] pulchra varietate harmonicæ delectationis » ex gravibus acutisque sonis mixti, quasi quibusdam floribus re-» spersi blandam atque convenientem reddunt melodiæ suavita-

Ce qui a trompé les musiciens philosophes, c'est que, pour eux, le plain-chant est un reste précieux, quoique défiguré de la musique des anciens Grecs. Du moins, J.-J. Rousseau l'affirme-t-il (1), et, avec lui, tous ceux qui ont écrit sur le même sujet. Or, voici le raisonnement que l'on bâtit sur cette donnée : — *La musique des anciens Grecs n'était pas harmonique; or, le plain-chant vient de cette musique; donc, il est incompatible avec le contrepoint ou l'harmonie.*

Oui, sans doute, le plain-chant est un produit de l'art grec, mais à une seule condition : c'est que l'art grec a été son point de départ, et pas autre chose. En passant par la civilisation romaine, cet art s'est d'abord singulièrement modifié; et lorsque l'Église d'Occident l'a recueilli comme un héritage, lorsqu'elle s'en est servi en le simplifiant, pour être l'expression musicale de son culte, on a vu surgir aussitôt des tendances artistiques nouvelles en rapport avec les propres tendances de l'Église. Tous les musicistes du moyen âge invoquent les traditions grecques; cependant ces traditions se transforment peu à peu et créent un art nouveau qui, *en apparence*, s'appuie toujours sur l'art antique et semble en être l'expression la plus fidèle. Ainsi, les modes ne sont plus, de part et d'autre, identiquement et rigoureusement les mêmes; les genres conservent leurs noms primitifs et jusqu'à leur définition grecque, mais ils forment des genres distincts dans leur application; la classification des intervalles harmoniques subit elle-même des changements profonds; tout, en un mot, reste grec dans la forme, tandis que tout devient occidental et chrétien dans le fond : le moyen âge ne respecte, en fait de musique, que ce qui est essentiellement immuable. Ajoutons tout de suite que, sous le rapport de l'harmonisation du chant, les médiévistes eurent des modèles, dans la Grèce antique, mo-

» tem ». (*De harmonica institutione*, apud Gerberti *Scriptores*, tom. I, p. 232, 2ᵉ colonne).

(1) *Dictionnaire de musique*, art. *plain-chant.*

dèles qu'ils connaissaient beaucoup mieux que nous. On a long-temps nié l'emploi de l'harmonie proprement dite chez les anciens Hellènes ; aujourd'hui, les archéologues sont forcés de reconnaître que cet emploi est un fait réel, irréfragable. Les textes originaux qui l'attestent sont obscurs, il est vrai, et c'est précisément cette circonstance qui a fait naître et qui a prolongé la discussion. On en serait même encore à discourir sur ce point, si M. Vincent, de l'Institut, n'avait traduit dernièrement, avec le plus grand bonheur (1), la musique de la première Pythique de Pindare, découverte par le P. Kircher dans un couvent de la Sicile (2). La science a vu avec le plus grand étonnement que cette *Pythique* offrait un magnifique chœur à deux voix réelles, entremêlé de quelques consonnances d'octaves qui devaient produire un effet prodigieux. Quelques érudits ont voulu nier l'authenticité du monument trouvé par Kircher. Un archéologue éminent a même dit, à ce sujet, dans une séance solennelle de l'Académie des Beaux-Arts de Bruxelles, le 3 mars 1848 : — « M. Boëckh a fort bien démontré que le chant de l'ode de » Pindare n'appartient pas à l'époque où vivait ce poète, mais à » des temps plus rapprochés de nous (3). » Étrange méprise ! L'autorité du nom le plus illustre de l'Allemagne actuelle est une ressource qui manque complétement aux partisans de la non-existence de l'emploi de l'harmonie chez les Grecs. « *Burettus*, dit M. Boëckh » en parlant de la musique de l'ode de Pindare, *Burettus ostendit* » *non fictam rem videri* (4). » — « *Mihi certum est*, dit-il encore,

(1) *Notices et extraits de la Bibliothèque du Roi*, etc., tom. XVI, 2ᵉ partie, in-4°, MDCCCXLVII, pp. 153-159. — Cf. *Analyse du traité de métrique et de rhythmique de saint Augustin*, du même auteur, tirage à part, pp. 23-24.

(2) *Musurgia*, lib. VII, tom. I, p. 541.

(3) *Bulletin de l'Académie royale des Sciences, des Lettres et des Beaux-Arts de Belgique*, tom. XVᵉ, 1ʳᵉ partie, 1848, p. 230.

(4) *De metris Pindari*, 3ᵉ livre, p. 266.

» *ipsius Pindari hanc esse melodiam* (1). » — « *Omnium græcarum*
» (melodiarum) *optima est* (2). » — Enfin, il affirme que cette
mélodie offre à ses yeux un caractère si incontestable d'antiquité,
qu'elle ne peut être que de Pindare : « *Adeo vetusta, ut Pindarica*
» *non esse non possit* (3). » D'ailleurs, M. Boëckh eût-il dit l'opposé de ce qu'il dit, il suffirait d'ouvrir le premier volume de la
Biographie universelle des musiciens par M. Fétis (4), et de comparer le spécimen que nous donne ce savant de la musique des
anciens Scythes avec la composition musicale de Pindare, pour
se convaincre que les deux monuments ont une origine commune, et que l'authenticité de l'un démontre invinciblement
celle de l'autre. Or, M. Fétis avoue trois choses : la première,
c'est que les Scythes ont été longtemps en contact avec les
Grecs; la seconde, que le spécimen qu'il donne, est un type que
l'on retrouve dans tous les autres chants de ces peuples barbares; la troisième enfin, que la contexture mélodique de ces
chants est tellement régulière dans sa modulation, que l'harmonie lui est en quelque sorte inhérente.

D'où il suit, selon moi, que la musique des Scythes était har-
monisable; — qu'elle descendait en ligne droite de la musique
grecque; — que celle-ci pratiquait peu l'harmonie, comme le
conjecture M. de Coussemaker (5), mais cependant qu'elle la
pratiquait, ainsi que le prouve la première Pythique de Pindare;
— que le plain-chant vient aussi de l'art grec, mais qu'il a subi
des transformations de plus en plus favorables à l'harmonie proprement dite; — et finalement, que l'histoire de ces transformations offre une imposante série de monuments incontestables qui
aboutissent à la création de l'harmonie de la tonalité actuelle,

(1) *De metris Pindari*, 3ᵉ livre, p. 267.
(2) *Ibidem*, p. 268.
(3) *Ibidem*, p. 269.
(4) Pag. CXXVIII.
(5) *Histoire de l'harmonie au moyen âge*, p. 7.

tandis que l'histoire de la musique des barbares du nord ne repose que sur des hypothèses ingénieuses ou des conjectures brillantes, mais dénuées de fondement solide.

D'où il suit encore, que tout raisonnement qui s'appuie sur les prémisses du syllogisme des adversaires de l'harmonisation du chant grégorien, est faux, insoutenable, sans aucune consistance.

Donc, le plain-chant n'est pas inharmonique de sa nature.

Et qu'on ne dise pas que, pour être essentiellement harmonique, un système musical ne doit point concevoir la mélodie d'une manière isolée, indépendante, et que, dans le plain-chant, la tonalité conçoit fort bien le chant sans l'accompagnement de tels ou tels accords. — Ici, la prémisse serait vraie, mais la conséquence, entièrement fausse.

Ce serait une grave erreur, en effet, d'accorder sous ce rapport à la musique moderne ce que l'on refuserait au chant grégorien, puisque le plain-chant et la musique moderne jouissent du même privilége à l'endroit de l'harmonie. Qu'est-ce à dire cependant? faut-il conclure, de mes paroles, qu'il n'y a point de différence entre l'art antique et l'art nouveau, entre saint Grégoire et Claude de Monteverde? Non, sans doute; mais, à force de vouloir faire de la philosophie de l'histoire sans bien connaître tous les faits essentiels qui forment le vrai fond de l'histoire, on a fini par émettre des paradoxes qui sont devenus des axiomes. Toucher à ces paradoxes et les dépouiller de leur manteau philosophique, c'est se montrer téméraire ou ignorant, c'est oser permettre à la modeste analyse d'entrer en lutte avec les magnificences de la synthèse. Et pourtant à qui la faute s'il en est ainsi? pourquoi affirme-t-on que la mélodie de l'art actuel est une fleur qui éclôt nécessairement sur la tige d'un arbrisseau que l'on nomme *harmonie*, et qu'il en est tout autrement de la végétation de la mélodie grégorienne, sorte de plante sauvage qui pousse d'elle-même dans le sable et ne peut vivre qu'à la condition d'être préservée de tout contact avec l'harmonie, dangereux parasite pour elle?

Or, je veux bien admettre que, de nos jours, un artiste ne puisse régulièrement composer un chant en dehors des lois qui règlent la succession des accords dont la formation et l'enchaînement constituent notre tonalité musicale; mais, d'un autre côté, il faut reconnaître aussi qu'il en était absolument de même chez les anciens compositeurs grégoriens. Pour ceux-ci, il y avait pareillement un art sérieux qui combinait et réglait la simultanéité des sons; ces artistes reconnaissaient des consonnances et des dissonnances; leurs idées n'étaient pas toujours là-dessus conformes aux nôtres, mais enfin il s'agissait pour eux d'une théorie et d'une pratique d'harmonie conformes à la tonalité de l'époque, et c'est là tout ce qu'il me faut constater en ce moment.

Lorsqu'un artiste du moyen âge composait une mélodie liturgique, il ne faisait que développer *successivement* la théorie des consonnances et des dissonnances qu'il concevait *simultanément*, c'est-à-dire, comme ensemble d'agrégats harmoniques dont les termes entendus ensemble *consonnaient* ou *dissonnaient*. Essentiellement donc, avant d'être mélodiste, il était harmoniste à sa manière, comme nous le sommes à la nôtre. Pour lui comme pour nous, pas de mélodie légitime, régulière, sans le fondement supposé, mais toujours nécessairement préalable, d'un canevas harmonique en rapport avec les exigences tonales de cette mélodie. De là vient que, dans les plus anciens traités de plainchant, il y a presque toujours des descriptions plus ou moins étendues, plus ou moins claires, sur les proportions des intervalles musicaux, sur la théorie des consonnances et des dissonnances, sur l'emploi de ces choses dans la composition du chant. On peut voir un spécimen de cette méthode didactique, notamment dans la *Musica* d'Hucbald (1). Ce corps de doctrine s'appelait alors *Institution harmonique* (Harmonica institutio), et les

____

(1) *Scriptores* Gerberti, tom. I.

modernes, trompés, par la forme aride et spéculative qu'adoptaient les anciens pour l'exposition de cet enseignement, se sont tous imaginés que bien des livres du moyen âge n'avaient aucune importance au point de vue de l'histoire de l'art. Il n'en est pas ainsi, comme on le voit : il n'y a point de monument sans intérêt pour l'archéologue studieux, car, pour lui, le plus petit morceau de parchemin finit toujours par être la révélation d'un mystère du passé. C'est ainsi, par exemple, que l'ouvrage de Réginon de Prum publié dans le premier volume des *Scriptores* et dont j'ai découvert une excellente copie du XIIe siècle en tête de l'*Antiphonaire de Montpellier*, nous prouve la réalité du procédé harmonique que je viens de signaler comme présidant, pendant le moyen âge, à la composition du chant. Réginon compare la musique à une forêt très-vaste et très-profonde *(vastissimam et profundissimam musicæ institutionis silvam)*; et il ajoute aussitôt que la musique a des arcanes si impénétrables, qu'elle semble braver l'intelligence humaine *(quæ tantæ caliginis obscuritate involvitur, ut a notitia humana recessisse videatur)*. Les instrumentistes, dit-il, et les chanteurs vulgaires ne sont point capables de rendre compte de la nature et de l'essence de l'art qu'ils professent. Demandez-leur de vous raconter l'histoire des instruments qu'ils jouent, priez-les de vous expliquer la théorie des consonnances, l'affinité des sons, comment et pourquoi un son peut s'associer à un autre son musical, — vous en obtiendrez cette seule réponse : « *Nous jouons ou nous chantons comme nous l'ont* » *appris nos maîtres.* » A peu près, continue Réginon, comme des enfants qui chantent des psaumes par cœur sans en comprendre le sens mystique. A peu près encore, comme ces personnes qui prennent plaisir à voir un beau tableau, mais qui n'entendent rien à la formation ni à la propriété des couleurs. Seul, dit-il, le musicien digne de ce nom se rend compte de tout ce qui frappe les sens d'une manière musicale; seul, il peut soumettre son art à l'analyse, en appuyer les principes sur des raisons certaines, et montrer les lois en vertu desquelles les sons musicaux se réunissent et se groupent pour former un chant : *quali inter se junctæ sint sonorum vel vocum proportione* (1).

Or, pourquoi cette préoccupation des anciens mélodistes par rapport aux consonnances et aux dissonnances, si cette préoccupation, qui nous semble aujourd'hui fort inutile au mélodiste du moyen âge, n'avait pas été pour celui-ci une condition essentielle de son art ?

Pourquoi cette véritable manie de tous les auteurs didactiques de cette époque, qui n'écrivaient cependant que pour le plain-chant, pourquoi, dis-je, cette manie de toujours parler des consonnances et des dissonnances, si rien de cela n'avait été utile, nécessaire même au plain-chant considéré comme pure mélodie ?

Pourquoi encore les auteurs de traités de musique mesurable et de composition plus ou moins profane de la même époque, comme Francon de Cologne, par exemple, disent-ils en termes fort clairs : « *Quare una concordantia magis concordat quam alia?* » *planæ musicæ relinquitur* (2). » Sinon parce que l'étude fondamentale de la théorie harmonique était réservée aux artistes qui s'occupaient alors de plain-chant, théorie indispensable à tous ceux qui voulaient créer une mélodie de musique plane ?

Pourquoi enfin les compositeurs de musique à plusieurs parties, depuis Francon jusqu'au xviie siècle, ont-ils toujours pris, pour base de leur travail, excepté toutefois dans le *Conductus* (3), un fragment plus ou moins étendu de plain-chant ? pourquoi, sans cette base, se croyaient-ils livrés à un isolement dont ils se défiaient et pour ainsi dire sans un guide sûr réglant leurs inspirations ? sinon encore parce qu'ils concevaient difficilement qu'on pût faire une bonne mélodie sans le secours de la science harmonique. Nous autres, modernes, nous trouvons,

(1) Apud Gerberti *Scriptores*, tom. I, pp. 245-246.

(2) *Idem*, tom. III, p. 11, 2e colonne, *sub fine*.

(3) Voir ce que j'ai dit du *Conductus* dans le *Dictionnaire de plain-chant* de M. d'Ortigue.

dans les chansons des trouvères du moyen âge, une naïveté qui
nous enchante et nous les regardons comme des mélodies écloses
librement sur les lèvres de nos vieux compositeurs. Et pourtant
il n'en est rien : les recueils de soi-disant mélodies originales des
trouvères ne sont que des collections de parties séparées appartenant à des compositions à plusieurs voix, et bâties avec un
admirable génie sur une petite phrase de plain-chant, sur quelques notes d'une antienne, d'un répons ou d'un neume alléluiatique. Ainsi, par exemple, cette fraîche et gracieuse cantilène du
xi⁰ ou du xii⁰ siècle :

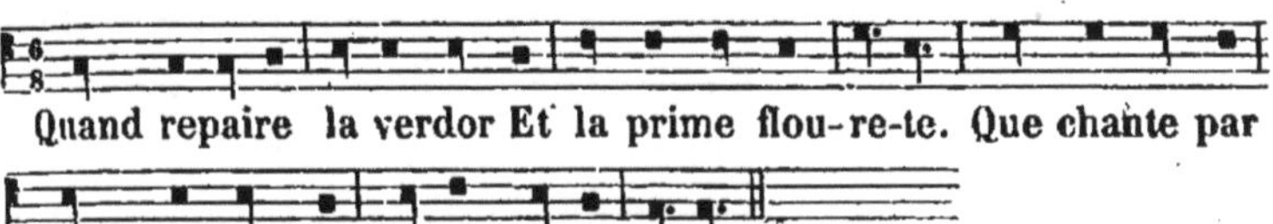

n'est autre chose qu'une mélodie créée harmoniquement sur un
fragment de plain-chant fort connu, qui fait la partie de ténor,
pendant qu'une troisième voix exécute un autre chant non moins
beau sur ces paroles : *Flos de spina rumpitur,* etc. Il en est de
même de tout ce que l'on regardait jusqu'à présent comme des
produits mélodiques du moyen âge, indépendants de l'harmonie.
A cette époque, je le répète, rien n'était, en musique, indépendant de la science qui présidait à la formation et à l'enchaînement des accords. L'harmonie était la base et le régulateur de
l'art; nul ne songeait à se soustraire à la domination de ce critérium
musical, ni le compositeur grégorien, ni le symphoniaste, ni le
diaphoniaste, ni le trouvère en déchant, ni le modeste organisa-

(1) Fol. 78 verso du manuscrit H. 196, in-4° splendide du xiv⁰
siècle, appartenant à la bibliothèque de la Faculté de Médecine de
Montpellier. Ce manuscrit comble une lacune de trois siècles dans
l'histoire de l'art musical en Europe. Je me félicite d'avoir eu le
bonheur de révéler à l'érudition, en 1851, les trésors qu'il renferme
et qu'on ne trouvera nulle part ailleurs. M. d'Ortigue a rendu compte
de cette découverte, dans son *Dictionnaire de plain-chant,* p. 189.

tour, ni même le génie mélodiste qui inventait le *Conductus*. Ce dernier, il est vrai, ajoutait une, deux, trois ou quatre parties à un thème de chant que son imagination avait conçu, mais ce privilége devait être racheté par des conditions indispensables : ce thème devait être mélodiquement aussi beau que possible (*qui vult facere conductum, primo cantum invenire debet pulchriorem quam potest*) (1), et, sous ce rapport, l'artiste rentrait dans la classe des compositeurs de plain-chant, et faisait lui-même son canevas harmonique au lieu de le prendre dans l'Antiphonaire ou le Graduel.

D'après tout ce qui précède, je crois être en droit de conclure que le plain-chant, loin d'être inharmonique de sa nature, est au contraire essentiellement harmonique, et que nier cette vérité, c'est fouler aux pieds toute l'histoire musicale du moyen âge. Je respecte infiniment les auteurs contemporains que la vérité me force de combattre en ce moment ; mais l'harmonisation du chant liturgique est une cause si imposante, qu'il m'était impossible de laisser s'établir, à aucun prix, des assertions erronées qui auraient pu jeter l'art dans une voie déplorable.

Il me reste encore deux questions à examiner ; je vais le faire le plus brièvement possible.

Je n'ai presque rien à dire sur les circonstances dans lesquelles *on peut* harmoniser le plain-chant. On sait que le contrepoint vocal exige beaucoup plus de ressources qu'un simple accompagnement harmonique exécuté sur l'orgue. Le premier, naturellement, accuse une certaine pompe cérémonielle dans l'office ; il n'en faut donc point abuser, mais suivre ici la marche que Jean XXII nous a tracée dans sa Bulle. A Paris, par exemple, où l'on gâte les meilleures choses en les exagérant, plusieurs personnes influentes du clergé exigent l'emploi presque continuel du contrepoint vocal ou *faux-bourdon*. Or, rien n'est plus fatiguant

(1) Franconis *Ars cantus mensurabilis*, cap. XI, apud Gerberti *Scriptores*, tom. III, p. 13.

à entendre que cette incessante harmonie, comme aussi rien n'est plus en opposition avec l'esprit même du culte. Chaque rit, en effet, a son degré, son caractère distinctif, sa couleur (1), son importance enfin dans l'économie liturgique. A force de vouloir donner une allure solennelle aux moindres choses, sous prétexte d'attirer la foule dans nos temples en visant à l'éclat, on finit par rendre impossibles, quand il le faut, toute splendeur et toute pompe. *Assueta vilescunt.*

L'accompagnement du plain-chant sur l'orgue est une sorte de transaction dont il ne faut pas, non plus, exagérer l'emploi. Or, ici encore, que d'écueils à éviter! que d'idées fausses à combattre! que de préjugés à détruire! En supposant un organiste-accompagnateur qui ait du génie (du génie catholique, bien entendu), — en supposant encore que le pasteur de la paroisse ait des connaissances solides en esthétique de musique religieuse, — il arrivera souvent que l'artiste ne voudra pas chômer sur son orgue; qu'aux plus petites fêtes comme aux plus solennelles, il se sentira l'impérieuse démangeaison de tout accompagner en belle et bonne harmonie; que si son orgue possède des jeux d'anches aux sons éclatants, on tirera les registres de ces jeux pour faire beaucoup de bruit, et, de propos délibéré, l'on ne manquera pas d'étouffer les voix, au lieu de les soutenir, de les aider, de les diriger et de les mettre pleinement en relief. Que si l'artiste se contente quelquefois de donner le ton et d'abandonner ensuite les voix à elles-mêmes, dans des circonstances convenables d'ailleurs et en vue d'un contraste, on se récriera : *Pourquoi donc un orgue, si l'on n'en joue pas?* — Que si ce même artiste, pour apporter un peu de variété dans son jeu, suit parfois mélodiquement le chant sacré sans l'auxiliaire des accords, on se récriera de rechef : les uns l'accuseront de paresse; les autres, d'ignorance. On aura beau répondre aux critiques que *l'ennui naquit un jour de l'uniformité,* — qu'il faut être *sobre en toutes choses,* — que l'ornement

(1) D'ortigue, *Dict. de plain-chant,* art. *Couleurs liturgiques.*

doit être en rapport avec le fond qui le porte, — que les offices se suivent mais ne se ressemblent pas, et mille autres arguments pareils : on trouvera encore et toujours des griefs à formuler, des reproches à faire, des théories à établir sur la pointe d'une aiguille, ou sur la question de l'esthétique, ou sur des détails d'expérience lors même qu'on en n'a pas. Mozart reviendrait au monde et se ferait organiste-accompagnateur, qu'il ne parviendrait pas à contenter tout le monde, et qu'on lui dirait encore : « *Cherche ailleurs, si tu ne veux pas me servir comme je l'entends!* » On aurait le génie de Boëly, le premier organiste français des temps modernes, qu'on finirait par vous dire fort poliment : « *Vous n'êtes pas capable; les fidèles ne peuvent plus vous souffrir; veuillez céder la place à un plus habile.....* » Et le lendemain, les journaux de musique religieuse annonceraient cette grande nouvelle : « *Un jeune artiste de seize ans, élève de la maîtrise de...., vient d'être nommé organiste de l'église de Saint-Germain-l'Auxerrois. Cette nouvelle sera bien accueillie, nous l'espérons, dans le monde artistique, et le Ministre des cultes ne peut manquer d'approuver hautement une nomination dont l'initiative fait le plus grand honneur à M.***.* »

M. Ludovic Vitet, le spirituel et savant académicien que je regarderai toujours comme l'un de mes plus chers bienfaiteurs, a parlé des *Allobroges*, des *Goths* ou des *Lombards*, et suppose que ces peuples aimables pourraient bien avoir fait *quelque récente visite dans le domaine de la musique religieuse* (1). Le brillant et profond critique a été courtois : sous le voile ingénieux de l'hypothèse, il a constaté un fait véritable, une calamité qui désole l'Église depuis longtemps, et à laquelle il faut enfin s'efforcer de mettre un terme. Malgré quelques efforts partiels, la musique religieuse est tombée dans un état de barbarie qui contraste singulièrement avec le *progrès* dont on fait partout un si pompeux éloge. Le clergé reste indifférent sur une question dont l'importance même

---

(1) *Journal des Savants*, cahier de novembre 1851.

lui échappe. Il y a, certainement, d'admirables exceptions à cette indifférence générale; mais la masse forme une sorte de torrent qui entraîne l'art religieux à une ruine inévitable. La maison de Dieu semble avoir accordé l'inviolabilité de l'asile à des chantres ignares dont la présence ne serait même pas acceptée dans la plus mauvaise réunion musicale du monde profane. Les organistes-accompagnateurs ou autres, n'ont même pas toujours l'avantage de posséder les premières notions de l'harmonie; et quand il n'en est pas ainsi, lorsqu'ils sont familiers avec ces notions, ils font usage de l'harmonie moderne qu'ils ont apprise, que seule ils connaissent, sans s'inquiéter si ce qu'ils font est en rapport avec la tonalité du plain-chant. Pour eux, *pour les savants*, l'art ne remonte pas au-delà de Rameau. Accords de septième sur la dominante, accords de septième diminuée, accords de neuvième, etc., etc., pourvu que tout cela s'emploie d'après les règles de l'art actuel qui sont enseignées dans les académies ou les CONSERVATOIRES DE MUSIQUE (1), on n'en demande pas davantage : on ne conçoit rien de plus parfait ni de plus convenable.... Ce serait même faire preuve de *gothicisme* et d'ignorance profonde, que de supposer qu'il existe, en dehors de la musique moderne, quelque chose de bon pour l'harmonisation du plain-chant!

Telle est la situation de la science dans l'Europe musicale du XIXe siècle... Ce simple exposé des faits donnerait pleinement raison à MM. d'Ortigue et de la Fage, s'il fallait juger de l'art par l'abus dont il est l'occasion. On conçoit sans peine que des musiciens d'une haute intelligence s'en viennent à jeter un cri de détresse, d'exagération même, en présence des turpitudes honteuses ou soi-disant artistiques qui désolent le lieu saint. Oui, si le plain-chant doit être accompagné, soit avec les voix, soit avec l'orgue, comme on le fait de nos jours surtout, il est infiniment préférable de ne plus l'accompagner du tout. Si l'harmonie dont on s'obstine à l'affubler, doit toujours être ou un vêtement de

(1) C'est à dessein que je souligne ces mots.

granit qui l'écrase, ou un habit d'arlequin qui le rende ridicule, — oui, encore, bannissons du sanctuaire tout ce qui n'est point *mélodie grégorienne pure* et *monodique*. Il vaut infiniment mieux, dans cette hypothèse, laisser le plain-chant ce qu'il est, porter toute son attention à l'exécuter d'une manière convenable, en propager les meilleures règles de théorie et de pratique, et combattre enfin les préjugés, injustes au fond, avec lesquels on accueille dans le monde la sublime musique de l'Église.

Mais fort heureusement, et en dépit des oraisons funèbres que l'on prononce déjà sur *la tombe du plain-chant*, il ne faut désespérer ni de l'avenir de l'art grégorien, ni du triomphe des vraies traditions harmoniques qui conviennent à la nature de cet art austère parce qu'il est religieux. Si respectables que soient les savants, si puissante que soit leur parole, la science et la parole de nos pieux évêques prévaudront contre tous les obstacles, et, à mesure que la lumière se fera sur ces questions importantes, on verra les préjugés disparaître peu à peu, le plain-chant renaître en quelque sorte de ses cendres, et l'harmonie l'embellir sans le défigurer. Ce qui appartient au sensualisme restera l'apanage de l'art profane et théâtral ; ce qui convient à la douce et sainte prière de l'âme restera le privilége de la musique religieuse. Et, en attendant que les idées s'assainissent, que la pratique des musiciens se ploie sous le joug des vraies théories qui distinguent le plain-chant d'avec la musique moderne, il faudra proclamer sans relâche cette belle prescription de Monseigneur Parisis, fidèle et vénérable écho de Jean XXII : « Désirant que tous les fidèles » présents à nos saintes cérémonies mêlent leurs voix, autant » qu'il leur est possible, aux chants de l'Église, nous voulons » que, surtout pour les parties de l'Office auxquelles tous peuvent » le plus facilement prendre part, *le plain-chant soit seul exécuté.*

» Nous comprenons dans cette règle les *Kyrie*, le *Gloria*, le » *Credo*, le *Sanctus*, l'*Agnus Dei*, les Proses, les Hymnes, les » ℟. brefs et surtout les Psaumes, pour lesquels cependant nous » ne défendons pas les *faux-bourdons*, QUAND ILS SONT EXACTS,

» ÉCRITS, PRÉPARÉS, et que l'on possède les moyens de les exécuter
» à coup sûr. Nous sommes loin d'interdire, pour aucun de ces
» chants, l'accompagnement de l'orgue; *nous le désirons*, au con-
» traire, et nous sommes heureux d'avoir pu l'introduire depuis
» longtemps dans notre église cathédrale. Mais toujours nous
» voulons alors qu'il accompagne le plain-chant seul (1). »

Reste donc à savoir quelle est l'harmonie qui doit prévaloir
dans l'accompagnement *vocal* ou *instrumental* du plain-chant grégorien. Résoudre cette question, c'est compléter ce qui me reste
à dire pour satisfaire au programme de ce chapitre.

Ici, je ne dois plus me préoccuper des adversaires de l'harmonisation de la musique plane, parce que je crois n'avoir laissé
sans réponse péremptoire aucune de leurs objections. Mais,
en revanche, je me trouve forcément en face de deux systèmes
qui se disputent le terrain de l'harmonie convenable au plain-
chant; et, encore, ces deux systèmes se scindent-ils en plusieurs
subdivisions qui sont plus ou moins embarrassantes pour la critique.

Le premier de ces systèmes professe à haute voix qu'il ne faut
appliquer au plain-chant que les accords employés avant la fin du
xvie siècle, époque où Claude de Monteverde créa instinctivement
la tonalité de la musique moderne.

Le second, et c'est la pratique sinon universelle, du moins
générale, considère le plain-chant comme une musique incomplète, en corrige les diverses gammes d'après les deux types
majeur et mineur de l'art actuel, et y assouplit sans scrupule les
théories de l'harmonie contemporaine.

J'ai dit que ces deux systèmes offrent des subdivisions embarrassantes.

En effet, les écrivains qui se rangent sous la bannière du premier système, divisent fort arbitrairement les diverses périodes
de l'histoire musicale du moyen âge. Les uns inclinent en faveur

(1) *Instruction pastorale de* 1846 *sur le chant de l'Eglise.*

du système harmonique qui était usité, dans l'Europe chrétienne, avant le xii⁰ siècle. Cette théorie compte à peine quelques partisans *quand même*, et, à vrai dire, les archéologues en sont à peu près les seuls adeptes, sans aucun inconvénient pour nos oreilles modernes : leur unique but étant de reproduire les monuments de l'art, quels qu'ils soient, on ne saurait les blâmer en aucune façon, parce que, ainsi que cela doit être, leur opinion reste simplement à l'état de pure érudition historique. Quand on reproduit des monuments, il faut les recueillir comme ils sont, avec exactitude et sans arrière-pensée. L'archéologue doit être un véritable portraitiste, — consciencieux, fidèle, inflexible !

D'autres musiciens, parmi lesquels je citerai M. L.-S. Fanart, directeur du conservatoire de musique de Reims, — d'autres musiciens, disons-nous, rejettent l'emploi de l'harmonie primitive, qu'ils appellent *romane* (je ne sais trop pourquoi), pour l'accompagnement du plain-chant, et adoptent l'harmonie usitée pendant la période *gothique* (nom plus singulier encore), c'est-à-dire, le système d'accompagnement que les artistes ont mis en usage, dans l'Europe, depuis le xii⁰ siècle jusqu'à la moitié du xvi⁰ siècle (1). Cette épithète de *gothique* qui ne signifie rien ici, confond d'ailleurs toutes les vraies notions de l'histoire musicale. La période *primitive* de l'harmonie européenne s'étend depuis les premiers siècles de l'Église jusque vers la première moitié du xv⁰ siècle environ ; et ce que l'on décore abusivement de période *gothique*, dans le sens de M. Fanart, commence vers la seconde moitié du xv⁰ siècle et se trouve personnifié dans les chefs-d'œuvre de l'immortel Palestrina, mort en 1594.

C'est de la mort de Palestrina que datent les commencements de l'harmonie moderne, expression *virtuelle* des futures destinées de la tonalité musicale en Europe.

Or, en admettant l'une des applications des systèmes d'harmo-

(1) *Livre choral...*, par L.-S. Fanart, Paris, gr. in-8⁰, MDCCCLIV, Préface, p. xvij.

nie en usage soit dans la période primitive, soit dans la période transitionnelle qui s'écoule depuis la seconde moitié du xve siècle jusqu'à la fin du xvie, soit enfin dans la période moderne qui commence à la mort de Palestrina, on se trouverait encore en présence de trois théories fort contradictoires, et, par conséquent, fort embarrassantes.

Laquelle de ces trois théories est la bonne? quel parti prendre en pareille circonstance? où se trouve la vérité dans cette question si obscure et si délicate?

Pour déblayer le terrain, disons tout d'abord qu'il est impossible d'admettre l'emploi simultané de l'harmonie moderne et de la mélodie grégorienne. C'est un mélange qui peut flatter l'oreille et qui la flatte même beaucoup trop, mais que repousse le plus simple bon sens. Voici comment je m'exprime, sur ce mélange hybride, dans l'article *accompagnement* que j'ai composé à la demande de M. d'Ortigue, et auquel ce savant a bien voulu donner une hospitalité toute cordiale dans son *Dictionnaire de Plain-Chant :* — « Je ne dirai rien des méthodes où l'accompagnement
» du chant ecclésiastique repose sur l'harmonie moderne. Malgré
» l'obstination des organistes les plus renommés, il est clair qu'en
» associant deux tonalités essentiellement différentes, on imite
» l'architecte qui mettrait des colonnes *grecques* dans une cathé-
» drale *gothique*. Et si, des considérations générales on voulait
» passer à des considérations plus directes, plus spéciales, plus
» intimes, les arguments se présenteraient en foule pour con-
» damner, je ne dirai pas l'emploi des accords les plus passionnés
» de l'art moderne dans l'harmonisation du plain-chant, mais
» même l'usage du simple accord de septième sur la domi-
» nante.

» Qu'est-ce, en effet, que cet accord de septième sur la domi-
» nante? c'est la base de notre tonalité moderne. Retranchez-le,
» et la musique, telle que nous l'entendons de nos jours, n'existe
» plus.

» La présence de cet accord suppose une gamme unique, ma-

» jeure ou mineure, ayant une dominante toujours placée à une
» quinte au-dessus de la tonique. Elle suppose bien d'autres idées
» auxquelles je ne veux pas m'arrêter, parce que celle que je
» viens d'émettre, me paraît à la portée des intelligences les plus
» étrangères aux graves questions de tonalité musicale.

» Or, si l'on emploie la septième sur la dominante en accom-
» pagnant le plain-chant, il faut que cet accord soit placé sur la
» cinquième note de chaque gamme grégorienne, ou bien, il
» faut qu'on le fasse entendre sur la dominante réelle des
» échelles du plain-chant.

» Dans le premier cas, l'harmonie sera en opposition formelle
» avec les deuxième, troisième, quatrième, sixième et huitième
» modes ecclésiastiques. En effet, dans le deuxième mode, la
» dominante est à une tierce mineure au-dessus de la tonique ;
» dans le troisième, à une sixte mineure ; dans le quatrième, à
» une quarte ; dans le sixième, à une tierce majeure ; dans le
» huitième, à une quarte.

» Ce simple exposé ne démontre-t-il pas, jusqu'à l'évidence,
» que l'accord de septième sur la dominante, c'est-à-dire sur la
» cinquième note de chaque gamme grégorienne, est une mons-
» truosité qui dénature tout et que rien ne justifie ?

» Dans le second cas, l'absurdité n'est pas moindre. Autant
» vaudrait dire que la septième sur la dominante a sa fondamen-
» tale sur la tierce, sur la quarte et sur la sixte d'une gamme
» musicale. Cela n'est pas soutenable ; mais les artistes, qui suivent
» plutôt les caprices de leur imagination que les règles du bon
» goût, n'en persistent pas moins à propager la plus singulière
» de toutes les erreurs. On dirait que ce qui frappe l'oreille n'est
» soumis à aucune règle positive ; et, parce que l'on a proclamé
» que plus la musique procure d'émotions, plus aussi elle atteint
» son but, on croit remplir cette condition sensualiste en boule-
» versant tous les principes.

» Les travaux d'archéologie musicale qui honorent le XIXe
» siècle, apporteront peut-être un remède à cet oubli des no-

» tions esthétiques les plus vulgaires. Je le désire. Pour mon
» compte, je n'ai pas honte d'avouer que si l'ignorance des mo-
» numents de l'art a pu m'égarer comme beaucoup d'autres,
» l'étude consciencieuse de ces mêmes monuments a trouvé en
» moi un esprit docile. Les noms les plus célèbres n'ont point
» justifié, à mes yeux, ce que je regarde depuis longtemps
» comme une grande aberration de l'intelligence humaine (1). »

En citant les lignes précédentes, je ne veux que constater un
point doctrinal qui, au jugement des érudits, se trouve placé au-
dessus de toute contestation sérieuse. Quelques amateurs ont
ajouté des accompagnements *modernes* à des mélodies *antiques;*
des artistes ont publié des méthodes pour l'orgue, dans lesquelles
la tonalité actuelle est constamment en opposition avec la tonalité
grégorienne; des savants fort recommandables ont même soutenu
que, depuis les romains jusqu'au xix⁰ siècle, la tonalité musicale
a toujours été la même; mais tout cela est devenu insoutenable,
surtout de nos jours, grâce à une saine et vigoureuse logique
appuyée sur les monuments mieux connus de l'histoire. M. Fétis,
ici chef d'école, — M. d'Ortigue, — M. Alexandre Le Clercq, —
M. Stéphen Morelot, — M. Fanart et bien d'autres encore qui ont
quelque autorité dans la science, mettent l'harmonie moderne
hors de eause, lorsqu'il s'agit de l'accompagnement du chant liturgique. C'est avec bonheur que je signalerai l'apparition de nouveaux philosophes musiciens qui, dans des ouvrages tout récents,
viennent augmenter le nombre toujours trop petit des partisans de
la saine doctrine. Je dois citer, entre autres, M. A. Herland qui,
au moment où j'écris ces lignes (2), a fait paraître un beau volume grand in-8°, intitulé : *Lois du chant d'Eglise et de la musique
moderne. Nomothésie musicale.* Ce volume, qui est écrit avec
toute l'ampleur et toute la limpidité d'un travail bien conçu, est
empreint d'une couleur vraiment magistrale; à part quelques

(1) Joseph d'Ortigue, *Dict. de plain-chant*, pp. 35-36.
(2) Mai 1854.

inexactitudes, on peut dire qu'il renferme une foule de choses neuves et transcendantes qui font le plus grand honneur à l'écrivain. M. Herland, du fond de la Bretagne et connaissant à peine les graves discussions qui s'agitent dans le domaine de l'érudition musicale, se pose, à son coup d'essai, au premier rang des musicistes les plus distingués. « Depuis quelque temps, » dit-il, certains musiciens sacrés semblent avoir adopté exclu- » sivement la notation moderne avec ses *dièses* et ses *bémols*, » pour l'appliquer ainsi au plain-chant. *Si, dans leur pensée,* » *cette adoption a pour but d'opérer la fusion de la musique moderne* » *et de la musique religieuse, et d'ajouter ainsi à la popularité de* » *cette dernière, nous osons leur affirmer que, confondant le désir* » *du bien avec le bien lui-même, cette fatale adoption aurait pour* » *conséquences inévitables de supprimer les modes, de dépopulariser* » *le chant sacré et de porter le dernier coup à l'œuvre commune de* » *saint Ambroise et de saint Grégoire. (1) »* — Excellente théorie, s'il en fut jamais ; théorie juste, parfaite, exprimée en des termes simples, mais précis comme ceux d'une équation....

Avant peu, on finira par comprendre que la tonalité moderne et la tonalité antique peuvent avoir des affinités, mais qu'il n'est pas permis de les confondre, soit dans la pratique, soit dans la théorie. En attendant, je puis affirmer que l'on ne court aucun risque en excluant l'harmonie moderne de l'accompagnement du chant de saint Grégoire. La découverte du nouveau monde n'a pas autorisé les géographes à le confondre avec l'ancien. Pourquoi en serait-il autrement dans la géographie des tonalités musicales ?

En attendant que l'usage de l'harmonie moderne soit entièrement aboli dans l'accompagnement des mélodies de saint Grégoire, tâchons de dissiper, du moins en principe, les doutes que l'on a soulevés sur le choix du système qu'il faut emprunter à l'Europe catholique et que celle-ci pratiquait avant la fin du xvie siècle.

(1) *Lois du chant d'Eglise*, Paris, chez Didron, rue Hautefeuille, 1854, pp. 121-122.

La chose n'est pas facile, parce que les écrivains qui ont traité cette question, n'ont point connu parfaitement les différentes périodes historiques de l'harmonie avant Palestrina, et que, dans leurs tentatives d'application actuelle, ils n'ont tenu aucun compte de nos exigences physiologiques. Toute la question cependant se réduit à ceci : « Avant notre tonalité moderne, c'est-à-
» dire, avant la fin du xvi⁰ siècle, y a-t-il eu, en Europe, un
» système d'harmonie en rapport avec le plain-chant, et que
» l'art et nos oreilles puissent approuver? Et même, dans cette
» longue période d'élaboration pénible et lente, ne pourrait-on
» pas trouver des fragments de théorie harmonique dont la res-
» tauration, faite avec sagesse, serait encore aujourd'hui même
» très-satisfaisante, et enrichirait ainsi le fond de l'art pales-
» trinien ? »

Il me semble que résoudre ce problème, c'est résoudre la question même qui m'occupe. Dire : *Adoptons l'harmonie de Palestrina, adoptons l'harmonie des premiers âges, adoptons celle des médiévistes, sans y rien ajouter, sans en rien retrancher,* — c'est tomber plus ou moins dans l'erreur, et c'est le tort de tous les écrivains spéciaux. Il est vrai que l'art est magnifique, splendide même, avec Palestrina; mais il est également vrai qu'il n'est pas rigoureusement complet et qu'il exige l'inutile sacrifice de ce qui est *avouable* dans les tentatives antérieures; comme aussi, en remontant au-delà de ce grand homme et en mettant à néant les conquêtes de son école, pour n'adopter que les rudiments harmoniques des époques précédentes, on confond les tâtonnements, les pénibles essais et la formation toujours lente de l'art avec l'art lui-même arrivé à son complet développement.

Il y a donc ici une grande opération d'éclectisme à faire. Et, pour la réaliser avec bonheur, il faut absolument mettre de côté toutes les erreurs historiques qui circulent et tous les systèmes que l'on invente dans un cabinet d'études sans se préoccuper des monuments historiques. Nous ne sommes plus à l'époque, récente encore, où l'on enseignait fort tranquillement que Gui d'Arezzo avait inventé les noms de notes *ut - ré - mi - fa - sol - la*, — où l'on disait qu'il était l'auteur de la méthode des muances, — où l'on débitait, de la manière la plus pacifique, que Jean de Muris avait trouvé certaines figures représentant les valeurs de notes dans la musique mesurée ; on n'oserait plus soutenir aujourd'hui, qu'au moyen âge, les trouvères concevaient la mélodie d'une manière indépendante de l'harmonie, car je connais parfaitement celui qui a démontré que les *trouvères* ne *trouvaient* que l'harmonie d'après un chant donné et connu bien longtemps avant eux ; enfin les hommes sérieux n'imitent pas certains auteurs qui, écrivant en l'an de grâce 1854, se permettent de dire que l'harmonie, avant le xv⁰ siècle, est *grandiose, mais quelquefois sévère jusqu'à la dureté, et pauvre jusqu'à la monotonie :* en un mot, qu'elle est l'analogue de ce qu'on appelle en architecture *l'époque ogivale à lancettes*, — comparaison prétentieuse que Jean Tinctoris, imposante autorité de la fin du xv⁰ siècle, réfuterait en ces termes, s'il vivait encore : — « *Si visa auditaque referre liceat, non-* » *nulla vetusta carmina ignotæ auctoritatis, quæ apocrypha dicun-* » *tur, in manibus aliquando habui, adeo inepte, adeo inscite com-* » *posita, ut multo potius aures offendebant quam delectabant ;* NEQUE, » *quod satis admirari nequeo,* QUIDPIAM COMPOSITUM NISI CITRA » ANNOS QUADRAGINTA EXSTAT, QUOD AUDITU DIGNUM AB ERUDITIS » EXISTIMETUR (1). » Laissons donc de côté *l'époque ogivale à lancettes*, ne remplaçons point les faits par de belles phrases, et abordons carrément la véritable méthode d'accompagner, sur l'orgue ou avec les voix, les mélodies du chant grégorien. Plus la tâche est difficile, plus nous devons espérer d'indulgence de la part du lecteur.

On conçoit que, dans un ouvrage comme celui-ci, on doit plutôt trouver des principes généraux d'accompagnement grégorien,

____

(1) *De arte Contrapuncti*, manuscrit n° 6145 de la bibliothèque du Conservatoire de musique de Paris. Voir ma *Table onomastique* de la nouvelle édition de l'ouvrage de Dom Jumilhac, art. *Tinctoris*.

que des détails intimes, pratiques et complets qui conviennent plutôt à une méthode spéciale. Cette méthode paraîtra quelque jour, je l'espère; en attendant, je renvoie au *Dictionnaire de plain-chant* de M. d'Ortigue, et me borne à donner ici une nomenclature rapide des règles qui dominent mon sujet. *Intelligenti pauca.*

En matière d'accompagnement des mélodies de saint Grégoire et de toutes celles qui leur ressemblent, il faut d'abord se prémunir contre les assertions trop absolues des auteurs dont le système unique est le contrepoint de note contre note.

Le plain-chant peut être exécuté de trois manières : *lentement*, d'un mouvement *modéré*, ou d'une manière un peu *rapide*. « Le » degré de lenteur ou de vitesse que l'on donne à chaque note » d'une mélodie, doit exiger une différence quelconque dans l'har- » monisation de cette mélodie elle-même. Si le chant s'exécute » avec un mouvement modéré, le contrepoint de note contre » note pourra parfaitement lui convenir, sauf quelques excep- » tions. Si la mélodie est chantée vivement, ce genre d'accom- » pagnement cessera d'offrir la même convenance, parce que » chaque accord, s'y succédant avec rapidité, produira plus de » secousses que d'harmonie : l'accompagnement ne fera qu'em- » barrasser l'allure prompte et légère du chant. Si, enfin, la » cantilène religieuse revêt le caractère de l'*adagio*, l'harmonie » de note contre note pourra paraître un peu nue, et l'oreille » sera peut-être en droit de désirer alors des combinaisons plus » variées de contrepoint.

» Supposer un accompagnement uniforme pour les morceaux » de chant liturgique, soumis à des mouvements *lents*, *modérés* ou » *vifs*, c'est tout confondre, et c'est ce que je combats sans hési- » ter. Donc, pas de système unique, pas de méthode absolue, » pas de théorie exclusive; mais, au contraire, appropriation » judicieuse d'une harmonie toujours convenable à la tonalité » des mélodies grégoriennes.

» Tel est le point de vue nouveau où il faut se placer, si l'on

» veut comprendre parfaitement les règles que je vais don-
» ner (1). »

Le mouvement *modéré* exige le contrepoint de note contre note. Les deux autres mouvements veulent que l'on ajoute, dans le tissu de cette harmonie fondamentale, des notes de passage : si le chant est *vif*, les notes de passage se trouvent à la mélodie ; si le chant est *lent*, ces mêmes notes de passage se placent à la basse. Dans tous les cas le contrepoint de note contre note est le prototype, et c'est le seul dont je parlerai.

Le point essentiel est donc de connaître les accords ou *consonnances* qu'il est permis d'employer dans l'harmonie du chant grégorien, exécuté d'une manière qui tient le milieu entre le mouvement *adagio* et le mouvement *vif* (2).

Il est bien entendu que, dans les deux cas des mouvements *lent* et *vif*, les notes de passage ne constituent jamais, du moins en général, un genre différent de celui que les contrapuntistes modernes nomment *contrepoint de deux, de trois ou de quatre notes contre une*. Sans cette restriction fondamentale, on tomberait dans le *fleuretis* ou *machicotage* blâmé et réprouvé par le pape Jean XXII. Ce serait une sorte d'imitation grossière et entortillée du style *alla Palestrina*, comme on peut en entendre de malheureux spécimens à l'église de Saint-Sulpice de Paris, et comme on en peut voir des exemples dans le *Recueil de Plains-Chants d'Eglise... harmonisés à trois et quatre voix* par M. Augustin Savard, savant homme fort estimable d'ailleurs (3). Si toutes

(1) *Dictionnaire de plain-chant*, par M. J. d'Ortigue ; art. *accompagnement* par Th. Nisard, pp. 47-48.

(2) Voir deux exemples qui appartiennent aux mouvements *lent* et *vif*, dans mon article *accompagnement* du *Dictionnaire* de M. d'Ortigue, p. 76.

(3) Paris, chez Madame veuve Canaux, et chez l'auteur, même ville, rue des Fossés-Saint-Victor, 14. Ce recueil porte l'approbation de Monseigneur l'Archevêque de Paris.

ces monstruosités appartiennent à la musique profane, qu'on veuille bien le dire; mais quant à les confondre avec l'art religieux et avec la véritable harmonisation du plain-chant, c'est à quoi toutes ces vieilles réminiscences d'une époque de mauvais goût ne parviendront jamais. Le temps est proche où le clergé, armé du fouet du divin Maître, chassera du sanctuaire toutes ces choses baroques. Ce sera un grand bienfait pour la religion et un grand triomphe pour l'art!

L'accompagnement du chant grégorien doit être d'une excessive simplicité d'harmonie. Non-seulement il faut emprunter au contrepoint de Palestrina ce que ce contrepoint a d'essentiel en harmonie, comme le dit M. Fanart, mais il faut encore recourir à ce que les maîtres qui ont vécu avant Palestrina, offrent de supportable aux oreilles modernes. La seule chose à exclure, c'est la difficulté d'exécution, c'est l'harmonie offrant des formes plus ou moins canoniques : c'est, en un mot, tout ce qui exige une longue étude d'ensemble et d'exécution, tout ce qui ne peut pas être vraiment populaire.

On enseigne généralement que les accords qui peuvent accompagner la mélodie liturgique, se réduisent à deux : l'accord parfait, majeur ou mineur, pris dans son état direct, et le même accord pris dans son premier renversement, pour parler le langage de ceux qui ont systématisé la théorie du contrepoint depuis le célèbre Rameau. Cette doctrine est incomplète et a besoin de commentaires.

Sans doute, ces deux sortes d'*accords* (1) formés avec les seules notes de chaque échelle grégorienne, forment la base de toute harmonie convenable au plain-chant; mais la base n'est pas tout l'édifice : pour que cet édifice s'élève au-dessus du sol, il

(1) Un manuscrit du xve siècle, inconnu à tous les bibliographes de la musique et qui se trouve à la bibliothèque impériale de Paris, est le plus ancien monument où le mot *accord* est employé dans le sens de plusieurs sons entendus simultanément.

14

faut que l'architecte entre dans une foule de détails aussi nécessaires à la construction que le fondement lui-même.

Or, parmi ces détails, je remarque d'abord que l'agrégat harmonique, nommé *accord de quarte et sixte*, n'est pas contraire à
la tonalité du plain-chant, parce que l'intervalle de quarte était
le fond du contrepoint d'Hucbald et de Gui d'Arezzo, auteurs
célèbres qui ne connaissaient et n'enseignaient que le pur plain-
chant de saint Grégoire. « Les compositeurs du xvie siècle l'évi-
» taient, non comme un élément contraire à la constitution to-
» nale du plain-chant, mais seulement parce qu'il était pour leur
» oreille d'une trop faible sonorité (1). De nos jours, la sensa-
» tion que produit l'intervalle de quarte placée au-dessus de la
» basse, dans l'accord de quarte et sixte, est bien loin d'être désa-
» gréable, et je ne vois pas de raison plausible pour l'exclure de
» l'harmonie grégorienne (2). »

Cet accord de quarte et sixte n'est modifiable que dans sa
sixte, qui peut être *majeure* ou *mineure*, selon qu'elle est telle
d'après les notes de la gamme du mode grégorien qu'il faut
accompagner.

Deuxièmement, l'accord parfait, employé dans son état direct,
offre également une tierce dont la nature est fixée par les règles
suivantes :

A. On la forme en général avec les notes naturelles du mode
soumis à l'accompagnement.

B. Au commencement d'un morceau, l'accord parfait direct
peut suivre la règle générale (A) qui préside à la formation de
sa tierce ; mais, à la fin, il faut toujours que cette tierce soit
majeure. « Composant à plusieurs parties, dit le P. Parran (3),

(1) Voir le *Saggio* du père Martini, tom. 1, pp. 98-99.

(2) Th. Nisard, *Dictionnaire de plain-chant*, par M. d'Ortigue,
art. *Accompagnement*, p. 41.

(3) *Traité de la mvsiqve théoriqve et pratiqve*, Paris, in-4°, 1636,
p. 52.

» il ne faut jamais faire finir une partie par la tierce mineure à
» la fin d'une pièce; ains par la majeure. » On connaît la prédilection des anciens contrapuntistes pour cet axiome : *Fini
tribuitur perfectio.* Or, la tierce est une consonnance imparfaite,
et, en la *majorant,* l'oreille semble reconnaître dans cet intervalle quelque chose de plus parfait, de plus satisfaisant, de plus
caractéristique comme terminaison et comme repos. Sous ce rapport, M. Fanart a donc eu parfaitement raison de dire : —
« L'organiste *(accompagnateur)* se gardera surtout de jamais ter-
» miner un morceau par la tierce mineure, ce qui montrerait
» qu'il n'entend absolument rien à l'accompagnement du chant
» ecclésiastique (1). »

Troisièmement, l'accord parfait, pris dans son premier renversement, c'est-à-dire, comme agrégat harmonique de tierce et
sixte, se forme en général avec les notes mêmes de chaque
gamme grégorienne, comme les deux précédents accords; mais
il offre des modifications curieuses et à peine connues, sur lesquelles je dois appeler toute l'attention des artistes. « Les com-
» positeurs du xvie siècle employaient souvent cet accord avec
» *triton* ou avec *fausse quinte,* et quelquefois même avec ces
» deux phénomènes réunis.

» A. Quand on veut faire usage de l'accord de tierce et sixte avec
» triton, les notes de l'accord doivent être disposées dans leur
» ordre naturel; la tierce ou sa réplique doit être mineure, et la
» sixte ou sa réplique, majeure. La basse doit descendre d'un
» ton; le ténor doit monter d'un ton, et l'alto, d'un demi-ton.
» Le soprano ou discantus monte d'un ton. Exemple :

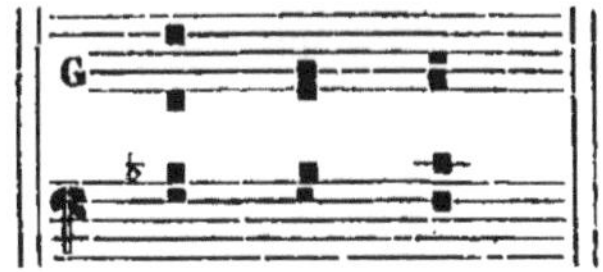

» Le soprano peut monter d'une quarte juste, mais alors le
» ténor doit descendre d'un demi-ton. Exemple :

» On peut aussi doubler la tierce. Dans ce cas, voici quelle
» sera la résolution de l'accord :

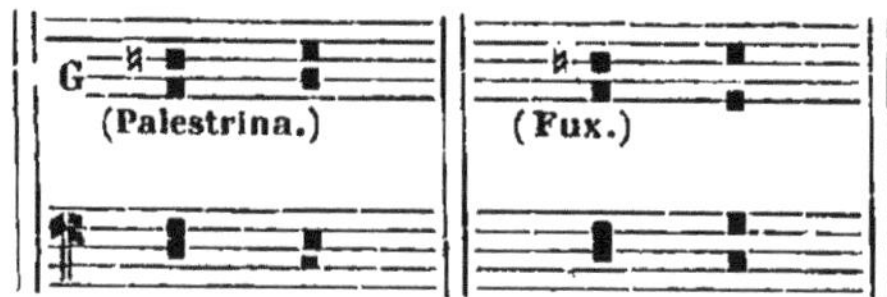

» B. Lorsque l'on veut employer l'accord de tierce et sixte
» avec fausse quinte, il faut observer ce qui suit.

» Les notes de l'accord seront ainsi disposées : au-dessus de
» la basse, le ténor fera une sixte majeure; l'alto, l'intervalle de
» dixième mineure, et le soprano, celui de dix-septième égale-
» ment mineure.

» A la résolution de l'accord, la basse descendra d'un ton; le
» ténor montera d'un demi-ton; l'alto montera d'un demi-ton; le
» soprano descendra d'un demi-ton. Exemples :

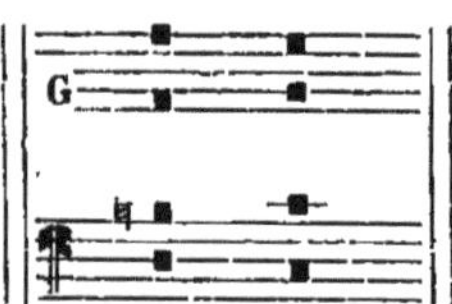

» On trouve encore, dans les compositions musicales du xvi⁰
» siècle, les versions suivantes du même accord :

» C. Lorsque l'on voudra se servir de l'accord de tierce et
» sixte offrant le double phénomène du triton et de la fausse
» quinte, on aura égard aux points suivants.

» Le ténor est placé à la distance d'une tierce mineure au-
» dessus de la basse. L'alto réalise un intervalle de sixte ma-
» jeure au-dessus de cette même basse, et le soprano redouble
» à l'octave supérieure la partie du ténor. — La résolution se
» fait de cette manière : la basse descend d'un ton ; le ténor
» monte d'un ton ; l'alto monte d'un demi-ton, et le soprano
» descend d'une seconde mineure. Exemples :

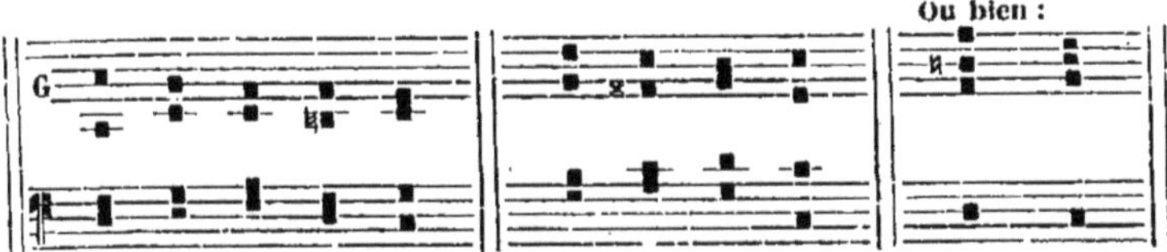

» L'emploi convenable du premier renversement de l'accord
» parfait, soit avec triton, soit avec fausse quinte, soit avec
» triton et fausse quinte réunis, dénote toujours un excellent
» harmoniste palestrinien. Il ne faut donc jamais laisser échap-
» per l'occasion de le mettre en œuvre.

» Il est certain que cet accord, ainsi modifié, présente à sa
» résolution des *tendances appellatives* dont aucun auteur n'a
» parlé. Je signale ce fait, parce que l'on a coutume de dire sans
» cesse que, dans l'harmonie tonale du plain-chant, les notes de
» chaque accord ont toutes une marche libre et indépendante.
» Or, cette assertion n'est pas aussi vraie qu'on voudrait bien le
» faire croire (1). »

(1) Extrait de mon article *Accompagnement* (Dict. de plain-chant,
par M. J. d'Ortigue, pp. 70-72). — J'ai dû écrire ici en notes de musique plane les exemples marqués dans l'ouvrage de M. d'Ortigue en
caractères de musique actuelle, afin d'en faciliter l'impression. La
lettre G, posée sur la deuxième ligne, remplace la forme plus moderne de notre clef de sol, et ne doit, je l'espère, effrayer aucun
de mes lecteurs.

Quatrièmement, outre les accords parfaits employés dans l'état direct, dans le premier et le second renversement, les harmonistes du xvie siècle nous autorisent à faire usage, dans l'accompagnement du plain-chant, de deux sortes d'*accords de septième*.

La première est en tout semblable à ce que l'on nomme vulgairement l'accord de *quinte et sixte*, premier dérivé de la septième mineure :

La deuxième ressemble beaucoup à notre accord de septième sur la dominante, portant, au-dessus d'une fondamentale, les intervalles de tierce majeure, de quinte juste et de septième mineure; mais, en étudiant bien cet agrégat harmonique employé souvent par l'illustre Palestrina, on acquiert la certitude que la septième n'est ici qu'une note de passage, et que la tierce, loin

(1) M. Fétis recherchant, dans son beau *Traité complet d'harmonie*, p. 80, l'origine de cet accord, réfute ici les explications de Catel qui enseigne qu'on le forme *par la prolongation de la tonique sur un accord parfait du second degré*. M. Fétis soutient que l'accord parfait n'appartient pas au second degré dans notre tonalité. Je le veux bien. Cet accord, sans doute, n'appartient pas à notre système actuel : c'est un héritage que nous a légué l'art antique, et Catel aurait eu raison, si, faisant abstraction des degrés de notre gamme moderne, il s'était contenté de dire que l'*agrégat de quinte et sixte provient de la prolongation de l'octave d'un accord parfait quelconque sur un accord consonnant mineur, comme on le pratiquait dans l'ancienne tonalité musicale de l'Europe, notamment au* xvie *siècle.* Catel n'a donc tort que dans la forme.

d'être une note sensible, descend d'une tierce majeure à la résolution de l'accord. Exemple :

Palestrina double même quelquefois la tierce : alors, pour éviter un mouvement semblable dans la marche résolutive des tierces
doublées, l'une des deux monte comme si elle était *sensible*, et
l'autre suit la marche précédemment indiquée, c'est-à-dire,
qu'elle descend d'une tierce majeure :

Palestrina va plus loin encore : je pourrais citer des passages
de ses œuvres où la tierce, qui n'est pas doublée, se résoud
comme dans l'accord moderne, en montant d'un demi-ton, pendant que la septième descend aussi d'un demi-ton pour arriver à
l'harmonie suivante; mais, ici encore, la septième n'est qu'une
note de passage toujours préparée par la note réelle de l'accord :

Tous ces accords de septième ne sont, au fond, que des accords purement consonnants, modifiés par un *retard* ou par une
note de passage.

Or, il résulte de ce qui précède :

Que l'accord parfait peut être majeur ou mineur, et modifié
par une prolongation ou par une note transitionnelle ;

Que l'accord de tierce et sixte peut offrir une sixte majeure ou mineure, et qu'il peut être altéré par un *triton*, par une *fausse quinte*, et même par la réunion de la fausse quinte et du triton;

Enfin, que l'accord de quarte et sixte doit être admis dans l'harmonie grégorienne, et qu'il peut également avoir une sixte majeure ou mineure.

» Il me semble que l'accompagnement des mélodies litur-
» giques, enrichi de tous ces accords sur lesquels l'art n'était
» point encore fixé, doit désormais offrir un champ plus vaste,
» plus varié, plus riche. Je désire que le génie chrétien en fasse
» un légitime usage, et en rehausse dignement la pompe de nos
» saints mystères. (1) »

Mais, pour connaître complètement les règles du contrepoint rigoureux de note contre note, prototype de l'harmonie applicable au plain-chant, il ne suffit pas d'être fixé sur le choix des accords à mettre en œuvre : il reste encore quelques règles générales à donner. Je prie mes lecteurs de ne point voir une marque d'impatience dans la rapidité des explications que je vais émettre; mon but est de donner une synthèse, et non une méthode élémentaire; il ne faut donc pas qu'ils cherchent ici des notions qui doivent avoir leur place ailleurs. Ainsi, par exemple, je ne dirai rien des antiques prescriptions qui défendent de faire deux quintes ou deux octaves de suite par mouvement semblable; je ne dirai pas, non plus, qu'il faut éviter dans l'une ou l'autre des parties des accords qui se suivent *immédiatement*, les fausses relations d'*octave superflue* et d'*octave diminuée;* je n'insisterai pas sur l'obligation rigoureuse dans laquelle le contrapuntiste grégorien se trouve de répudier constamment *la sixte augmentée* dans l'harmonie, et, dans une seule et même partie, les successions mélodiques qui pourraient ressembler à notre genre chromatique ASCENDANT (2), ou à des sauts

<hr>

(1) *Dict. de plain-chant*, art. *Accompagnement*, par Th. Nisard, p. 75.

(2) Je dis *ascendant*, parce que, comme on le verra plus loin, lorsqu'une cadence offre une tierce majeure, on peut la faire suivre

de *seconde augmentée*, de *quarte* et de *quinte diminuées*, etc. : il suffit de signaler ces choses élémentaires aux personnes qui ont quelques notions pratiques du contrepoint, pour que je sois compris, parfaitement compris, et que l'on me tienne quitte des détails élémentaires.

Mais il est un point sur lequel je dois insister : je veux parler des *cadences*.

Cinquièmement donc, l'harmonisation des mélodies grégoriennes serait fort incomplète, très-fautive même, si l'on en bannissait tout ce qui a rapport aux cadences. Et cependant, je connais un écrivain moderne qui ne veut entendre parler d'aucune cadence dans le plain-chant. Sous prétexte de tonalité grégorienne, il donne des règles et des exemples d'accompagnement qui ne ressemblent à rien; les harmonies les plus baroques, les plus sauvages, les plus stridentes, semblent lui être de bonnes manifestations de la science d'autrefois; pour lui, les formules harmoniques de cadences sont des altérations aussi *monstrueuses* que *modernes* : le vrai moyen âge n'a rien connu de pareil.

Or, il est incontestable que tout le moyen âge a reconnu l'absolue nécessité d'admettre des cadences musicales, pour la même raison qu'il admettait des *périodes littéraires*. Gui d'Arezzo les appelle *distinctions*, parce qu'elles servent à *distinguer* les différentes périodes de la mélodie. Étienne Vanneo, auteur d'un livre in-folio très-rare, imprimé à Rome en 1553 sous le titre de : *Recanetum de musica aurea*, compare les cadences ou distinctions à une sorte de *ponctuation musicale* (1). De tout temps, les artistes religieux tiennent exactement compte de la cadence mélodique, et, de tout temps aussi, les harmonistes s'efforcent de la traduire par des accords tout-à-fait spéciaux. C'est là un point

au besoin de cette même tierce *rendue mineure*, comme on le voit dans l'excellent faux-bourdon du *De profundis* et du *Dies iræ*, qui est en usage dans le diocèse de Paris, et que l'on doit à l'abbé Homet, musicien du xviiie siècle.

(1) Cap. 40.

historique aussi éclatant que le soleil. A mesure que le contrepoint se perfectionne et devient quelque chose de plus régulier, les auteurs médiévistes s'efforcent de mettre d'accord les exigences de l'harmonie avec celles de la mélodie. Hucbald et Gui d'Arezzo nous apprennent, dans leurs ouvrages, de quelle manière ils comprenaient, à leur époque, la pratique de l'harmonie applicable aux cadences du chant. L'art s'y révèle sous l'aspect le plus simple et le plus naïf que l'on puisse concevoir ; mais, quelque rudimentaires que soient à nos yeux toutes ces tentatives, il faut savoir gré à la vieille Europe catholique des efforts persévérants qu'elle a tentés pour mettre un parfait rapport d'unité entre les *cadences, clausules, copules* ou *distinctions* du chant, et le contrepoint qui les embellit.

Dès le milieu du xi⁰ siècle et au commencement du siècle suivant surtout, l'art harmonique prend déjà des allures sérieuses vraiment dignes de notre admiration. M. de Coussemaker a publié, dans son *Histoire de l'Harmonie au moyen âge* (pp. 226-243), un *Traité* inédit et anonyme d'*Organum,* découvert à Milan par MM. Danjou et Morelot, dans lequel on remarque, d'une manière beaucoup plus précise que dans les ouvrages d'Hucbald et de Gui d'Arezzo, les différentes méthodes adoptées, aux xi⁰ et xii⁰ siècles, pour l'accompagnement du commencement, du milieu et de *la fin* de chaque période mélodique. C'est un monument fort curieux ; mais il ne l'est pas autant, selon moi, que le petit *Traité de Diaphonie,* de la même époque environ, que j'ai découvert, à la Faculté de médecine de Montpellier, dans le manuscrit 384, et dont j'ai pris un fac-simile avec beaucoup de soin (1).

(1) Le petit *Traité de Diaphonie* dont je parle, forme un chapitre d'une compilation musicale comme on en faisait beaucoup au moyen âge. Cette compilation, qui est anonyme, ne porte aucun titre et commence au fol. 113 recto du manuscrit 384. Les différents chapitres dont elle est composée, se suivent sans ordre, ne sont point chiffrés, et sont, la plupart, des copies littérales de fragments empruntés à des ouvrages connus et édités par Gerbert.

En voici le texte et la traduction.

TEXTE :

« Diaphonia duplex cantus est;
» cujus talis est diffinitio : *Or-*
» *ganum est vox sequens prœce-*
» *dentem sub celeritate diatessa-*
» *ron vel diapente,* quarum (sci-
» licet præcedentis et sequentis
» vocis) fit copula aliqua decenti
» consonantia.

» Si quis ergo *organum* com-
» ponere desiderat, *duas ultimas*
» *voces clausulœ prius eligat,* et
» eas competenter cum cantu
» jungat, ut ex alia parte cum
» cantu veniant.

» Postea primam vocem or-
» gani, id est inceptionem po-
» nat cum cantu, vel inferius
» in diapason, vel superius, vel
» in eadem *(nota scilicet),* vel in
» quinta, vel in quarta, vel in
» tertia, aliquando et in sexta.
» In secunda autem vel septima
» a cantu, nunquam erit orga-
» num, quia male sonat.

» Medias autem voces inter
» primam et ultimas duas prius
» electas ponat in quinta, vel

TRADUCTION-COMMENTAIRE :

La Diaphonie, ou *double chant,*
se nomme aussi *organum* et peut
être définie : *Une voix qui accom-*
pagne simultanément, à la quarte
ou à la quinte, une autre voix d'un
chant préexistant, de manière que
la réunion de l'une et de l'autre
voix produise une harmonie con-
venable.

Si donc quelqu'un désire composer un organum, il doit d'abord
choisir (*dans le chant*) les deux
notes ou voix qui précèdent
chaque cadence, afin que l'organum arrive par mouvement contraire à l'accompagnement de la
dernière note du chant.

Après quoi, il s'occupera de la
première note de l'organum. Il
posera cette première note au-
dessous ou au-dessus de la première note du chant, à l'octave,
ou à la quinte, ou à la quarte, ou
à la tierce, ou quelquefois même
à la sixte ; parfois aussi il mettra
la première note du chant et celle
de l'organum à l'unisson ; mais il
s'abstiendra toujours de commencer par un intervalle de seconde
ou de septième, parce que cela
sonne mal.

Quant aux notes du chant qui
sont placées entre la première et
les deux dernières choisies d'a-

» quarta, vel tertia, vel sexta,
» sed frequentius in quarta vel
» in quinta, quia pulchrius so-
» nat.

. . . .
. . . .
. . . .
. . . .

» His modis organizator can-
» tum sequitur, donec cum illo
» jungatur. . . . .

. . . .
. . . .

» Si duæ tantum sint voces
» in clausula, nihil nisi *copu-*
» *latio* est ibi, ut : AMEN —
» AMEN.

» Si tres voces, *inceptio* et
» *copulatio*, ut : A-MEN —
» A-MEN.

» Si quatuor, est ibi *ince-*
» *ptio* et *una vox organalis* et
» *clausula*, ut : A-MEN —
» A-MEN.

vance, et dont il a été parlé plus haut, l'organisateur leur donnera, pour harmonie, des intervalles de quinte, ou de quarte, ou de tierce, ou de sixte, mais le plus souvent de quarte ou de quinte, parce que ces consonnances sont plus belles que les autres.

. . . .
. . . .
. . . .

C'est ainsi que l'organisateur accompagne le chant jusqu'au terme fixé pour chaque cadence.

. . . .
. . . .

Si le fragment mélodique qu'il faut harmoniser, n'a que deux notes, l'accompagnement consiste simplement en une cadence. Exemple :

A-MEN.

Si le fragment est composé de trois notes, l'organum aura le *commencement* et une cadence; exemple :

A-MEN.

Avec quatre notes de mélodie, il y a le *commencement*, une *note organale* et une *cadence*, comme dans l'exemple suivant:

A- MEN.

» Si quinque, est ibi *ince-*
» *ptio* et *duæ voces organales*
» et *clausula*, ut : A-MEN —
DED CD
aħG FD
» A-MEN.

» Si sex, est ibi *principium*
» et *tres organales* et *copula*,
» ut :
DFED CD   dcaG FD.
A - MEN — A - MEN.

» Si septem, est ibi *princi-*
» *pium* et *quatuor organales* et
» *duæ quæ copulantur*, ut :
DGFED Aſ   dħaGa FG
A - MEN — A - MEN.

» Si vero sint octo, est *ince-*
» *ptio* quæ semper est cum
» cantu, vel in quarta, vel in
» quinta, aliquando et in tertia
» vel sexta, ut superius dictum
» est, et sunt *quinque organales*
» quæ semper sunt in quinta, vel
» quarta, vel tertia, vel sexta ;
» et duæ ultimæ quarum per-
» ultima respicit cantum, ut
» ultima convenienter cum can-
» tu jungatur ; nam consideran-
» dum est ne taliter organales
» voces a cantu sequestrentur,
» ut ad cantum copula reverti
» nequeant.
» Et sic debet ordine fieri,

Avec cinq notes au chant, il y a le *commencement*, *deux notes organales*, et *une cadence*. Exemple :

A- MEN.

Avec six notes, il y a le *commencement*, *trois organales* et *une cadence* :

A- MEN.

Avec sept notes, il y a le *commencement*, *quatre organales* et *deux notes de clausule*, comme ici :

A- MEN.

Avec huit notes, il y a le *commencement* qui se fait toujours à l'unisson du chant, ou à la quarte, ou à la quinte, et quelquefois à la tierce ou à la sixte, comme il a été dit plus haut ; il y a *cinq organales* que l'on place toujours, par rapport au chant, à une distance de quinte ou de quarte ou de tierce ou de sixte ; les deux dernières notes, formant *cadence* à l'unisson ou à l'octave par mouvement contraire, doivent y être préparées en rapprochant le plus près possible du chant les notes organales un peu avant les cadences.

Et telles sont les règles de l'or-

» quasi nec nimis spissim, nec
» nimis raro copulationes facia-
» mus, sed examussim ac tem-
» perate.

Ultimum exemplum, ut :

DFEDCA CD   dcGaFE FD
A - MEN — A - MEN. »

ganum. Observons-les, et ne faisons les cadences ni trop souvent,
ni trop rarement, mais avec soin
et modération.

Exemple de l'accompagnement
d'une mélodie de huit notes :

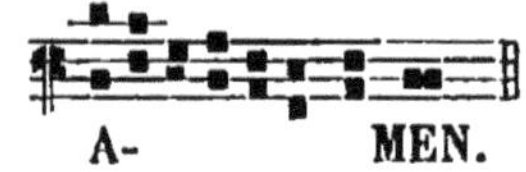

On voit, par le monument curieux qui précède, avec quel
art et quelle sollicitude les anciens harmonistes, à une époque
grossière encore pour nous sous le rapport de l'art, pratiquaient
tout ce qui est relatif à la rigoureuse observation des cadences,
soit dans la mélodie, soit dans l'accompagnement.

Les cadences forment donc une partie essentielle, indiscutable,
de la science des anciens contrapuntistes grégoriens. Je puis donc
emprunter aux auteurs qui ont écrit à une époque où l'harmonie
liturgique était arrivée à la perfection, les règles qu'ils nous ont
laissées sur le vrai contrepoint qui convient aux différentes cadences des mélodies de saint Grégoire.

Le fait capital et presque inaperçu de la pratique du moyen
âge sur ce point de la science, c'est qu'il existe fort souvent,
dans ce cas, des intervalles produisant de fausses relations dé-
fendues partout ailleurs, qui sont non-seulement permises ici,
mais même absolument nécessaires. Exemple :

Il est évident que l'antépénultième accord de cet exemple,
c'est-à-dire, *fa-la-ré-ré*, présente un *fa naturel* qui est en relation défendue avec l'*ut dièse* de l'accord suivant; mais cela est
inévitable : si la fausse relation n'existait pas, si l'*ut* du pénul-

tième accord était *naturel*, cet *ut* formerait à son tour une mauvaise liaison harmonique avec le *fa* final qui doit être *diésé*.

La cadence seule nécessite et par conséquent justifie le phénomène de la fausse relation, comme dans les modulations modernes, dont la cadence antique est l'origine que je signale ici pour la première fois.

Or, toute cadence se compose de *deux notes de chant*. L'accompagnement de ces deux notes est soumis à des règles particulières, selon que l'intervalle qui harmonise la dernière de ces deux notes, est à l'*unisson*, à l'*octave* ou à l'une de ses répliques, à la *quinte* ou à la *douzième*, etc., de cette même note. Que l'harmonie soit à deux, à trois ou à quatre parties et plus, il faut toujours que deux de ces parties observent les règles qui conviennent au contrepoint élémentaire et fondamental que je vais décrire dans le paragraphe suivant.

§ 1. Contrepoint a deux parties ou a deux voix.

Cadences à l'unisson. — L'avant-dernière note du chant doit porter un intervalle de *tierce mineure*, et la dernière, un *unisson* :

Cadences à l'octave ou à l'une des répliques de l'octave. — En parlant ici de la seule cadence à l'octave, le lecteur comprendra sans peine ce qu'il faut faire, pour obtenir celle qui se réalise avec les répliques de cette cadence. — Dernier intervalle : *octave;* avant-dernier : *sixte majeure*.

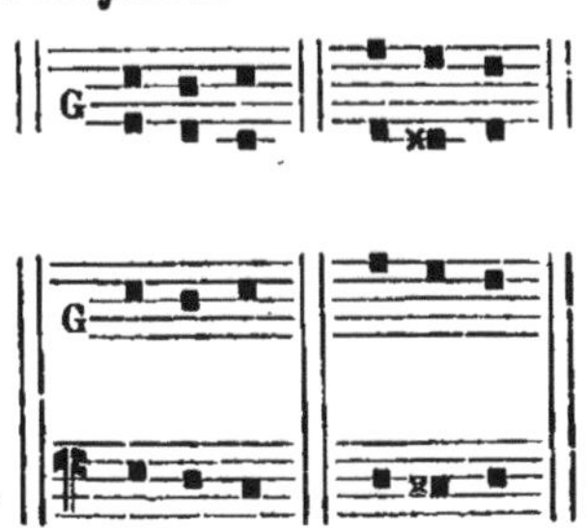

Cadences à la quinte ou à la douzième. — Il me suffit ici encore, pour l'intelligence de la règle, de ne parler que de la seule cadence à la quinte. — L'intervalle final de quinte doit être précédé de celui de *tierce mineure* (1). Exemples :

Outre ces cadences qui sont *parfaites*, et qui, à ce titre, peuvent terminer un morceau, il y en a d'autres *intermédiaires* et *imparfaites* que l'harmoniste a le droit de mettre en œuvre au milieu d'un contrepoint liturgique : ce sont les cadences à la *tierce*, à la *sixte* ou à l'un de leurs redoublements. L'intervalle de *tierce*, de *dixième*, etc., doit toujours former l'avant-dernière consonnance. Exemples :

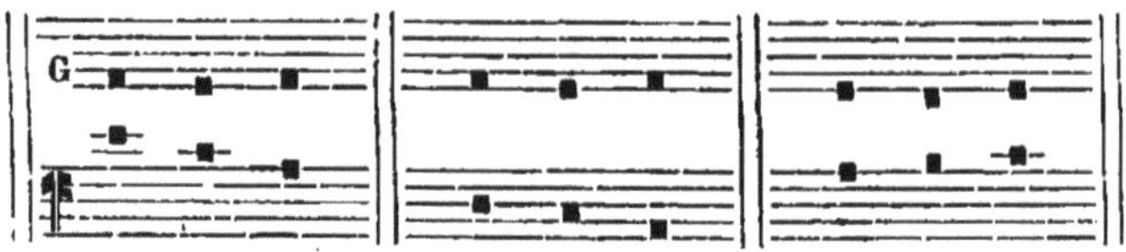

§ II. Contrepoint a trois parties.

Dans les cadences à l'unisson, l'addition d'une troisième voix peut compléter, à l'avant-dernière note du chant, soit un accord parfait majeur, si la mélodie est placée à la partie intermédiaire ou supérieure, soit un accord de tierce et sixte mineures, si le chant est à la basse :

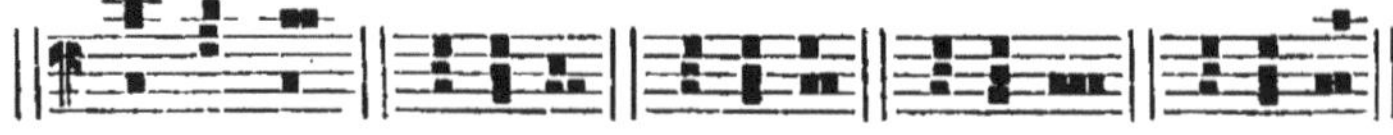

(1) C'est par suite d'une erreur typographique que l'on m'a fait dire *tierce majeure* dans le *Dict. de plain-chant* de M. d'Ortigue, p. 60.

L'écartement mélodique qui existe entre les deux parties essentielles des cadences à l'octave, permet d'obtenir des variantes
dans la position d'une troisième partie. Les exemples suivants
sont assez clairs, pensons-nous, pour que le lecteur les com-
prenne sans commentaire aucun :

Cadences à la tierce, à la sixte, etc. : — Exemples de quelques
combinaisons à trois parties, où l'on voit que les deux derniers
accords d'une cadence à la tierce ou à la sixte, doivent être deux
accords de tierce et sixte ou leur équivalent :

Cependant, à la rigueur, l'avant-dernier accord peut quelquefois être un accord consonnant dans l'état direct :

§ III. Contrepoint a quatre parties.

Cadences à l'unisson :

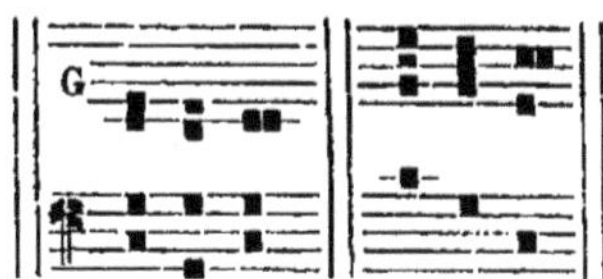

(1) Accord de tierce et sixte avec phénomène de triton.

(2) *Quinte* et non *tierce*. Ceci est caractéristique chez les anciens.

(3) Accord de tierce et sixte avec phénomène de fausse quinte.

Cadences à l'octave ou à la quinzième :

A quatre parties, le pénultième accord dont le fondement est un intervalle de sixte majeure ou de sa réplique, se représentait souvent par la formule suivante, dans laquelle cette sixte n'est pas résolue par la même partie ; mais l'effet est le même, et le grand nombre des voix justifie cette licence :

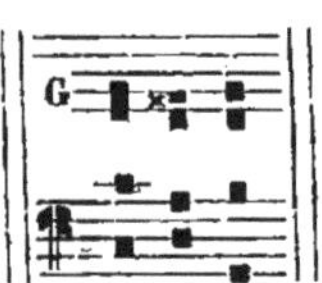

Souvent aussi, lorsque les cadences à l'unisson et à l'octave se réalisent à plus de deux parties, les anciens employaient, à l'antépénultième note du chant, un accord de quarte et sixte. Exemples :

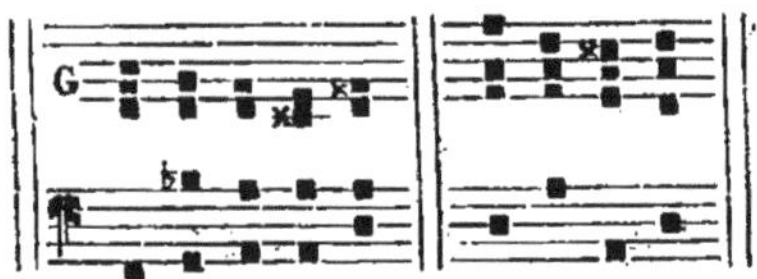

Mais on voit, dans ces deux exemples, qu'il faut que l'une des deux notes formant, contre la basse, un intervalle de quarte, soit préparée, c'est-à-dire entendue dans la même partie, immédiatement avant l'antépénultième accord. C'est absolument comme dans l'harmonie moderne.

Cadences à la quinte ou à la douzième :

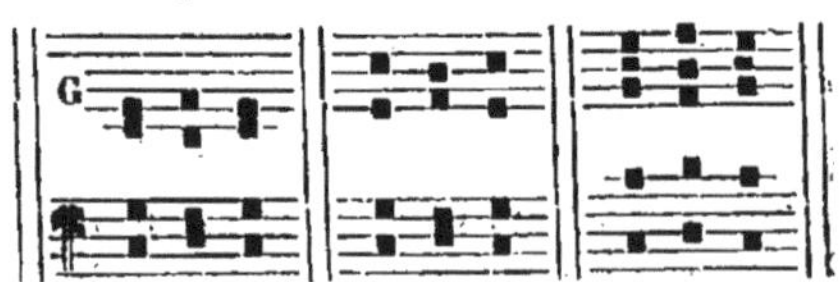

Cadences à la tierce, à la sixte, à la dixième, à la treizième :

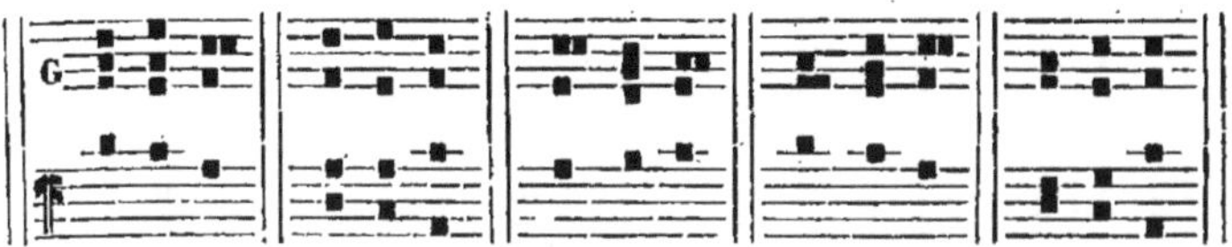

§ IV. DE DEUX AUTRES ESPÈCES DE CADENCES FRÉQUEMMENT USITÉES DANS L'HARMONIE GRÉGORIENNE.

« A l'égard des troisième et quatrième tons, dit M. Fétis (1),
» les anciens compositeurs des xve et xvie siècles doivent aussi
» nous servir de modèles pour les harmoniser, parce que, leurs
» ouvrages ayant précédé le changement de tonalité, nous avons
» la certitude qu'ils suivaient les traditions les plus pures de la
» tonalité du plain-chant. Pierluigi de Palestrina, particulière-
» ment, a traité ces tons d'une manière admirable. Nous voyons
» dans ses ouvrages que sa doctrine, à cet égard, est conforme
» à celle qu'Aaron a exposée dans l'*Aggiunta* de son *Toscanello in*
» *musica*, car ses cadences de conclusions sont toutes conformes
» à la suivante que nous tirons de cet auteur : »

(2)

M. Fétis fait ensuite judicieusement observer, que, dans ces
deux modes et malgré l'addition de l'harmonie, la pénultième
note du plain-chant conserve toujours l'intonation non acciden-

(1) *Du demi-ton dans le plain-chant*, Revue de M. Danjou, année
1845, pp. 112-113.
(2) Nous traduisons ici, en notes de plain-chant, l'exemple cité
en notation moderne par le docte écrivain.

-ee de la tonalité diatonique ou primitive, soit qu'elle descende
u la finale, soit qu'elle y monte. Exemples :

L'autre cadence qu'il me reste à décrire, est passée dans la
musique moderne comme un précieux héritage, et toujours, avec
elle, nos grands compositeurs obtiennent d'admirables effets.

Je veux parler de la *cadence plagale.*

On la nomme ainsi, parce qu'au lieu du pénultième accord
dont la basse se trouve être, dans les cadences parfaites ou authentiques, à une quinte au-dessus ou à une quarte au-dessous
de la finale, elle offre au contraire une basse placée à la quinte
au-dessous ou à la quarte au-dessus de cette même finale, conformément à la constitution de l'échelle des modes plagaux du
chant grégorien, échelle dont la première note commence toujours
une quarte plus bas que la première des modes authentiques.

D'ordinaire, la cadence plagale peut se faire (1) à la fin des
morceaux *en manière de point d'orgue,* au milieu de l'accord parfait établi sur la tonique de chaque mode, authentique ou non.
C'est du moins ce qu'ont pratiqué les anciens, et ce que nous
enseigne formellement Pierre Aaron dans les chapitres IV, V, VI
et VII de son *Trattato della natvra et cognitione di tvtti gli tvoni,*
etc. (in-fol., Venise, 1525).

Exemples :

1er et 2e modes.

____

(1) *Fine a beneplacito,* dit Aaron que je cite plus bas.

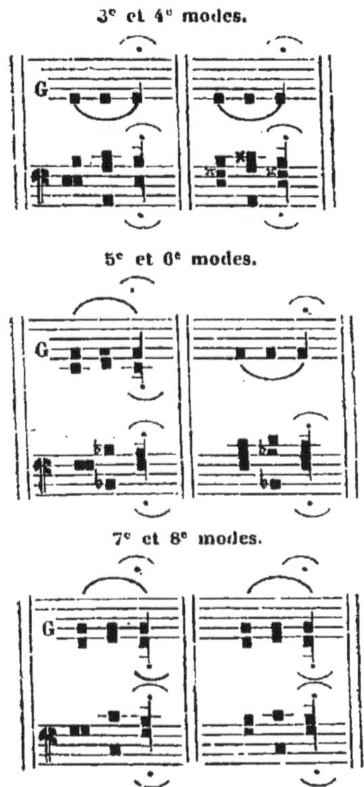

La cadence plagale offre de nombreuses ressources dans l'accompagnement du plain-chant.

§ V. De la place et de l'emploi légitime des cadences.

Je viens d'insister assez longuement sur l'harmonie des deux notes essentielles qui constituent toute cadence, parce que, suivant Vanneo, *circa duas illas notas, omnis uersatur ars musicalis* (1). Toute exagération à part, il n'en est pas moins vrai que, pour être d'une parfaite convenance, l'emploi des accords applicables à la mélodie de chaque cadence, exige une attention toute particulière.

(1) Lib. III, cap. 33, fol. 87 verso.

Mais je serais incomplet, si je ne donnais pas à mes lecteurs
la véritable place des cadences dans chaque mode grégorien :
cette indication est indispensable, et les meilleurs auteurs d'anciennes méthodes de musique et de plain-chant n'ont pas manqué
d'en parler avec détail dans leurs ouvrages. Seulement, pour
éviter toute confusion, je ne ferai point ici d'emprunt aux didacticiens qui ont admis *douze* ou *quatorze* modes grégoriens. « Dans
» le plain-chant, dit fort bien M. Danjou, les auteurs ecclésias-
» tiques n'ont jamais reconnu que huit modes ou tons ; et quel-
» ques morceaux qu'on pourrait citer et qui sont étrangers à
» cette règle, ne sauraient faire prévaloir, de nos jours, une
» doctrine contraire à l'enseignement invariable et authentique
» du chant ecclésiastique depuis saint Grégoire jusqu'au xvi°
» siècle (1). » — Je suppose donc huit modes, dont voici, d'abord
d'après le *Directoire du chant grégorien* de Jean Millet (2) et ensuite d'après le *Recanetum* de Vanneo, les diverses cadences *régulières* et *irrégulières* :

(1) *Revue de musique religieuse*, année 1846, p. 403.
(2) In-4°, Lyon, 1666, 2° partie.

QUATRIÈME MODE.

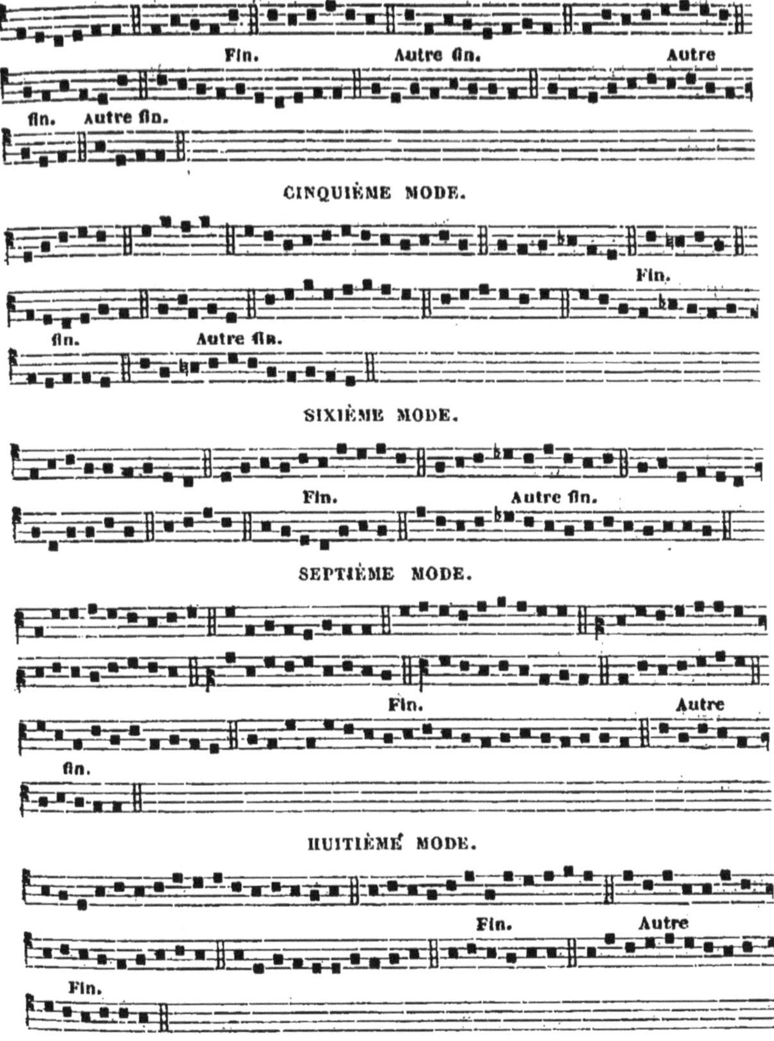

Telle est la doctrine de Jean Millet sur la position des cadences dans chaque mode : elle est curieuse, parce que, tout en
montrant l'objet dont il est question, elle le revêt d'une formule

mélodique qui se grave plus facilement dans la mémoire; mais je dois le dire, les types que nous offre Jean Millet, ne sont pas toujours bien purs, et ils ont aussi l'inconvénient de ne pas nous donner *tous les siéges des cadences* propres aux huit modes de la musique grégorienne.

Sous ce dernier rapport, Etienne Vanneo va nous venir puissamment en aide.

Il établit d'abord que les cadences ne se font pas selon le caprice et le bon plaisir de messieurs les musiciens. Sa mercuriale est palpitante d'actualité : — «... *Cadentiæ non compositoris arbitrio* » *(ut rudes fortasse arbitrantur) relinquuntur, sed æque suis subja-* » *cent regulis... Hinc modulationes* (1), *adulterinis, impropriis, ac* » *veluti nothis cadentiis confectæ, nauseam potius quam delectationem* » *pariunt* (2). »

Et, en effet, la liste complète de toutes les cadences est bien déterminée :

Premier mode. — C fa ut, D sol ré, F fa ut, G sol ré ut, A la mi ré, D la sol ré.

Deuxième mode. — A ré, C fa ut, D sol ré, F fa ut, G sol ré ut, A la mi ré.

Troisième mode. — E la mi, F ut fa, G sol ré ut, A la mi ré, B fa ♮ mi, C sol fa ut.

Quatrième mode. — C fa ut, D sol ré, E la mi, F fa ut, G sol ré ut, A la mi ré.

---

(1) Je prie le lecteur de remarquer ici le mot *modulationes* dont se sert Vanneo. C'est là un fait fort curieux au point de vue de la philosophie des tonalités musicales. Dans l'art moderne de l'Europe, toute modulation suppose un changement de ton ou de mode au moyen d'accords dissonnants, qui admettent souvent et justifient toujours la fausse relation harmonique. Dans l'art du moyen âge, c'est au fond la même chose : les cadences ou modulations y sont basées sur le même principe ; s'il y a une différence, elle n'est que superficielle.

(2) Lib. III, cap. 35.

Cinquième mode. — F fa ut, G sol ré ut, A la mi ré, C sol fa ut.

Sixième mode. — C fa ut, D sol ré, F fa ut, A la mi ré, C sol ut fa.

Septième mode. — G sol ré ut, A la mi ré, B fa ♮ mi, C sol fa ut, D la sol ré.

Huitième mode. — D sol ré, F fa ut, G sol ré ut, C sol fa ut.

Ce qui revient à dire que les sièges des cadences dans les modes du plain-chant, sont :

Vanneo recommande ensuite de ne se servir que de ces cadences : — « *Conaberis igitur*, dit-il, *pro virili tua non alias....* » *cadentias nisi eas tantum, quas attribuendas præcepimus inviola-* » *biliter, nec extra illas in universo cantilenæ contextu vagandum* » *erit, ut imperiti ac penitus hujus artis ignari solent, suis ineptiis* » *jactabundi, qui rebus suis rectius consulerent, si doctiores audi-* » *rent.* »

Et ailleurs, dans le chapitre XL et dernier du troisième livre de son ouvrage, Vanneo parle en termes fort précis de la sobriété dont il faut user dans l'emploi des cadences : celles-ci doivent toujours coïncider avec le sens et la ponctuation du texte : — « *Cadentiarum numerus, major quam deceat, non fiat, mira enim*

» *debet esse paucitas, nec in eodem semper loco. Varietas enim cum*
» *in omnibus rebus, tum in musica multum affert venustatis. Legi-*
» *timus autem peculiarisque cadentiarum locus est, ubi verborum*
» *contextu desinit sententia, nec immerito, decet enim et verborum*
» *et notarum distinctionem pariter tendere, unaque desinere.* »

§ VI. Exemples a l'appui de ce qui précède.

Je crois en avoir dit assez sur l'ensemble des règles qui forment, relativement à l'harmonie dans ses rapports avec le chant grégorien, un art tout-à-fait particulier. Les hommes intelligents qui connaissent la pratique du plain-chant et les règles du contrepoint moderne, saisiront sans peine toute la partie des prescriptions que je viens de leur offrir, et me pardonneront de n'être pas entré dans plus de détails dans un livre qui n'est point une méthode complète des différents sujets que j'aborde.

En attendant que je puisse publier un traité spécial sur cette matière si importante et si négligée, je vais terminer ce chapitre par quelques exemples de contrepoints qui seront fort utiles à mes lecteurs.

Je diviserai ces exemples en deux classes : la première contiendra des morceaux anciens dont la mélodie n'est pas toujours parfaitement semblable à celle qui est suivie de nos jours ; la seconde sera composée de la collection complète de tous les tons psalmodiques, actuellement en usage dans le chant romain, et harmonisés à quatre voix par l'auteur du présent ouvrage.

I.

Adrien Petit, surnommé *Coclicus* (1), disciple du célèbre Josquin Deprés, nous a laissé dans son *Compendivm Mvsices*, petit

---

(1) Je dis *Coclicus*, et non *Coclius*, comme l'a prétendu un savant auteur, parce que j'ai eu lontemps dans les mains le *Compendium* d'Adrien Petit, et que j'en ai fait une copie exacte et complète.

volume in-4° excessivement rare, imprimé à Nuremberg en 1552 (chapitre *De compositionis regula*), deux *faulbourdons* (sic) dont l'un est à quatre voix, et l'autre à cinq. Voici celui qui est à quatre voix ; c'est un 8e ton en G ; le chant y est placé au ténor :

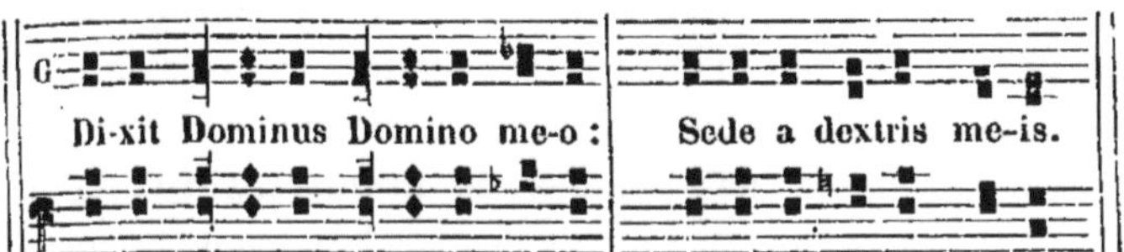

On trouve les *faux-bourdons* suivants dans la *Musica Nicolai Listenii*, qui a eu beaucoup d'éditions au xvie siècle :

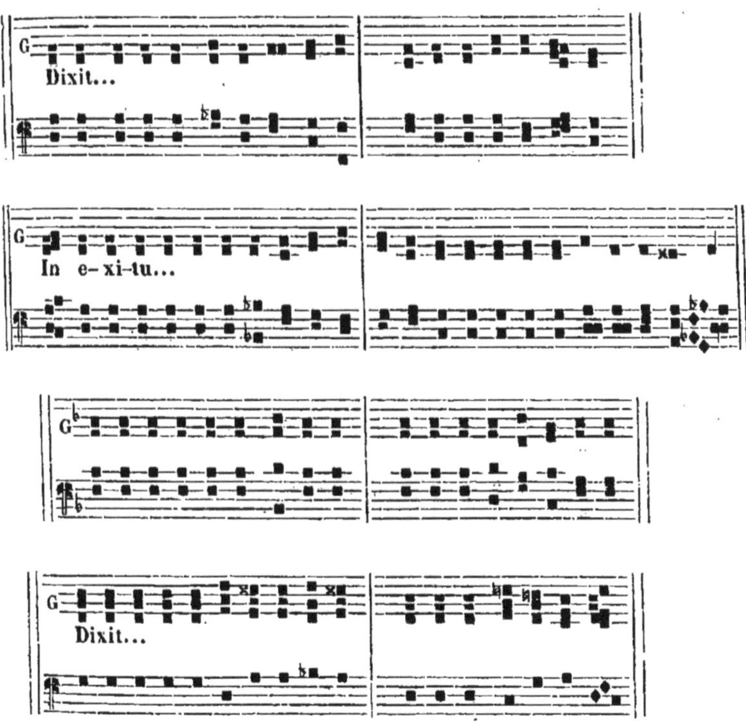

Ces citations, et beaucoup d'autres que je pourrais faire, prouvent que ce n'est point dans l'Allemagne du xvie siècle qu'il faut puiser la pure et belle harmonie convenable au plain-chant. C'est à l'Italie, à la grande école de Palestrina surtout, que le contrapuntiste religieux doit demander le secret de cette science dont les traditions vont se perdant chaque jour.

Un fait qui prouve combien était grande à cette époque la supériorité de l'école Palestrinienne sur toutes ses rivales, c'est qu'en Angleterre, par exemple, Thomas Morley se livre alors avec ardeur à l'étude des œuvres du grand maître italien, et bientôt il surpasse tous les musiciens anglais pour la correction de l'harmonie, la grâce du chant et la manière de faire mouvoir avec élégance les différentes parties d'une composition.

Thomas Morley nous a laissé un ouvrage didactique dont M. Fétis fait, à bon droit, le plus grand éloge. Cet ouvrage a pour titre : *A plaine and easie introduction to practical musick*, etc., Londres, petit in-folio, 1597. J'en extrais les *faux-bourdons* suivants (3ᵉ partie, pp. 147-148).

PREMIER TON.

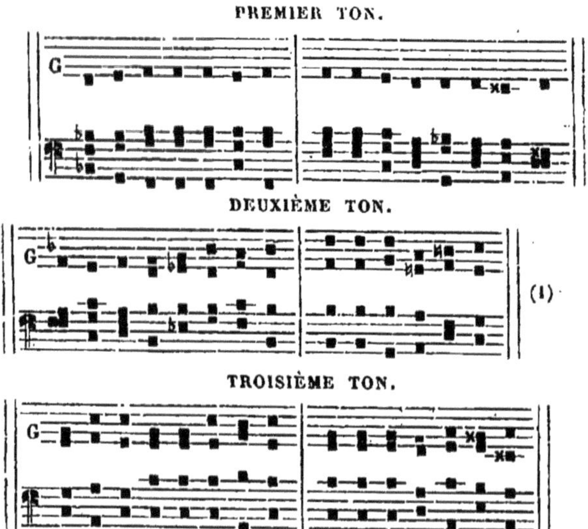

(1) Ce ton psalmodique est ici transposé à une quarte supérieure par Morley.

QUATRIÈME TON.

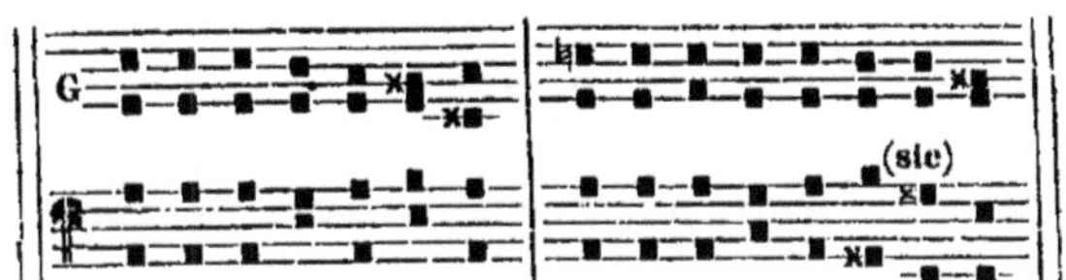

CINQUIÈME TON.

SIXIÈME TON.

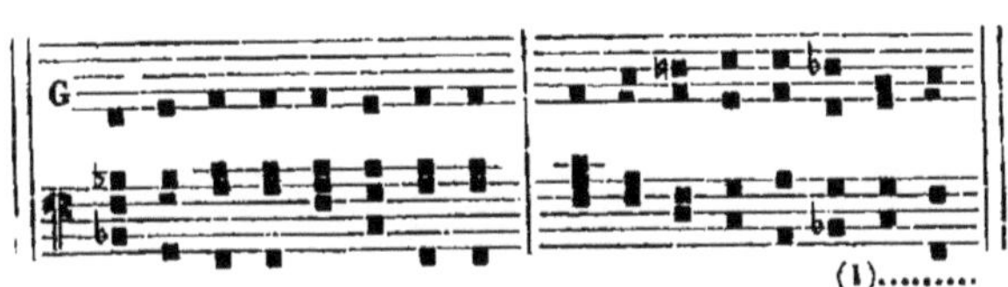

SEPTIÈME TON.

HUITIÈME TON.

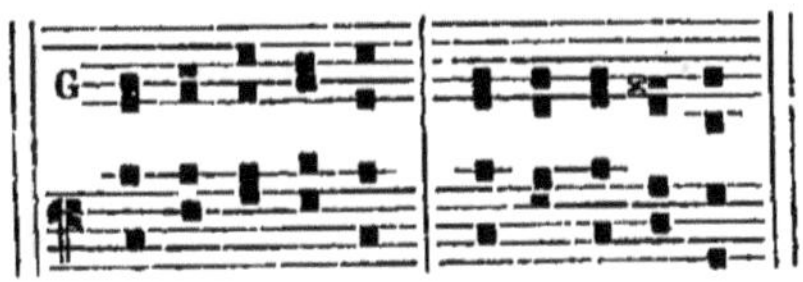

II.

Sans m'arrêter à citer ici aucun des misérables Faux-Bourdons qui se trouvent dans la plupart de nos livres de chœur, et
dont la composition a été faite, à ce qu'il paraît, par des hommes

(1) Cette cadence mérite d'être remarquée.

absolument étrangers à toute espèce de science harmonique, je dirai que, dans ces derniers temps, MM. Stéphen Morelot et L.-S. Fanart ont publié, l'un dans la *Revue* de M. Danjou (1), l'autre dans son *Livre choral* (2), des Faux-Bourdons que l'on peut consulter avec fruit. M. Morelot y place le chant au ténor, et M. Fanart, au soprano.

Dans les Faux-Bourdons psalmodiques qui suivent et dont je suis l'auteur, j'ai mis le chant au ténor, à l'exemple de tous les compositeurs du moyen-âge. Les voici :

CHANT DU *DEUS IN ADJUTORIUM* ARRANGÉ A QUATRE PARTIES (3).

(1) Année 1845, pp. 498-506. — M. Joseph d'Ortigue les a reproduits à l'article *Faux-Bourdon* de son *Dictionnaire de plain-chant*, pp. 607-622.

(2) Pp. 1-6.

(3) Dans ce faux-bourdon comme dans les suivants, la dominante du chœur est toujours établie en *la*; les portées ont cinq lignes, et la lettre G, posée sur la 2e ligne, remplace la clef de *sol* de la musique actuelle.

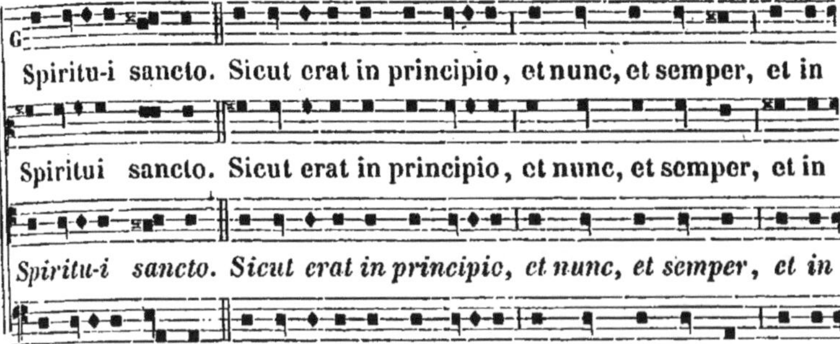

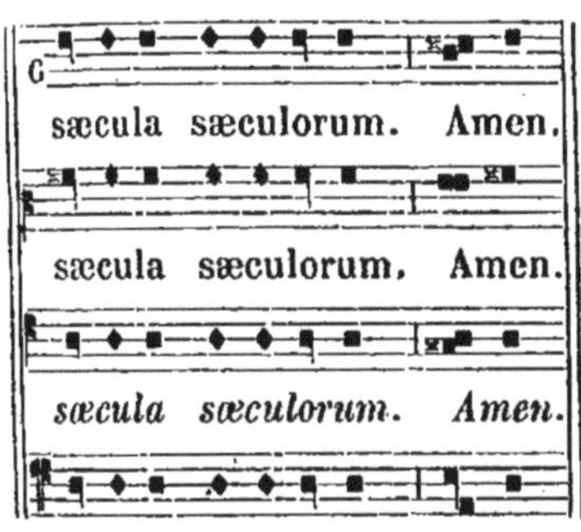

On ajoute selon la diversité des temps de l'année liturgique :

TONS DES PSAUMES ET DES CANTIQUES.

PREMIER TON.

A Rome :

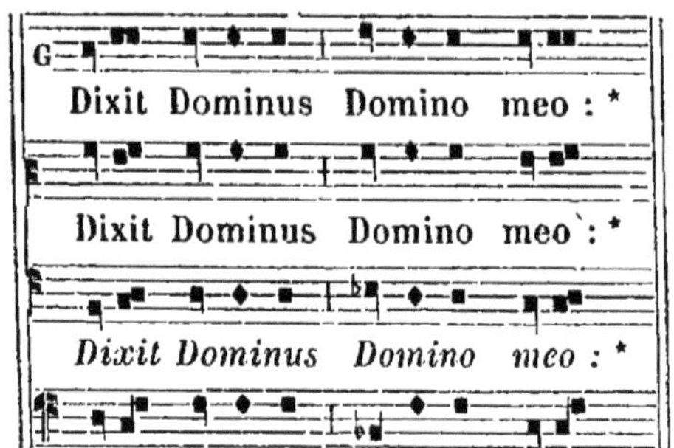

Dixit Dominus Domino meo : *

En France :

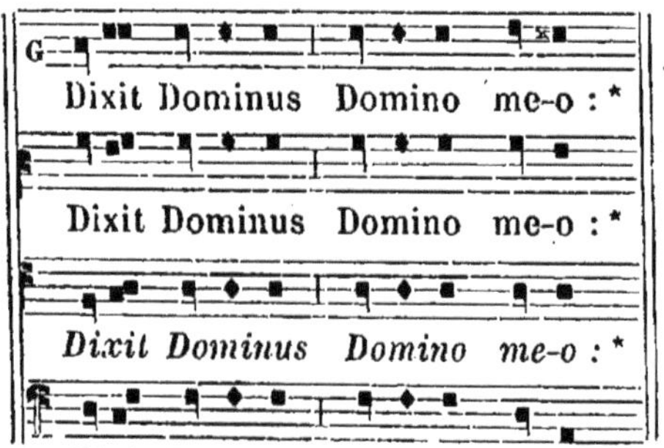

Dixit Dominus Domino me-o : *

En J.

Sede a dextris me-is.

En D.

En D.

En f.

En g.

En a
ou à.

En a.

FORMULE PSALMODIQUE DE L'IN EXITU ISRAEL.

Le chant de l'In exitu qui suit, est généralement adopté en France dans les églises où l'on suit la liturgie romaine. On peut lui appliquer l'harmonie du faux-bourdon suivant :

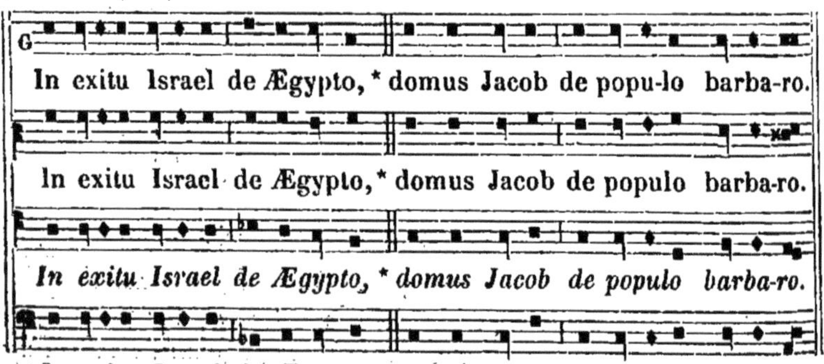

Aux Fêtes de première et de deuxième classe, tous les versets du Magnificat et du Benedictus commencent comme le premier.

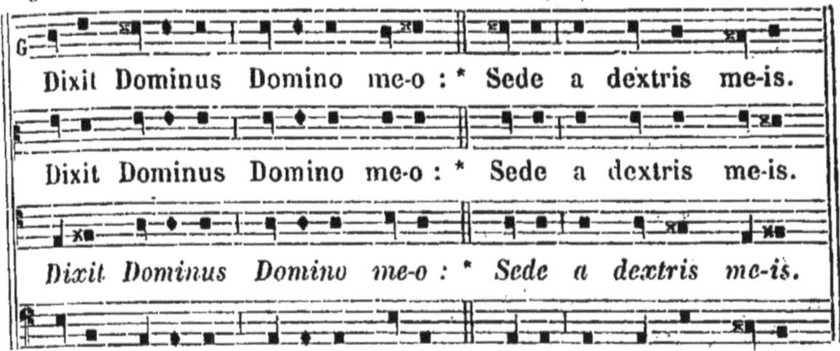

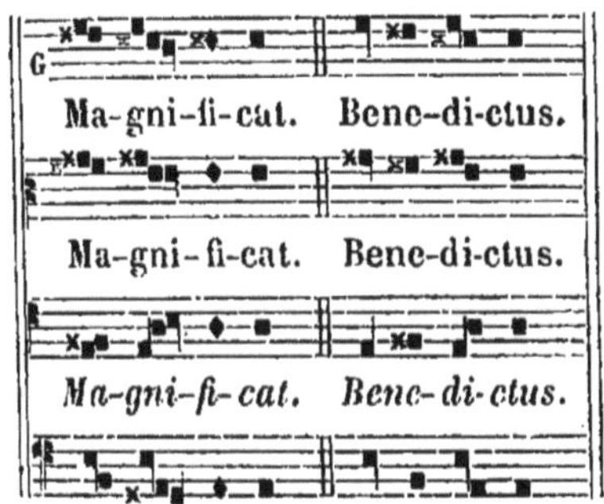

Dans quelques églises, on fait usage du 2e ton en A, qui ne manque pas d'une certaine élégance mélancolique et austère. En voici le chant avec faux-bourdon :

TROISIÈME TON.

A Rome :

En France :

En a.
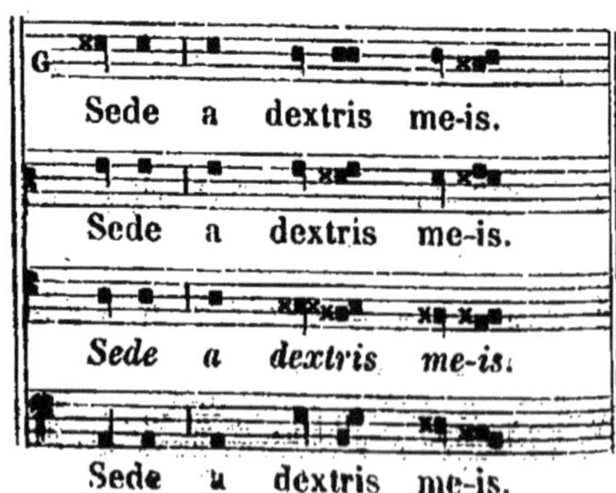

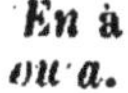
En à ou a.

En b.

En c.

En g.

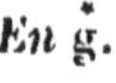

En g.

En g.

CINQUIÈME TON.

215

En E.

En E
ou A (1).

En a.

(1) Le 4 en A n'est que le 4 en E transposé, ayant sa dominante en ré avec finale en *la*.

En à
ou à.

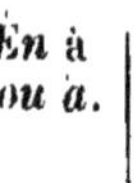

En g.

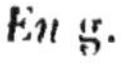
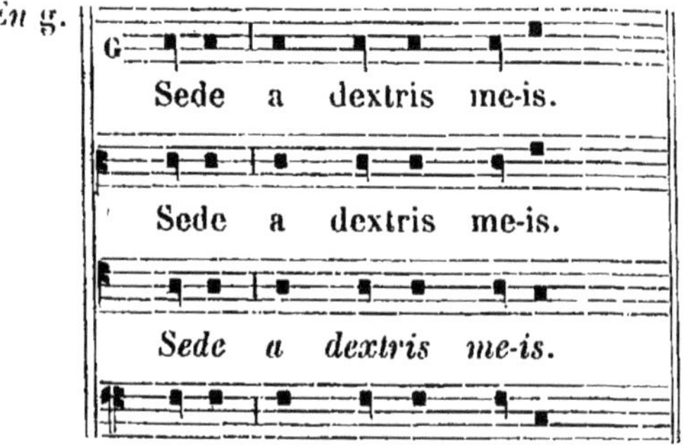

CINQUIÈME TON.

SIXIÈME TON.

A Rome :

Dixit Dominus Domino me-o : *

En France :

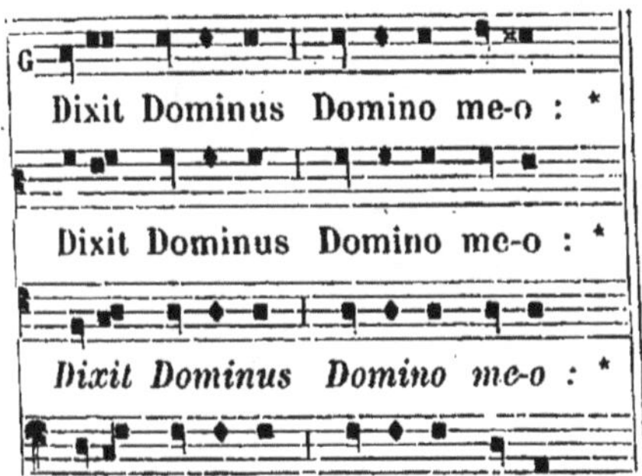

Dixit Dominus Domino me-o : *

Sede a dextris me-is.

PSALMODIE DU *DOMINE SALVUM.*

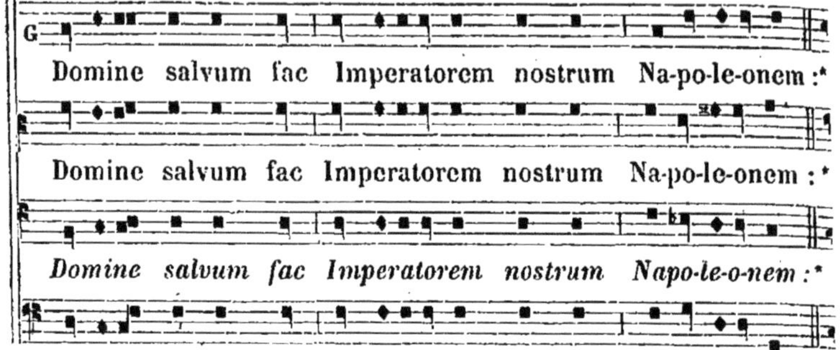

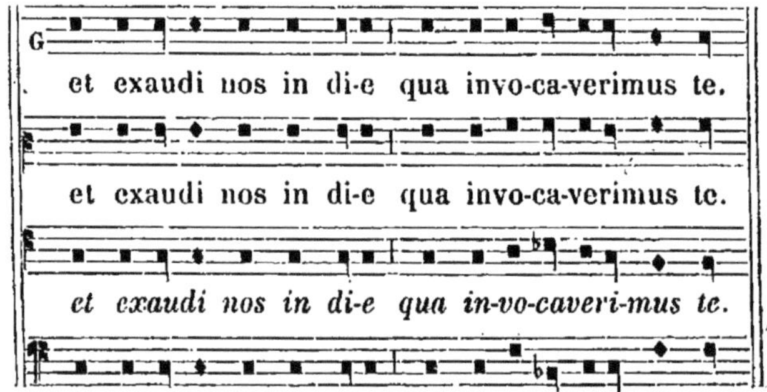

En a.

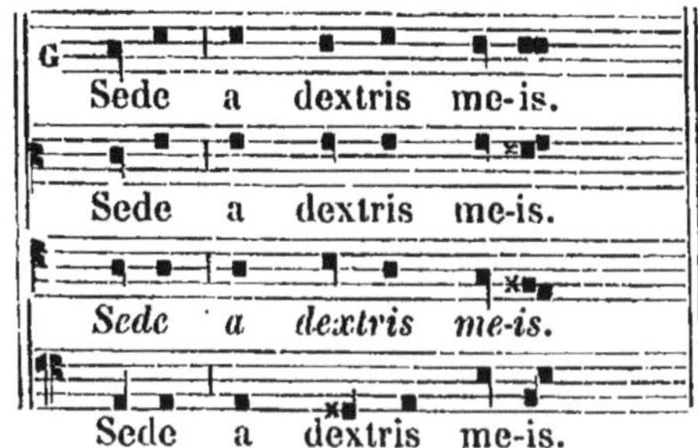

En b.

En C.

En ç.

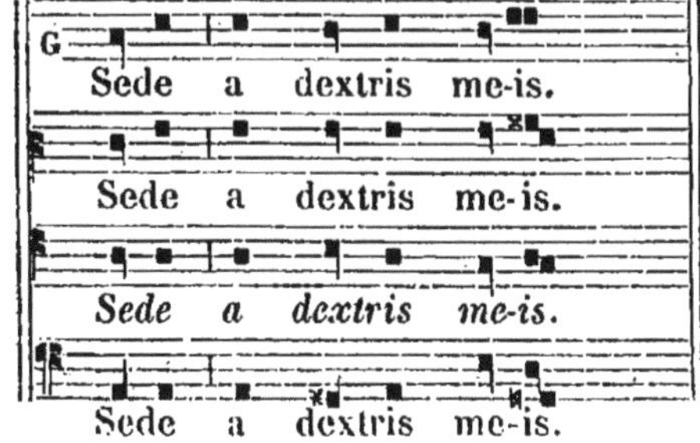

En d.

HUITIÈME TON.

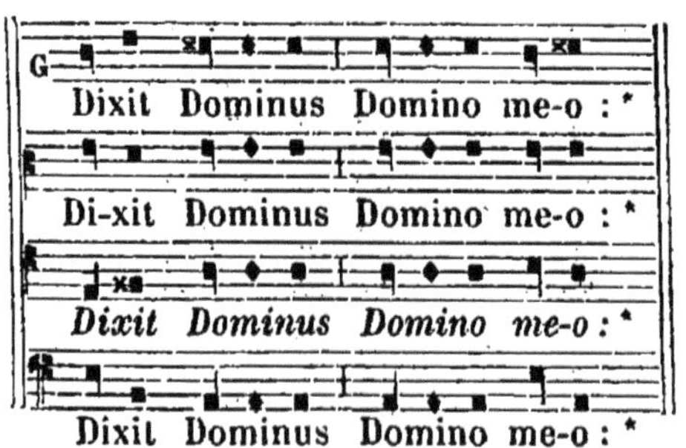

En G.

En c.

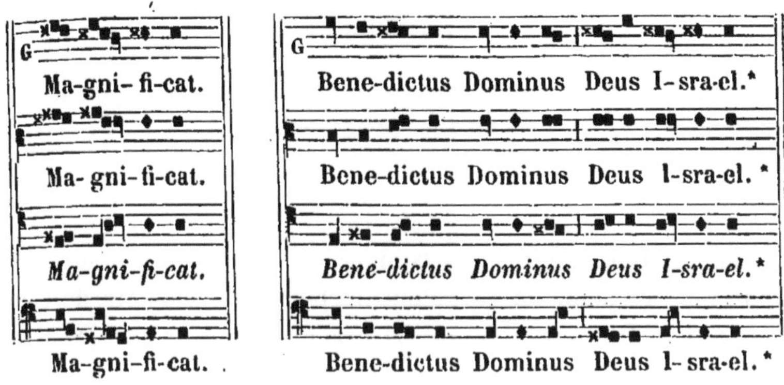

APPENDICE.

Chant particulier pour le Psaume Miserere mei.

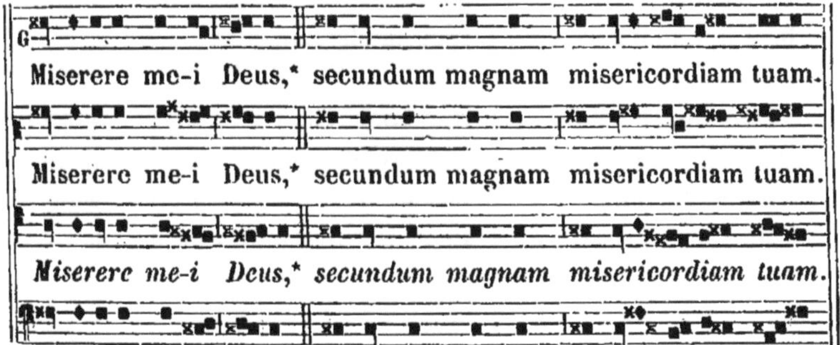

POST-SCRIPTUM. — Je recommande bien de ne chanter aucun Faux-Bourdon qu'avec une partition et des parties séparées entièrement notées, et indiquant tous les versets de chaque psaume ou de chaque cantique.

CHAPITRE V.

De la restauration du chant grégorien dans ses rapports avec la typographie.

La question que je vais examiner ici, n'est pas la moins importante au point de vue d'une restauration complète du chant grégorien. On sera peut-être surpris de l'honneur que je lui accorde en la discutant, mais on ne tardera pas à reconnaître que c'est bien un légitime honneur, et qu'une excursion dans le domaine de la typographie doit nous faire découvrir de nouveaux horizons, dérouler sous nos yeux des détails dont on ne se préoccupe pas assez, et couper court à beaucoup d'incertitudes dans une entreprise où il n'en faudrait aucune.

Pour mettre plus d'ordre dans l'exposition de mes idées, je commence par déclarer que mon but est d'étudier successivement la typographie dans ses relations avec la littérature de la liturgie romaine et la notation musicale de l'Eglise. Tout autre aspect me paraissant étranger à la restauration du plain-chant, on me permettra de ne m'arrêter qu'aux deux points que je viens de choisir, et qui constituent tout le programme de ce chapitre.

Et d'abord, il y a, dans l'impression des textes liturgiques du rit romain, d'innombrables divergences de détail que l'on serait heureux de voir enfin disparaître. On ne trouve pas un graduel, un vespéral, un antiphonaire, un psautier, un rituel à l'usage de Rome, qui soient imprimés d'après des règles identiques par rapport à la ponctuation des phrases, à l'orthographe des mots, à la division et à l'accentuation des syllabes. Sans vouloir imiter ici l'auteur protestant d'un pamphlet ridicule (1), je puis dire que le terrain que je vais explorer, est tout hérissé de ronces et

(1) *Une virgule mal placée par la main des hommes dans le livre de Dieu*, par Adolphe Eichhoff; Brest, 1842, in-8° de 63 pages.

d'épines qui ne blessent pas, il est vrai, le fond solide de la foi, mais qui attristent et blessent le regard. Malgré l'autorité de Pie V, de Clément VIII et d'Urbain VIII, l'anarchie est immense : la typographie l'alimente et la couvre pour ainsi dire de son égide ; l'épiscopat lutte contre elle, et, de guerre las, il se trouve fort heureux d'obtenir la faveur d'un texte qui respecte au fond celui des éditions du Vatican. Encore, la conformité est-elle loin d'être ici tout-à-fait rigoureuse !

Les mots *Nihil mutandum, addendum, et detrahendum* de Pie V, et dont l'équivalent se retrouve dans les bulles de Clément VIII et d'Urbain VIII, offrent un sens absolu dont on ne peut se départir en aucune manière. Or, comment se fait-il, par exemple, que le graduel de la messe de saint Alphonse-Marie de Liguori commence, dans une édition française fort répandue, par une omission des plus graves : *Memor fui à seculo* (1), au lieu de : *Memor fui judiciorum tuorum a sæculo ?* pourquoi le Graduel Romain de Reims et de Cambrai marque-t-il au verset alléluiatique de la messe de saint Silvestre : *Inveni David servum* TUUM, au lieu de : *Inveni David servum* MEUM (2)? pourquoi le même ouvrage remplace-t-il le mot *gloria* par celui de *laude*, dans le graduel du saint nom de Jésus (3)? pourquoi le *Breviarium Romanum*, publié à Paris en 1850, tronque-t-il, aux matines de Noël, un verset du psaume 71, en imprimant : *Et replebitur* MAJESTATIS *ejus omnis terra....* (4)? pourquoi, enfin, les éditeurs de Digne ont-ils impitoyablement retranché *tous les graduels*, comme étant des pièces liturgiques *qui s'omettent toujours ?*

Il me serait facile de multiplier *à l'infini* les citations de ce genre, et de soumettre à une sévère mais légitime critique presque toutes les éditions modernes de livres d'offices. A quoi

(1) *Graduel Romain*, Dijon, in-12, 1851, p. 431.
(2) P. 90.
(3) P. 339.
(4) Tom. 1, p. 212.

bon? Le mal est évident, et, dans la question délicate que je traite, il faut qu'en défendant la vérité, ma plume respecte la belle vertu que la religion lui a donnée pour inséparable compagne.

Je ne veux donc pas incriminer les intentions de qui que ce soit. Cela est bien entendu. Je ne veux point, davantage, faire remonter jusqu'aux vénérables Évêques la cause du mal que je combats. Nos Évêques ne sont pas des *correcteurs d'épreuves* : absorbés par les plus graves préoccupations, il faut bien qu'ils abandonnent l'examen des éditions liturgiques à des hommes dignes de leur confiance, et ceux-ci, à leur tour, peuvent souvent ratifier, le plus innocemment du monde, les omissions et les changements que la typographie distraite laisse parfois glisser dans un texte littéraire bien arrêté et bien convenu.

Il serait peut-être bon qu'il existât, au secrétariat de chaque évêché, un exemplaire du Missel, du Rituel, du Pontifical et du Bréviaire d'après les dernières éditions du Vatican, ainsi que le texte authentique des offices des Saints nouvellement reconnus par la cour de Rome. Grâce à cette ressource que Rome fournirait elle-même, nos éditeurs pourraient facilement arriver à une uniformité irréprochable et complète, pourvu toutefois que la typographie romaine, à son tour, voulût suivre une ligne de conduite bien déterminée, et ne s'en point départir capricieusement à chaque publication nouvelle. D'un autre côté, le contrôle et l'approbation deviendraient plus faciles, car on est certain d'arriver au même but, lorsque l'on marche de conserve dans la voie qui doit infailliblement y conduire.

Mais je m'aperçois que je me laisse entraîner ici sur la pente d'une digression fort délicate.

Ainsi que je l'ai dit, la question typographique se rapporte, dans mon plan, à la ponctuation des phrases, à l'orthographe des mots, à la division et à l'accentuation des syllabes, — sujets remplis de détails curieux auxquels la critique peut toucher avec une sorte d'indépendance.

Dans nos livres liturgiques, la ponctuation offre autant de variantes que d'éditions. Or, ceci n'est pas toujours exempt de danger. Je pourrais citer, à l'appui de cette dernière assertion, un magnifique Bréviaire dont l'impression du texte a été soignée avec tout le dévouement d'une foi vive, et, dans lequel, cependant, le commencement de la deuxième antienne des Laudes de Noël est ponctué de la manière suivante : — « Génuit puérpera » Regem, cui nomen ætérnum, et gáudia matris habens cum » virginitátis honóre? »

Le point d'interrogation ou de doute qui termine ici la phrase, est tout simplement une grosse hérésie *matérielle* qui, heureusement, n'a pas été reproduite dans une nouvelle édition du Graduel Romain, entreprise par les auteurs du Bréviaire cité.

Je connais aussi un Missel qui a paru dernièrement en France dans les formats in-4° et in-8°. Les éditeurs, hommes fort éminents, ont eu la prétention d'y suivre pas à pas la leçon du Missel imprimé à Rome. Or, il est rare que les deux formats présentent la même ponctuation dans les mêmes textes. La chose est même bizarre à ce point que, si l'on n'en était prévenu, on serait tenté de croire que le Missel in-8° a pour but de corriger de fond en comble la ponctuation du Missel in-4°.

Pour que l'on ne m'accuse point d'exagérer, je vais offrir quelques exemples pris au hasard dans les deux volumes dont je parle.

Édition in-4° :	Édition in-8° :
Offertorium. Psal. (sic) 24.	*Offertorium. Psal.* (sic) 24.
Ad te levávi ánimam meam;	Ad te levávi ánimam meam :
Deus, (*sic*) meus in te confído;	Deus meus, in te confído, non
non erubéscam, neque irrídeant	erubéscam, neque irrídeant me
me inimíci mei.... (p. 2).	inimíci mei.... (p. 2).
Introitus. Psalm. 96. Adoráte	*Introitus. Psalm.* 96. Adoráte
Deum omnes Angeli ejus : au-	Deum omnes Angeli ejus : au-
dívit et lætáta est Sion, et exul-	dívit, et lætáta est Sion, et exul-
tavérunt filiæ Judæ.... (p. 46.)	tavérunt filiæ Judæ.... (p. 41.)

Graduale. Psalm. 27. In Deo sperávit cor meum, et adjútus sum; et reflóruit caro mea, et ex voluntáte mea confitébor illi. ℣. Ad te Dómine clamávi : Deus meus, ne síleas, ne discédas a me.... (p. 100).

Graduale. Psalm. 27. In Deo sperávit cor meum, et adjútus sum : et reflóruit caro mea, et ex voluntáte mea confitébor illi. ℣. Ad te Dómine clamávi : Deus meus ne síleas, ne discédas a me.... (p. 87).

Que l'on veuille relire avec attention les trois fragments qui précèdent, et l'on verra que, dans le court espace de quelques lignes, il y a *six divergences de ponctuation !* Si ce fait n'était qu'accidentel, ce serait peu de chose ; mais, d'un bout à l'autre des deux ouvrages, sortis des mêmes presses et édités *d'après l'autorité romaine,* c'est la même confusion, le même arbitraire, la même antinomie... Si large que soit la part qu'il faille accorder à la fragilité typographique, n'est-il pas évident que ce vain appareil d'obéissance aux presses Vaticanes, abrite mal la démangeaison de donner du *sien* à tout prix, — ou bien nous prouve que l'on est en droit d'exiger, des imprimeurs italiens, des éditions plus conformes entre elles.

Quant à l'orthographe des mots latins, chaque éditeur a son système, et cela ne devrait pas être. La robe de la sainte liturgie est loin, ce me semble, d'être plus riche et plus splendide, par la juxtaposition des bizarreries suivantes :

Charitas	—	caritas,
tamquam	—	tanquam,
sæculum	—	seculum,
exsultare	—	exultare,
cætera	—	cetera,
a	—	à,
e	—	è,
æterne	—	æternè,
in via	—	in viâ,
ideo	—	ideò,

quicumque	—	quicunque,
auctor	—	autor,
nostri	—	nostrî,
o christiane	—	ô christiane,
quod	—	quòd,
fœnum	—	fenum, *etc.*, *etc.*.

Aux yeux de bien des personnes, tout ceci ne constituera que d'insignifiantes minuties.

C'est possible.

D'autres diront que ces diversités orthographiques tiennent à de certains usages locaux, ou à de certaines habitudes d'éditeurs qui suivent tel ou tel système d'orthographe parce qu'ils le croient meilleur, et que c'est là chose fort innocente, quand surtout il s'agit d'une langue morte.

C'est possible encore.

Mais là n'est point la question.

Si Rome nous donne des livres liturgiques, ce n'est point pour soulever des questions de littérature cicéronienne ni d'orthographe latine : elle règle tout simplement les prières de son culte, les fait imprimer, les propage dans l'univers, et ordonne aux catholiques de les adopter *purement* et *simplement*. La science peut bien avoir ses opinions quant au latin ; mais comme l'opinion engendre la licence, et que la licence doit être bannie du domaine liturgique ; comme il s'agit d'une langue morte, et que Rome, héritière de cette langue, a bien le droit de maintenir ses traditions ; comme Rome est pour nous le centre de l'unité, et qu'il doit nous être préférable de suivre son jugement, même dans les plus petites choses, plutôt que celui de tel ou tel savant, de telle ou telle nation, — je ne vois pas pourquoi l'on perpétuerait des schismes orthographiques qui n'ont aucun résultat sérieux. S'il y a des linguistes en Europe, il y en a aussi dans la capitale du monde chrétien. Il faudrait donc savoir à quel peuple appartiennent les plus savants philologues, et cette appréciation, aussi délicate qu'inutile, n'aboutirait qu'à des chicanes peu convenables. Mille arguments doivent ici nous faire pencher en faveur de l'autorité romaine.

L'observation des règles de l'accentuation latine offre une pratique assez uniforme dans nos livres de liturgie. On sent que tout le moyen âge nous a légué cette sorte de prosodie populaire d'une manière si complète et si vivace, que les savants modernes n'ont presque rien à y changer. Çà et là, pourtant, on aperçoit quelques disparates, mais celles-ci sont plutôt le fait d'une distraction que d'un parti pris. C'est uniquement à cette cause qu'il faut attribuer plusieurs *lapsus* d'accentuation latine, que l'on remarque dans le *Graduale Romanum* de Reims et de Cambrai, tels que : *humánamque prolem* (p. 47), au lieu d'*humanámque prolem*, et autres inexactitudes du même genre qu'il serait facile de trouver, en grand nombre, dans les meilleures éditions.

Il y a des détails bien plus sérieux qui exigeraient de nos éditeurs une attention toute particulière. Je veux parler de certaines exceptions qui modifient les règles générales de l'accentuation latine, et dont on ne tient guère compte dans nos livres liturgiques. Dom Jumilhac expose ces exceptions dans la VIe partie de sa belle et savante Méthode de plain-chant, et je ne puis mieux faire ici que de lui emprunter, en les analysant, les prescriptions les plus négligées dans la pratique.

Les voici, à mon avis du moins.

1° Les verbes *facere*, *dicere* et *fieri* précédés des particules *bene*, *male*, *cale*, *tepe* et *frige*, doivent porter l'accent sur la dernière syllabe du mot composé, lorsque le verbe ne forme qu'une syllabe non suivie d'une enclitique inséparable. Exemples : *Calefís*, *calefít*, *tepefís*, *frigefít*, *benedíc*, *benefác*.

2° Les adverbes dérivés des pronoms s'accentuent également sur la dernière syllabe, comme par exemple, dans *usquequó*.

3° Les particules indéclinables retirent leur accent sur l'antépénultième syllabe, lorsque la dernière est brève : *Enímvero*, *ápprime*, *áffatim*, *súbinde*, *éxinde*, *aliquando*, *néquando*, *síquando*, *húcusque*, etc.

4° Lorsque les mots indéclinables peuvent se confondre avec des mots qui se déclinent, on doit alors accentuer la dernière syllabe, afin d'éviter toute méprise. Exemple : *Repenté*, *seduló*, *meritó*, *consultó* (adverbes).

Si les règles précédentes sont bonnes, et l'autorité de Dom Jumilhac me donne la certitude qu'elles le sont, je ne vois pas pourquoi l'on s'obstinerait à ne pas les suivre. Je les soumets donc aux éditeurs, afin que ceux-ci les examinent attentivement, et les fassent servir à la cause de l'unité liturgique.

C'est aussi dans ce sens, et sans tirer aucune conclusion absolue, que j'émettrai quelques réflexions sur l'accentuation des diphthongues.

Il y a ici deux systèmes en présence. Les Italiens, par exemple, prononcent $\bar{a}$ - $\breve{ou}$ la diphthongue *au*, et impriment *exáudi*, *gáudium*, etc. C'est bien là le double son que les Latins faisaient entendre, lorsqu'ils énonçaient les syllabes composées de deux voyelles ; mais, comme le remarquent les auteurs de la *Novvelle Methode povr apprendre... la langve latine* (1), les deux sons formant la diphthongue n'y faisaient pas également entendre les deux voyelles, dont l'une était quelquefois plus faible et l'autre plus forte (2), et la voyelle accentuée n'était pas toujours la première. D'où il suit que l'accent tonique, constamment placé sur la première voyelle des diphthongues, représente bien la prononciation latine actuelle des italiens, mais *ne représente que cela*. Les Français, au contraire, prononcent la diphthongue *au*, comme si les deux voyelles n'en formaient qu'une. D'où il suit que, pour eux, il serait logique d'écrire et d'imprimer *exaúdi*, *gaúdium*, etc.. Entre les Italiens et les Français, il ne s'agit ici ni de liturgie romaine ni de gallicanisme : il s'agit tout

(1) La célèbre méthode de Port-Royal.
(2) *Ibid.*, troisième édit., p. 720.

simplement d'un phénomène qui tient à l'idiome, c'est-à-dire, aux entrailles mêmes des deux peuples. On peut accentuer, j'y consens, la diphthongue comme on le voudra : le signe n'effacera point la chose, et la typographie, si romaine qu'elle soit en apparence, ne sera au résumé pour nous qu'un vain mot: *nomen sine re* (1).

Encore une observation.

Je trouve que les éditeurs qui accentuent les renvois, les rubriques et les textes qui ne se chantent point, font une besogne fort inutile; comme aussi, je ne vois pas trop pourquoi d'autres accentuent d'ordinaire les paroles liturgiques, et omettent la marque de l'*arsis* sur toute voyelle qui est immédiatement suivie de deux consonnes, omission qu'ils n'admettent pas lorsque la même voyelle se trouve en tête d'un groupe dactylique; exemples :

stillantem   —   stillántia,

apprehendens   —   apprehéndite, *etc.*

Cette dernière particularité révèle peut-être une lacune qui existe dans l'impression des textes qui ne portent pas de notation

______

(1) Voici ce que M. Vincent, de l'Institut, me faisait l'honneur de m'écrire, le 16 mai 1853, sur l'accentuation des diphthongues : —
« Vous me demandez mon avis sur la manière d'accentuer *exaudi*,
» et d'autres mots semblables. En grec, quand une diphthongue
» doit être accentuée, on place l'accent sur la dernière voyelle; mais
» ce n'est pas une raison pour qu'il en soit de même en latin.

» En latin, les manuscrits ne donnent pas le signe de l'accent:
» c'est donc une *convention moderne* pour diriger et régler la pro-
» nonciation. Or, comme les Italiens prononcent *exa-ŭdi*, il est na-
» turel qu'ils écrivent *exáudi* pour représenter cette prononciation.
» Pour nous, nous prononçons *exăudi;* c'est notre dialecte que nous
» ne voulons pas changer sans doute, malgré l'unité liturgique : il
» faut donc, selon moi, écrire *exaúdi*, etc., pour notre usage.
» Quand l'Eglise gallicane ne réclamera plus que cette liberté, je
» pense que le Pape la lui accordera de grand cœur. »

musicale. Non-seulement il ne faudrait pas omettre la marque de l'accent sur aucune voyelle qui l'exige, mais on devrait même l'adopter dans les dictions de moins de trois syllabes, ainsi que je l'ai proposé, page 64. Toute syllabe qui ne porterait point l'accent, serait considérée comme *syllabe commune*, c'est-à-dire, comme ayant une émission vocale équivalant *à peu près* à la durée d'une brève. Resterait à déterminer, par un système de convention, les syllabes semi-brèves ou intermédiaires entre l'accentuée et la commune, toutes les fois que l'usage admet la prononciation dactylique, comme dans les mots Dó-*mi*-nus, grá-*ti*-a, ó-*di*-um, *etc.* La lecture du latin offrirait alors un système complet; les plus ignorants n'auraient pas besoin de faire un appel à leur mémoire qui est souvent en défaut, ni à la routine qui n'est pas toujours conforme aux règles. Plus on s'éloigne des temps où la langue latine était familière, plus on doit s'ingénier à fournir aux personnes qui savent à peine leur langue maternelle, tous les moyens possibles de bien prononcer l'idiome vénérable de la liturgie romaine. Les érudits se passeront facilement de ces moyens typographiques; mais ils sont rares, et ce n'est certes pas exclusivement pour eux qu'il faut publier des éditions liturgiques de plain-chant. D'ailleurs, les érudits modernes, après bien des tentatives, en sont venus à n'être plus ici d'accord entre eux; les uns disent : *Dominus;* les autres prononcent et chantent : ▆▆▆ (1). Ja-

Laudate Dominum.

mais, donc, il n'a été plus nécessaire de bien s'entendre sur les choses les plus simples, puisque les plus habiles philologues pourraient bien, dans ce cas, n'en point savoir davantage que le dernier paysan du Danube.

La division des syllabes offre aussi un champ clos où se débat librement l'arbitraire. Cela se comprend d'autant mieux, que les

(1) *Graduale romanum* de Reims et de Cambrai, p. 68.

presses du Vatican donnent bien le texte, mais n'imposent pas et ne peuvent pas imposer de règles pour les coupures syllabiques. Ici, chacun suit la pente de ses habitudes, et, avec la meilleure volonté du monde, les correcteurs les plus habiles divisent souvent un même mot, dans la même page, de deux manières différentes. Les variantes sont surtout très-sensibles, lorsque le texte est noté, parce qu'alors presque toutes les syllabes doivent être séparées les unes des autres pour donner place aux groupes mélodiques qui leur sont assignés dans le chant.

On peut se convaincre de la justesse de cette observation, en ouvrant au hasard un *Graduel* ou un *Vespéral*. On y verra, par exemples :

Is-rael	—	I-srael,
Hos-pes	—	Ho-spes,
Nobi-scum	—	Nobis-cum,
E-xaltare	—	Ex-altare,
Chris-tus	—	Chri-stus,
Jus-titia	—	Ju-stitia,
Om-nes	—	O-mnes, *etc.*, *etc.*

Ces divergences jettent l'esprit dans des incertitudes sans nombre. Pour les vaincre sans trébucher, il faudrait que les éditeurs eussent sous les yeux un ensemble de règles unanimement reconnues et approuvées. Or, ces règles existent sans doute, mais elles ne sont pas assez fixes pour former une véritable législature. La grammaire de Port-Royal (1) et celle du savant G. Dorn Seiffen (2) vont nous en fournir la preuve :

PORT ROYAL.	DORN SEIFFEN.
Quelle est la véritable manière d'assembler les syllabes.	*De syllabis disjungendis.*
I. Lors qu'il se rencontre vne consonne entre deux voyelles, il	1° Consonans inter *duas* vocales plerumque ad posteriorem

(1) Ouvrage déjà cité, p. 755.

(2) *Grammatica latina*, édition de Bruxelles, in-8°, 1840, pars secunda, p. 139.

faut toûjours la joindre avec la derniere ; comme *a-mor*, *le-go*, etc.

II. Si vne mesme consonne est mise deux fois de suitte, la premiere appartiendra à la premiere syllabe, et la seconde à la syllabe suiuante ; comme *an-nus*, *flam-ma*.

III. Les consonnes qui ne se peuuent pas joindre ensemble au commencement d'vn mot, ne s'y peuuent pas joindre non plus au milieu ; comme *ar-duus*, *por-cus*.

Exception de cette Regle.

Les Composez de Prepositions sont exceptez de cette Regle, dans lesquels il faut toûjours separer la particule de composition ; comme *in-ers*, *ab-esse*, *abs-trusus*, *ab-domen*, *dis-cors*, etc.

Et l'on doit juger de mesme des autres Composez ; comme

syllabam refertur, ut : *A-nus*, *a-mo*, *ma-ximus*; nisi compositio obstat, ut : *ab-igo*, *ad-eo*, *dir-imo*, *et-iam*, *ex-inde*, *in-ers*, *ob-edio*, *per-eo*, *præter-eo*, *post-ea*, *pot-est*, *sic-ut*, *super-es*, *prod-is* (1), a supersum, prodeo ; sed *supe-res*, *pro-dis*, a supero, prodo.

2° Consonans *eadem* geminata separatur, ut : *An-nus*, *sup-pres-sus*.

3° *Diversæ* consonantes distinguuntur :

a. Pro *compositione*, ut : *Tran-scendo*, *dis-cors*, *dis-cedo*, *di-scindo*, *de-scendo*.

b. Pro *pronuntiatione :* Hinc muta cum liquida *l* et *r* ad posteriorem syllabam refertur, ut : *Pa-tres*, *Peri-cles*.

— Alii rectius secundum priscos scribere videntur *scrip-si*, *ag-nus*, *ves-pa*, *pis-cis*, *nos-ter*, quam qui easdem consonantes in medio conjungunt, quæ in initio vocum inveniuntur, et dissecant sic : *A-gnus*, *a-sper*,

______

(1) Hinc plerumque etiam disjunguntur sic : *prod-es*, *red-amo*, *red-eo*, *red-hibeo*.

juris-consultus, alter-vter, am- | pi-scis, pa. · · · · · · · · ·nus
phis-bœna, et-cnim, etc. | gnatus, spero, · · · · · · · m
| nonnulli, qui · · · · · · -
| runt Græca voc · · · ·
| rant hoc modo : S· · ·
| o-mnis, do-ctus, qu· · · · ·
| petuntur, psittacus, ·
| Mnemosyne, Ctesipho, ·

IV. Mais les consonnes qui se peuuent joindre ensemble au commencement d'vn mot, se doiuent aussi joindre au milieu sans les separer, lors qu'on les rencontre au milieu. Et Ramus pretend que de faire autrement c'est commettre vn barbarisme. Ainsi l'on doit joindre,

		Parce que l'on dit,	
bd.	he-bdomas,		bdellium.
cm.	Pyra-cmon,		κμίλεθζρα, *trabes.*
cn.	te-chna,		Cneus.
ct.	do-ctus,		Ctesiphon.
gn.	a-gnus,		gnatus.
mn.	o-mnis,		Mnemosyne.
phth.	na-phtha,		phthisis.
ps.	scri-psi,		psittacus.
pt.	a-ptus,		Ptolomæus.
sb.	Le-sbia,		σβέσις.
cs.	pi-scis,		scamnum.
sm.	Co-smus,		smaragdus.
sp.	a-sper,		spes.
sq.	te-squa,		squamma.
st.	pa-stor,		sto.
tl.	A-tlas,		Tlepolemus.
tm.	La-tmius,		Tmolus.
tn.	Æ-tna,		Θνήσχω.

4° Recta scribe · vocum ratio ad Veterum monumenta est exigenda, ita tamen, ut primo loco habendi sint *numi, publica auctoritate cusi, tum numi familiarum,* deinde *codices* MSS. antiquissimi, porro *marmora* et *lapides,* ex quibus antiquiora recentioribus præferantur, nisi ante Ciceronis ætatem sculpta adeoque optima Latinitate priora sint. Nihil autem in aliorum scriptis temere damnandum est, quod quodam modo Veterum testimoniis nititur, dummodo ne communi scribendi rationi omnino repugnet. Quisque præterea curet, ut eandem scribendi rationem ubique sequatur, neve modo hanc, modo

> illam sequens, sibi pa-
> rum constet.

En comparant ces règles entre elles, on acquiert la conviction du peu d'unité qui existe dans l'art de diviser les syllabes. Ici comme dans toutes les questions précédentes, la typographie se trouve en face de difficultés fort sérieuses et dont je sollicite, au nom des éditeurs de la liturgie romaine, une solution prompte et définitive. Je ne m'arrête pas à la pensée que ces difficultés sont des détails, et, peut-être même aux yeux de certaines personnes, des *puérilités*. Soit! mais les détails ont bien leur importance dans une entreprise qui intéresse au plus haut point la religion, le culte et le triomphe de l'unité liturgique. En pareille matière, si grave et si sainte, il ne faut rien négliger, rien mépriser, si l'on ne veut pas courir les risques de cette menace terrible mais divine : *Qui spernit modica, paulatim decidet...*

Aussi, voilà ce qui m'encourage à continuer ma tâche à travers tous les obstacles, fussent-ils mille fois plus nombreux encore qu'ils ne le sont! Voilà pourquoi je vais aborder maintenant cette partie de ma thèse qui a pour but la typographie musicale dans ses rapports avec la restauration du chant grégorien : question vraiment neuve, vraiment capitale, que l'on a trop négligée, et à laquelle il faut enfin donner les proportions qu'elle mérite.

Avant l'invention de la typographie, les livres se conservaient péniblement par la transcription des copistes : moyen lent, s'il en fut jamais, moyen dispendieux qui était loin d'offrir toutes les garanties désirables d'une sévère exactitude. Un copiste se trompait-il? à l'instant même, autour de lui et pour toujours, sa distraction s'enracinait dans les habitudes d'une foule de lecteurs privés de tout élément de contrôle et de vérification. Les manuscrits liturgiques étaient, il est vrai, exécutés en général avec une grande magnificence; l'humble et patient copiste cachait ordinairement son nom : il se contentait de dévouer à l'œuvre de Dieu tout l'amour de son cœur et toute l'énergie de sa foi. Chose admirable! pendant qu'il consumait sa vie à fixer sur le plus beau velin toutes les splendeurs de l'art calligraphique, le transcripteur était souvent un moine qui s'y consacrait par pénitence, et détrempait les riches couleurs de ses miniatures dans les larmes amères de son repentir! Au fond de sa cellule, et, malgré l'héroïsme de son âme ardente, souvent sa plume transcrivait respectueusement une faute d'un autre copiste, et l'erreur se transmettait ainsi de siècle en siècle.

Aussi, lorsque la typographie fut créée en Europe dans la seconde moitié du XVe siècle, les érudits s'aperçurent qu'il fallait procéder avec prudence à la reproduction des ouvrages manuscrits. Aujourd'hui, après trois cents ans d'un pénible apprentissage, la critique en est encore à reconnaître qu'une édition rigoureusement exacte est un problème qui n'est pas résolu; que si les copistes du moyen âge perpétuaient les erreurs de transcription, la typographie moderne les multiplie d'une manière effrayante, et qu'il est temps enfin d'examiner avec attention les résultats obtenus par l'imprimerie dans l'art de reproduire la musique du plain-chant, et de voir s'il ne serait pas possible d'en obtenir de meilleurs.

C'est surtout à ce dernier point de vue que je dois me placer ici, pour ne pas m'écarter de mon but.

Or, la manière d'imprimer la musique liturgique dépend de plusieurs systèmes dont je vais d'abord esquisser rapidement les éléments spéciaux.

Ces systèmes peuvent se réduire à quatre. — Dans le premier, je range toutes les tentatives qui ont été faites jusqu'à ce jour pour remplacer les caractères musicaux par d'autres signes de convention. Le second système a pour défenseurs les artistes qui tiennent à l'écriture musicale, mais qui voudraient abandonner l'usage des signes du plain-chant pour leur substituer ceux de la musique moderne, toutefois avec quelques modifications. D'autres personnes, (et leur opinion forme le troisième système), pensent au contraire qu'il faut s'en tenir à la sémiologie musicale adoptée par l'Église, et la ramener le plus possible aux formes des anciens neumes de l'Europe. Enfin, le quatrième système veut aussi le plain-chant et son écriture traditionnelle, à la condition cependant que l'on respectera l'œuvre du temps, et que l'on ne modifiera les habitudes acquises qu'avec une sage modération, une extrême réserve et toujours dans le but de rendre plus parfaite et plus populaire une notation dont les éléments sont déjà d'une si merveilleuse simplicité.

PREMIER SYSTÈME.

« Depuis près de cent cinquante ans, observe fort judicieuse-
» ment M. Fétis (1), une multitude de projets de notation ont été
» proposés pour la musique, et les auteurs de ces projets les ont
» tous présentés comme préférables, plus faciles à comprendre,
» ou plus rationnels que la notation maintenant en usage. Cepen-
» dant aucune innovation de cette espèce n'a été accueillie avec
» faveur, et la notation usuelle, objet de tant d'attaques et de si
» amères critiques, est toujours sortie victorieuse des luttes où
» elle a été engagée. »

« Tous les systèmes qui ont été imaginés depuis cette époque,
» ajoute un peu plus loin le même auteur, se rapportent à trois
» conceptions principales, à savoir : les lettres, les chiffres et
» les signes arbitraires. »

I. On sait que la notation par lettres est une pure réminiscence des traditions de la Grèce et surtout du moyen âge.

Boëce s'est servi, au ve siècle, des quinze premières lettres de l'alphabet romain, pour désigner les notes :

(1) Nouvelle édition de *La Musique mise à la portée de tout le monde*, Paris, in-8°, 1847, section I, chap. VIII, pp. 60-79. Ce beau travail qui a pour titre : *Des réformes proposées pour la notation de la Musique*, a été inséré dans la *Revue* de M. Danjou, année 1847, pp. 246 et 341.

Cette espèce de notation alphabétique a été usitée au moyen âge, mais *rarement,* et on en a généralement attribué l'invention au vertueux et infortuné ministre de Théodoric, roi des Goths, bien qu'il soit très-possible, qu'en cette circonstance, cet homme célèbre ait employé les lettres alphabétiques, uniquement pour classer avec ordre ses observations musicales. Cette remarque, qui est ici formulée pour la première fois, va se trouver confirmée dans le paragraphe suivant par un témoignage inattendu.

Saint Grégoire, dit-on, est aussi l'inventeur d'une notation alphabétique par heptacorde. Dans ce système, les sons du diagramme musical se représentaient de cette manière :

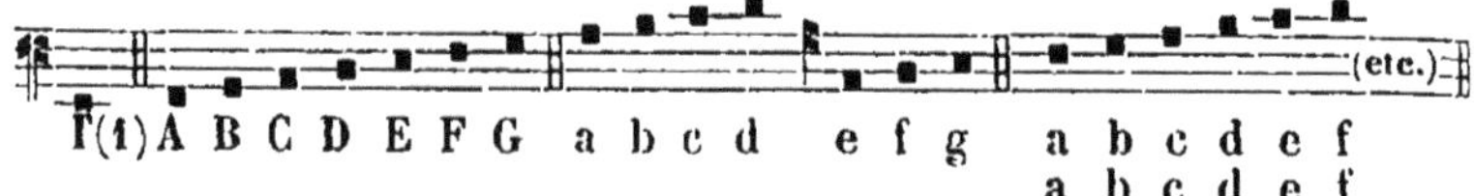

Il est certain que saint Grégoire a suivi la théorie de l'octave dans sa réforme du plain-chant. Je trouve la démonstration de ce

---

(1) Dans un remarquable article qu'il vient de publier sur l'*Emploi des quarts de ton dans le chant grégorien constaté sur l'Antiphonaire de Montpellier* (*Revue archéologique* de M. Leleux, XIe année 1854, pp. 362-372), M. Vincent fait judicieusement observer que dans le fameux passage de Gui d'Arezzo : « *In primis ponatur* Γ *græcum a* » *modernis adjunctum* », — passage dont on a pris l'habitude de s'autoriser pour prétendre que le système latin était plus étendu que le système grec, les *modernes* dont parle le moine de Pompose sont antérieurs à Aristide Quintilien dont il ne fait que copier les paroles. « Seulement, ajoute M. Vincent, le gamma de Gui d'Arezzo est » un *oméga* carré et couché dans Aristide (p. 363). » — L'histoire du *gamma* notationnel reçoit donc, grâce à M. Vincent, une rectification fort importante. Brossard, J.-J. Rousseau et Dom Jumilhac enseignaient que l'usage du gamma avait été introduit par Gui d'Arezzo. Première erreur redressée par M. Fétis. En second lieu, j'ai cru longtemps que les modernes dont parle Gui d'Arezzo pouvaient avoir appartenu au IXe siècle, me fondant sur ce passage d'Odon de Cluny, mort en 942 : — « *Littera* Γ *græcum, quæ quia raro est in usu, a* » *multis non habetur.* » Autre erreur qui ne doit plus avoir cours.

fait dans un passage du *Micrologue* de Gui d'Arezzo. D'après ce passage qui a échappé à tous les historiens de l'art, les premiers musiciens occidentaux, *depuis Boëce lui-même* jusqu'aux maîtres du Xe siècle, ont constamment représenté *tous les sons* avec *sept lettres* seulement : « *Hac nos de causa, omnes sonos* SECUNDUM » BOETIUM ET ANTIQUOS MUSICOS SEPTEM LITTERIS FIGURAVIMUS, » CUM MODERNI QUIDAM NIMIS INCAUTE QUATUOR TANTUM SIGNA PO- » SUERUNT.... (1). »

L'autorité de Gui d'Arezzo est assez considérable, pour qu'il nous soit permis de dire hautement en présence de son affirmation positive : — « La notation alphabétique que l'on attribue » communément à saint Grégoire et qui a été suivie par ce pon- » tife, est *l'œuvre de Boëce.* » Et ainsi s'écroulent, d'un seul coup, bien des erreurs accréditées sur un des détails les plus intéressants des premières notations musicales de l'Europe catholique.

Est-ce à dire, pourtant, que saint Grégoire se soit servi de lettres pour fixer les mélodies de son *Antiphonaire?* Une pareille conclusion serait contraire aux monuments les plus authentiques. A l'exception de l'*Antiphonaire* de Montpellier, qui est digrapte, il serait impossible de citer, en Europe, un seul ouvrage de même nature écrit en lettres, c'est-à-dire, en notation littérale ou alphabétique. Et cependant, si telle avait été la notation employée par saint Grégoire, l'Europe, depuis Charlemagne, aurait conservé une multitude de livres de chant liturgique écrits dans le système de la littération musicale. Le Chroniqueur d'Angoulême nous apprend en effet, que, grâce à l'influence active du grand empereur carlovingien, tous les antiphonaires français furent corrigés d'après celui de saint Grégoire : « *Excepto quod,* » ajoute-t-il, *tremulas vel vinnulas, sive collisibiles vel secabiles* » *voces in cantu non poterant perfecte exprimere Franci* (2). » Or,

---

(1) Cap. V. *De diapason et cur tantum septem sint notæ,* apud Gerberti *Scriptores,* tom. 2, p. 7.

(2) *Vita Caroli Magni,* ad annum 787.

on ne connaît qu'*un seul* antiphonaire où la littération musicale soit employée, et encore cette littération y est-elle accompagnée d'une autre sémiologie : c'est, je l'ai déjà dit, le fameux manuscrit de Montpellier. Et, dans aucun système de notation littérale pure, les musiciens médiévistes n'ont reconnu la possibilité de peindre à l'œil les agréments mélodiques dont parle le moine d'Angoulême. D'où il faut conclure, malgré la haute autorité de mon savant ami M. Vincent (1), qu'à l'époque de saint Grégoire, comme dans toute la suite du moyen âge, il y avait deux notations bien distinctes : l'une, élémentaire et théorique, par *lettres;* l'autre, pratique et usuelle, par *neumes,* écriture musicale dont nous parlerons plus loin, et dont on se servait exclusivement pour la transcription des livres de chant liturgique.

Hucbald, moine du diocèse de Tournai au commencement du x\ :sup:`e` siècle, est aussi l'inventeur d'une notation littérale, basée sur le principe du *tétrachorde* grec : ce à quoi Gui d'Arezzo fait allusion dans le passage du *Micrologue,* que j'ai cité il n'y a qu'un instant : « *Moderni quidam nimis incaute quatuor tantum signa* » *posuerunt.* » Dans l'impossibilité où je me trouve de donner ici un spécimen des caractères bizarres employés par Hucbald (2),

(1) *Histoire de l'harmonie au moyen âge,* par E. de Coussemaker, — articles critiques de M. Vincent (*Correspondant* du 25 juin et du 25 juillet 1853, tirage à part, pp. 26-27.)

(2) On trouvera ce spécimen dans le *Mémoire sur Hucbald,* par M. de Coussemaker, Paris, in-4°, 1841 ; dans l'*Allgemeine geschicht der musik,* par Forkel, Leipsik, in-4°, 1788, tom. I, p. 343; dans les *Scriptores* de Gerbert, tom. I, pp. 103-229 et 253; dans mes *Etudes sur les anciennes notations musicales de l'Europe,* etc., etc. Burney appelle *hiéroglyphique* la notation du moine de S.-Amand; l'assertion est un peu forte, car rien n'est plus simple à déchiffrer que cette écriture musicale. Il est vrai que Gerbert y découvre certains points laissés obscurs par les différents copistes des œuvres d'Hucbald (*Scriptores,* tom. II, p. 145, note a); mais la comparaison même des manuscrits lève tout doute à cet égard. J'engage les

je me contenterai de faire observer que les quatre notes composant le tétrachorde des sons *graves*, sont représentées par quatre lettres tournées de droite à gauche; que ces lettres sont écrites de gauche à droite pour le tétrachorde des *finales* des huit modes grégoriens (*ré-mi-fa-sol*); qu'elles sont renversées et tracées de droite à gauche pour les quatre notes du tétrachorde *supérieur,* etc., et que cette seule disposition calligraphique marque à l'œil le degré que le son doit occuper dans le diagramme. Hucbald se faisait si peu illusion à lui-même sur le mérite de sa sémiologie musicale, qu'il avoue formellement que les systèmes de notation par lettres, ne peuvent point remplacer tout-à-fait le système ordinaire par neumes (*consuetudinariæ notæ*), parce que les littérations n'expriment ni la lenteur du chant (*tarditatem cantilenæ*), ni le tremblement de la voix (*tremulam vocem*), ni les ligatures et les autres détails de l'art mélodique (1).

archéologues à étudier le nᵒ 990 du supplément latin des manuscrits de la bibliothèque impériale de Paris : c'est un monument peu connu, si toutefois il l'est, et qui fournira de curieux détails sur la véritable forme de la littération hucbaldienne.— On verra plus loin, dans l'analyse que je donne de la notation de l'Antiphonaire de Montpellier, que l'auteur de cet Antiphonaire est parvenu à compléter, au moyen de petits signes additionnels, la sémiologie musicale par lettres. Cette circonstance, inconnue à l'époque d'Hucbald, forme l'une des nombreuses preuves qui militent contre l'ancienneté que l'on avait attribuée fort gratuitement à cet Antiphonaire. — Je ne conseille pas aux archéologues de s'en rapporter, pour la notation d'Hucbald, au manuscrit du *Prologue rhythmique de l'Antiphonaire* de Gui d'Arezzo (Bibliothèque impériale de Paris, ancien fond latin, nᵒ 7211). Le copiste y a tracé l'échelle générale des sons d'après le système hucbaldien; mais les quatre tétrachordes et demi, qui forment cette échelle générale, sont tous exprimés par les caractères du premier tétrachorde : ce qui est évidemment fautif. Encore faut-il ajouter que les quatre caractères du premier tétrachorde, type des autres, ne ressemblent point à ceux que la tradition nous a transmis.

(1) *Hucbaldi musica*, apud Gerberti *Scriptores*, tom. I, p. 118.

On doit à Hermann , surnommé *Contract*, mort vers 1055, un système d'écriture musicale dans lequel

 E signifiait unisson ;
 S — seconde mineure ou demi-ton ;
 T — seconde majeure ou ton ;
 TS — tierce mineure ou ton et demi ;
 TT — tierce majeure ou deux tons ;
 D — *diatessaron* ou quarte ;
 A — *diapente* ou quinte ;
 AS — sixte mineure ;
 AT — sixte majeure ;
 AD — octave.

Les lettres précédentes , sans *points*, indiquaient des intervalles *ascendants;* avec *points*, des intervalles descendants.

Gerbert a donné dans ses Scriptores (tom. II , pp. 149 et suivantes) , des exemples de cette notation.

Le manuscrit 7211 de l'ancien fond latin de la bibliothèque impériale de Paris contient un système fort curieux de sémiologie musicale en lettres. Ce manuscrit est fort ancien. La notation de cet ouvrage , comparée à celle que l'on attribue vulgairement à Boëce , donne les résultats suivants :

  { a b c d e f g h i k l m n o p.
  { a b c e h i m o x y cc dd ff nn » (1).

L'office de saint Thuriave , évêque de Dole en Bretagne , dont le savant Jumilhac cite un fragment dont voici le texte :

    Aspirante Deo ,
   Pariter poscente popello ,
    Laude sibi dignum
   Succedere fecit alumpnum ,

est l'un des rares monuments où apparaissent les quinze pre-

(1) J'ai fait connaître, le premier, cette notation dans le § XII de mes *Etudes sur les anciennes notations musicales de l'Europe* (Revue *archéolog.* de M. Leleux, livraison du 15 juin 1850). M. d'Ortigue me reproche d'avoir omis d'indiquer le monument qui contient cette

mières lettres latines employées comme notation musicale (1);
là, comme dans l'Antiphonaire de Montpellier, la littération sert
à traduire les neumes; il n'y a qu'une différence essentielle :
c'est que les lettres musicales de l'office de saint Thuriave sont
pures et telles qu'on les attribue à Boëce, tandis que, dans
l'*Antiphonaire de Montpellier*, ces mêmes lettres semblent former
un système particulier, à cause de certaines combinaisons alphabétiques qui ne se rencontrent nulle part ailleurs. De plus, l'*Antiphonaire de Montpellier* désigne toujours la forme du neume
au-dessus des lettres, quand cette forme implique un agrément
de mélodie.

Je demande la permission d'offrir à mes lecteurs un tableau
complet des lettres diverses qui interprètent tous les sons du
diagramme, dans le monument découvert par M. Danjou ; voici
ce tableau :

Notation ordinaire :	Traduct. littérale de l'Antiph. de Montpellier :
	a
	b *ou* ⊢
	c
	d
	e *ou* ⊣
	f
	g
	h *ou* ſ

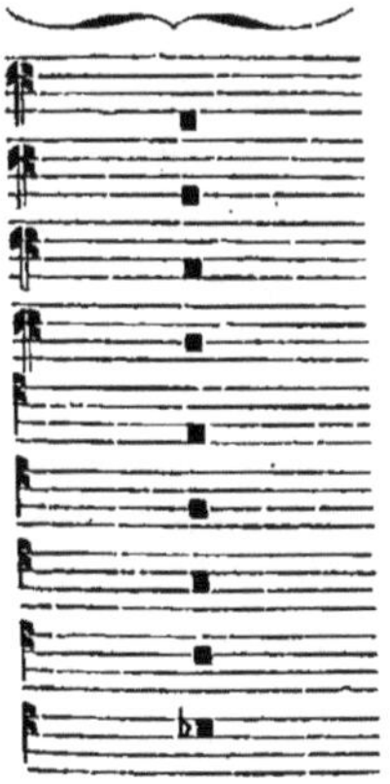

notation (*Dict. de plain-chant*, p. 970 ; je m'empresse de réparer ici
cette omission volontaire.

(1) Voir *la Science et la Pratique du plain-chant*, nouvelle édition,
p. 98 et planche II, n° 2. — Saint Thuriaf ou Thuriave, mort en 749,
fut canonisé en 751 par le pape Zacharie, et son office, composé en
753, fut chanté pour la première fois le 13 juillet de la même année.

Notation ordinaire :	Traduct. littérale de l'Antiph. de Montpellier :
	i *ou* ⌐
	k
	l
	m *ou* ⌐
	n
	o
	p (1)

(1) Dans l'article sur l'*Emploi des quarts de ton dans le chant grégorien*, M. Vincent me reproche (*à moi*, dit-il, *qui suis parvenu à pousser à peu près aussi loin qu'il était possible de le faire, l'intelligence des neumes*) d'avoir présenté, en 1851, les signes ⊢ ⊣ ⌐ ⌐ ⌐ \, comme des marques duplicatives des lettres b, e, h, i, etc. Suivant le savant académicien, ces signes ont une valeur particulière que j'ai omis d'indiquer. Il établit ensuite, d'une manière fort habile, que les *épisèmes* de l'Antiphonaire de Montpellier ne peuvent être autre chose que des marques du *quart de ton*. Cette découverte, si elle se confirme, sera sans contredit l'une des plus étonnantes de l'archéologie musicale, au xixe siècle, et jettera un jour tout-à-fait inattendu sur la tonalité du moyen âge. Mon but n'est point de m'immiscer ici dans une question aussi importante et aussi ardue. Je crois cependant qu'il serait nécessaire de prouver, avant tout, l'emploi du quart de ton dans les cantilènes liturgiques par des témoignages écrits et positifs de quelques auteurs médiévistes. Réginon de Prum, comme je l'ai fait voir le premier, nous apprend bien qu'on usait, en certains cas, du demi-ton chromatique ; mais cette licence, regardée comme une *lascive énormité* par la plupart des chanteurs grégoriens, ne permet point de croire, sans preuves évidentes, qu'on soit allé plus loin dans le chant liturgique du moyen âge. M. Vincent lui-même pose d'ailleurs la question dans des termes beaucoup plus acceptables, lorsqu'il dit : — « L'emploi du quart de ton indiqué » dans les divers modes semble bien accuser le rôle d'une note sen- » sible ; et l'on croirait volontiers voir poindre ici un pressentiment » de la tonalité moderne. » Les *épisèmes*, compris de cette manière, expliqueraient ainsi pourquoi le manuscrit de Montpellier débute par

« Dès la fin du xvᵉ siècle, dit M. Fétis, la notation par les
» lettres servit à écrire la musique d'orgue, en Allemagne, au
» moyen de certaines combinaisons. Les sons de l'octave la plus
» grave étaient représentés par les lettres capitales C, D, E, F,
» G, A, B (pour *si* bémol) et H (pour *si* bécarre); les mêmes
» lettres, en caractères minuscules, représentaient les sons de
» la deuxième octave, et ces mêmes lettres surmontées d'un,
» deux ou trois traits, indiquaient les octaves supérieures. Quel-
» quefois on marquait l'élévation ou l'abaissement des sons par
» le dièse ou le bémol placés à côté des lettres; dans d'autres
» systèmes, on marquait le dièse par la lettre *e* placée à côté de la
» lettre de la note, et le bémol par la même lettre retournée (1).
» Sauveur, de l'Aulnay, l'anglais Patterson et d'autres, ont
» essayé à diverses époques de faire revivre la notation par les
» lettres dans différents systèmes différemment conçus, mais dont
» les imperfections sont si évidentes que ces systèmes n'ont trouvé
» aucun partisan (2). »

On objectera peut-être que les méthodes de littération musicale, plus ou moins empruntées dans les temps modernes aux
traditions antiques, n'ont pu prendre racine dans les habitudes
de l'Europe actuelle, par la raison que, sous peine d'être im-

une copie du traité de Réginon de Prum. Dans une lettre que M. Vincent me faisait l'honneur de m'écrire le 21 octobre 1854, ce savant
s'arrêtait alors à une conclusion qui mérite d'être signalée : selon lui,
le chant ambrosien admettait seul le quart de ton, et l'Antiphonaire de
Montpellier, comme probablement tous les manuscrits qui emploient
la notation boëtienne, serait une production de l'école de saint
Ambroise. Mais le texte liturgique du fameux monument bilingue ne
serait-il pas un témoignage contraire à l'assertion de M. Vincent?
Quoi qu'il en soit, l'Antiphonaire découvert par M. Danjou aura
ceci d'historiquement curieux, qu'envisagé d'abord comme l'œuvre
de saint Grégoire, on a fini par le considérer comme un produit
ambrosien, et que, plus loin dans ces *Études*, je montrerai qu'il
pourrait fort bien appartenir à saint Bernard...

(1) *Des réformes proposées pour la notation de la musique.*
(2) *Ibidem.*

puissantes à représenter les difficultés de notre musique , elles doivent admettre une foule de détails qui en dénaturent complétement la simplicité primitive ; mais qu'il n'en serait pas de même si la notation littérale n'avait pour but que le plain-chant.

Un écrivain du xviiiᵉ siècle va nous fournir l'exemple d'un système de littération musicale exclusivement appliqué à la notation des mélodies liturgiques , et nous prouver que , même renfermée dans ce cadre modeste , son entreprise n'a pas même eu les honneurs de la publicité. L'auteur est l'abbé de Valernod que M. Fétis n'a pas oublié dans le travail auquel je viens de faire quelques emprunts, mais qu'il cite d'après la seule indication du catalogue imprimé de la bibliothèque de Lyon , et comme ayant inventé un système *composé de signes arbitraires* (ce qui est inexact). Une analyse rapide du travail de l'abbé de Valernod ne peut donc manquer d'intéresser mes lecteurs.

Le manuscrit in-folio qui contient ce travail, et que j'ai soigneusement parcouru lors de ma mission scientifique , en 1851, fait maintenant partie de la bibliothèque de l'Académie de Lyon, sous le n° 55 et le titre général d'*Œuvres de MM. Mathon de la Cour, Bollioud , Tolomas et autres sur la musique.* Aucun bibliographe de la musique n'en a parlé avec connaissance de cause.

Le livre de l'abbé de Valernod porte pour titre spécial : *Nouvelle méthode pour noter le plain-chant, sans barres et sans clés.*

L'auteur remplace les portées et les clefs du plain-chant par des lettres alphabétiques, qui, à l'aide de l'addition d'un simple *point* posé au-dessous ou au-dessus, marquent d'elles-mêmes la place , dans le diagramme , des sons qu'elles représentent.

Le choix de ces lettres n'est pas arbitraire. De Valernod désigne le *si* naturel par s, et le *si* bémol (za, comme on disait à l'époque où écrivait cet auteur) par z : ces deux consonnes reçoivent donc, de l'orthographe des mots *si* et *za,* une sorte de consécration de la légitimité de leur emploi.

Toutes les autres lettres sont des voyelles, dans le système de l'innovateur ; et précisément encore, ce sont celles qui entrent dans la prononciation des notes *ut*, *re*, *mi*, *fa*, *sol*, *la*. Seulement, comme la voyelle *a* présente un double emploi, de Valernod écrit a pour désigner le *fa*, et *a* pour marquer le *la* : ici, une seule différence de forme lui suffit.

L'octave moyenne 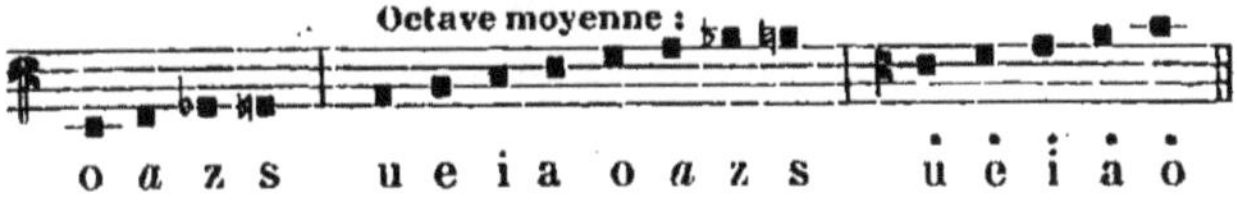 se marque simplement par les voyelles u e i a o *a* z s. Les quatre notes graves qui précédent cette octave moyenne, c'est-à-dire, *sol, la, si* ♭, *si* ♮, se représentent au moyen des lettres o a z s au-dessous desquelles on trace un simple point, de cette manière : (o *a* z s). Les cinq notes qui suivent ordinairement le *si* naturel de l'octave moyenne, se désignent par les voyelles u e i a o, avec l'addition d'un point au-dessus de chacune d'elles. Exemple :

C'est-à-dire : . D'où il résulte que l'échelle générale des sons est représentée, dans la notation alphabétique de l'abbé de Valernod, de la manière suivante :

Il est inutile de remarquer en passant, bien que de Valernod omette cette observation, que la série des sons peut s'étendre beaucoup plus loin ; mais on me permettra de dire que cette notation est d'une excessive simplicité, et que l'on peut facilement en augmenter les ressources.

L'auteur ajoute deux règles essentielles qui complètent parfaitement sa méthode.

1° Il n'avait en vue que *le chant lionnois où on n'observe pas la quantité ;* et cependant il ajoute aussitôt qu'il veut offrir une *méthode générale.* C'est pourquoi il indique la manière de représenter les notes *longues* et les notes *brèves.*

Ici encore, pas d'arbitraire : quand une lettre sert à marquer une note longue, on la surmonte du signe prosodique (-); quand elle doit représenter une note brève, on y appose au-dessus le signe (˘). La semi-brève seule est oubliée.

Exemples :

o a z s	u e i a o a z s	u e i a o
o a z s	u e i a o a z s	u e i a o
o a z s	u e i a o a z s	u e i a o

2° De Valernod passe ensuite à la manière de figurer *littéralement* l'ancienne plique du moyen âge.

Ce passage me semble tellement important, que je crois devoir citer *in extenso* l'exposition de l'auteur.

» Les *clinches*, dit-il, sont une espece de notes breves usitées
» dans le chant lionnois, inconnües dans le Romain et même
» dans la musique (1). Elles sont désignées par une note longue
» à deux queües tournées en haut quand la *clinche* est plus haute
» que la note longue, et tournées en bas lorsqu'elle est plus bas.
» Dans l'un et l'autre cas, c'est toujours une notes (*sic*) extreme-
» ment breve que l'on lie avec la précedente, et dont on coupe
» pour ainsi dire le son presqu'aussitot qu'il est formé en arrê-
» tant subitement la voix, ce qui fait dans le premier cas
» un port de voix et dans le second une chute d'une note à
» l'autre. On a donné à ces notes le nom de *coupées*, tiré de la
» nature du son qu'elles forment, ce qui ma (*sic*) donné l'idée
» de les désigner dans cette méthode par les signes des notes
» ordinaires coupées par un trait horizontal. Il n'y a le plus ordi-
» nairement qu'un degré d'intervale de la note longue à la clin-
» che. Cependant quelquefois il faut monter où descendre à la
» tierce où à la quarte et même jusqu'à la quinte. On auroit pû
» marquer ces varietés en allongeant les queües jusqu'à la barre
» où intervale où se doit faire cette note, mais c'est ce qu'il n'a
» pas été fait. Pour y suppléer en faveur de ceux qui ne sont pas

(1) De Valernod ne se montre pas ici très-versé dans l'histoire musicale.

» versés dans le chant lionnois, on a marqué sur quelques livres
» avec la plume l'endroit où elle se doit faire par un point. »

Après ces détails curieux en ce qui concerne les faits contemporains de l'auteur, mais fort superficiels quant à l'origine véritable des *clinches*, de Valernod donne quelques exemples où il applique sa méthode de littération musicale à la petite note qu'il vient de décrire. Voici un de ces exemples que j'accompagne d'une traduction en notes ordinaires de plain-chant :

Je ne veux pas quitter l'exposé de la notation littérale appliquée à la musique, sans dire un mot de deux graves erreurs qui se sont accréditées, parmi les érudits modernes, au sujet des notations alphabétiques du moyen âge.

La première erreur a été commise par Dom Mabillon; la seconde, par M. Fétis. Il est impossible, comme on le voit, de se tromper en meilleure compagnie.

Dom Mabillon a soutenu que Romanus, l'un des chantres envoyés à Charlemagne par le pape Adrien, avait employé, *le premier*, les lettres de l'alphabet pour indiquer les notes musicales :

(1) Dans l'impuissance où je suis de représenter ici *la note très-rapide* de la clinche, je suis forcé de l'écrire avec une semi-brève. On peut voir des exemples de cet agrément mélodique dans la *Méthode nouvelle ou principes généraux pour apprendre facilement la musique* que François David a publiée à Paris au commencement du XVIIIᵉ siècle, pp. 132, L, et 136, II. David nomme cet agrément *accent, aspiration, son coupé*. L'Affillard, dans ses *Principes très-faciles pour bien apprendre la musique* (Paris, in-4º oblong, M.DCC.V, 6ᵉ édition, pp. 26-27), en donne aussi de curieux détails d'exécution pratique.

« *Eumque primum esse, qui litteras alphabeti, pro notulis cantus apposuerit* (1). » Or, l'adoption des lettres par Romanus avait un tout autre objet que celui de servir de notation musicale : d'après le chanteur grégorien, elles étaient destinées à être posées au-dessus, au-dessous ou à côté de certains signes neumatiques, et à marquer le mouvement plus ou moins rapide de la voix, les pauses ou endroits où il fallait faire un temps d'arrêt, les nuances du son, les passages qui exigeaient une attention spéciale, les degrés plus ou moins prononcés d'élévation ou d'abaissement mélodique, certaines corrections à faire dans le texte musical par suite de fautes calligraphiques échappées au transcripteur, etc., etc.

La théorie de Romanus a été publiée par Henri Canisius, dans la 2ᵉ partie du vᵉ volume de ses *Antiquæ lectiones*, p. 739 ; dans l'appendix du tome ivᵉ des Annales Bénédictines de Mabillon, p. 688 ; dans les *Scriptores* de Gerbert, tom. i, p. 95 ; dans les xiᵉ et xiiᵉ paragraphes de mes *Etudes sur les anciennes notations musicales de l'Europe*. Elle se trouve mystiquement résumée dans une épître de Notker Balbulus à un certain Lambert, son ami, qui lui en avait demandé l'explication (2).

Les monuments qui contiennent, à côté des neumes, l'application des *lettres romaniennes*, sont peu nombreux, mais d'une grande importance au point de vue archéologique. Je n'en citerai que les trois principaux :

1° L'*Antiphonaire de Saint-Gall*, copie authentique du chant grégorien apportée à Charlemagne par Romanus ; cette vénérable copie a été publiée par le R. P. Lambillote, en un beau volume in-4°. L'emploi des lettres de Romanus, qu'on se refusait d'y reconnaître, est une preuve qui milite singulièrement en faveur de l'origine de ce Graduel.

(1) *Annal. Benedict.*, tom. IV, p. 688.
(2) « *Quas postea cuidam amico quærenti Notker Balbulus dilucida-* » *vit.* » — Ekkeardi Junioris, *liber de casibus monasterii sancti Galli*, apud Melch. Goldast, *Rerum Alamanicarum Scriptores*, tom. I, p. 60.

2º Le manuscrit in-folio oblong, nº 644 , du supplément latin de la bibliothèque impériale de Paris.

Ce manuscrit, *qui n'a jamais été cité*, est du Xᵉ siècle, et porte pour titre sur le dos de la reliure : *Liber precum cum notis, canticis et figuris.*

On lit au folio 48 verso : --- « Godicem istum cantus modula-
» mine plenum domni Hilderici venerabilis abbatis tempore ejus-
» que licentia Wickingi fidelis monachi impensis atque precatu
» scribere cœptum , domni vero Stephani successoris præfati
» abbatis tempore atque benedictione diligentissime, ut cernitur,
» consummatum, sancti Salvatoris Dni nri χρι altari impositum ,
» HUIC SANCTO PRUMIENSI COENOBIO perenni memoria novimus
» traditum. »

Rien n'égale la magnificence , la beauté et le prix de ce volume.

3º L'*Antiphonaire de Montpellier*. Cette indication pourra paraître étrange à ceux qui ont lu la description qu'en a faite M. Danjou, lorsqu'il annonça la découverte de ce beau monument digrapte. Mais , à cette époque, M. Danjou n'avait pas eu les loisirs nécessaires pour étudier tous les détails archéologiques de sa précieuse trouvaille ; il annonçait sa découverte sous l'influence d'une préoccupation facile à comprendre, et, qu'à sa place, j'aurais probablement subie moi-même. Maintenant, le doute n'est plus permis, ni même possible , car l'*Antiphonaire de Montpellier* nous offre des fragments où l'on voit des *lettres romaniennes*. Ces fragments occupent trois folios, savoir : 151 recto , -- 159 verso -- et 163 recto (1).

Après ces trois citations remarquables , il ne me reste plus à mentionner qu'un fait historique qui montre , qu'au moyen âge et en moins de deux siècles, des lettres admirablement inventées

____

(1) Voir mon Fac-simile de l'*Antiphonaire de Montpellier*, déposé aux manuscrits de la bibliothèque impériale; *Pièces liminaires*, § IV.

pour exprimer le *forte*, le *piano*, le *moderato*, le *lento*, etc., etc., dans l'exécution des mélodies, devenaient peu à peu de vraies énigmes, et faisaient dire à Jean Cotton, didacticien du XIe siècle:
— « Solent autem nonnulli neumas... quibusdam notis resarcire,
» per quas cantorem videntur non docere, sed duplicato errore
» impedire. Nam cum in neumis nulla sit certitudo, notæ supra-
» scriptæ non minorem prætendunt dubitationem, præsertim
» cum per eas multæ dictiones diversarum significationum inci-
» piant, ideoque ignoretur quid significent,... siquidem *c* diver-
» sarum dictionum principium est, veluti *cito, caute, clamose;*
» similiter *l*, ut *leviter, leniter, lascive, lugubriter;* simili modo
» *s*, quemadmodum *sursum, suaviter, subito, sustente, similiter,*
» etc. (1). » Il est évident que de pareils témoignages, auxquels les modernes font cependant l'honneur d'accorder un accueil sérieux, ne sont tout au plus dignes que d'un légitime étonnement. Le moyen âge avait, comme de nos jours, ses beaux esprits et ses partisans de nouveautés en tout genre. Fallait-il vanter alors l'art moderne? ces esprits *pointus* faisaient la critique de l'art ancien, avec l'obstination d'un avocat payé pour défendre à tout prix son client, au préjudice de la partie adverse qui a la conscience pure. Dans trois ou quatre cents ans peut-être, un autre Jean Cotton dira en parlant de notre notation musicale : « L'écri-
» ture musicale usuelle du XIXe siècle offrait l'aspect d'un hor-
» rible grimoire; les intervalles et leurs rapports y étaient *très-*
» *difficiles* à trouver et exigaient une *immense habitude de lecture.*
» Grâce à ce grimoire, la musique était devenue, de l'aveu
» même des écrivains de cette époque, *un art auprès duquel la*
» *langue chinoise, avec ses innombrables caractères, pouvait pa-*
» *raître d'un accès facile* (1). Et ce qu'il y a de plus étrange, de
» plus incompréhensible, de plus étonnant dans l'écriture musi-

(1) Joannis Cottonis musica, cap. XXI, apud Gerberti *Scriptores,* tom. II, p. 259.

(1) Voir le journal l'*Union*, n^o du mardi... juin 1853.

» cale de ce bas siècle, c'est qu'au-dessus ou à côté de la multi-
» tude infinie de ses hiéroglyphes, on avait la fantaisie capri-
» cieuse de mettre des lettres pour exprimer certaines affections
» musicales ; par exemple : P, pour *piano ;* F, pour *forté ;* M ,
» pour *moderato,* etc... Or, l'emploi de ces lettres jetait les es-
» prits dans une confusion profonde, parce que P, par exemple,
» pouvait signifier, non seulement *piano,* mais encore *plaintive-*
» *ment, pacifiquement, pitoyablement, péniblement, pétulamment,*
» *pompeusement, perpétuellement,* et mille autres choses différentes
» les unes des autres. »

En présence de cette argumentation puissante, les doctes
diront alors avec une gravité toute magistrale et en invoquant au besoin *la langue chinoise :* — « Oui, au XIXe siècle, la
» notation de la musique n'offrait aucune certitude ; l'art était
» conservé sous l'écorce impénétrable d'une écriture qui ne
» s'apprenait que très-difficilement, à la longue et par l'usage.
» Les méthodologues de cette époque étaient en contradiction sur
» tous les points : maître Emile faisait sans cesse un coura-
» geux appel au bon sens, et, dans sa légitime colère, flagellait
» les partisans de la routine et des vieilles idées. Maître Giacomo
» et ses sectateurs restaient immobiles comme des bornes en
» granit : la raison, la conscience, l'amour de l'art, rien ne
» pouvait leur faire abandonner des erreurs manifestes et des
» signes dont on avait perdu l'intelligence, puisque tout le monde
» discutait sur leur valeur et sur leur signification. Plus heureux
» que son prédécesseur, le XXIIIe siècle a poussé l'art dans une
» voie meilleure, et, sans maître, un enfant peut maintenant lire
» toute espèce de musique après quelques jours de leçons seule-
» ment... »

Et alors qu'arrivera-t-il ? — Quiconque s'imaginera de prouver, en plein XXIIIe siècle, que l'on pouvait, en l'an de grâce
1855, lire facilement l'écriture musicale de l'Europe, passera
pour un utopiste, pour un homme qui s'est trop avancé, et dont
les prétentions sont inacceptables, mathématiquement parlant...!

La seconde erreur que j'ai à signaler, mérite une réfutation plus sérieuse que la précédente. Celui qui l'a commise est un homme d'une immense érudition, qui tient en ses mains, depuis quarante ans, le sceptre de la science et de la critique musicale. C'est nommer M. Fétis !

Voici comment j'ai réfuté cette erreur dans un petit travail auquel M. d'Ortigue a bien voulu donner une amicale hospitalité, pp. 1537-1539 de son beau *Dictionnaire de plain-chant.*

« VOCALISE. — Dans un article, remarquable à plus d'un titre, que M. Fétis a consacré à Guido ou Gui d'Arezzo, l'artiste éminent du commencement du xie siècle, on lit ces paroles : — « Ce » qui paraît lui appartenir incontestablement, c'est la représen» tation de l'échelle générale des sons de son temps par les cinq » voyelles *a, e, i, o, u,* appliquées aux syllabes des deux chants » de l'Eglise : *Sancte Joannes meritorum tuorum...,* et *Linguam* » *refrenans temperet.* . Il dit positivement, au commencement du » dix-septième chapitre du *Micrologue,* que cela était inconnu » avant lui : *His breviter intimatis, aliud tibi planissimum dabimus* » *hic argumentum, utilissimum usui, licet hactenus inauditum.* Il » conseille dans ce chapitre d'écrire ces cinq voyelles sur le mo» nocorde, au-dessous des lettres représentatives des sons, en » recommençant la série des cinq voyelles autant de fois qu'il est » nécessaire jusqu'au son le plus aigu. L'usage auquel il destine » ces voyelles semble être une sorte de récapitulation des sons, » et c'est aussi une espèce de neume dont l'utilité n'est pas aussi » évidente que Guido semble le croire. Il ne serait pas impos» sible que la triple série de voyelles, dont chacune représente » des notes différentes, eût donné l'idée du système des muances » qui s'établit ensuite dans toutes les écoles de musique. » (*Biog. univ. des musiciens,* tome V, p. 459).

Or, M. Fétis me paraît avoir commis plusieurs erreurs dans les lignes que je viens de lui emprunter :

1° L'application des six voyelles au chant des hymnes *Sancte Joannes* et *Linguam refrenans,* n'est qu'un exemple servant à mettre en relief une méthode d'enseignement musical, inventée par Gui d'Arezzo.

2° Cette méthode n'est pas une sorte de récapitulation des sons, ni une espèce de neume.

3° Elle n'a point donné l'idée du système des muances, par la raison bien simple que, dans la méthode du savant religieux, on n'employait que *cinq* voyelles, et que le système des muances réduisait toute la solmisation aux *six* notes *ut, ré, mi, fa, sol, la*.

4° Non-seulement l'utilité de l'invention de Gui d'Arezzo est évidente, mais elle est même digne d'admiration. L'art moderne s'en sert encore, et la regarde comme un procédé classique d'une très-grande importance.

La preuve de ces différentes assertions se trouve dans le texte même du xviie chapitre du *Micrologue*, que M. Fétis invoque.

Gui d'Arezzo y pose en principe que, si l'on peut écrire tout ce qui se dit ou se prononce, on peut aussi chanter tout ce qui se dit : *Sicut scribitur omne quod dicitur, ita ad cantum redigitur omne quod scribitur. Canitur igitur omne quod dicitur*. Mais, poursuit-il, l'écriture est représentée par des lettres, et surtout par les cinq voyelles dont l'emploi est si nécessaire, que sans elles il est impossible de prononcer une seule syllabe.

Or, puisqu'il en est ainsi, voici ce que Gui d'Arezzo propose aux élèves qui, sachant solfier, veulent aborder l'étude de l'application d'un texte littéraire à une mélodie. On sait combien cette étude est difficile aux commençants. Ceux-ci connaissent les intonations des diverses notes d'un morceau de musique, mais c'est à la condition qu'ils chanteront *en nommant chaque note ;* en sorte que leur interdire cette dernière ressource, ce serait pour eux un exercice, sinon impossible, du moins d'une réalisation fort problématique. Gui d'Arezzo prévoit les obstacles qui se trouvent tout naturellement au début de l'*art de chanter des paroles*. Suivant lui, il faut d'abord ne prononcer que les voyelles qui entrent dans la composition des syllabes de chaque mot, sans s'inquiéter des consonnes qui accompagnent presque toujours ces voyelles. Les voyelles offrent une prononciation sonore et musicale ; leur petit nombre en rend l'usage facile, et habitue peu à peu l'élève, et comme à son insu, à chanter sans nommer la note. En peu de temps, on arrive ainsi à dire sans hésitation et simultanément le texte et la mélodie de toute espèce de morceau de musique.

Gui d'Arezzo donne ensuite un exemple de son procédé. L'habile praticien est d'une sagacité rare dans le choix de cet exemple. Quand il voulait démontrer comment, avec un seul morceau de musique, on peut apprendre toutes les intonations musicales, il indiquait le chant de l'hymne *Ut queant laxis*, mélodie populaire dans laquelle les divers intervalles de la gamme sont si heureusement groupés et mis en œuvre ; ici, l'exemple qu'il fournit à l'élève n'est pas moins remarquable, comme on va s'en convaincre.

Gui d'Arezzo propose l'exemple suivant :

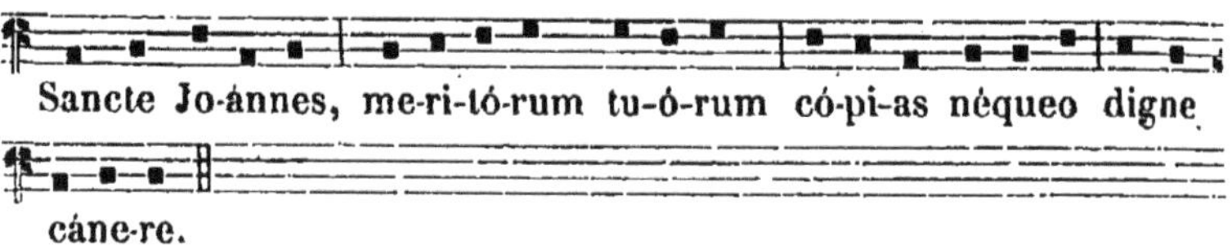

L'élève chante d'abord la note en la nommant, de cette manière :

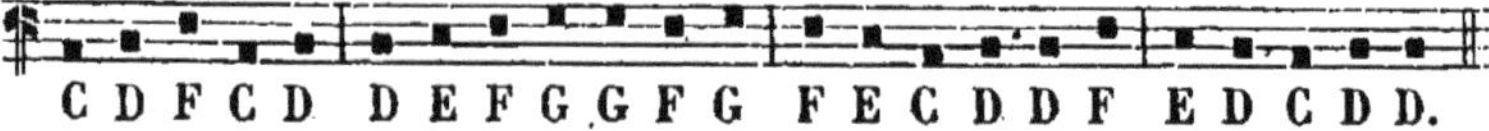

Puis, il aborde la même mélodie, mais notée, par le texte lui-même, sur une portée dont les interlignes ne comptent pas. En tête de chaque ligne, il y a une lettre appellative de la note correspondante, en manière de clef, avec une des cinq voyelles *a, e, i, o, u*. L'élève voit la clef, et se rappelle ainsi le nom même de l'intervalle mélodique que porte chaque ligne ; les syllabes du texte qui remplacent les signes sémiologiques, ne se disent pas encore entièrement : on n'en prononce que la voyelle en chantant le plus juste possible. Cette opération est d'autant

plus facile , qu'à la seule inspection d'une syllabe , on est sûr
qu'elle contient la voyelle placée près de chaque clef. Exemple :

```
G  u_______________________________________rum__tu_______rum________
F  o_______________Jo___________________________to___________o_________
E  i__________________________________ri___________________________________
D  e__________cte____________nes____me________________________________
C  a_____San___________an___________________________________________
```

```
G  u____________________________________________||
F  o_____co__________________o_________________||
E  i__________pi__________________di___________||
D  e____________________neque__________gne_______nere____||
C  a____________us____________________ca________||
```

Ce qui revient à dire que l'élève doit chanter ce morceau de
la manière suivante :

Or , quand il parvient à ce point d'exécution musicale , c'est
un jeu pour lui de remplacer les voyelles par les syllabes qu'elles
représentent , et c'est l'heureux terme que Gui d'Arezzo lui
montre comme une conquête facile et une douce récompense.

Le moine de Pompose fait observer qu'il n'est pas toujours
possible de renfermer un chant avec paroles dans le cercle étroit
des cinq voyelles , parce que la mélodie parcourt bien souvent
plus de cinq notes de l'échelle diatonique , et qu'il est excessivement rare enfin de rencontrer la parfaite correspondance, qui
existe dans le *Sancte Joannes* , entre la position des voyelles placées à la clef et celle des voyelles qui font partie du texte chanté.
Il indique , en conséquence , une autre manière de placer les
voyelles en tête de chaque ligne de mélodie avec paroles ; grâce
à ce placement, qui est d'une application générale , on peut tout
vocaliser.

Gui d'Arezzo est donc l'inventeur trop longtemps méconnu de
l'art de chanter sans nommer les notes , et sans y adapter encore
les paroles. C'est à lui que la musique est redevable des exercices intermédiaires entre la solmisation et le chant, exercices
auxquels les artistes modernes, même les plus habiles, se livrent
avec tant de persévérance pour parvenir à la plénitude de leur
talent qui fait notre admiration..

Je ne crains point de le dire en terminant : ces quelques mots sur l'origine des *vocalises*, sur l'*art de vocaliser* ou *de voyelliser*, ne déplairont pas à M. Fétis que je refute, parce que je rends justice à Gui d'Arezzo qu'il vénère et qu'il aime. »

II. Passons maintenant aux systèmes de notation musicale par chiffres.

Il est incontestable que ce genre de notation doit son origine aux différents noms qui, de tout temps, ont été donnés aux intervalles musicaux, tels qu'*unisson, seconde, tierce, quarte, quinte, sixte, septième, octave*, etc.

Le Père Jean-Jacques Souhaitty, religieux de l'observance de Saint François, du couvent de Paris, vers le milieu du XVIIe siècle, fut le premier qui proposa de substituer des chiffres aux notes pour écrire la musique usuelle, dans un livre intitulé : *Nouveaux éléments du chant ou essai d'une nouvelle découverte qu'on a faite dans l'art de chanter, laquelle débarrasse entièrement le plain-chant et la musique de clefs, de notes, de nuances, de guidons ou renvois, de lignes ou d'espaces, des bémol, bécarre, nature, etc., en rend la pratique très-simple, très-naturelle, et très-facile à retenir...*; Paris, 1677, in-4° de 56 pages.

« Il paraît, dit M. Fétis, que la méthode du P. Souhaitty fut
» l'objet de quelques critiques, car il la reproduisit deux ans après
» avec des réponses à ces critiques; ce second ouvrage a pour
» titre : *Essai du chant de l'Eglise par la nouvelle méthode des
» nombres, contenant, outre la clef, les principes et les tables de
» cette méthode : 1° Une introduction à l'art de chanter par nombres.
» 2° Les réponses à toutes les objections qu'on a faites. 3° Quelques
» avis pour bien pratiquer le chant de l'Eglise ;* Paris, Thomas
» Jolly, 1679, in-8° de 20 pages non cotées, et de 40 pages
» chiffrées. Le système du P. Souhaitty, ajoute M. Fétis, consiste
» à représenter les sons *ut, ré, mi, fa, sol, la, si,* par 1, 2, 3,
» 4, 5, 6, 7. Il suppose l'étendue générale des voix et des ins-
» truments renfermée dans quatre octaves. La première octave
» est exprimée par les chiffres suivis d'une virgule ; la seconde,

» par les chiffres simples 1, 2, 3, 4, etc. ; la troisième , par les
» mêmes chiffres suivis d'un point ; et la quatrième par les chif-
» fres suivis d'un point et virgule. L'objet principal du système
» était le plain-chant, car l'auteur avoue (page 21), qu'il était
» médiocrement musicien ; aussi n'a-t-il pensé qu'à représenter
» les demi-tons du troisième au quatrième dégré , et du septième
» à la tonique, par un 3 et par un 7 barrés ; quant aux dièses ,
» et aux bémols accidentels, il ne s'en est pas occupé. Pour ex-
» primer la valeur des notes , le P. Souhaitty n'a rien trouvé de
» mieux que de placer au-dessous des chiffres les lettres *a, b, c,*
» *d, e, f, g, h,* qui représentent des valeurs de temps décrois-
» santes par 2, 4, 8, etc. A l'égard des décompositions de me-
» sures , il n'en dit rien. Comme on vient de le dire , cette mé-
» thode n'était réellement applicable qu'au plain-chant (1). »

» Longtemps après que le système de Souhaitty eut été publié,
» Jean-Jacques Rousseau en proposa un autre pour la notation
» par les chiffres, mais différemment combiné... Le célèbre au-
» teur de ce système avait emprunté au P. Souhaitty les barres
» des chiffres, inclinés à gauche ou à droite, pour l'indication
» du bémol et du dièse. Le ton était marqué par un nom de note,
» le mode par celui de la tierce du ton souligné ; une lettre indi-
» quait la clef, un grand chiffre 2 ou 3 la mesure; des traits
» placés au-dessus ou au-dessous de plusieurs chiffres faisaient
» connaître que ces notes étaient des croches, doubles ou triples
» croches, en raison du nombre de ces lignes , et les positions
» plus ou moins éloignées , plus ou moins rapprochées des chif-
» fres non soulignés indiquaient les rondes, blanches ou noires.
» — Ce système n'excita aucune attention lorsque Rousseau, à
» peine connu (2), le proposa ; mais après que l'auteur de *La*
» *nouvelle Héloïse*, de l'*Emile* et des *Confessions* eut acquis son

(1) *Biogr. universelle des musiciens*, tom. VIIIe, pp. 236-237, article Souhaitty.
(2) C'est-à-dire en 1742.

» immense célébrité, on en parla beaucoup et l'on ne s'en servit
» jamais (1). Depuis lors, Natorp et Zeller, en Prusse, ont em-
» ployé la notation par les chiffres pour l'enseignement du chant
» dans les écoles primaires, en l'appliquant seulement aux can-

(1) On peut voir dans le livre de M. Raymond, intitulé : *Des principaux systèmes de notation musicale*... (Turin, 1824, in-4° de 154 pages avec une planche), une très-bonne analyse du système de Rousseau.

Puisque je viens de prononcer le nom de Rousseau, à propos de notation musicale, je demanderai la permission de dire ici, en deux mots, qu'en me rendant à Montpellier, en décembre 1850, pour y accomplir ma mission scientifique, j'eus la curiosité de visiter toutes les grandes bibliothèques qui se trouvaient sur mon passage. Je ne pus résister au désir d'aller à Autun. M. le chanoine de Vaucoux, secrétaire de l'évêché, savant archéologue, s'il en fut jamais, et homme plus aimable encore, si cela est possible, me reçut avec une cordialité dont les Bénédictins avaient le secret autrefois. Il me montra lui-même, et un à un, tous les trésors de musique liturgique qui existent dans la riche bibliothèque du séminaire. En me quittant, il me promit gracieusement de m'envoyer, à Montpellier, le *fac-simile* d'un petit manuscrit du xiiᵉ siècle sur le plain-chant, que j'y découvris, et dont M. Libri n'a point parlé dans son *Catalogue de la bibliothèque d'Autun*. Il est inutile d'ajouter que M. l'abbé de Vaucoux fut fidèle à sa promesse, et que je suis très-heureux de lui adresser, un peu tardivement sans doute, toute l'expression de ma reconnaissance. — M. Maron, bibliothécaire et conservateur du musée de la même ville, me fit voir, dans le dépôt scientifique qui lui est confié, une lettre autographe de J.-J. Rousseau, dont M. Libri n'a pas non plus signalé l'existence. Elle est adressée à M. Framery, au bureau du journal de musique, rue de Sartine, près celle de Viarmes à la nouvelle Halle, à Paris, et datée du 15 janvier 1770 (17 ¹⁵⁄₁ 70). Ce précieux document qu'on m'a assuré être *inédit*, roule exclusivement sur la manière de noter en chiffres les *arpéges*. Je l'attends encore de la complaisance de M. Maron qui voulait, absolument, m'éviter la peine d'une copie... Mais revenons au système de Rousseau, remis en honneur par Galin.

» tiques et psaumes ; dans ces derniers temps, Galin en a fait un
» des éléments de sa méthode du *Méloplaste* pour l'enseignement
» de la musique vocale, et M. Miquel jeune en a conçu un nouvel
» emploi dans une notation qu'il a appelée *Arithmographie mu-*
» *sicale* (1). »

On sait que, de nos jours, *trois personnes d'un très-grand mérite et d'un caractère exceptionnel* (2), Mme Emile Chevé (Nanine
Paris), MM. Paris et Chevé ont perfectionné la méthode Galin,
et l'ont propagée avec ardeur. M. Chevé surtout se distingue,
dans cette propagande, par un dévouement sans bornes. Malheureusement, ce professeur, qui a certainement beaucoup d'esprit,
ignore complétement l'histoire de la musique du moyen âge. Si
son intelligence pouvait suivre, à travers les siècles, les transformations successives et lentes de l'art musical, il comprendrait
une foule de faits dont les lois synthétiques lui échappent, et le
lecteur impartial ne rencontrerait pas, dans les œuvres de ce
maître si habile, des assertions insoutenables et des préjugés injustes. Les documents de l'histoire lui montreraient les défauts
véritables de la notation actuelle, et, fort de la vérité même, il
n'engagerait pas la lutte sur le terrain de l'imagination ou des
impossibilités. Ce qu'il éviterait surtout, ce serait de rompre radicalement avec le passé, parce qu'il est incontestable, même
a priori, qu'un art qui s'est formé par le travail fécondant d'une
multitude immense d'hommes éminents de tous les pays et de tous
les siècles, doit contenir des principes pour lesquels il faut avoir
quelque respect, principes qui sont respectables, en effet, quand
on les comprend dans leur génèse et leur filiation. Saper tout ce
qui existe, c'est une utopie révolutionnaire qui ne réussira pas
plus en musique qu'en politique. Réformer avec calme, lentement,

(1) M. Fétis, *La Musique mise à la portée de tout le monde*, nouvelle édition déjà citée.

(2) *Système de notation musicale*, par M. Perrot, ancien élève du
Conservatoire de Paris, etc. (Introduction, p. 1).

prudemment, c'est, au contraire, la voie qui doit être suivie par *tout vrai réformateur*, lorsqu'il veut fonder une œuvre solide et durable. En fait d'art, le monopole de la vérité n'appartient à personne. M. Emile Chevé doit le savoir aussi bien que tout autre.

Ce didacticien a publié plusieurs ouvrages fort importants, pour la propagation du système qu'il nomme *Méthode de l'Ecole Galin — Paris — Chevé;* je citerai, entre autres :

1° *Méthode élémentaire complète de musique vocale,* 1 vol.

2° *Méthode élémentaire d'harmonie et de composition,* 2 vol.

3° *Méthode élémentaire de piano,* dont les premières livraisons ont paru.

III. Les principaux systèmes de notation à signes arbitraires sont ceux de l'abbé Démotz de la Salle et de M. de Rambures.

Démotz ne faisait usage que d'un seul caractère de note qui, par sa position verticale, horizontale ou inclinée en divers sens, indiquait le degré d'élévation du son. Il fut approuvé par l'Académie des sciences en 1726, et publia, entre autres choses, un *Bréviaire romain,* noté selon (son) *nouveau système de chant,* Paris, 1728, in-12 de 1550 pages.

M. de Rambures est un savant dont l'amitié m'honore. Il est connu par une *Sténographie musicale appliquée à l'enseignement populaire de la musique,* et par des articles qu'il a publiés dans l'*Université Catholique* et réunis en une brochure (Paris, Blanchet, rue Croix-des-Petits-Champs, 9, 1852), sous ce titre : *De la musique religieuse et de ses moyens d'exécution par le retour aux principes de sa première notation, la notation grégorienne.*

Ici, point d'emprunts aux sémiologies musicales d'aucun peuple ni d'aucune époque. Il est bien vrai que, dans le second travail cité plus haut, l'auteur voudrait revenir à la notation grégorienne qui, selon lui, était alphabétique; puis, tout-à-coup, suivant la pente de son affection pour la sténographie, objet constant et avéré de toutes ses prédilections, il veut simplifier la prétendue notation grégorienne, en y substituant les nouveaux signes de sa

méthode individuelle. Il est possible que M. de Rambures ait été
inspiré par l'ouvrage de Michel Woldemar (1), du moins quant à l'i-
dée génératrice d'où dérive son système. Quoi qu'il en soit, M. l'abbé
Migne a remarqué, avec beaucoup de justesse, dans le journal *La
voix de la vérité*, — « que la sténographie (de M. de Rambures),
» peut bien avoir quelques-uns des inconvénients de la notation
» actuelle, moins les avantages. Pour donner brièvement une
» idée du système de l'auteur, ajoute M. l'abbé Migne, nous
» croyons qu'il suffira d'un simple spécimen. Pour figurer aux
» yeux les trois notes : *do, ré, mi*, par exemple, M. de Rambures
» emploie les trois caractères suivants : / \ —, c'est-à-dire, une
» barre inclinée de droite à gauche, une autre inclinée de gauche
» à droite, la troisième horizontale. Croira qui voudra que l'in-
» tonation sera plus prompte, plus juste et plus sûre avec ces
» signes qu'avec ceux-ci : ♯ ▬ ▪ ▬ ▪ ‖ (2). »

DEUXIÈME SYSTÈME.

Il existe, de nos jours, des artistes qui voudraient remplacer
la notation du plain-chant par celle de la musique moderne.

La cause de ce système est tout entière dans la facilité qu'il y a
de graver les signes de la musique actuelle, et aussi dans les
avantages que l'on affirme être *réels*, de traduire, en caractères
connus de tous, des caractères dont l'intelligence s'oblitère de
plus en plus. « Malgré l'importance du plain-chant, dit un par-
» tisan de la notation que j'examine, malgré l'importance du
» plain-chant, peu de personnes le connaissent; l'étude en est
» réservée presque exclusivement aux ecclésiastiques. De là l'im-
» possibilité générale d'obtenir dans les communautés, dans les
» colléges, des résultats satisfaisants. La pensée de ce livre a
» donc été de *populariser*, par une traduction, des beautés dont
» une langue spéciale rendait l'initiation difficile. »

(1) *Tableau mélo-tachygraphique*; Paris, Cousineau, 1800. Voyez
la *Revue musicale*, tom. IV, pp. 270 et suivantes.

(2) N° du 12 septembre 1852.

Je ne sais si ce dernier motif est entré pour quelque chose dans l'intelligence de l'illustre Choron, toujours est-il que son ouvrage intitulé : *Corpus cantus ecclesiastici,* offre les germes de la notation moderne remplaçant la notation du plain-chant. Il est vrai, et il faut le dire, que cet auteur laisse subsister concurremment les deux notations, en laissant aux mélodies liturgiques leur sémiologie propre, et en n'introduisant la sémiologie moderne que pour les parties qui accompagnent harmoniquement le chant.

On est allé plus loin que lui et que bien d'autres : sous prétexte de populariser les cantilènes de l'Eglise, on les a transcrites d'une manière qui ne ressemble à rien ou qui offre des difficultés fort sérieuses.

Les notes carrées à queue du plain-chant sont figurées, dans ce système bâtard, par une ronde flanquée, à gauche et à droite, d'un petit trait vertical adhérent. La note carrée simple y est remplacée par une ronde, et la losange, par une noire sans queue. Les clefs de 𝄡 et d'𝄢 sont trop gothiques : on les rend plus intelligibles en posant, sur des portées de *cinq lignes,* les clefs actuelles de *sol* sur la deuxième ligne, et de *fa,* sur la quatrième. Enfin, les morceaux s'y trouvent écrits comme ils doivent être chantés, c'est-à-dire, *bien et dûment transposés,* avec une foule de bémols et de dièses à la clef, absolument comme s'il s'agissait, par exemple, de pièces musicales en *mi bémol majeur* ou en *fa dièse mineur...*

On appelle cela *populariser le plain-chant!* on appelle cela *rendre le plain-chant d'une exécution plus facile!*

TROISIÈME SYSTÈME.

Quelques personnes, sincèrement dévouées à la restauration du plain-chant, pensent qu'il faut non-seulement conserver la notation actuelle de la musique grégorienne, mais encore l'enrichir le plus possible des figures de notes les plus anciennes et les plus primitives.

C'est là, comme on le voit, une prétention tout archéologique, et c'est précisément celle des éditeurs des nouveaux livres de chant à l'usage de Reims et de Cambrai. Il est vrai qu'ils proclament bien haut que leur entreprise n'est pas *une œuvre d'archéologie*, mais un travail pratique qui puisse être *adopté pour l'usage de l'Eglise et exécuté par le peuple* (1). Il est manifeste, cependant, que depuis l'*alpha* jusqu'à l'*oméga*, tout, dans les livres de Reims et de Cambrai, révèle l'énergique résolution de revenir aux traditions de l'ancienne musique plane, et de faire de l'archéologie *quand même*. Le chant romain, qui existe en France depuis le concile de Trente et qui s'y est acclimaté sous des formes populaires et vivaces, ils l'ont remplacé par celui qui se trouve dans le manuscrit de Montpellier, dans les traditions Carthusiennes, dans quelques vieux parchemins des bibliothèques de Paris, de Cambrai, de Reims; ils ont même poussé le zèle jusqu'à demander aux monuments de la Suisse les types des mélodies grégoriennes, et ont ainsi tout respecté, *excepté ce qui existe en France depuis trois ou quatre cents ans...* Quant à la notation du plain-chant, les nouveaux éditeurs se sont efforcés, dans leur préface, d'expliquer quatre espèces de figures de notes (, , ,), et en ont introduit furtivement d'autres dans le corps même de leur publication, comme, par exemple :

isolé : —
Peccato-res. (*Graduale*, p. 194.)

ligaturé : —
Psallen- tes. (*Ibid.*, p. 95.)

isolé : —
Es tu. (*Ibid.*, p. 112.)

ligaturé : —
Om- nes. (*Ibid.*, p. 92.)

(1) *Graduale Romanum*, Parisiis, 1851, apud J. Lecoffre...; *Introduction*, p. iij. — Une introduction en français dans un livre entièrement écrit en latin, c'est là un fait que je me contente de citer. Le commun des chantres préférerait, bien certainement, une traduction des rubriques et des titres de chaque office.

On connaissait, dans nos anciennes éditions, des groupes de notes semblables à ceux-ci :  ; mais, pour Reims et pour Cambrai, une pareille sémiologie ne respirait pas un parfum d'antiquité assez vénérable; aussi, les éditeurs se sont-ils mis l'esprit à la torture, et ont-ils écrit : *(Graduale*, p. 70ˣ), et vingt mille autres bizarreries aussi inexplicables, aussi incompréhensibles, aussi inqualifiables que ce petit chef-d'œuvre de *monstruosité archéologique*.

Mais supposons toutes ces fantaisies, des réalités, et toutes ces erreurs, des faits positifs. Disons sérieusement, si cela est possible en pareille matière : « Oui, dans l'école de saint Grégoire,
» plus tard sous Charlemagne, et ensuite aux époques les plus
» grégoriennes du moyen âge, on chantait à l'instar de la mé-
» thode Rémo-Cambraisienne. Ce sont bien exactement les
» mêmes fioritures musicales, les mêmes ornements mélodiques,
» les mêmes longues entremêlées de petites notes, d'appogia-
» tures, d'arabesques sonores que dessinait la voix des chanteurs
» de la grande école, de l'école pure, alors que le souvenir des
» leçons de saint Grégoire était encore gravé dans la mémoire
» des artistes. Par un prodige merveilleux, les nouveaux éditeurs
» qui soutenaient l'impossibilité absolue de traduire les anciens
» neumes, ont obtenu, pour eux seuls, le don divin de les dé-
» chiffrer et de les transcrire. Ils ont donc pu rendre aux canti-
» lènes de saint Grégoire leur physionomie primitive et exacte.
» Rien n'y manque, rien n'y est fautif; tout y est parfait, excel-
» lent. Désormais, le plain-chant romain n'est plus ce que trois
» ou quatre cents ans nous en avaient appris : c'est quelque chose
» de nouveau *par son antiquité même;* la notation, imitant les
» signes primitifs de la sémiologie musicale de l'Europe, s'y dé-
» ploie avec tout le luxe de ses formes originales et pittoresques :
» grâce à elle, ici on chantera vite, là on traînera la voix,
» ailleurs on exécutera d'interminables roulades, *pleines de beau-*
» *tés rythmiques;* les artistes modernes trouveront tout cela

» sublime, et le peuple déchiffrera et exécutera, sans la moindre
» peine, la valeur de cette queue de note placée à gauche, de
» cette autre queue tournée à droite, de ces groupes ou liga-
» tures prétinlaillés de pelits détails mélodiques, d'ornements,
» de longues, de brèves, de semi-brèves, de notes de passage.
» C'est d'ailleurs *pour le peuple* que toutes ces magnifiques choses
» ont été ressuscitées; c'est, en un mot, pour rendre le plain-
» chant plus facile, plus majestueux, plus grave, plus pratique
» et plus répandu... »

QUATRIÈME SYSTÈME.

En présence d'une pareille révolution tentée dans la notation
du plain-chant, révolution qui bouleverse toutes les idées que
plusieurs siècles nous avaient transmises sur le plain-chant lui-
même, n'est-on pas en droit de se demander s'il est bien sage de
ramener ainsi l'art religieux dans une route abandonnée depuis si
longtemps ? Lorsque les éléments d'un art sont arrivés, grâce à
l'action lente du travail des siècles, au but si désirable d'une
grande simplification ; lorsque les signes qui expriment ces éléments, sont clairs et suffisent pour bien mettre en relief les idées
reçues, — est-il nécessaire de remplacer ce qui est simple, évident et facile, par quelque chose de complexe, d'embrouillé et
d'inexécutable? est-ce pour faire revivre, ou plutôt (soyez
francs, messieurs), n'est-ce pas pour tuer le plain-chant, qui
s'en va chaque jour de nos mœurs, que vous vous êtes imaginé
de l'affubler d'un vieux manteau que l'Eglise elle-même avait
relégué, depuis des siècles, dans la poussière de son garde-
meuble? Le zèle est parfois mauvais conseiller, et souvent l'ardeur qui entraîne, est terrible dans ses conséquences !

Je regarde donc comme une chose extrêmement dangereuse
de remplacer la notation actuelle du plain-chant par une notation
du même genre, mais plus ancienne et plus compliquée, sous prétexte de science et d'archéologie. Le danger ne me paraîtrait pas
moindre, si le changement de notation était nécessité par celui

du chant lui-même, surtout à la suite d'une restauration radicale qui voudrait faire revivre, dans la pratique, les mélodies
grégoriennes primitives avec leurs longueurs, leurs ornements,
leurs défauts et même leurs beautés. Je trouve plus rationnel et
plus sensé d'accepter le chant liturgique tel que l'Eglise nous l'a
conservé depuis le Concile de Trente en vue des besoins nouveaux
du culte ; j'en admire le caractère simple et grave, majestueux
et austère ; je trouve que s'il a des défauts, et certainement il en
a, on peut y remédier, sans pour cela révolutionner violemment
l'art religieux et le bouleverser de fond en comble du jour au
lendemain ; et si l'archéologie me paraît une chose digne d'estime, le respect dû aux traditions approuvées par l'Eglise depuis
trois cents ans, me semble aussi quelque chose de tellement vénérable, qu'y porter la main avec trop de légèreté, c'est à mes
yeux faire de l'érudition au détriment du culte et commettre un
véritable sacrilége.

Bien étudier la notation du plain-chant dans ses rapports avec
la simplification des éléments qui la composent et qui sont la
tendance de l'art ; faire un appel aux progrès de la typographie
pour réaliser, le plus possible et prudemment, les améliorations
d'une sémiologie dont les caractères distinctifs doivent être pré-
servés de l'action du vandalisme, et dont cependant les éléments
peuvent et doivent se perfectionner, — telle est la thèse que je
ne crains pas de prendre en main avec toute l'énergie dont je
suis capable.

Si une pareille thèse constitue le programme d'une école, je
n'hésite pas à m'en déclarer le chef et le défenseur. Les corol-
laires suivants apprendront à mes lecteurs toute la portée de
ma déclaration de principes.

CONCLUSIONS DE CE QUI PRÉCÈDE.

L'analyse des systèmes de notation applicable au plain-chant
doit avoir prouvé, jusqu'à l'évidence, que la typographie moderne

est appelée à remplir un rôle considérable dans la question présente.

Quel parti prendra-t-elle définitivement, lorsqu'elle devra reproduire le chant grégorien à la restauration duquel on se dévoue
maintenant avec la plus louable ardeur? N'est-il pas urgent de
lui préparer la voie qu'elle devra bientôt suivre, qu'elle doit
même suivre le plus possible, dès à présent, dans les éditions
provisoires et transitionnelles? S'il est vrai de dire qu'une discussion sérieuse produit toujours de bons résultats, c'est surtout
en une matière abandonnée à la merci du caprice, de l'indifférence ou de l'oubli. Lorsqu'on a devant soi dix routes qui semblent aboutir au même but et que chacun vante avec emphase,
il est bon de donner un conseil ami au voyageur désireux d'arriver promptement au terme de sa pénible marche. Or, le voyageur, c'est la typographie; les routes diverses qui s'offrent à elle,
ce sont les systèmes de notation qu'on lui présente au nom de la
science antique et de la science moderne, au nom de l'archéologie et du progrès. Il faut poser des principes rigoureux, et faire
un appel à une polémique qui fasse enfin jaillir la lumière.

C'est ce que je veux entreprendre.

Et d'abord, il ne faut pas oublier que le plain-chant est une musique
d'une extrême simplicité. Les tentatives de Reims et de Cambrai
pourront bien faire croire, *pendant un certain temps,* que le chant
de saint Grégoire, tel que l'Eglise et la tradition l'ont maintenu
et le veulent aujourdhui, est quelque chose de saccadé, d'étrange,
de fantastique et de bizarre : on ne parviendra point, malgré
cela, à tromper le sentiment public des fidèles et des érudits.
Un axiome sortira toujours victorieux de toutes les luttes et de
toutes les réformes imaginables : *c'est que les mélodies liturgiques
sont ce qu'il y a de plus simple et de plus grave au monde.*

Pour représenter, pour peindre, pour écrire de pareilles mélodies, on pourrait, il est vrai, faire des emprunts aux sémiologies qui ont un caractère de simplicité convenable et approprié
à la nature du chant grégorien ; mais si la notation actuelle rem-

plit ces conditions, si cette notation est le résultat du travail des siècles, si elle a des avantages qu'on ne peut remplacer dans aucun autre système, pourquoi l'abandonnerait-on ?

Il serait fort facile, sans doute, de remplacer les notes par des lettres. Et cependant quel profit réel en tirerait-on ? — L'antiquité répondra pour nous : « Les lettres sont une nota- » tion certaine quant aux intonations ; mais elles ne peignent » point aux yeux l'élévation ou l'abaissement des sons ; elles » sont beaucoup moins claires que les figures de notes pour » représenter les sons *appuyés*, les sons *d'une durée ordinaire* » et ceux qui se réalisent *rapidement* ; de plus, avec des let- » tres, les groupes ou ligatures sont moins apparents, moins » sensibles ; et, en supposant même que les lettres valussent » les notes, pourquoi quitterait-on les secondes pour les pre- » mières, puisque, *dans le plain-chant*, les unes ne sont pas » plus difficiles à apprendre que les autres, tant leur nombre » est restreint, tant leurs éléments sont faciles ! »

Evidemment, ce n'est pas la peine de revenir à ce que le moyen âge lui-même a rejeté comme une imperfection, pour reprendre une écriture musicale qui n'est plus dans nos mœurs, et qui a cessé depuis longtemps d'avoir sa raison d'être.

L'idée d'*octave*, qui est l'essence même de la musique européenne, et dont on n'aperçoit aucune trace dans la notation littérale attri- buée faussement à Boëce, nous empêchera toujours de remettre cette notation en honneur. — La notation par les lettres dites *grégoriennes*, impliquant l'idée d'octave, peut être utile dans plusieurs circonstances, par exemple, comme moyen abréviatif d'indiquer les terminaisons différentes des tons psalmodiques, lorsque ceux-ci en ont plusieurs. C'est ce qui se pratique généra- lement dans la plupart des éditions, et je demande que cet usage soit maintenu (1). Il est vrai qu'à Rome, le Bréviaire contient d'au-

(1) Je dois cependant faire observer que M. l'abbé P. Benoit me semble avoir raison, lorsqu'il dit : « Le caractère D majuscule, ayant

tres indications en lettres, qu'on n'explique pas, auxquelles les ecclésiastiques français, les imprimeurs et les chantres de notre pays n'entendent rien, et que nous réimprimons cependant avec une obéissance vraiment aveugle, mais aussi souvent fautive. Dans ce système de désignations singulières, tout respire la fantaisie. Ainsi, par exemple, on y désigne :

1.
- Le 1er ton psalmodique en f, par. . . *t* 1 (1).
- Le 1er ton en g, par. . . . . *t*. 1. *f*.
- Le 1er ton en *a*, par. . . . . *t*. 1. *l*.

2.
- Le 2e ton psalmodique, par. . . . . . *t*. 2.

3.
- Le 3e ton en *g*, par. . . . . *t*. 3. *d*.

» été employé au premier ton dans tou'es ses formes ordinaires, on
» s'est servi pour annoncer une terminaison en *ré*, qui restait sans
» signe, de la lettre J : il eut été plus régulier d'employer le $\mathscr{D}$ de
» l'écriture ordinaire. » (*Manuel du chant sacré*, in-12, Dijon,
1840, p. 44).

Le même auteur explique très-bien l'emploi des lettres pour désigner les finales ou différences psalmodiques. « A, dit-il, indique
» que la dernière note de la terminaison du psaume est un *la*; et,
» comme capitale, elle apprend que celle de l'antienne est aussi *la*.

» a indique que la terminaison est aussi en *la*; mais cette lettre
» étant minuscule, apprend que celle de l'antienne est une autre
» note.

» à produit le même effet que le précédent, et de plus, annonce,
» par l'accent supérieur, qu'on arrive à la dernière note *la* par une
» note supérieure, *si*; tandis qu'aux autres où la même finale n'est
» pas accentuée, on y arrive ou sans autre note sur la dernière syllabe,
» ou par une note *inférieure*.

» C, c, ç, indiquent tous des finales de psaumes en *ut*, avec les
» différences rapportées plus haut. La cédille placée *sous* la lettre
» marque qu'on arrive à l'*ut* par la note *inférieure*, *si* (*Ibidem*). »

(1) C'est-à-dire : *primi toni*.

4. { Le 4e ton psalmodique en A ou *E*, par *t.* 4.
{ Le 4e en g, par. . . . . *t.* 4. *m*.

5. { Le 5e ton, par. . . . . *t.* 5.

6. { Le 6e ton, par. . . . . *t.* 6.

{ Le 7e en a, par. . . . . *t.* 7. *r*.
7. { Le 7e en c, par. . . . . *t.* 7.
{ Le 7e en ç, par. . . . . *t.* 7. *f*.

8. { Le 8e ton psalmodique en G, par. . . . *t.* 8.
{ Le 8e en c, par. . . . . *t.* 8. *f*.

La littération musicale d'Hucbald, qui repose sur la théorie du tétracorde, serait pour nous un système hiéroglyphique. Celle d'Hermann Contract est obscure, en pratique, à cause de l'emploi de deux lettres pour désigner une seule note en une foule de circonstances. La notation musicale du manuscrit de Montpellier est moins claire encore que celle qui est attribuée à Boëce. L'abbé de Valernod pourrait obtenir l'assentiment de quelques partisans de la nouveauté ; mais on ne dit plus *za* pour marquer le *si bémol,* — beaucoup de personnes ont remplacé *ut* par *do,* — et les allemands, entre autres, donnent d'autres noms aux notes de la gamme : ce qui revient à dire que son système avec ses points, ses signes de longues et ses signes de brèves, ne mérite pas plus d'accueil que les autres. Il faut que l'écriture de la liturgie musicale soit au-dessus des inventions de tel ou tel auteur : elle doit nous rappeler l'origine de sa création, les perfectionnements que lui ont imprimés les siècles, et une liaison sensible entre le passé et le présent. On peut bien faire quelques tentatives particulières dans le sens de telle ou telle innovation individuelle, mais l'Eglise et l'art s'en tiendront toujours aux choses préexistantes, et ne sanctionneront, pour leur usage général, que les réformes entées sur le rameau de la tradition.

Quant aux systèmes de notation musicale par chiffres, je suis certain que le plain-chant n'en retirerait aucun avantage réel.

La notation usuelle de ce chant est trop lucide , trop facile à comprendre, trop élémentaire enfin , pour donner lieu aux querelles qui s'agitent, depuis le P. Souhaitty, au sujet des difficultés réelles ou imaginaires dont fourmille l'écriture de notre musique moderne. Dans le plain-chant, ces querelles ne peuvent pas avoir lieu : la tonalité en est grave et repose presque exclusivement sur le genre diatonique : les mélodies , toujours renfermées dans un *ambitus* fort restreint, procèdent constamment par intervalles d'un mouvement franchement saisissable, et avec un rhythme qui n'exige ni la symétrie d'une mesure rigoureuse, ni les sautillements de l'art profane ; les voix parlent plutôt qu'elles ne chantent, et tout ce qui ressemble à ce qu'on appelle *difficulté vaincue*, n'y entre jamais pour rien, sous quelque prétexte que ce soit. Or, quand une musique repose sur de semblables éléments, pourquoi remplacerait-elle, par exemple, les notes :

par les chiffres : 1 2 3 4 5 6 7 8? Les chiffres seraient-ils plus compréhensibles que les notes? Faudrait-il, pour plaire aux utopistes , barrioler nos éditions de plain-chant d'indications du premier, du deuxième, du troisième ton, etc., qui se confondraient avec les chiffres de la notation elle-même? Peut-être y aurait-il économie typographique? peut-être serait-il avantageux et populaire d'imprimer, à bas prix, des lignes *irréprochablement horizontales* de beaux chiffres surmontés, souscrits ou accompagnés d'excellents signes explicateurs? C'est possible, mais à coup sûr la notation du plain-chant n'y gagnerait rien en clarté ; et lorsque l'on réfléchit aux progrès de la typographie, quand on connaît les magnifiques éditions de chant liturgique qui se publient de nos jours et se vendent aux prix les plus modérés, l'idée d'économie et de vulgarisation se dissipe comme un vain prétexte, comme une objection futile et sans consistance.

On peut en dire autant du système sténographique de M. de Rambures. Il y a même ici beaucoup moins de clarté et de précision que dans les sémiologies précédentes. Un trait incliné de droite à gauche ou de gauche à droite peut être facilement confondu avec le trait vertical. L'œil trouve quelque chose de terne dans l'emploi des traits et des boucles que propose le spirituel inventeur de la sténographie appliquée à la musique. Une écriture populaire doit être non-seulement simple, mais encore parfaitement appréciable dans les détails qu'elle met en œuvre. Or, à mon avis, c'est là le grand défaut du système de M. de Rambures, et bien qu'il ait obtenu quelques succès par l'application de sa méthode à l'enseignement de la lecture musicale, je doute que ses idées prennent jamais racine et s'établissent définitivement dans les écoles. Ses tentatives échoueront comme celles de l'abbé Démotz de la Salle dont on ne parle plus.

Les envahissements de l'art moderne pourraient faire craindre un instant que la notation du plain-chant fût remplacée tôt ou tard par la notation de notre musique; mais aussi longtemps que l'Eglise maintiendra ses mélodies traditionnelles, aussi longtemps que sa musique propre sera séparée de l'art mondain par l'abîme d'une tonalité toute différente, elle maintiendra aussi le vêtement qui enveloppe ses cantilènes et les rend reconnaissables au premier coup d'œil. Si les essais de traduction du plain-chant en notes *plus ou moins musicales* se généralisaient, on pourrait dire qu'avec la notation liturgique, le chant liturgique lui-même disparaîtrait sans retour. Le triomphe du signe entraînerait le triomphe de l'idée.

C'est à quoi il faut résister avec énergie, malgré l'approbation bienveillante que certains prélats accordent *trop facilement* à des œuvres qui ont un but louable en apparence, mais dont les tendances réelles ne vont à rien moins qu'à l'anéantissement complet et prochain du chant de la sainte liturgie... Aussi, les éditeurs intelligents et catholiques doivent-ils se garder de publier des ouvrages de chant grégorien affublés du manteau ridicule d'une sorte de notation moderne qui ne ressemble à rien, parce qu'elle ne caractérise ni l'art ancien, ni l'art moderne, ni l'art religieux, ni l'art profane.

Ce n'est pas une raison, toutefois, pour ne souffrir aucun changement, même incontestablement désirable, dans la notation du plain-chant, telle que les siècles nous l'ont transmise. Il faut respecter la notation actuelle du chant de l'Eglise. Revenir aux formes sémiologiques des anciens âges, parce qu'elles révèlent mieux la vraie figure des neumes, c'est là un labeur d'autant plus inutile qu'il n'aboutit à rien de précis pour nous ; vouloir s'en tenir, au contraire, à ce qui existe dans nos éditions, c'est s'opposer à toute espèce de progrès, de simplification, d'économie, de beauté typographique, de perfectionnement et de goût.

J'admets la première hypothèse pour les ouvrages de pure érudition archéologique ; je soutiens la seconde pour les livres usuels et pratiques.

Voici les améliorations typographiques qui me semblent désirables, et dont l'admission serait loin de nuire à la clarté des éléments faciles qui composent actuellement la sémiologie de notre liturgie musicale.

Ces améliorations, les principales du moins, se rapportent aux chefs suivants :

Clefs.

Portée.

Figures de notes.

Guidons.

Barres.

Détails particuliers.

1° *Clefs.* — Conserver leur forme actuelle. Les plus beaux types sont ceux de la typographie française. En Italie, la gravure des clefs est trop lourde. La physionomie de la clef de *fa*, dans les éditions de Plomteux et d'Hanicq, n'est pas élégante. Dans les ouvrages de Nivers, cette même clef semble plutôt appartenir à l'ancienne musique figurée qu'au vrai plain-chant, et la clef d'*ut* offre le même inconvénient dans un degré plus sensible encore. La clef d'*ut*, comme on la trouve dans la méthode de chant grégorien de Lorenzo Berti, prêtre romain, a la forme d'un C; c'est bien là sa figure primitive, sans doute, mais l'usage a fait subir à cette *lettre-clef* une transformation qu'il est inutile de vouloir réformer. C'est ce que les éditeurs du *Graduale Romanum* de Turin (in-12, 1840) ont compris; mais ici, comme en toute autre chose, leurs caractères de notation sont grossiers et disgracieux à voir. — En général, on n'admet plus que la clef d'*ut* posée sur la troisième et la quatrième ligne, et la clef de *fa* sur la troisième. C'est là une amélioration notable, comme aussi c'en est une de conserver toujours la clef d'une manière invariable dans le cours d'un même morceau.

2° *Portée.*—A l'origine de la typographie, on commença d'abord à imprimer, dans le texte liturgique, les portées sur lesquelles les copistes transcrivaient ensuite à la plume la notation de la mélodie. C'est ce que l'on peut voir dans le *Missale Ebroicense* publié à Paris dans le cours de l'année 1492. Il en résultait que les portées imprimées d'avance étaient toujours plus que suffisantes pour la note. De là est venue, par une sorte de routine, l'habitude de prolonger les portées jusqu'au bout des lignes de la justification typographique, afin de ne laisser aucun vide, aucune lacune. Souvent même, comme on le peut voir à la page 110 de la Semaine Sainte de Guidetti (in-fol., édition de 1619), on préférait remplir la page au moyen de portées vides, plutôt que de la blanchir. Mais depuis l'invention de la typographie musicale par MM. Tantenstein, Cordel et Duverger, on commence à comprendre que la portée ne doit apparaître que lorsqu'elle est nécessaire, et qu'elle ne l'est point, quand elle ne porte aucune note. Mais il y a ici de grands préjugés à surmonter, et les typographes, novices encore sur cette question de détail, refuseront peut-être pendant longtemps encore d'imprimer le plain-chant comme ils impriment tout autre chose. Il faudra bien cependant qu'ils finissent par être conséquents avec eux-mêmes.

3° *Figures de notes.* — On admet communément quatre figures de notes : la double-carrée (▬), la carrée avec queue (⅃ ou ⅂), la carrée simple (■), et la note en forme de losange (♦).

Pour donner une forme plus élégante aux trois premières fi
gures de notes, on leur attribue maintenant un corps quadrangulaire un peu plus haut que large.

La double-carrée devrait être fondue en une seule pièce ; c'est
une note que les chantres peu instruits prononcent comme s'il y
avait deux carrées consécutives à l'unisson. Personne ne commet-
trait cette faute avec la fonte que je propose.

La note à queue passe pour une longue, et c'est une erreur
évidente. Selon Guidetti, elle vaut un temps et demi, c'est-à-
dire, une carrée ordinaire et sa moitié. En cela, Guidetti suivait
les principes de la musique figurée de son époque ; mais il n'admettait point la double-carrée, en sorte que les modernes, qui
reconnaissent cette dernière figure de note, ne savent pas trop
la différence qui existe entre la double-note et la note à queue,
lorsque celle-ci n'est pas suivie d'une losange. Dans ce dernier
cas, l'incertitude n'est pas moindre, car si la double note et la
note à queue ont une même valeur, la note à queue suivie d'une
losange devrait mesurer deux temps et demi, — ce qui rendrait
le chant d'une pesanteur désespérante. De plus, on pourrait placer également une losange après une double note, — ce qui ne
se fait pas.

Il y a donc ici quelque chose à rectifier.

Nivers et Plomteux représentaient toujours la forme dactylique
par la notation suivante :

En conservant la note à queue, dans ces circonstances, on
pourrait suivre les principes reçus de nos jours, avec autant de
raison que Guidetti suivait ceux de son temps. On pourrait convenir que la queue diminue ici la valeur de la note carrée, de
même que, dans notre musique, la queue ajoutée à une ronde
transforme cette dernière en une simple blanche. C'est du reste
ce qui est pratiqué par les hommes les plus expérimentés dans
l'art de bien dire les mélodies du plain-chant.

La note à queue n'a aucune valeur temporaire dans les groupes de notes ou ligatures; elle en rend la liaison plus évidente à l'œil, quand les notes liées se suivent par intervalles qui excèdent celui de quarte. Je regrette que certains éditeurs, fort instruits d'ailleurs, aient cru devoir supprimer cette espèce de note dans les groupes mélodiques, car il en résulte que ces groupes semblent souvent n'en être pas.

Je voudrais que la note à queue fût employée comme marque d'*arsis*, d'*accent tonique* ou d'*appui de la voix*, toutes les fois qu'une syllabe accentuée n'est surmontée que d'une seule note. Ceci me paraît d'autant plus nécessaire, que les textes qui portent mélodie, ne sont pas ordinairement accentués dans les éditions actuelles.

Les anciens disputaient sur la longueur du trait virgulaire de la note à queue (1); les typographes modernes n'ont pas à se préoccuper de semblables querelles, et doivent se contenter ici d'éviter ce que je ne crains point d'appeler *deux défauts*.

(a.) Il ne faut pas qu'à l'exemple de l'un des plus habiles typographes de Paris, on s'amuse à mesurer avec le compas chaque queue de note pour en rendre l'extrémité parfaitement égale au-dessous ou au-dessus de la portée (2).

(b.) Il ne faut pas que les compositeurs-typographes mettent indifféremment en haut ou en bas les queues de ces notes virgulaires, car si ces queues montent trop au-dessus ou descendent trop au-dessous de la portée, elles ne tardent pas à se briser et offrent à l'œil un aspect peu convenable. On évitera cet inconvénient, en admettant la méthode suivante :

Dans les anciennes éditions romaines, les losanges présentent

(1) Voir entre autres, Marchetto de Padoue (*Pomerium musicœ mensuratœ*), dans le 3ᵉ vol. des *Scriptores* de Gerbert, p. 125.

(2) Voir le *Missale Romanum*, in-4º, Paris, 1852.

les angles latéraux un peu aplatis. Cette forme n'est pas grâcieuse, tant s'en faut, et on doit lui préférer celle qu'on lui connaît dans nos belles éditions françaises.

Il serait à désirer que, dans les ligatures, la fonte permît de mettre plus de cohésion entre les notes carrées qui en font partie. Les éditions de MM. de Voght et Duval semblent avoir résolu ce problème typographique; malheureusement, la forme parfaitement quadrangulaire des figures sémiologiques y blesse le regard par leur lourdeur, comme dans les livres de Plomteux que ces savants éditeurs semblent avoir pris pour modèles. Sous ce rapport, le *Graduale Romanum* de Nivers, imprimé en 1734 par J.-B.-Christophe Ballard, est préférable et approche beaucoup de ce que je regarde ici comme la perfection.

Les anciennes éditions offraient souvent, dans les ligatures *descendantes*, des séries de losanges, souvenir du *climacus* de la notation neumatique. A l'exemple des Chartreux que l'on invoque toujours, ces groupes descendants s'impriment aujourd'hui avec de simples notes carrées. Le manuscrit des Chartreux qui est dans la bibliothèque de M. Jules Renouvier et que j'ai déjà cité au commencement de cet ouvrage, nous donne la raison véritable en vertu de laquelle les anciens n'admettent jamais de losanges dans les groupes *ascendants,* pendant qu'ils en faisaient usage dans les groupes *descendants.* La théorie remarquable que nous fournit ce précieux document, semble indiquer pourquoi une simple règle suffit pour guider les chantres, sans qu'il soit nécessaire de recourir alors à la diversité des figures des notes qu'Élie de Salomon se contentait d'appeler, en 1274, *in cantu plano decus et honestas notæ et libri* (1). — « *Primo,* dit le manuscrit de M. Renouvier, *quando cantatur ascendendo, debemus semper cantare fortiter et ascendere viriliter, aspirando et acuendo, et fortiter elevando seu notulas pulsando, sicut facit equus qui ascendit per aliquem montem. Et quum cantatur descendendo,*

(1) Gerberti, *Scriptores,* tom. III, p. 21.

» *debemus semper cantare sustinendo, et quasi faciendo de tono se-*
» *mitonum bonum vel circa, ne cantus, propter debilitatem naturæ,*
» *ultra modum deprimatur.....* » Cette simple mais judicieuse comparaison du cheval qui monte ou descend avec des allures différentes, et que l'on trouve dans les ouvrages de Gui d'Arezzo, indique assez que les fragments mélodiques qui descendent n'ont pas besoin d'être représentés avec des losanges, pour être exécutés avec plus d'abandon que lorsqu'ils procèdent du grave à l'aigu. La nature parle ici assez haut, pour que le larynx et les poumons humains soient bien obligés de lui obéir. Les éditeurs de Reims et de Cambrai ont oublié ce précepte antique et cette loi de la nature, et, non contents d'introduire dans leur notation le *decus* et l'*honestas* dont parle Elie de Salomon, ils ont renchéri sur les anciens, en admettant d'étranges groupes de notes qui descendent, mais ne ressemblent à rien *quant à la sémiologie.*

La notation des hymnes offre une particularité remarquable, relative à l'élision ou synalèphe de certaines syllabes.

Dans la plupart des éditions, la synalèple ne se note pas, on la marque, dans le texte, par une syllabe imprimée en italique; par exemple :

Ante origi*nem* ; — sacra*ta* ab ; — Pat*re* et.

C'est ce qui a fait dire à un archéologue fort estimable : — « Il est important, dans le chant des hymnes, de garder les
» élisions. Les voyelles à élider sont désignées par des carac-
» tères italiques. Ainsi on doit prononcer *infund' amorem cordi-*
» *bus,* et non, *infunde amorem ; monstra t'esse matrem,* et non,
» *monstra te esse.* »

Plomteux, dans son *Manuale cantorum sive Antiphonale roma-*
num (Liége, 1787), note au contraire les élisions comme si elles n'existaient pas. C'est, pour cette raison, qu'il imprime :

Ante o-rigi-nem. Sacra-ta ab al-vo Virginis. (pp. 23-24).

Dom Jumilhac reconnaît, dans son beau traité de plain-chant, que l'élision doit se faire au moyen d'une transaction entre les deux systèmes qui précèdent. En conséquence, il pose la première moitié d'une losange coupée en deux sur là première syllabe à élider, et la seconde moitié sur la deuxième syllabe. Les deux demi-losanges équivalent à une note carrée ordinaire (1).

Dans le vespéral de Malines, édition de M. Duval, les deux moitiés de semi-brève sont remplacées par deux notes quadrangulaires surmontées d'une liaison, de cette manière :

Ante originem. Patre et Filio.

Le *Directorium Chori* suit une méthode qui a beaucoup d'analogie avec la précédente :

Ante o-ri- ginem.

Reims et Cambrai notent ainsi ce passage :

Ante o-ri- ginem.

D'autres expriment le chant des deux voyelles consécutives par deux semi-brèves entières remplaçant une seule note carrée :

Ante o-ri- ginem.

De toutes ces méthodes, celle de Dom Jumilhac est incontes-

(1) Le système de Dom Jumilhac me remet en mémoire ces paroles d'Antonio Scoppa, que j'ai déjà cité dans cet ouvrage : — « Par l'ef-
» fet de l'élision, dit-il, on croit que *les voyelles se mangent*
» *entr'elles, en sorte qu'il ne reste rien de la première.* Cette idée
» mérite de la confirmation pour les oreilles délicates. Je parle, ap-
» puyé de l'autorité de l'abbé Antonini..... Quand je prononce et
» j'écris en italien *lo avaro*; par vertu de l'élision, je le prononce,
» et j'écris comme *l'avaro*; mais ce n'est pas que j'anéantisse abso-
» lument l'o...... (*Traité de la Poésie italienne, rapportée à la Poésie*
» *française*, p. 134, note 9). »

tablement la meilleure, et la dernière est d'autant plus excellente, qu'elle offre, aux chantres, des notes dont la valeur et la figure leur sont familières. Je pense qu'il faut les préférer à toutes les autres.

La traduction musicale de la synalèphe littéraire offre quelques difficultés dans la pratique. Pour éviter ici toute erreur, il faut bien observer quelle est la position des deux syllabes synaléphiques dans le vers où se trouve l'élision.

Si elles sont immédiatement précédées et suivies d'une syllabe accentuée, on partagera la note brève ou commune en deux semi-brèves, et l'on donnera une semi-brève à chacune des deux syllabes de la synalèphe. Exemple :

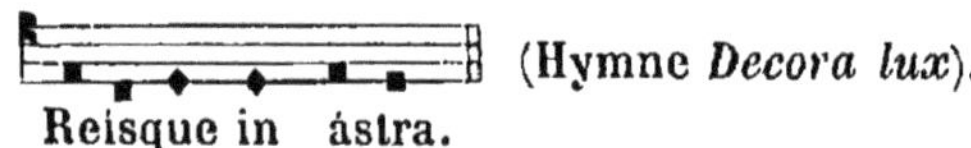

(Hymne *Decora lux*).

Si l'élision se fait sur une syllabe qui, armée de l'accent tonique, ne porte qu'une note dans la mélodie, on se gardera bien de suivre la règle précédente, parce qu'il en résulterait une véritable faute d'accentuation. Ainsi, l'on ne dira point :

(Hymne *Magnæ Deus potentiæ*).

Cette notation est évidemment vicieuse, parce qu'elle déplace et dénature l'accent du verbe *éfferat*. On peut éviter cette faute en écrivant :

Lorsque le texte littéraire offre un agrégat dactylique dont la dernière syllabe s'élide, il y a pareillement encore des précautions à prendre, si l'on veut respecter les règles de l'accentuation latine. Supposons, par exemple, qu'il faille élider musicalement le passage suivant emprunté à l'hymne *Miris modis* (Fête de saint Pierre-aux-Liens) :

Ou cet autre passage de l'hymne *Egregie Doctor* (Fête de la Conversion de saint Paul) :

Il y aurait certainement une faute si l'on écrivait :

La deuxième syllabe des mots *Pascua* et *Pectora* recevant ici un accent tonique qu'il est impossible d'admettre , l'oreille la moins délicate en est froissée. Il n'en serait pas de même avec les versions suivantes :

Ce qui vient d'être dit de la pratique musicale des élisions dans les hymnes , est loin d'épuiser la matière , mais suffit pour faire entrevoir aux éditeurs de plain-chant la route qu'ils doivent suivre pour atteindre le but.

4° L'emploi des *guidons* date de loin. Uu auteur du moyen âge les nomme *guidafollœ,* mot barbare qui signifie quelque chose comme *guide-ânes.*

On voit des exemples curieux de guidons dans les manuscrits suivants :

Graduale plenarium du xi° siècle (Bibl. impériale de Paris, ancien fonds latin, n° 903).

Prosaire de la même époque (*Ibidem,* même f., n° 1138).

Antiphonarium Arelatense, du xiii° siècle (*ibid., ibid.,* n° 780.)

Graduale écrit en 1532 (*ibid., ibid.,* n° 908).

Dans le manuscrit 1138, qui est en neumes de transition , les guidons consistent en un petit trait horizontal. Dans les manuscrits 780 et 1088, ils impliquent une forme qui se rapproche beaucoup d'une longue dont le trait virgulaire serait placé à la gauche d'une note carrée. (𝄽).

Dans le *Graduale* de 1532, le guidon se confond pour ainsi dire avec notre figure actuelle de note à queue, mais le corps en est plus grêle et se distingue ainsi de la quadrangulaire *caudée*.

J'avoue que les progrès de l'art pourraient bien dispenser les typographes de faire usage des guidons. Depuis que la clef occupe invariablement la même position dans toute l'étendue de chaque morceau, ils sont devenus réellement inutiles. On ne s'en sert plus dans la musique actuelle, et c'est un motif, je crois, pour ôter au *chant simple* ce que l'on a reconnu être tout-à-fait superflu dans la notation de l'*art difficile et complexe de la musique moderne*.

5° Les barres intercalées dans la sémiologie du plain-chant ne doivent pas servir, comme je l'ai déjà dit, à séparer la mélodie qui appartient à chaque mot. Ainsi que l'a pratiqué le célèbre Nivers, nous ne devons leur assigner d'autre but que d'indiquer des pauses ou respirations plus ou moins longues. Or, la barre peut être de plusieurs espèces : simple, composée, générale ou partielle. Exemples :

La barre générale et composée indique toujours la fin d'une intonation, ou la reprise du chœur vers la fin des versets alléluiatiques et des graduels, ou la fin d'un verset ordinaire et d'une strophe. Dans les deux premiers cas, elle équivaut à une simple marque qui n'autorise aucune interruption mélodique. La barre générale, mais simple, indique un silence de la valeur approximative d'une note carrée. La barre simple et partielle n'admet pas d'intermittence très-sensible dans le chant : elle permet de reprendre légèrement haleine au détriment de la note précédente dont la valeur est ainsi *imperceptiblement* diminuée.

Les barres ne doivent pas avoir plus de corps que les lignes qui composent les portées musicales. C'est avec beaucoup de raison que M. Adrien de la Fage a critiqué l'excessive lourdeur des barres adoptées par les éditeurs de Reims et de Cambrai. On ne peut rien imaginer de plus repoussant que la typographie de ces pauses massives (1). On sait que, contrairement à l'opinion des archéologues rémo-cambraisiens, Francon de Cologne disait, au XIᵉ siècle, en termes fort clairs : « *Pausæ tractibus designantur subtilibus* ». Il est vrai que l'on ne trouve point d'indications de pauses dans les plus anciens manuscrits de musique plane, mais on exécutait cependant ces pauses ou distinctions, comme on peut le voir dans le *Lucidarium musicæ planæ* de Marchetto de Padoue (2) et dans les ouvrages de plusieurs autres musiciens du moyen âge.

Ce n'est pas, du reste, dans les manuscrits qu'il faut rechercher toutes les exactitudes rigoureuses qu'il convient de donner

(1) « Ces barres de division, dit M. de la Fage, auraient dû être » moins épaisses, elles produisent à l'œil un effet révoltant, et je » ne puis concevoir qu'on les ait adoptées dans une imprimerie telle » que celle de M. Firmin Didot. Un de nos confrères, fin biblio- » phile, établissait une analogie entre la lourdeur de ces gros bâ- » tons et celle du chant auquel ils s'appliquent; cet ami a pris ainsi » l'habitude de faire passer des vérités sous le manteau typogra- » phique; celle-ci était trop dure. » (*De la Reproduction des livres de plain-chant romain*, p. 132, note 1).

(2) *Incipit tractatus XIII. De pausis*, *quomodo debeant figurari in cantu plano* (apud Gerberti *Scriptores*, tom. III, p. 119). — A propos du *Lucidarium*, je demande la permission de mentionner un détail qui me paraît avoir quelque valeur archéologique. Le mercredi, 3 juillet 1850, je me trouvais au département des manuscrits de la bibliothèque de la rue de Richelieu, à Paris, lorsque l'on vint proposer à l'administration d'acheter deux beaux fragments encadrés de manuscrits sur parchemin. L'un de ces fragments contenait un chant à la Vierge, noté sur une portée rouge de cinq lignes avec clef d'*ut* sur la troisième ligne. A gauche, en tête du fragment et en manière de catalogue musical, il y avait une indication bibliographique, d'une écriture assez ancienne, mentionnant l'existence du *Lucidaire en langue romane*. C'est là, certes, un fait inconnu à tous les érudits. Je ne sais si la bibliothèque impériale est devenue, suivant mes conseils, propriétaire de ce document important.

aux pauses et aux autres signes de la notation : c'est dans les théories et la notation même des faits musicaux, comme aussi dans la nécessité où nous sommes aujourd'hui de perpétuer ces faits par la typographie, en leur donnant la forme la plus grâcieuse et la plus agréable qu'il soit possible.

Ce qu'il faut surtout considérer dans l'impression des pauses, distinctions ou silences de la musique plane, c'est la position des pauses simples et partielles. Dans les éditions ordinaires, elles sont quelquefois placées avec une scrupuleuse symétrie, et occupent toujours le milieu de la portée, de cette manière :

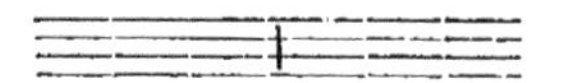

C'est là le système de Nivers, et j'avoue que c'est le plus simple et le plus régulier de tous les systèmes imaginables.

D'autres imprimeurs ont égard, pour le placement de la barre simple et partielle, à la note qui précède et à la note qui suit; mais comme ils n'agissent en vertu d'aucun principe bien déterterminé, la position de la barre partielle se trouve pour ainsi dire abandonnée, dans les éditions qu'ils publient, à tous les hasards du caprice et de la fantaisie. On éviterait ce véritable désordre, si l'on voulait admettre les trois règles suivantes :

La barre partielle se pose au milieu de la portée ════╪════ , toutes les fois que la note qui précède, se trouve sur la troisième ligne et au-dessus, et la note qui suit, sur la deuxième ligne et au-dessous ; ou *vice versa.*

Cette barre remplit les deux premiers intervalles de la portée ════╪════ , lorsque la note qui précède et celle qui suit, se trouvent entre la deuxième et la troisième ligne, ou *au-dessous.*

Dans tous les autres cas, elle doit s'étendre depuis la deuxième jusqu'à la quatrième ligne de la portée ════╪════ .

J'ai déjà formulé mon opinion sur les barres employées, non comme pauses, mais comme encadrements de la mélodie de chaque mot du texte latin (p. 67, note 1). Je ne reviendrai pas ici sur cet usage , ou plutôt sur cet abus qui, fort heureusement, tend à disparaître de nos éditions de chant liturgique.

C'est un véritable progrès ; mais ce qui n'en est pas un , bien au contraire , c'est le singulier système des éditeurs de Reims et de Cambrai, lequel consiste ici à mettre des pauses après chaque fragment d'un groupe mélodique qui appartient à une syllabe , et qu'ils divisent pour en rendre l'exécution plus commode et plus nette. En principe, cette division est chose excellente; mais pourquoi la marquer par des barres ? N'est-il pas évident qu'un simple espacement typographique entre chaque petit groupe suffit pour en montrer l'étendue à l'œil le moins exercé? et , d'un autre côté , comment les éditeurs ne se sont-ils pas aperçus qu'en prodiguant les pauses là où elles sont inutiles, ils ont par cela même anéanti l'efficacité de ces mêmes pauses là où elles sont nécessaires ? Qu'on ouvre au hasard leurs livres barriolés de signes de silence , — qu'on en fasse chanter quelques lignes seulement par un homme qui ne comprend pas le latin , et l'on sera frappé des innombrables inconvénients d'une notation où tout est morcelé , et en vertu de laquelle le chantre s'égare forcément , parce qu'il lui est impossible de discerner les périodes littéraires, et de les rendre mélodiquement sensibles à l'intelligence des auditeurs. Pour ce chantre, pour les masses , pour toutes les personnes étrangères à l'idiome liturgique , les livres de Reims et de Cambrai ne sont, à peu de chose près, qu'une incohérente succession de tirades de notes rangées *en vue des syllabes, et non en vue des phrases.* On le voit : c'est l'abus des pauses placées dans le chant après chaque mot du texte, c'est cet abus , disons-nous , poussé à sa plus haute exagération. Sur ce point donc, les nouveaux éditeurs rémo-cambraisiens ont vaincu tous les éditeurs passés , présents et futurs.

6° J'arrive enfin à certains détails spéciaux qui n'ont pu trouver place dans ce qui précède.

La première chose qui se présente à mon esprit, c'est l'*armature des clefs* dans le plain-chant. — Cette *armature* y est-elle

bonne, nécessaire, permise? A cette question, M. l'abbé Jouve, dans son savant ouvrage intitulé : *Du Chant liturgique*, répond sans hésiter : « Cette armature n'existe point et ne saurait exister
» dans le plain-chant. Si on se le permet pour certains modes,
» c'est visiblement un abus qui ne tend rien moins qu'à une en-
» tière perturbation du chant ecclésiastique, ou plutôt, à son
» anéantissement. Rien ne défigure les modes, ajoute l'érudit
» chanoine de Valence, comme cette manie de les *musicaliser*, de
» les assouplir au *majeur* et au *mineur*, et généralement à tous
» les caprices du système musical moderne. Par exemple, qu'on
» essaie la mélodie du *Veni sancte Spiritus*, qui est du premier
» mode, sur ce mode armé d'un *si bémol* à la clef, comme il
» l'est trop souvent au mépris de la tonalité grégorienne, et l'on
» se convaincra aisément que cette mélodie, ainsi ramenée tant
» bien que mal au ton musical de *ré mineur*, deviendra mécon-
» naissable, en perdant ce caractère mâle, naïf, étrange, qu'elle
» emprunte à la constitution tonale de son mode respectif. On
» peut faire la même remarque, dit encore M. l'abbé Jouve, au
» sujet d'une foule d'autres pièces de chant. Il en est de même
» des 5e et 6e modes, dont l'expression mélodique est bien dif-
» férente, selon qu'on les traite avec ou sans bémol à la clef.
» Que l'on fasse cette comparaison sur des morceaux de chant
» écrits dans l'une et l'autre de ces deux conditions, et l'on verra
» combien les antiennes ou introïts chantés sans le bémol à la clef,
» et seulement avec le *bémol* accidentel, offrent une mélodie plus
» riche, plus originale, plus variée, en un mot plus distincte de
» celle de la musique (1). »

Ce jugement de M. l'abbé Jouve mérite d'être examiné, parce qu'il a une véritable importance intrinsèque qui s'accroît encore du nom vénérable de son auteur.

Je commence par déclarer que je suis autant que personne

(1) *Du Chant liturgique. Etat actuel de la question. Quelle serait la meilleure manière de la résoudre?* (Avignon, in-8°, 1854, pp. 7 et 8).

l'adversaire de la confusion des deux tonalités distinctes du plain-chant et de la musique moderne.

Je crois l'avoir prouvé dans cet ouvrage et dans le *Dictionnaire de Plain-Chant et de Musique religieuse* de M. Joseph d'Ortigue (1). Je suis donc ici dans les principes posés par le savant écrivain.

Et cependant, pourquoi ai-je armé la clef dans certains morceaux des éditions de livres liturgiques qui m'ont été confiées en ces derniers temps? Pourquoi ai-je suivi en cela l'exemple de Plantin, de Plomteux, de Nivers, d'Hanicq, de M. Duval, des éditeurs du *Vespéral romain noté sur un manuscrit du XIIIᵉ siècle*, et d'une foule d'autres savants hommes qui ne confondaient pas le moins du monde le plain-chant avec la musique?

Pourquoi? — La raison en est bien simple ; c'est que la question a deux faces : d'un côté, elle touche à la philosophie des tonalités musicales ; de l'autre, elle n'est qu'un simple détail de typographie.

J'ai toujours cru que, dans certains cas, par exemple lorsque presque tous les *si* d'une pièce de chant sont et doivent être bémolisés, il était tout naturel de poser un *si bémol* à la clef, non pas pour confondre la mélodie grégorienne avec le ton musical de *ré naturel mineur* ou de *fa naturel majeur*, mais uniquement pour simplifier la lecture et l'impression de cette mélodie. M. l'abbé Jouve trouve que c'est un inconvénient, et qu'il est préférable de ne pas subordonner la question de la tonalité à celle de la typographie. Rien n'est plus légitime, et je me propose bien de suivre son conseil, si la Providence me réserve un jour l'honneur de travailler à une *édition définitive* des livres de plain-chant liturgique ; mais je crois pouvoir dire, dès maintenant, que cela n'ajoutera et n'ôtera rien à l'essence même des cantilènes sacrées. Que l'on arme ou que l'on n'arme pas la clef, le *si* sera toujours ce qu'il doit être, ou *bémol* ou *bécarre,* selon la nature du chant lui-même. Celui-ci n'en sera ni plus ni moins mâle, ni plus ni

____

(1) Article *Accompagnement du Plain-Chant.*

moins naïf, ni plus ni moins original et pur. Seulement les apparences seront sauvées, et c'est à quoi il faut tenir, j'en conviens, pour empêcher le prétexte de toute confusion en fait de tonalité.

Puisque j'en suis à parler de l'armature des clefs, il faut que je dise un mot des nombreuses positions que certains éditeurs font occuper à ces clefs elles-mêmes. Franchement, je crois que la clef d'*ut*, posée sur les 3ᵉ et 4ᵉ lignes, et la clef de *fa*, mise sur la 3ᵉ ligne de la portée musicale du plain-chant, suffisent surabondamment pour écrire la mélodie de toutes les cantilènes sacrées. Il ne faut pas compliquer ici les difficultés de lecture : c'est inutile, c'est dangereux même, surtout de nos jours où l'on voudrait (chose incroyable!) noter le plain-chant avec la seule clef de *sol* ordinaire de notre musique. Plus les siéges des clefs seront nombreux, plus les profanes et les novateurs se récrieront. Certains éditeurs gâtent la cause du plain-chant en faisant appel à un luxe de difficultés que rien ne justifie. Soyons simples, mettons l'art ancien à la portée des intelligences les plus vulgaires, travaillons à rendre évidente l'extrême simplicité de la notation liturgique lorsqu'elle est réduite à sa plus naïve expression : c'est là, ce doit être là notre but ; pourquoi en chercherions-nous un autre ?

L'idée d'employer, pour la notation du chant grégorien, l'écriture traditionnelle débarrassée de tout ce qu'elle n'offre pas d'indispensable, me fait désirer aussi qu'elle soit enrichie de tous les éléments que les copistes anciens négligeaient, parce qu'autrefois la *science des praticiens* y suppléait sans peine. Les savants sont fort rares aujourd'hui en fait de plain-chant, parce que la musique moderne absorbe l'intelligence des artistes. Ceux-ci ne connaissent pas tous le latin : il faut le leur transcrire musicalement, de telle sorte qu'ils puissent le chanter comme s'ils comprenaient l'idiome de l'Eglise ; ils confondent les dominantes du plain-chant avec celle de la gamme moderne : il faut les leur indiquer avec soin ; ils ne peuvent pas saisir la contexture mélodique des longues tirades de notes qui se trouvent parfois sur une seule syllabe du texte : il faut leur dessiner cette contexture en partageant les tirades en de petits groupes d'une mélodie plus saisissable; ils sont, grâce aux progrès plus ou moins réels de l'art, accoutumés à entendre des successions mélodiques et des harmonies dans lesquelles les sons, successifs ou simultanés, offrent à l'oreille des relations qui détruisent l'essence même du plainchant : il faut leur marquer, dans nos éditions liturgiques , la vraie nature de chaque intonation, et voilà ce qui me fait désirer que l'on marque les *dièses*, là où ils sont *absolument nécéssaires*, comme on marque les *bémols* et les *bécarres*, quand la mélodie l'exige. Pourquoi pas? qui oserait blâmer la présence d'un signe, lorsqu'il est l'expression vraie d'un fait irrécusable? Je demande à tout plain-chantre de bonne foi si la présence du *dièse*, là où il le faut, n'empêcherait pas immédiatement toute possibilité de confusion ou d'erreur , et si la mélodie liturgique ne serait pas mieux chantée de nos jours , avec plus d'ensemble et de certitude , en écrivant, par exemple , la strophe *Ecce panis* à la manière des éditeurs du *Livre de Chant à l'usage du Diocèse de Verdun* :

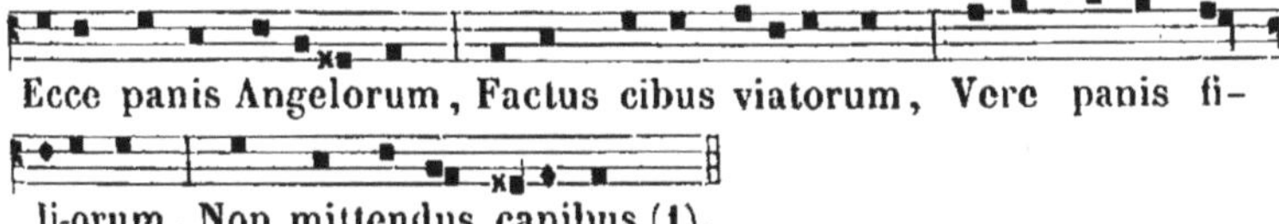

Cette méthode que je voudrais voir se propager , aurait certainement l'avantage d'être plus positive et plus claire que toutes les règles imaginables. On en est réduit maintenant à lire les théories anciennes ; il faut que le savant consulte avec soin les vieux ouvrages qui deviennent de plus en plus rares , de plus en plus introuvables ; sans doute , il sait à quoi s'en tenir sur l'emploi légitime du dièse dans le plain-chant, lorsqu'il a lu , par exemple , le 3e chapitre du second livre du *Cantore addottrinato* ,

(1) Verdun, 1846, 2 vol. in-8°, partie d'été, p. 151.

de Matteo Coferati (1); mais le chantre ordinaire n'a que faire de toutes ces recherches dans les livres poudreux : il ne connaît que le livre de chant qu'il a sous les yeux , et l'exécute ou doit l'exécuter tel qu'il est noté , — ni plus ni moins. Qu'on juge des discordances qui résultent de l'exécution d'une mélodie grégorienne par plusieurs personnes dont les unes *dièsent* telle ou telle note parce qu'il le faut, pendant que les autres la chantent *sans aucun accident musical*, parce que l'accident n'est point indiqué ! On a beau convenir de la chose, il suffit qu'un chantre étranger vienne mêler sa voix à celle des chantres d'un lutrin bien organisé, pour que le désordre dérange à l'instant même les plus belles et les plus solides.conventions. La présence du *dièse* suffirait seule pour empêcher le mal ; qu'on lui accorde donc les honneurs du *bémol* et du *bécarre*.....

Qu'on me permette d'aborder ici , sans aucune transition , une autre question de détail qui n'est point sans importance : je veux parler du format des livres de chœur.

On sait que l'imprimeur Robert Ballard est le premier éditeur français des livres de chant liturgique dans le format petit in-4°. M. l'abbé Jouve a reproduit le texte latin de l'avis qui se trouve en tête de l'antiphonaire imprimé dans ce format, en l'année 1649 (2). Cet avis est adressé à tous les membres du clergé de France , pour leur faire apprécier la commodité qu'ils trouveront dans le nouveau format qui leur est offert pour la première fois, puisqu'étant *portatif*, il les dispensera désormais de se grouper tous, comme ils étaient obligés de le faire auparavant, n'importe leur nombre , autour du lutrin dans chaque église.

L'abbé Lebeuf faisait allusion au petit format des livres de chant parisien qu'il fut chargé de publier , lorsque dédiant son *Traité historique et pratique sur le Chant ecclésiastique* à M⁰ᵛ de

(1) Ce chapitre, qui contient des exemples curieux , est intitulé : *Che nel cantare le note , anche nel Canto Fermo si danno , benchè non si scriuino* (p. 44).

(2) *Du Chant liturgique* (Pièces justificatives, n° IV, pp. 154—155).

Vintimille , archevêque de Paris , il disait en 1741 à ce prélat :
— « Pourrois-je , Monseigneur , vous présenter un hommage
» plus convenable , que ce livre lui-même , qui entre si naturel-
» lement dans les intentions que vous avez eu (*sic*) de réunir la
» voix des Peuples à celle du Clergé ? Saint Germain votre il-
» lustre prédécesseur vous en avoit donné l'éxemple. C'est de
» lui que Fortunat Evêque de Poitiers disoit autrefois :

      Pontificis monitis Clerus , plebs psallit , et infans.

» Depuis le tems de saint Germain, jamais cet éloge ne se trouva
» mieux vérifié que sous votre Episcopat , où *les Livres notés de*
» *l'Office Divin sont entre les mains du petit comme du grand , du*
» *pauvre comme du riche* (1). »

Depuis Robert Ballard et l'abbé Lebeuf , les livres de plain-
chant liturgique publiés en petit format se sont multipliés à l'infini et à des prix excessivement modérés. Eblouies par l'avantage qu'offrent ces sortes d'éditions populaires et portatives, quelques personnes en sont venues , de nos jours , à demander hautement qu'on n'imprimât plus à l'avenir de livres in-folio pour les
lutrins. Comme s'il était possible de s'en passer ! comme s'il était
convenable de grouper , autour d'*un lutrin vide,* des chantres armés chacun d'un petit volume , et chantant, l'œil baissé, sans se
douter de ce qui se passe autour d'eux !

Si les in-8os et les in-12 ont ici leur avantage, les in-folios ont
également le leur. Je tiens ceux-ci pour indispensables : ornements traditionnels du sanctuaire, ils sont favorables à l'émission
de la voix, contribuent puissamment à la perfection de l'ensemble
dans l'exécution du chant , et laissent aux exécutants toute la liberté dont ceux-ci peuvent avoir besoin pour observer certaines
attitudes imposées par le cérémonial du culte. Et puis , un in-
folio gigantesque ne s'égare point comme de petits formats : on
est sûr de le trouver toujours , sinon au lutrin même , du moins
tout près de ce poste d'honneur que le moyen âge lui a légué.

(1) Pages 2 et 3 de l'*Epître dédicatoire.*

Je finirai ce chapitre, déjà bien long, par une observation générale concernant la typographie de la musique grégorienne. La Belgique et la France ont produit des œuvres de plain-chant, dans lesquelles les types de la notation offrent une régularité admirable, tandis que l'Allemagne, l'Espagne et l'Italie sont restées stationnaires et ne doivent fournir aucun modèle en ce genre. M. Fétis rapporte, dans une excellente notice sur la *Typographie musicale*, des faits curieux sur les origines de l'impression des notes du plain-chant (1). Or, depuis Jean-Baptiste Raimondi de Crémone, illustre directeur de l'imprimerie Medici à la fin du xv° siècle, la typographie du chant grégorien a trouvé en France un second berceau qui fait oublier le premier. La Belgique rivalise de zèle avec nous, grâce aux travaux de M. Hanicq de Malines. A tous les efforts qui se font dans les deux pays, pour reproduire dignement les mélodies liturgiques, il n'a manqué jusqu'à présent qu'un ensemble de règles puisées en dehors de la routine et sagement progressives.

(1) *Revue musicale* du 7 janvier 1832, n° 48. — *Spécimen des caractères de musique gravés, fondus, composés et stéréotypés par les procédés de E. Duverger*, etc., Paris, grand in-4°, 1834.

CHAPITRE VI.

De la restauration du Chant grégorien dans ses rapports avec l'enseignement de ce Chant.

Le plain-chant s'en va ! — Tel est le cri d'alarme que jettent les partisans les plus dévoués à la cause du chant grégorien.

Quelques hommes infatigables à la besogne remuent la poussière des bibliothèques, puisent aux sources les plus pures, consument leurs veilles en des travaux qui ont pour but la restauration des mélodies que l'Eglise consacre aux cérémonies de son culte, et, pour toute consolation, on leur fait entendre ces paroles du psalmiste : *In vanum laboraverunt qui ædificant eam* (1).

Pourquoi donc les efforts de la science et du dévouement sont-ils ainsi frappés de ce terrible anathème ?

La réponse à cette question n'est malheureusement que trop vraie : — *L'étude du plain-chant est partout négligée, ou, si elle ne l'est pas, elle est tellement superficielle, tellement dérisoire, qu'on est obligé de convenir que si l'Episcopat et le gouvernement ne prennent point des mesures efficaces, la musique séculaire de la religion finira par être bientôt une lettre morte.*

Les mandements en faveur du chant liturgique sont, à coup sûr, des initiatives qui font le plus grand honneur à nos vénérables prélats; mais, isolés, ces mandements tombent sur la pierre, et ne peuvent produire que des fruits qui n'arriveront jamais à la maturité.

Les commissions qui sont nommées dans beaucoup de diocèses pour élucider les questions relatives au plain-chant, révèlent également, de la part de l'autorité religieuse, un noble et louable désir de remédier au mal dont nous nous plaignons;

(1) J. d'Ortigue, *Dict. de Plain-Chant*, art. *Tonalité*, p. 1506.

mais il faudrait, pour réussir, autre chose que des réunions d'hommes pieux et zélés : le zèle et la piété ne peuvent tenir lieu de connaissances spéciales, et, en supposant ces connaissances, bien des causes empêcheront toujours le triomphe de la vérité par l'influence de ces commissions.

Les maîtrises, ces pépinières antiques des grands artistes religieux, ne sont plus que des écoles où l'on perpétue les erreurs les plus déplorables en fait de plain-chant, *lorsque l'on s'en occupe.*

Les livres élémentaires de chant liturgique sont tout ce qu'il est possible d'imaginer de plus empirique et de plus creux.

Dans les séminaires, on craint que les élèves ne consacrent trop de temps à l'étude du plain-chant : on y est persuadé, de bonne foi, que le chant même sacré dissipe le cœur et détruit le recueillement de l'âme, qu'il peut s'apprendre en quelques leçons, et qu'il suffit à un prêtre de savoir donner, tant bien que mal, l'intonation du *Gloria in excelsis,* du *Credo,* du *Dominus vobiscum,* et de chanter à peu près bien l'*Epître,* l'*Evangile,* la *Préface,* le *Pater noster,* et quelques autres bribes de l'Office divin.

A la vue de ce spectacle, faut-il s'étonner de la décadence du plain-chant ?

On veut restaurer le chant sacré, le chant liturgique ; on s'ingénie à répandre telle ou telle édition de ce chant ; on veut revenir de toutes parts, en France, aux traditions grégoriennes ; on fait partout d'immenses dépenses pour produire le plus purement possible ces belles et grandes traditions qui, *bien comprises,* doivent resserrer les liens de la sainte unité romaine. Hé bien ! toutes ces preuves non équivoques de zèle et d'élan n'aboutiront à rien, si l'on persiste à laisser l'*enseignement du plain-chant* dans le triste état où il est de nos jours... Si l'Episcopat, si les supérieurs de séminaire, si les pasteurs dans leurs villages, si les personnes influentes dans le monde et dans le clergé maintiennent le *statu quo,* il est inutile de travailler à la restauration ni même à la conservation du plain-chant : il faut plutôt attendre le dernier soupir de cette musique, et lui préparer un tombeau dans quelques rayons de bibliothèque, à côté des monuments des vieux âges. Ce dernier soupir ne se fera pas attendre longtemps, on peut en être certain : les restaurations radicales, maladroites et contradictoires dont l'œuvre de saint Grégoire est aujourd'hui la victime, ont ébranlé jusqu'aux fondements de ce vénérable édifice musical. Regardez! grâce à l'action funeste des prétendus restaurateurs *actuels*, les murailles de l'édifice penchent déjà : il ne faut plus qu'un souffle pour les renverser! Ce souffle, ce sera celui de l'ignorance.

L'enseignement du plain-chant doit donc être la première préoccupation du moment : placé en tête des moyens à prendre pour sauver d'une ruine imminente la liturgie musicale, cet enseignement est une nécessité, une condition *sine qua non* de salut. L'autorité ecclésiastique n'a pas ici à hésiter : *tout* ou *rien!* Si elle ne veut point agir énergiquement dans le sens que la logique lui impose, il ne faut plus qu'elle parle de chant romain, ni de nouvelles éditions de ce chant, ni de tonalité antique, ni de mélodies plus ou moins convenables au culte : il faut qu'elle se croise tranquillement les bras, qu'elle laisse ce qui existe mourir de sa belle mort, et qu'elle dise : *Nous n'avons plus que faire du plainchant....* ABEAT TANDEM QUO LIBUERIT.....!

Le jour où pareille chose serait décidée *hiérarchiquement* (et il serait tout-à-fait opportun de le savoir le plus tôt possible), ce jour-là, dis-je, les temps modernes rompraient avec des traditions de musique religieuse qui font le caractère distinctif de l'Eglise catholique depuis son origine, et entreraient dans une voie nouvelle dont les conséquences échappent aux prévisions humaines; ce jour-là, nos plus courageux efforts en faveur de la sainte musique de nos pères cesseraient d'offrir quelque chose de pratique et d'actuel : on aurait derrière soi le souvenir des siècles passés, et devant soi, les mystères de l'avenir.

Est-ce bien cela que l'on veut? — Evidemment non, et la preuve en est dans les efforts mêmes que l'on fait aujourd'hui pour remettre en honneur le chant grégorien. Loin de vouloir

l'anéantissement du plain-chant, l'autorité religieuse veut, au contraire, le conserver, l'améliorer, le restaurer plus que jamais.
Seulement elle se trompe, je le dis sans hésiter, en ne donnant
son attention qu'au choix de telle ou telle édition de chant liturgique. L'essentiel ici, je le répète, c'est la conservation même
du plain-chant, ce qui ne peut s'obtenir que par un enseignement
sérieux, actif et sagement organisé ; l'essentiel, c'est de ne pas
laisser tomber jusqu'à la dernière pierre du monument antique,
pendant que les architectes disputent sur la meilleure manière de
le restaurer, et font dépenser *beaucoup d'argent* à nos pauvres diocèses pour faire adopter des plans et des dessins de restauration
qui seront tout-à-fait inutiles, si, par incurie, il faut songer à
construire un nouvel édifice à la place de l'ancien.

L'enseignement du plain-chant est donc nécessaire, si l'on veut
conserver ce chant ; et j'ajoute : le plain-chant mérite d'être
maintenu, parce qu'il a, dans le culte, une importance extrême.

« Le chant des louanges de Dieu, dit Mgr Parisis, fit, dès l'o-
» rigine de l'Eglise, partie du culte public. Les saintes Ecritures
» nous apprennent, et les SS. Pères nous ont transmis unanime-
» ment que les Apôtres, instruits par leur divin Maître, en ont
» eux-mêmes donné le précepte et l'exemple (1). »

« N'est-ce pas un penchant irrésistible dans l'homme, ajoute
» le même prélat, d'exprimer par la parole les sentiments de
» son cœur, et à proportion que ces sentiments sont plus pro-
» noncés, plus vifs, plus puissants sur son âme, n'est-il pas
» vrai que sa parole acquiert, même à son insu et quelquefois
» malgré lui, une accentuation plus prononcée et des modula-
» tions plus expressives qu'elles ne le sont dans son langage ha-
» bituel. Cette parole empreinte d'émotions, nous en avons be-
» soin, pour nous exprimer, toutes les fois que notre âme est
» émue ; or, comme rien ne doit plus fortement remuer nos

(1) Instruction pastorale de Mgr. l'évêque de Langres sur le chant
de l'Eglise, 1846, tirage in-8°, p. 8.

» âmes que le sentiment religieux, il est évident que cette parole
» doit être dans les usages de la religion. Mais cette parole, dont
» les sons accentués , modulés , expressifs , sortent des limites
» de la conversation et du discours, qu'est-ce autre chose que le
» chant ? LE CHANT EST DONC INHÉRENT A LA NATURE MÊMÉ DU
» CULTE PUBLIC..... (1). »

« Dès le ıv^e siècle , dit M. Danjou (2) , saint Hilaire déclare
» que la musique est nécessaire à un chrétien , *necessaria est ho-*
» *mini christiano musica.* Ce sentiment est celui de tous les saints,
» de tous les docteurs , qui ont contribué à l'établissement ou à
» l'organisation de la religion dans les diverses contrées du monde
» au fur et à mesure que le christianisme y pénétrait. Réginon
» de Prum, auteur du ıx^e siècle , qui a écrit un livre *De ecclesia-*
» *sticis disciplinis,* met au nombre des obligations d'un évêque
» celle d'interroger les prêtres sur le chant, et non-seulement
» dans les villes , mais dans les bourgs et villages , *per vicos,*
» *pagos atque parochias.* Rabanus Maurus , auteur du traité
» *De Institutione clericorum ,* dit qu'un prêtre qui ne sait pas
» chanter ne peut s'acquitter convenablement de ses fonctions :
» *Hæc ergo disciplina tam nobilis est , tamque utilis , ut qui ea*
» *careret , ecclesiasticum officium congrue implere non posset.*
» Charlemagne prescrit aux inspecteurs , *missi dominici,* qu'il
» envoyait parcourir son empire , de s'informer partout de l'état
» du chant, *per singulas civitates inquirant de cantu.* Dans le code
» de Justinien (3) , il est recommandé à tous les clercs de chan-
» ter à l'église : *omnes clerici per singulas ecclesias constituti per*
» *seipsos psallant.* Les écoles d'enfants de chœur, *pueri sympho-*
» *niaci,* existaient dans toutes les cathédrales dès le xıı^e siècle ;
» et , malgré ce goût général , cette étude universelle du chant,
» le concile de Lyon , en 1274 , insiste encore pour que le chant
» soit mieux enseigné et mieux appris dans toutes les églises ,

(1) Ibid., pp. 10—11.
(2) *Revue de la mus. relig.,* année 1846 , p. 146.
(3) Lib. I, tit. 3.

» *quod in omnibus ecclesiis ars cantus melius doceretur et addisce-*
» *retur* (1). »

Dom Jumilhac, le célèbre bénédictin de Saint-Maur , dans son
traité intitulé : *La science et la pratique du Plain-Chant,* dit en termes
qui méritent d'être gravés dans la mémoire de tous : — « L'Eglise
» a toûjours eu un soin particulier du chant, comme d'une chose
» qui est la plus importante et la plus considerable dans le culte
» exterieur. D'où vient que ceux qui d'ancienneté ont esté pre-
» posez à la conduite du chant et des ceremonies ont plûtost pris
» la qualité de Chantre que celle de Ceremoniaire , pour mar-
» quer par là que l'application au chant estoit la principale par-
» tie de leur devoir et de leur charge. Ce n'est pas, continue-t-il,
» qu'il ne faille faire beaucoup d'estat des ceremonies : Il faut au
» contraire en avoir l'estime qu'elles méritent. Il faut les prati-
» quer avec toute l'exactitude possible : mais il faut reconnoistre
» que le chant est encore plus considerable , en ce qu'il est plus
» commun et plus frequent, plus exposé à la connoissance de ceux
» qui sont dans l'Eglise, et plus capable d'exciter dans leurs cœurs
» de saintes affections. Car on chante quasi toûjours dans la ce-
» lebration de l'Office Divin, au lieu que l'on ne fait que bien
» rarement des ceremonies, et quelque fois seulement à de cer-
» tains versets. De plus le chant est entendu de chacun, et si l'on
» y commet des manquemens d'ignorance, de precipitation , de
» pesanteur, de negligence, d'affectation, de discord , et autres
» semblables , chacun s'en apperçoit , l'on en est mal edifié :
» mais quant aux ceremonies, elles ne sont ordinairement veuës
» que d'un petit nombre de personnes qui sont autour de l'autel,
» ou du chœur ; et si l'on y commet quelque faute, il y en a peu
» qui soient capables de la reconnoistre , ou qui apportent assez
» d'attention pour la remarquer : enfin le chant a bien plus de
» pouvoir que les ceremonies pour s'insinuer dans les cœurs , et
» y faire naistre de pieux sentimens ; ainsi que Saint Augustin
» témoigne dans ses confessions qu'il l'avoit éprouvé luy même,

(1) Martène , *Collect. max.,* t. I, p. 196.

» en sorte que lors qu'il entendoit chanter des Hymnes et des
» Cantiques dans l'Eglise, ces sons agreables frappoient son cœur,
» aussi bien que ses oreilles , et y excitoient de si forts et de
» si tendres mouvemens de dévotion , qu'il en versoit des
» larmes (1). »

S'il pouvait y avoir quelque doute sur la nature de la musique qui doit faire partie du culte et que les auteurs précédents avaient en vue, — « le passage suivant d'une célèbre Bulle de Benoît XIV,
» lancée à l'occasion de détestables usages pratiqués de son temps
» en fait de chant d'église, suffirait , dit M. l'abbé Cloet, pour
» le dissiper. Après avoir cité les paroles du concile de Trente ,
» *quel chant*, demande Benoît XIV, *est ici réclamé par les Pères de*
» *l'auguste assemblée?* Et aussitôt il fait cette réponse, bien digne de
» fixer l'attention : — *Cantus ille est quem ad musicæ artis regulas*
» *dirigendum efformandumque multum elaboravit sanctus Gregorius*
» *Magnus, prædecessor noster* (2). »

Après avoir transcrit ces magnifiques citations dont l'autorité ne peut être contestée par des catholiques ; après avoir rappelé l'*importance* du plain-chant et la *nécessité* qu'il y a de le propager par l'enseignement , je me sens plus à l'aise pour poser cette question : — *Quelles doivent être les bases de cet enseignement à l'époque actuelle?*

Je vais essayer d'indiquer ici mes vues personnelles , en faisant toutefois bien observer à mes lecteurs que je soumets d'avance toutes mes paroles au jugement de l'autorité religieuse et de la science musicale. Heureux, si je puis, dans ce qui va suivre, réussir à faire naître des discussions sérieuses sur un sujet que l'on néglige trop, ou que l'on traite d'une manière trop peu pratique! Plus heureux encore , si je puis inspirer l'idée d'établir enfin des *institutions* et des *écoles* de chant religieux , qui soient vraiment dignes de ce nom !

(1) Partie I. De la science du Chant en général. Chapitre IX , n° V, p. 42 de la nouvelle édition.

(2) *De la restauration du Chant liturgique*, p. 20.

La première chose à fonder, ce me semble, c'est un *Conservatoire central* dans lequel, à l'exemple de saint Grégoire le Grand, on formerait des maîtres dans la science et la pratique de la musique sacrée, du plain-chant surtout. Aidés par la munificence d'un pouvoir qui ne recule devant rien quand il s'agit du triomphe de la religion et de la morale publique, tous les évêques de France y enverraient les sujets les plus capables de devenir un jour des maîtres habiles. Ces sujets devraient avoir fait toutes leurs études classiques, bien posséder la langue latine, être propres à acquérir la connaissance des dialectes du moyen âge et de la paléographie, être initiés aux éléments d'une saine logique, avoir un jugement solide, et, enfin, être familiarisés avec toutes les difficultés théoriques et pratiques de l'art musical moderne.

Des professeurs seraient d'abord nommés par le gouvernement et l'épiscopat pour remplir les chaires de cet enseignement nouveau qui comprendrait :

1º L'histoire et la théorie de la musique des Grecs de l'antiquité.

2º L'histoire et la théorie de la musique plane et mesurée du moyen âge.

3º L'histoire de la liturgie depuis son origine jusqu'à nos jours.

4º Les éléments de l'archéologie et de la paléographie proprement dites dans leurs rapports avec l'art musical de l'Europe catholique.

5º Les différents systèmes de l'enseignement du plain-chant dans ses rapports avec les diverses restaurations et modifications auxquelles on a soumis ce chant.

6º Les éléments de la musique européenne occidentale suivant les diverses tonalités qui l'ont régie jusqu'à nos jours.

7º Les principes d'esthétique qui règlent l'art de la musique.

8º L'histoire des instruments de musique employés dans le culte, et de leur fabrication dans l'Europe du moyen âge et des temps modernes.

9º La bibliographie complète, ancienne et actuelle des traités et des compositions relatives au plain-chant et à la musique religieuse, soit vocale, soit instrumentale.

10° L'art de jouer l'orgue d'après les différentes écoles qui ont brillé jusqu'à présent.

11° Une étude spéciale de l'harmonie, du contrepoint et de la fugue d'après tous les systèmes historiques dont les éléments nous sont connus.

12° Des leçons de solfèges et de vocalises appliqués spécialement à la mélodie du chant vraiment religieux.

Les différents grades jusqu'au doctorat en musique, seraient institués à l'instar d'Oxford et autres universités étrangères.

Les professeurs nommés à l'origine du conservatoire, recevraient le titre de *docteurs;* leur charge serait inamovible.

Il y aurait un nombre déterminé d'élèves pour chaque diocèse.

Chaque élève serait entretenu aux frais des diocèses et de l'Etat, avec une pension annuelle pendant cinq ans.

Au bout de cinq ans, chaque élève, suivant le grade qu'il aurait obtenu, serait nommé professeur du conservatoire central, ou inspecteur des écoles diocésaines, ou directeur des maîtrises établies dans les plus importantes églises de l'empire, ou organiste dans les cathédrales avec des appointements dignes de son talent.

Les écoles diocésaines recevraient, du conservatoire central, le programme exact de l'enseignement de musique religieuse qu'il convient de donner aux élèves dans chaque localité.

L'épiscopat ne prendrait aucune détermination sur les questions de musique, qu'après avoir eu l'avis, à la majorité, des professeurs du conservatoire et des inspecteurs sortis de son sein.

Toute composition de musique vocale ou instrumentale devrait, pour avoir droit d'asile dans les églises, être approuvée par les titulaires de la nouvelle institution.

Des concours auraient lieu annuellement, et des récompenses seraient accordées à ceux qui auraient bien mérité de la musique religieuse, à quelque titre que ce fût.

Il serait institué une section de membres correspondants choisis parmi messieurs les membres du clergé et les laïcs musiciens les plus instruits de chaque ville de France et de l'étranger, dont la mission serait d'envoyer au Conservatoire le dépouillement et quelquefois l'analyse des ouvrages manuscrits ou imprimés, théoriques ou pratiques concernant l'art musical, qui existent dans les bibliothèques *publiques* ou *particulières* des localités qu'ils habitent. Des médailles d'or, d'argent et de bronze seraient décernées aux plus zélés, en raison de l'importance des documents qu'ils fourniraient. Chaque année, l'inventaire exact et circonstancié de ces richesses littéraires et musicales serait imprimé et distribué au plus bas prix possible.

L'enseignement sérieux du plain-chant serait obligatoire dans les grands et les petits séminaires, et dans toutes les institutions qui relèvent de l'Etat ou du Clergé.

Tel est le plan, général et sommaire, d'une institution qui manque à la France, et dont l'existence sauverait à coup sûr la musique religieuse d'une ruine qui est prochaine.

L'ombre de Thomas Moore m'effraie : je m'aperçois que la critique ne manquera point de crier à l'*utopie*. Dans ce siècle où l'esprit humain s'élève aux plus grandes choses, il y aura cependant des esprits pusillanimes qui poseront ici l'axiome de l'impossibilité : amoureux d'un *statu quo* flasque et lamentable, ils diront que tout est pour le mieux dans la situation présente; qu'il faut abandonner à lui-même l'enseignement d'une musique qui s'en va et n'est plus de mode ; que la religion n'est pas sérieusement intéressée à ce que l'on chante plutôt d'une manière que d'une autre ; qu'à Rome on donne l'exemple d'une grande tolérance à cet égard, et qu'il n'est pas convenable d'être plus exigeant qu'elle ; qu'il importe peu que tel ou tel diocèse se ruine pour changer d'éditions de plain-chant, si c'est le bon plaisir de l'autorité, et mille autres choses semblables.

A tout cela, nous n'avons rien à répondre : nous avons dit ce que notre conscience nous dictait.....

En attendant que la France prenne l'initiative de l'institution dont je viens d'esquisser les bases principales, institution qui est possible et qui serait admirable, songeons au présent, stimulons le zèle des musiciens et des amateurs désireux de connaître la source des bonnes lectures et des enseignements qui ont pour but la musique plane.

Le petit recueil bibliographique que je vais donner est loin d'être complet; mais tel qu'il est, je le crois propre à répandre le goût et la connaissance des meilleurs livres et manuscrits didactiques de plain-chant de toutes les époques et de tous les pays.

INDICATION DES MEILLEURS OUVRAGES DE PLAIN-CHANT ET DE TONALITÉ ANCIENNE.

I. — *S. Aurelii* AUGUSTINI *Hipponensis Episcopi De Musica libri sex.* Paris, Gaume frères, 1836, in-12.

On sait que saint Augustin naquit en 354 (1) et mourut en 430.

Le Traité du saint docteur n'a rapport qu'à *la seule mesure des sons et à la mesure de leurs silences,* comme dit Dom Jumilhac, dans la préface de son traité de plain-chant.

Voici l'analyse des six livres de saint Augustin; je l'emprunte à la belle édition des œuvres du docteur de la grâce par les bénédictins, tome 1, pp. 443-540, et à l'édition de MM. Gaume.

LIBER PRIMUS. — *Traditur Musicæ definitio, et qui* (sic) *ad hujusce disciplinæ considerationem pertinent, motuum numerosorum species ac proportio explicantur.*

LIBER SECUNDUS. — *In quo de syllabis et pedibus metricis disputatur.*

LIBER TERTIUS. — *In quo exponitur quid intersit discriminis in-*

(1) Dans la table onomastique de la nouvelle édition de Dom Jumilhac, j'ai dit ou plutôt les imprimeurs m'ont fait dire que saint Augustin naquit en 454. Fort heureusement cette faute d'impression ne peut tromper personne, parce que l'histoire du saint évêque d'Hippone est trop connue.

ter rhythmum, metrum et versum ; tum agitur seorsim de rhythmo ; ac deinde tractatio de metro inchoatur.

Liber quartus. — *Continuatur tractatio de metris.*

Liber quintus. — *In quo de versu disseritur.*

Liber sextus. — *In quo ex mutabilium numerorum in inferioribus rebus consideratione evehitur animus ad immutabiles numeros, qui in ipsa sunt immutabili varietate.*

Tout l'ouvrage est par demandes et par réponses. On trouve les titres de tous les chapitres dans la Bibliographie de Lichtenthal, t. 2, pp. 82-84.

Certains littérateurs modernes regardent le traité de musique de saint Augustin comme un ouvrage faible et peu digne de son auteur. C'est un préjugé que j'ai combattu le premier dans ces derniers temps (Voir la *Revue du Monde Catholique*, livraison du mois d'août 1847). Quiconque a pu apprécier les beaux travaux de M. Vincent sur le rhythme, doit également avouer qu'il y a des trésors d'érudition musicale dans l'œuvre de l'évêque d'Hippone. On ne saurait trop se rappeler qu'il faut toujours apprécier les monuments anciens au point de vue des auteurs eux-mêmes de ces monuments. Saint Augustin ne traite que du rhythme ; on ne doit pas lui demander autre chose, et, certes, la matière est des plus importantes.

Dom Jumilhac cite beaucoup saint Augustin.

M. l'abbé Angelo Majo, savant bibliothécaire du Vatican, a publié, en 1828, dans le troisième volume de ses *Scriptorum veterum nova collectio e Vaticanis codicibus edita* (3ᵉ partie, p. 116), un abrégé du traité de musique de saint Augustin, par un auteur anonyme. Cet abrégé est fort précieux et fort ancien. J'espère le publier quelque jour.

II. — *Anicii Manlii Torquati Severini* Boetii *De Musica libri quinque.*

Boëce, né à Rome vers 470, mourut en 510. Son Traité est une sorte de répertoire des connaissances musicales des anciens.

307

« Le premier livre , dit M. Fétis , divisé en trente-quatre cha-
» pitres , contient l'exposition du système général de l'art chez
» les anciens , de la constitution des modes , des proportions des
» intervalles d'après Pythagore , et de l'ordre des cordes de l'é-
» chelle. Le second livre , divisé en vingt-neuf chapitres , est un
» développement de la matière du premier , particulièrement en
» ce qui concerne les intervalles. Dans le troisième, qui renferme
» seize chapitres , Boëce a donné l'analyse des systèmes de mu-
» sique de quelques écrivains grecs, dont la doctrine est opposée
» à celle de Pythagore , tels que ceux d'Aristoxène , d'Architas
» et de Philolaüs. Le quatrième , divisé en dix-huit chapitres ,
» est relatif à la double notation grecque et latine de la musique,
» à la nature de quelques cordes principales des modes grecs, et
» à la division du monocorde. Le chapitre XII , où il est traité
» des cordes stables et des cordes mobiles , est de grande impor-
» tance pour l'intelligence de la musique des anciens. Le cin-
» quième livre , qui renferme dix-huit chapitres , est particuliè-
» rement consacré à l'analyse du système de Ptolémée , comparé
» à ceux de Pythagore et d'Aristoxène (1). »

La meilleure édition du traité de Boëce est celle qui a été publiée à Bâle , en 1570 , in-folio , par Glaréan. M. l'abbé Migne ,
éditeur au Petit-Montrouge , près Paris , a dernièrement reproduit la leçon de Glaréan dans l'édition complète qu'il a donnée
des œuvres de Boëce ; mais les exemples du traité *de Musica* y
sont généralement très-mal exécutés.

L'ouvrage de Boëce ne nous est point parvenu *complet ;* des découvertes récentes en font foi.

J'ai parlé, dans le chapitre précédent, de la notation boëtienne :
j'y renvoie mes lecteurs. Ceux-ci pourront aussi consulter un article que M. Vincent vient de faire paraître dans le *Correspondant*
(livraison du 25 juin 1855), et qui a pour titre : *De la notation
musicale attribuée à Boëce,* etc.

(1) *Biog. univ. des Musiciens* , tom. 2 , pp. 237-238.

On trouve, à la bibliothèque impériale de Paris, de précieux manuscrits contenant le traité que je viens d'analyser, savoir :

1° *Ancien fonds latin*, n°s 7181, — 7185, — 7199, — 7200, — 7201, — 7202, — 7203, — 7204, — 7205, — 7206, — 7297, — 7361.

2° — *Fonds de Saint-Germain-des-Prés*, n°s 779 (IXe siècle), et 780 (Xe siècle).

3° — *Fonds de Navarre*, n° 95 (XIVe siècle) ; à la suite, il y a un ouvrage intitulé : *Tractatus de Musica collectus ex hiis quæ dicta sunt a Boetio supra, atque declaratio musicæ practicæ*, de la même écriture que la copie du traité de Boëce, et commençant par ces mots : *Scientia est cognitio rei sicut est, et dividitur in theoricam et practicam, vel speculativam et operativam.*

4° — *Fonds de Sorbonne*, n°s 1759 (XIIIe siècle) et 1816 (XIIe siècle).

Des manuscrits du traité de musique de Boëce existent dans presque toutes les bibliothèques publiques un peu considérables : M. Danjou en a vu beaucoup en Italie ; j'en ai surtout remarqué de très-beaux dans les bibliothèques de la ville de Châlons-sur-Saône, du séminaire d'Autun et de la Faculté de médecine de Montpellier.

La plupart des didacticiens du moyen âge invoquent l'autorité de Boëce, et appuient la doctrine du plain-chant sur les paroles mêmes de cet illustre auteur.

Lichtenthal donne, pp. 84-86 du premier volume de sa *Bibliografia della Musica*, la table des matières des cinq livres de la musique de Boëce.

Nota. Aux deux ouvrages de saint Augustin et de Boëce, on peut ajouter les suivants : 1° *Antiquæ musicæ autores septem, græce et latine*, par Meibomius, 2 vol. in-4°, 1652. — 2° La traduction française du livre de Meibomius, par le célèbre Villoteau, mort en 1839 ; cette traduction est manuscrite ; elle existe à la bibliothèque du Conservatoire de musique de Paris ; une copie de ce travail est déposée à la bibliothèque de Tours. — 3° Le *Dialogue sur la musique* par Plutarque, traduit par Burette dans le tome X des *Mémoires de l'Académie des Inscriptions et Belles-Lettres.* — 4° Le premier livre de l'*Athenœi Deipnosophistarum sive cœnœ sapientium*, de l'édition de Jean Schweighœuser, Strasbourg, 1801-1807, 14 vol. in-8°. — 5° Les différents ouvrages de M. Vincent, auxquels j'ai emprunté de nombreuses citations dans ces *Etudes sur la restauration du chant grégorien.* — 6° Un excellent article intitulé : *Musique d'Eglise. Introduction philosophique et théorique,* par M. Lecomte (Revue de l'*Auxiliaire Catholique,* livraison de juillet 1846, pp. 257-301).

III. — *Instituta Patrum de modo psallendi sive cantandi.*

Ce précieux fragment dont on ignore l'âge véritable, est d'une grande importance. Publié pour la première fois par le P. Joseph-Marie Tomasi, le prince-abbé Martin Gerbert l'a reproduit dans le tome I de ses *Scriptores ecclesiastici de Musica sacra potissimum,* pp. 5-8. M. l'abbé Jouve s'est trompé en le confondant avec un autre fragment composé par S. Pambon, au IVe siècle, fragment reproduit également par l'abbé Gerbert avant les *Instituta Patrum* (1). Quoi qu'il en soit, M. l'abbé Jouve a compris tout le parti qu'on pouvait tirer de ce document précieux, et en a déduit les premiers principes connus de tonalité grégorienne d'une manière fort heureuse (2). Les nouveaux éditeurs des livres de chant rémo-cambraisien, ont aussi invoqué en 1852 l'autorité des *Instituta Patrum* (3), à propos de la psalmodie. En 1846, dans ma brochure critique sur le *plain-chant parisien,* j'avais émis les mêmes assertions, presque dans les mêmes termes et d'après la même autorité. Ces messieurs de Reims et de Cambrai n'ont pas seulement pris la peine d'en faire la remarque.

(1) *Annales archéologiques* de M. Didron aîné, livraisons de juillet et août 1849, pp. 216-217.

(2) *Ibidem.*

(3) *Mémoire sur la nouvelle édition du Graduel et de l'Antiphonaire romains,* pp. 69-70.

IV. — *Musica disciplina*, par Aurélien, moine de Réomé ou Moutier-Saint-Jean, au diocèse de Langres, vers le milieu du IXe siècle.

Cet ouvrage a été publié par Gerbert dans le premier volume de ses *Scriptores*, pp. 27-63. Il contient 20 chapitres. C'est la plus ancienne méthode de plain-chant qui soit parvenue jusqu'à nous, et, à ce titre, l'œuvre d'Aurélien doit être regardée comme étant d'une grande importance au point de vue archéologique. — Un manuscrit de la *Musica disciplina* existe à la bibliothèque de Valenciennes ; j'en ai trouvé un autre à la bibliothèque impériale de Paris : mais il existe des différences considérables entre les manuscrits d'Aurélien et le texte qu'en a donné Gerbert. Il serait à désirer qu'on en fît enfin paraître une bonne édition avec les neumes qui manquent à tous les exemples publiés par le prince-abbé de Saint-Blaise. Le chapitre XIX a pour titre : *Normæ, qualiter versuum spissitudo, raritas, celsitudo, profunditasque discernatur omnium tonorum ;* il mérite une attention toute particulière, mais, avant tout, il faudrait l'expurger et le compléter d'après les manuscrits.

V. — L'abbé Gerbert a inséré (*Scriptores*, tom. I, pp. 63-94) un traité de musique de Remi d'Auxerre, religieux célèbre qui vivait au IXe siècle, d'après deux manuscrits du siècle suivant qui existent à la bibliothèque impériale de Paris (1). Le traité de Remi n'est qu'un commentaire sur le 9e livre du *Satyricon* de Martianus Capella qui vivait en Afrique vers le quatrième ou cinquième siècle de notre ère.

Meibomius a inséré le IXe livre du *Satyricon*, relatif à la musique, dans sa collection des sept auteurs grecs, et l'a accompagné de notes.

Le commentaire de Remi d'Auxerre, tel que l'a publié Gerbert, est inintelligible et mériterait d'être réédité avec plus de soin. Les doctrines musicales grecques qu'il renferme et dont on

(1) Ancien fonds latin, n°s 8674, in-fol., et 8786, in-4°.

faisait grand usage au IXe siècle, sauf quelques modifications dans la pratique, seront toujours le point de départ de l'enseignement véritable du plain-chant.

VI. — Lettre de Notker, moine de Saint-Gall, à un religieux nommé Lambert, sur la signification des petites lettres ajoutées aux neumes par Romanus, l'un des chanteurs envoyés en France par le Pape Adrien (IXe siècle).

Cette lettre est en latin. On la trouve : 1° dans le tome V des *Antiquæ Lectiones* de Henri Canisius (2e partie, p. 739) ; 2° dans les Annales bénédictines de Dom Mabillon, tome IV, append., p. 688) ; 3° dans le premier volume des *Scriptores* de Gerbert (p. 95) ; 4° dans mes *Etudes sur les anciennes notations musicales de l'Europe* (Revue archéologique de M. Leleux (tome VI, pp. 750-764 ; tom. VII, pp. 129-143). J'y explique, en détail, le texte de Notker Balbulus ; M. E. de Coussemaker a eu la bienveillance de dire, dans son *Histoire de l'harmonie au moyen âge*, p. 180, en parlant de mon travail : — « M. T. Nisard a cherché à élucider, et quelquefois avec bonheur, le sens des explications » de Notker sur les lettres de Romanus. » Le R. P. Lambillotte n'a pas agi de même : il a eu la bonté de me copier sans songer à indiquer la source de ses emprunts. Je ne puis attribuer cette manière d'agir qu'à un véritable oubli de sa part.

Dom Caffiaux, célèbre bénédictin mort en 1777, a laissé en manuscrit une *Histoire de la musique* qui se conserve précieusement à la bibliothèque impériale (fonds de Corbie, n° 16). Dans le quatrième livre de cette *Histoire* inédite (pp. 723 et suiv.), l'auteur a expliqué les lettres de Romanus depuis A jusqu'à G inclusivement. Ses explications sont bonnes, quoique très-laconiques ; il ne s'est trompé que sur la signification de la lettre B.

VII. — Au IXe siècle se rapporte encore la chronique du moine d'Angoulême, et celle du moine de Saint-Gall, que Dom Martin Bouquet a publiées dans le cinquième volume de son *Recueil des Historiens des Gaules et de la France*. J'en ai dit un mot dans la

Revue archéologique précédemment citée (tom. VI, pp. 751-757), en mettant en regard du texte latin du moine d'Angoulême, la traduction française qu'en a donnée J.-J. Rousseau (*Dict. de musique*, art. *Plain-Chant*).

Ekkehard le jeune, moine de Saint-Gall, et chroniqueur *véridique* du xe siècle, qu'il ne faut pas confondre, dit M. Ludovic Vitet, avec un autre Ekkehard du xiiie siècle (1), nous a transmis des détails fort précieux sur les chanteurs romains envoyés en France sous Charlemagne. On peut lire ces détails dans l'ouvrage de Melchior Goldast (*Rerum alamannicarum Scriptores*, Francfort, in-fol., 1606, tom. 1, p. 60).

La *Vie de saint Grégoire le Grand*, écrite à la fin du ixe siècle par Jean le Diacre, renferme aussi, sur l'œuvre du saint Pontife et sur l'introduction du chant romain en France, des circonstances authentiques que l'on chercherait vainement ailleurs. On trouve cette monographie dans le tome deuxième du grand ouvrage de Surius, intitulé : *De probatis Sanctorum vitis.*

On peut aussi consulter avec fruit l'analyse que M. Vincent a faite de l'*Histoire de l'harmonie au moyen âge*, par M. de Coussemaker, dans les livraisons du 25 juin et du 25 juillet 1853 du *Correspondant* (tirage à part, pp. 25-28). Ce travail contient une discussion sur plusieurs points du récit du moine d'Angoulême.

VIII. — Vers la fin du ixe siècle, Réginon, abbé de Prum, écrivait une lettre musicale à Rathbod, archevêque de Trèves, pour lui dédier un *Tonarion*. Gerbert a publié l'*Epistola de harmonica institutione ad Rathbodum archiepiscopum Trevirensem*, dans le premier volume des *Scriptores* (pp. 230-247), d'après le manuscrit authographe de Réginon, qui existe maintenant à la bibliothèque de l'Université de Leipsick ; mais, dans l'impossibilité de reproduire la notation neumatique, il n'a donné que le titre du tonarion, de cette manière : « *Incipiunt octo toni musicæ artis, cum suis differentiis, etc. etc.* (p. 247). »

(1) Articles sur mes *Etudes des anciennes notations musicales de l'Europe* (Journal des Savants, cahier de février 1852).

On a découvert plusieurs autres copies de l'*Institution harmonique* de Réginon : il y en a une à la bibliothèque d'Ulm ; — une autre que M. Fétis a trouvée, en 1824, à la bibliothèque royale de Bruxelles (n° 2751, in-4°), à la suite de laquelle on voit le *tonarius* noté en neumes et contenant les formules de deux cent quarante-trois antiennes et de cinquante-deux répons; — une troisième copie apographe placée en tête de l'antiphonaire de Montpellier, et signalée à la science par l'auteur de ces *Etudes*.

Une bonne analyse de l'*Epistola de Institutione harmonica* de Réginon a été donnée, par M. Fétis, dans le tome VII de sa *Biographie universelle des Musiciens*, p. 373, 1re colonne. Seulement, le docte écrivain y laisse glisser sous sa plume le nom de *Bernon* au lieu de celui de *Réginon*. M. Fétis a eu la même distraction dans le premier volume du même ouvrage (p. CLXII, note 1).

IX. — Hucbald, religieux de Saint-Amand, au diocèse de Tournai, mourut en 932. On doit à l'érudition de ce savant disciple de Heiric, maître de chant à Saint-Germain-d'Auxerre, plusieurs traités que Gerbert a publiés dans l'ordre suivant :

1° *Liber Ubaldi peritissimi musici de harmonica institutione* (Scriptores, tom. I, pp. 104-125). C'est une sorte de commentaire du traité de Réginon.

2° *Alia musica*, qui contient particulièrement une exposition des huit tons ou modes du plain-chant (*ibid.*, pp. 125-147).

3° Quelques opuscules relatifs à la mesure des tuyaux d'orgues, au poids des cymbales, aux modes et aux consonnances.

4° *Musica enchiriadis* (ibid., pp. 152-173).

5° *Scholia enchiriadis de arte musica* (ibid., pp. 173-212).

6° *Commemoratio brevis de tonis et psalmis modulandis* (ibid., pp. 213-228).

L'œuvre la plus importante d'Hucbald est incontestablement son ouvrage intitulé : *Musica enchiriadis*. On y trouve l'emploi d'une écriture musicale qui semble avoir été inventée par l'auteur, et l'exposé complet de la *diaphonie* usitée à cette époque pour l'accompagnement du plain-chant.   24

Les meilleurs manuscrits connus des œuvres d'Hucbald se trouvent dans la bibliothèque de Strasbourg et au département des manuscrits de la bibliothèque impériale de Paris.

M. de Coussemaker a publié, dans les *Mémoires de la Société royale et centrale d'agriculture, sciences et arts du Nord, séant à Douai* (1839-1840), un livre curieux qui a pour titre : *Hucbald, moine de Saint-Amand et ses traités de musique* (pp. 171-394); le prince-abbé Gerbert s'est aussi efforcé d'élucider les doctrines musicales d'Hucbald dans son ouvrage *De Cantu et musica sacra* (tom. 2, lib. 3); mais une bonne édition des travaux du religieux belge manque encore à la littérature.

X. — Saint ODON, disciple de Remi d'Auxerre, et abbé de Cluni, mourut en 942, laissant, entre autres écrits, un excellent *Dialogue sur la musique* en latin. Gerbert l'a donné dans ses *Scriptores* (tom. I, pp. 251-264). « On peut, dit M. Fétis, con» sidérer cet ouvrage comme un traité pratique de la musique, » c'est-à-dire, du plain-chant de l'époque où il fut écrit (1). »

Plusieurs auteurs ont attribué le *Dialogue de musique* à Gui d'Arezzo dont nous parlerons bientôt; mais Gui d'Arezzo lui-même, ainsi que le remarque très-bien M. Fétis (2), cite ce *Dialogue* comme étant l'œuvre d'Odon.

On a cru également, et j'ai moi-même partagé cette croyance, que l'introduction du *Gamma* dans l'échelle générale des sons remontait à l'époque d'Odon. M. Vincent a prouvé que cette introduction est beaucoup plus ancienne (3).

Les manuscrits à consulter pour faire une bonne édition du *Dialogue* de saint Odon de Cluni, sont les suivants qui existent tous à la bibliothèque impériale de Paris :

— *Ancien fonds latin,* nᵒ 7211.

— *Ibid.,* nᵒ 7369.

— *Ibid.,* nᵒ 3713, sous le nom de Gui d'Arezzo.

— *Ibid.,* nᵒ 7461.

(1) *Biographie univ. des Musiciens*, tom. VII, p. 73.

(2) *Ibid.*, pp. 73-74.

(3) Voir plus haut, p. 238, note 1.

Le manuscrit n° 384 de la bibliothèque de la Faculté de médecine de Montpellier contient une compilation musicale, dans laquelle on trouve des passages fort étendus empruntés textuellement, mais sans nom d'auteur, au *Dialogue sur la musique*.

Les fragments intitulés : 1° *Proemium tonarii* (Scriptores, tom. 1, p. 265); 2° *Regulæ de Rhythmimachia* (Ibid., p. 285); 3° *Regulæ super abacum* (Ibid., p. 296); 4° *Quomodo organistrum construatur* (Ibid., p. 303), ne paraissent pas être l'œuvre de saint Odon, suivant M. Fétis et contrairement à l'avis de Gerbert.

Le plus important de ces fragments est sans contredit le *Proemium*. D'après un manuscrit de Saint-Blaise, il aurait certainement saint Odon pour auteur ; d'après un manuscrit de Leipsick, on devrait l'attribuer à un nommé *Bernon* (1).

Quoi qu'il en soit, c'est au *Proemium tonarii* dont il est ici question, que j'ai emprunté plus haut, p. 14, le fameux passage relatif au genre chromatique qui caractérisait le *chant ambrosien*; c'est dans ce *Proemium* encore, que l'on trouve le chant en notation littérale de la première strophe de l'ode suivante de Boëce :

<pre>
DED C D   D D C D E F ED C
Bella bis quinis operatus annis

ED C D D D   D D E FG GFDC
Ultor Atrides Phrygiæ ruinis

F F E D C   D D E   F E DD
Fratris amissos thalamos piavit (2).
</pre>

XI. — Traité de musique par ADELBOLD, évêque d'Utrecht, mort en novembre 1027 (*Scriptores* de Gerbert, tom. 1, pp. 303-312). « Le style d'Adelbold est, dit M. Fétis, plus élégant que celui des

---

(1) Gerbert, tom. 1 des *Scriptores*, p. 265 (*Monitum*).

(2) Id., ibid., p. 270. — Voir aussi p. 282 du même ouvrage. — M. de Coussemaker a donné, dans son *Histoire de l'harmonie au moyen âge*, le fac-simile en neumes et la traduction de cette strophe, d'après le manuscrit n° 1154 de l'ancien fonds latin de la bibliothèque impériale. Le traité d'Odon et le manuscrit 1154 n'offrent point la même mélodie.

» écrivains de son siècle. » — Cet ouvrage est en latin , et traite
les deux questions suivantes : 1° *Quemadmodum indubitanter musicæ consonantiæ judicari possint ;* 2° *Monochordi Netarum per tria
genera partitio.*

XII. — BERNELINI *cita et vera divisio Monochordi in diatonico
genere.* (*Script.* de Gerbert, tom. 1, pp. 312-330). Bernelin était
prêtre et vivait au commencement du XIe siècle.

XIII. — Nous devons placer ici , au nombre des plus précieux
monuments des premières années du XIe siècle, les œuvres admirables et trop peu connues encore de Gui d'Arezzo. Gerbert a publié les écrits de ce docte maître en tête du 2e volume de ses
Scriptores. Louis Angeloni a fait paraître à Paris, en 1811 , un
ouvrage in-8° qui a pour titre : *Sopra la vita, le opere, ed il sapere di Guido d'Arezzo, restauratore della scienza e dell' arte musica.*
« Bien que rempli de divagations et écrit d'un style pédantesque,
» dit M. Fétis , cet ouvrage se recommande par un travail con-
» sciencieux et par la bonne foi de l'auteur. »

L'article que M. Fétis a consacré à Gui d'Arezzo (*Biographie
universelle des musiciens*, tom. IV , pp. 451-464), est fort bien
fait , à part quelques erreurs que j'ai rectifiées dans mes *Etudes
sur les anciennes notations musicales de l'Europe* et dans le présent
opuscule sur la restauration du chant grégorien.

Les ouvrages qui appartiennent incontestablement à Guido
sont :

1° Le *Micrologus de disciplina artis musicæ*, précédé d'une lettre
à Théodald , évêque d'Arezzo (*Scriptores*, tom. II, pp. 2-24).

2° *Epistola Guidonis Michaeli monacho de ignoto cantu directa*
(*Scriptores*, II , pp. 43-50).

3° Un petit traité *De sex motibus vocum* (Ibid., p. 33). Gerbert
a supprimé le titre de ce traité , et l'a confondu avec le prologue
rhythmique dont nous allons parler.

4° Un *Antiphonaire* noté d'après le système de l'auteur , avec
deux *Prologues :* l'un en prose, l'autre en vers. Une partie de cet
Antiphonaire existe à la bibliothèque impériale de Paris, n° 1017

du supplément latin (département des manuscrits) : ce monument, le plus précieux qui soit connu des œuvres *complètes* de Gui d'Arezzo, faisait autrefois partie de la bibliothèque de l'abbaye de Saint-Evroult. Il était devenu la propriété de la bibliothèque de la ville d'Alençon, lorsque, grâce à l'influence et au zèle de feu Monsieur Bottée de Toulmon, l'acquisition en a été faite par la bibliothèque de la rue de Richelieu, à Paris.

« Si l'antiphonaire autographe de Guido existe, dit M. Adrien
» de la Fage, ce qui à toute force n'est pas impossible, nous ne
» savons pas où il se trouve, puisque dans la multitude de livres
» de chant que nous possédons en manuscrits, aucun ne porte un
» signe particulier de nature à le faire reconnaître comme étant
» de la main du célèbre moine de Pomposc, aucun même n'est
» présenté comme apautographe. Je n'ignore pas que l'on a donné
» comme tel le manuscrit qui faisait anciennement partie de la
» bibliothèque de Saint-Evroult et qui est aujourd'hui à la bi-
» bliothèque nationale de Paris (1017, supplément latin) ; mais
» ce manuscrit, intéressant d'ailleurs à plusieurs égards, n'est
» autre chose qu'un recueil de Proses pour différentes fêtes, pré-
» cédées des *Alleluia* correspondants; il est relié en avant des ou-
» vrages didactiques de Guido, et c'est tout gratuitement qu'on
» le lui attribue en raison de la place qu'il occupe, car tout le
» monde sait qu'aux temps moyens, l'on réunissait ensemble pour
» la reliure des ouvrages qui souvent n'étaient ni de la même
» main ni de la même époque et qui offraient parfois des ma-
» tières tout-à-fait disparates. D'ailleurs l'usage des séquences
» n'est devenu commun en Italie qu'environ un siècle et demi
» après le moine Guido ; de son temps, c'était surtout des *tropes*
» ou *chants tropaires* que l'on faisait usage ; et en effet le manus-
» crit en question est évidemment du xii° siècle (1). »

A ce passage, nous en opposerons un autre qui est tiré de *La Science et la Pratique du Plain-Chant* de Dom Jumilhac, et dont

____

(1) *De la reproduction des Livres de plain-chant romain*, pp. 13-14.

l'importance ne ressent aucune atteinte de l'opinion de M. de la Fage. Voici ce que dit le docte bénédictin du manuscrit de Saint-Evroult qu'il avait étudié d'une manière toute particulière, et qu'il cite à chaque instant dans son beau livre : « Le manuscrit d'Are-
» tin appartient à l'abbaye de Saint-Evroult en Normandie : Il luy
» fut vray-semblablement donné par un Abbé de la mesme Ab-
» baye nommé Serlon , qui fut fait Evesque de Seez en 1091.
» D'où ayant esté contraint de se retirer à cause des outrages que
» luy faisoit Robert Comte de Bellesme , il passa en Italie , où
» pendant le séjour qu'il y fit , son mérite et son erudition lui
» acquit aisément l'amitié des gens de Lettres, et luy donna moyen
» de faire écrire et d'envoyer ce manuscrit à ses Religieux pour
» lesquels il eut des soins et une bonté de Pere jusques à la fin
» de sa vie......... L'Antiphonaire qu'Aretin dit avoir composé ,
» sous lequel nom il comprend aussi le graduel , *est contenu dans*
» *le mesme manuscrit*, et y est noté avec des lignes vertes et rouges,
» suivant la nouvelle methode du mesme Aretin (1). »

Gerbert a publié, dans le tome II de ses *Scriptores*, le *Prologue en vers* (pp. 25-34), et le *Prologue en prose* (pp. 34-42).

Il serait urgent de doter l'érudition musicale d'une édition complète et exacte des travaux de Gui d'Arezzo. Il est impossible de se fier aux textes de Gerbert, parce qu'ils sont incomplets, tronqués et remplis d'innombrables fautes.

On peut consulter, outre le manuscrit de Saint-Evroult, les numéros 3713, — 7211, — 7369, — et 7461 qui se trouvent dans l'ancien fonds latin de la bibliothèque impériale.

Une foule de passages des œuvres du moine de Pompose ont été cités et doctement commentés par Dom Jumilhac.

XIV. — BERNO AUGIENSIS , en français *Bernon* de Reichnau (Souabe), mourut le 7 juin 1048. Gerbert (*Scriptores*, tom. 2, pp. 61-117) a publié de cet auteur célèbre que cite Gui d'Arezzo : 1° *Musica seu prologus in tonarium ;* 2° *Tonarius ;* 3° *De varia*

(1) Page 12 de la nouvelle édition.

319

psalmorum atque cantuum modulatione; 4° *De consona tonorum diversitate*. — Ces ouvrages contiennent des détails fort curieux qu'on chercherait vainement ailleurs ; le *tonarius* serait une source précieuse pour l'archéologie musicale, si Gerbert n'en avait pas omis la notation neumatique.

XV. — HERMANN , surnommé Contract (parce qu'il avait les membres paralysés) , fut élevé à l'abbaye de Saint-Gall et mourut vers 1055. On a de lui deux opuscules sur la musique qui se trouvent dans les *Scriptores* de Gerbert, tom. 2, pp. 125-153 , sous les titres suivants : 1° *Musica*; 2° *Versus Hermanni ad discernendum cantum*. Dans le premier ouvrage , Hermann donne des exemples de la notation que l'on attribue à Hucbald ; dans le second , il emploie une notation littérale particulière dont j'ai donné l'explication dans le premier article de mes *Etudes sur les anciennes notations musicales de l'Europe* (1).

XVI. — WILHELM DE HIRSCHAU , en Bavière (*Wilhelmus, Hirsaugiensis abbas*), florissait vers 1070. Il nous a laissé un traité de musique plane que Gerbert a inséré dans le 2e volume de ses *Scriptores* (pp. 154-182). C'est un livre savant. « Il est remar-
» quable, dit M. Fétis, que Wilhelm ne dit pas un mot de la mé-
» thode de solmisation par muances, faussement attribuée à Guido
» d'Arezzo, quoiqu'il fasse une analyse des opinions de ce moine
» concernant la tonalité ; d'où l'on peut conclure que cette mé-
» thode n'était pas encore connue de son temps (*Biog. univ. des*
» *Music.*, art. *Wilhelm*) »

XVII. — THEOGERUS , METENSIS EPISCOPUS (Théoger , évêque de Metz , vers la fin du xie siècle). — Il est cité comme une autorité dans le *Tractatus correctorius* qui est attribué à Gui d'Arezzo (*Script.*, tom. 2, p. 50), mais qui ne paraît pas être de ce moine célèbre, puisque Théoger dit en termes fort clairs : « *Guido vero mo*
» *nachus extitit vocum indagator diligentissimus, et commendator tra-*
» *ditorque certissimus.* » Ces paroles se trouvent au commencement

(1) Voir aussi les *Scriptores* de Gerbert, tom. 2, pages 174 et 259.

du livre de Théoger, que Gerbert a reproduit (*Script.*, tom. 2 , pp. 182-196) et qui a pour titre : *Musica Theogeri de repertoribus musicæ artis.* M. Fétis dit que c'est un ouvrage de peu de valeur. Ce jugement me paraît trop absolu : le traité de Théoger est une sorte de préface qui devait se trouver en tête d'un *tonarium* de cet auteur, ainsi que cela se pratiquait à l'époque où vivait l'évêque de Metz. Or, ces préfaces ou ces prologues ont toujours leur importance, et, malgré le laconisme de leur rédaction, on y trouve des faits archéologiques dont l'ensemble formera tôt ou tard *l'histoire du chant grégorien.*

XVIII. — Avec ARIBON LE SCOLASTIQUE (fin du xie siècle), commence l'influence sensible des doctrines de Gui d'Arezzo sur l'enseignement du plain-chant. Aribon ne fait que commenter *longuement* et *savamment* les écrits du moine de Pompose, dans sa *Musica* que Gerbert a publiée (*Scriptores*, tom. 2, pp. 197-230). On y trouve un chapitre intitulé : *Utilis expositio super obscuras Guidonis sententias.* M. Fétis signale un passage d'Aribon , en vertu duquel on serait autorisé à croire que nous n'avons pas tous les écrits de Gui d'Arezzo , ou du moins qu'il y a des lacunes dans ceux qui sont venus jusqu'à nous (*Biog. univ. des Music.*, tom. I, p. 104.)

XIX. — Jean COTTON , célèbre musicographe sur l'identité duquel on n'a aucun renseignement positif, et qui florissait , selon nous , vers la fin du xie siècle ou plutôt dans les premières années du siècle suivant, est auteur d'un traité de musique en vingt-sept chapitres précédés d'un prologue, que Gerbert a également inséré dans ses *Scriptores* (tom. 2, pp. 230-265). Il est évident que l'ouvrage de Jean Cotton n'était que le préambule d'un *tonaire*, puisqu'on lit à la fin : *Explicit tractatus Johannis de arte musica. Incipit tonarius ejusdem.* Gerbert a omis ce *tonarius*, et on ne peut que regretter cette lacune.

Quoi qu'il en soit, Jean Cotton se déclare l'admirateur et le sectateur des doctrines de Gui d'Arezzo ; il les expose, les développe, les explique et les commente avec beaucoup de soin. C'est dans le livre de Jean Cotton que l'on trouve, pour la première fois, la mention des syllabes musicales *ut, ré, mi, fa, sol, la*, origine de la solmisation par muances, mais l'auteur n'en attribue nullement l'invention à Gui d'Arezzo : — « *Sex sunt syllabæ*, dit-il, *quas ad* » *opus musicæ assumimus, diversæ quidem apud diversos; verum* » *Angli, Francigenæ, Alemanni utuntur his* ut, re, mi, fa, sol, la. » *Itali autem alias habent, quas qui nosse desiderant, stipulentur ab* » *ipsis. Eas vero, quibus nos utimur syllabas, ex hymno illo sum-* » *ptas aiunt, cujus principium est :* Ut queant laxis....... »

« Les syllabes usitées en Italie, dit M. Stéphen Morelot dans » son savant article sur la *Solmisation* (1), étaient sans doute » celles dont parle Burtius, dans un livre imprimé en 1487, et » qu'il dit avoir lues à la fin d'un manuscrit de Boëce. Ce sont les » suivantes : *tri, pro, de, nos, fe, ad*. Nous les avons retrouvées, » ajoute M. Morelot, dans une compilation anonyme du Mont- » Cassin, qui donne également les syllabes ordinaires, et de plus » celles-ci : *an, chi, tho, gen, mi, lux*. Il est difficile de deviner » le motif qui a fait proposer l'adoption de pareilles syllabes, » beaucoup moins harmonieuses que celles que le hasard avait » fait trouver dans l'hymne de Saint Jean ; la popularité de cette » pièce était encore un motif de préférence en leur faveur. »

Le système de solmisation par muances et de division de l'échelle musicale en hexacordes joue un si grand rôle dans tous les ouvrages didactiques qui ont paru depuis la fin du XIᵉ siècle jusqu'au milieu du XVIIIᵉ, que la connaissance en est indispensable à toute personne qui veut faire une étude même superficielle de l'histoire de la musique.

M. Fétis a donné une idée générale de ce système dans son *Résumé philosophique de l'histoire de la musique* (2), et M. Morelot (article cité plus haut) en a fait l'objet d'un travail plus approfondi dans lequel se trouvent les principaux renseignements relatifs à la philosophie, à la bibliographie et à la pratique de cette fameuse

(1) *Revue* de M. Danjou, septembre 1847, pp. 302-303.
(2) *Biog. univ. des Music.*, tom. I, pp. CLXIX-CLXXII.

question. MM. Fétis et Morelot ne sont point d'accord entre eux sur la légitimité des muances : notre rôle, en ce moment, n'est point de trancher ici d'un mot de si graves débats ; mais s'il nous était permis d'énoncer simplement notre opinion, nous nous rangerions sans peine du côté de M. Fétis qui traite de *système monstrueux* la lecture musicale par hexacordes (1).

XXI. — A partir également de la fin du xie siècle, les traités de musique nous offrent une autre particularité qu'il ne faut point perdre de vue ; l'art se divise en deux branches distinctes : le chant liturgique et le chant mesuré.

Le plus ancien ouvrage connu de musique mesurée est celui de Francon de Cologne : on y voit que le chant liturgique prend à cette époque le nom de *Planus cantus*, expression que les langues de l'Europe ont traduite depuis lors par les mots : *Canto fermo, canto llano, canto chaô, plain-chant*, etc.

Ce détail mérite de fixer l'attention des érudits modernes. Outre qu'il nous indique clairement que les anciens chantres grégoriens exécutaient les cantilènes sacrées d'une manière plane et unie, à l'exception toutefois de certaines petites notes d'agrément et des brèves psalmodiques, il nous fait entrevoir aussi que les méthodes de musique n'auront plus toujours le chant grégorien pour objet exclusif. Quelques ouvrages traiteront donc séparément soit de l'ancienne, soit de la nouvelle musique ; d'autres, et ce sera le plus grand nombre, débuteront par l'exposition des principes du plain-chant, et les feront suivre de la théorie de la musique mesurée, de la musique proprement dite qui n'attend plus qu'une tonalité nouvelle pour se séparer complétement du chant séculaire de l'Eglise.

(1) Gui d'Arezzo connaissait parfaitement la tonalité grégorienne. Or, il se déclare le défenseur de la solmisation par heptacordes. Il blâme ceux qui, comme Hucbald, voulaient subordonner aux tétracordes grecs la lecture de la musique. Il n'eût pas été plus indulgent pour la théorie de l'hexacorde, que M. Morelot regarde ici comme inhérente à la tonalité du plain-chant.

Il faut donc bien se garder d'emprunter des textes à des ouvrages de musique mesurée pour appuyer des doctrines relatives à l'étude ou à la restauration du plain-chant, — défaut capital dans lequel tombent de nos jours des hommes fort savants d'ailleurs. Ainsi , beaucoup d'écrivains modernes nous donnent d'anciennes citations en faveur de la valeur des notes et du rhythme dans le plain-chant, sans se douter le moins du monde qu'ils invoquent des témoignages pris en dehors de la question et appartenant à la musique proprement dite du moyen âge.

XXII. — Ces réserves faites , nous allons continuer notre bibliographie du plain chant.

Il faut d'abord mentionner ici les opuscules que nous a laissés saint Bernard , premier abbé de Clairvaux. Dans l'édition que Dom Mabillon a faite des œuvres de ce Père de l'Eglise, on trouve la Préface ou Prologue de l'Antiphonaire que saint Bernard fit corriger pour l'usage de son ordre, et un petit traité sur le chant ecclésiastique. M. de la Fage a cité in extenso le *Prologue*, dans son livre *De la reproduction des livres de plain-chant romain*, (pp. 155-156), et en a donné une brillante analyse (ibid., pp. 15-17). L'abbé Gerbert a inséré, dans le tome II des *Scriptores* (pp. 265-277), un *tonale sancti Bernardi;* mais il n'est pas certain, dit Lichtenthal, quil soit de l'abbé de Clairvaux. — On sait que saint Bernard est mort en 1153.

XXIII. — On doit regarder, comme de curieuses productions musicales du XIIᵉ siècle, les traités suivants :

— Gui , abbé de Châlis, en Bourgogne : Un ouvrage manuscrit sur le chant ecclésiastique, en latin (Bibl. de Ste-Geneviève, à Paris, nᵒ 1611 , in-4ᵒ).

— Une compilation anonyme , aussi manuscrite et en latin , que l'on conserve à la Faculté de médecine de Montpellier, sous le nᵒ 384 , et qui commence par ces mots : *Quid est tonus? Regula quæ de omni cantu in fine dijudicat*, etc.

— Un traité de quelques pages sur le plain-chant qui existe à la bibliothèque du séminaire d'Autun (Voir plus haut, p. 260).

— Un traité de plain-chant, en latin, par un certain ARISTOTILES. Cet ouvrage doit être signalé d'une manière spéciale à l'attention des savants. On attribuait depuis longtemps au vénérable Bède la composition d'un livre intitulé : *De musica quadrata seu mensurata*, qui a été publié dans les éditions de ses œuvres, Bâle, 1563, et Cologne, 1612. Or, M. Bottée de Toulmon, se fondant sur des textes positifs du *Speculum musicæ* de Jean de Muris, a démontré que cette production n'était pas de Bède, mais d'un didacticien beaucoup plus moderne nommé ou surnommé *Aristotiles* (1). Depuis lors, j'ai découvert que le titre de *Musica quadrata seu mensurata* est une addition de date récente, qu'il faut remplacer par la simple annonce d'un traité de chant mesuré, et que ce traité lui-même n'est autre chose qu'une partie du fameux manuscrit qui a appartenu à l'abbé de Tersan et dont M. Fétis parle plusieurs fois dans son *Résumé philosophique de l'histoire de la musique* (2). L'ancien manuscrit de l'abbé de Tersan a été donné par M. Fétis, il y a quelques années, à la bibliothèque impériale de Paris (supplément latin, nᵒ 1136). En l'étudiant avec soin, on acquiert la conviction qu'*Aristotiles* est aussi l'auteur d'un traité de plain-chant, puisqu'il dit en commençant son traité de musique figurée : — « ... *Cum igitur in cognoscendo mu-* » *sicam mensurabilem sit ipsa plana musica fundamentum et de ipsa* » IN PRÆCEDENTIBUS *convenienter existimamus esse tractatum, con-* » *sequenter causa salvandi ordinis artem mensurabilis musicæ post-* » *ponamus,* etc. (fol. 21 verso). » Or, bien qu'il manque un feuillet au commencement du manuscrit 1136, il est facile de voir que, du feuillet 2 au feuillet 20 recto, c'est bien le traité de plain-chant d'*Aristotiles* que nous a conservé ce précieux document. La mutilation de ce manuscrit est facilement réparable,

(1) On peut consulter la note que j'ai consacrée à cette découverte de M. Bottée de Toulmon, p. 150, de la nouvelle édition de *La Science et la Pratique du Plain-Chant*, de Dom Jumilhac.

(2) *Biographie univ. des music.*, tom. I, pp. CLXXVIII, CLXXXIV et CLXXXVIII.

grâce à un autre monument que j'ai découvert à la même bibliothèque et qui contient sans lacune le traité de plain-chant d'*Aristotiles*. Cet auteur a écrit, dans son *Ars mensurabilis* (fol. 33 verso), un chapitre si intéressant sur la différence qui existe entre la mesure de la musique et celle du plain-chant, que je ne puis résister au désir de le reproduire ici : « *Sequitur de mensura quæ* » *per totam musicam locum obtinet necessarium, quæ etiam non so-* » *lum in musica, sed et in omnibus perutilis invenitur. Unde versus :*

> » Sicut in omne quod est mensuram ponere prodest
> » Sic sine mensura deperit omne quod est.

» *Unde videndum est quod mensura duplex in hac arte continetur,*
» *scilicet* localis *et* temporalis.

» *Et videndum est quod ars ista mensurabilis musicæ nuncupatur*
» *ad differentiam planæ musicæ, quia cum ipsa plana musica* LOCALI
» MENSURA, *quæ est ad distantiam vocum mensurandam,* SOLUMMODO
» MENSURETUR, *isti non solum localis sufficit, sed requirit etiam et*
» *temporalem. Temporalis autem, ut hic sumitur, est duarum, trium*
» *vel plurium figurarum secundum quod sunt in numero ad aliquam*
» *perfectionem relata æqualitas; nam si quis aliquam proportionem*
» *justam seu consonantium duorum cantus sive trium diversorum ge-*
» *nerum alicujus loci determinati scire desiderat, ab aliquo sibi noto*
» *principio ad locum usque deputatum per tria tempora vel per æqui-*
» *pollentiam semper ad perfectionem figurarum diligenter studeat*
» *computando referre.* »

— JEAN DE GARLANDE, auteur d'un traité de musique figurée ou mesurée qui commence par ce préambule : « *Habito de ipsa plana musica quæ* IMMENSURABILIS *dicitur, nunc, etc.* » — L'*Ars musicæ mensurabilis* de Jean de Garlande se trouve dans la compilation de Jérôme de Moravie dont nous parlerons bientôt, et dans un manuscrit anonyme de la bibliothèque du Vatican, n° 5315, découvert par M. Danjou (1). Quant au traité de plain-chant du même

______

(1) E. de Coussemaker, *Histoire de l'harmonie au moyen âge*, p. 212.

auteur, on ne le connaît que par les nombreuses citations qu'en a données Jérôme de Moravie.

XXIV. — Parmi les productions musicales du XIIIe siècle, nous signalerons :

1° Le traité intitulé : *De speculatione musicæ*, par Walther Odington, moine d'Evesham, dans le comté de Worchester. Cet ouvrage n'a jamais été publié, et l'on n'en possède qu'un seul manuscrit connu, à Cambridge, bibliothèque *Corpus Christi*, sous l'indication : C' C' C' C' (1). La cinquième partie du livre d'Odington a pour titre : *De harmonia simplici, id est, de plano cantu.* Elle est, dit-on, fort intéressante.

2° Vincent de Beauvais, célèbre moine de l'ordre de Saint-Dominique, mort vers le milieu du XIIIe siècle, a composé une sorte d'encyclopédie par ordre de matières, sous le titre de : *Speculum quadruplex, naturale, doctrinale, morale et historiale.*

Le XVIIe livre de ce vaste ouvrage est intitulé : *De musica.* Je l'ai étudié dans le magnifique exemplaire incunable qui existe à la bibliothèque de l'Institut (M. 1.), et je puis dire qu'il offre peu d'intérêt. Lichtenthal donne la liste des chapitres de ce traité dans sa *Bibliografia*, tome I, pp. 151-152.

3° Engelbert, abbé d'Aimont, dans la Haute-Styrie, florissait à la fin du même siècle. On lui doit un livre de musique fort étendu que Gerbert a inséré dans le tome II des *Scriptores* (pp. 287-369). « L'ouvrage d'Engelbert, dit M. Fétis, est divisé » en quatre petits traités : le premier concerne la gamme et les » signes de la musique ; le second, les intervalles et les propor- » tions ; le troisième et le quatrième, le chant et les tons de » l'Eglise. L'auteur se borne à y développer la doctrine de Gui » d'Arezzo. »

4° Jean Ægidius de Zamora, récollet espagnol, est auteur d'un *Ars musica* publié par Gerbert (*Script.*, tome II, pp. 369-393). Cet

----

(1) De Coussemaker, *ibid.*, p. 145.

opuscule contient des documents précieux, parce qu'ils sont pratiques et détaillés, sur la solmisation par muances.

5° ELIE DE SALOMON (Elias Salomonis), clerc de Sainte-Astère,
dans le Périgord, a dédié au pape Grégoire X, en 1274, un
traité de plain-chant qui a pour titre : *Scientia artis musicæ*. C'est
un bon livre pour l'époque où il parut. Elie de Salomon s'y plaint
amèrement de l'ignorance générale du plain-chant dans laquelle
étaient plongés ses contemporains, et s'écrie, comme s'il s'adressait aux réformateurs de Reims et de Cambrai : « QUOD EXECRABI-
» LIUS EST, *cantum planum*, *bene ordinatum per angelos et per san-
» ctos prophetas et per beatum Gregorium*, DERIDENT ASSUMENDO ALI-
» QUOTIES NATURAM CANTUS SCIENTIÆ ORGANIZANDI, *quæ totaliter*
» *supra scientiam cantus plani est reperta ; et etiam vix dignantur*
» *aliquoties pedem suum facere de cantu plano*, ANTICIPANDO, FESTI-
» NANDO, RETARDANDO *et* MALE COPULANDO PUNCTOS, *ex quibus effe-
» ctus scientiæ organizandi completur*, QUIA FORTASSIS VIDENT PUN-
» CTOS TALITER PARATOS : *hoc autem factum factum est ad decorem*
» *et honestatem positionis punctorum et notæ libri*, NON AD CANTAN-
» DUM... » Et plus loin, il ajoute ce précepte que nous avons déjà
rapporté plus haut, page 4 : « *Regula infallibilis : omnis cantus pla-*
» *nus... nullam festinationem in uno loco patitur plusquam in alio... :*
» *ideo dicitur cantus planus, quia omnino planissime appetit cantari.* »

L'ouvrage d'Elie de Salomon se trouve dans le tome III des
Scriptores de Gerbert (pp. 16-64).

6° *Tractatus de musica compilatus a Fratre* HIERONYMO MO-
RAVIO *ordinis Fratrum Prædicatorum*, 1 vol. in-fol., manuscrit (Bibliothèque impériale de Paris, supplément latin, n° 1817, ancien fonds de Sorbonne). Les PP. Quetif et Echard rapportent
(*Script. ordinis prædicatorum*, tom. I, p. 159) que Pierre de
Limoges, qui donna ce volume à la Sorbonne, devint membre
titulaire de cette université en 1260.

J'ai publié la table des matières du *Traité* de Jérôme de Moravie dans la nouvelle édition de Dom Jumilhac, pp. 343-344.

Un des éditeurs des livres de Reims et de Cambrai, à qui j'avais révélé l'existence du manuscrit dominicain en lui disant qu'il contenait de précieux documents sur le rhythme du plain-chant, s'empressa d'en prendre connaissance ; mais „ peu habitué au déchiffrement et aux abréviations de l'écriture du XIII° siècle, il ne put en lire que très-peu de phrases çà et là. C'est à cette lecture pénible et superficielle que l'on doit la ligne suivante concernant les groupes de quatre notes , laquelle ligne a passé, de la préface du nouveau *Graduel* (p. VIII) , dans tous les livres élémentaires de ces messieurs :

« *Prima longa, secunda brevis, tertia semibrevis, quarta longa.* »

Or, cette règle appartient non à la méthode générale d'exécuter le plain-chant à l'époque où vivait l'auteur, mais à un système particulier de quelques chantres du XIIIe siècle. Il y avait alors diversité de méthodes à ce sujet : les uns chantaient d'une manière ; les autres, d'une autre. Le principe fondamental était celui-ci : *Omnis cantus planus et ecclesiasticus notas primo et principaliter æquales habet unius scilicet temporis modernorum, sed trium antiquorum, id est breves, exceptis quinque.*

Jérôme de Moravie donne ensuite ces cinq exceptions : —
« *Prima omnium,* dit-il *, est ea* (nota scilicet) *qua unusquisque*
» *cantus incipit, quæ et principalis dicitur, quæ semper est longa*
» *si tamen in finali cantus existit; alias brevis est ut ceteræ.*

» *Secunda* (nota) *est quæ etiam secunda syllabæ dicitur, quando*
» *videlicet aliqua syllaba plures habet notas quam una; tunc enim*
» *secunda post primam est longa, si tamen aliqua ex prædictis quin-*
» *que notis ipsam non præcedit vel non subsequitur immediate; alias*
» *brevis est ut ceteræ.*

» *Tertia nota est quadrata quidem, sed ex utraque parte caudata,*
» *et est duplex. Quando enim cauda dextra longior est sinistra, sive*
» *ascendendo, sive descendendo, plica longa dicitur ut hic :* ◧ ◨.
» *Hæc autem est duplex, scilicet simplex et ligata. De simplicibus*
» *jam patuit* (1). *Ligatæ vero sunt cum dictis longioribus caudulis*

____

(1) L'auteur vient d'en parler une ligne plus haut.

» *sive in ascendendo, sive in descendendo tamen de tertia in tertiam*
» *ad minus et etiam ultra* (1) : *quæ longæ plicæ et ligatæ dicuntur,*
» *ut hic :* �. *Quando, e converso, cauda sinistra longior est*
» *dextra, plica brevis dicitur, et hoc sive ascendendo, sive etiam*
» *descendendo, ut hic :* ♮ ♪; *quare brevis est ut ceteræ. Hæc simi-*
» *liter duplex, scilicet ut jam patuit, et ligata, cum scilicet duæ*
» *notæ descendentes tamen et non plus quam ad tonum et semito-*
» *nium in ecclesiastico cantu ligantur, ut hic :* ▦, *nam prima*
» *brevis est ut ceteræ, secunda longa si tamen locum obtinet dicta-*
» *rum quinque notarum : alias brevis est ut ceteræ.*

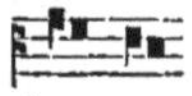

» *Quarta nota de quinque notis est penultima.*

» *Quinta est ultima uniuscujusque pausæ quæ est longa, non*
» *semper, nam solum in pausa imperfectæ dictionis quæ brevis est,*
» *ultima nota est longa, id est duorum temporum; in pausa vero*
» *perfectæ dictionis quæ est longa duorum scilicet temporum, est*
» *longior, scilicet trium temporum; in pausa autem orationis per-*
» *fectæ quæ longior est, trium scilicet temporum, est longissima,*
» *temporum scilicet quatuor......* »

Ce n'est pas tout : « *Quandocumque*, dit Jérôme de Moravie,
» EXTRA SYLLABAS ET DICTIONES, *metro scilicet interrupto, sunt qua-*
» *tuor notæ, sive descendentes sive etiam ascendentes, solutæ vel li-*
» *gatæ, tunc prima est longa, secunda brevis, tertia (id est penultima)*
» *et quarta (id est ultima) sunt longiores. Si vero iterato geminen-*
» *tur, prima erit brevis, secunda longa, tertia et quarta sicut prius,*
» *eo scilicet quod variatio modi fastidium tollit et ornatum inducit. Si*
» *vero fuerint quinque notæ, tunc similiter variantur, eo quod semper*

(1) Si, dans une ligature, la première note pliquée n'était point
suivie d'une seconde posée à la distance au moins d'une tierce, le
trait placé à droite de la plique ne pourrait pas être plus grand que
celui qui doit être placé à gauche, et la calligraphie de la plique
longue serait impossible. Remarquons ici, pour la première fois, que
la plique ligaturée se trouvait toujours à la fin de la ligature *dans le
chant mesuré*, mais qu'il n'en était pas de même *dans le plain-chant.*

» *prima est longa, secunda brevis, tertia semibrevis, quarta et quinta*
» *sicut prius. Si autem sex notœ fuerint, tunc prima, secunda,*
» *tertia et quarta sunt semibreves sicut prius, quinta et sexta sicut*
» *et antea. Si vero plures fuerint, in descensu tantum, tunc prima,*
» *secunda, penultima et ultima sicut prius; ceterœ existunt brevis-*
» *simœ.* »

L'auteur entre ici dans de curieux détails sur les notes qui doivent être chantées avec *réverbération* ou avec *fleurs longues, fleurs ouvertes* et *fleurs subites* (*flores longi, aperti et subiti*), et dit en terminant l'exposition de ce premier système d'exécution du plain-chant : « *Hunc cantandi modum non quidem in omnibus, sed* » *in aliquibus, quidam Gallicorum observant.* »

Puis vient la théorie d'un second système, tout aussi compliqué que le premier, et que Jérôme termine par les réflexions suivantes : — « *Hic autem uterque modus cantandi..... pro tempore* » *observetur. Si quis enim indifferenter utitur ipso, non discernens* » *vocum imbecillitates et ipsos dies feriales, non uti, sed potius abuti* » *dictis modis diceretur. Solummodo igitur in dominicis diebus et* » *festis prœcipuis modi quos dixi sunt tenendi....* »

Il résulte de ce qui précède : qu'au xiiie siècle, la règle *générale* était d'exécuter le plain-chant en notes à peu près égales; que les artistes d'alors, pour mettre de la variété dans leur exécution mélodique, chantaient, les uns d'une manière, et les autres, d'une autre, mais *qu'ils avaient le bon esprit* d'indiquer leur méthode individuelle et de fantaisie *par des règles théoriques*, sans toucher à la *notation;* que ces règles étaient d'une application trop difficile pour être d'un usage populaire; et qu'elles étaient uniquement établies pour faire briller le talent des virtuoses aux jours de fête, et non en vue des principes rigoureux du plain-chant.

N'en doutons pas : c'est à cette manie de prétintailler et de musicaliser l'exécution du chant grégorien qu'Elie de Salomon fait allusion dans son livre ; c'est cette manie qu'il qualifie d'*exécrable;* c'est contre elle que les Chartreux ont résisté courageusement, en notant toujours leur chant *avec des notes carrées*, et

qu'ils ont ainsi maintenu, depuis le xie siècle jusqu'à nos jours,
l'œuvre grégorienne avec une pureté qui leur fait le plus grand
honneur, et que les éditeurs de Reims et de Cambrai ont été forcés
de proclamer eux-mêmes, bien que ceux-ci n'aient pas eu la logique de suivre ce qu'ils approuvaient si hautement. — Mais je
m'aperçois que mon pèlerinage bibliographique n'est point fini,
et que je dois me hâter d'arriver au but. — Je continue donc.

7° On peut, sans contredit, ranger les œuvres de Marchetto de
Padoue parmi les plus considérables du xiiie siècle. Gerbert a fait
paraître, dans le 3e vol. des *Scriptores* (pp. 65-188), deux traités
de musique écrits en latin par Marchetto, et intitulés, l'un :
Lucidarium musicæ planæ, l'autre : *Pomerium musicæ mensu-
ratæ* (1).

Je n'ai à m'occuper ici que du *Lucidarium* dont j'ai déjà parlé
en plusieurs endroits du présent ouvrage.

Il est daté de l'année 1274, et se divise en seize petits traités
dont la plupart sont eux-mêmes subdivisés en un certain nombre
de chapitres.

Lichtenthal a donné une table complète des matières renfermées dans le Lucidaire de Marchetto (*Bibliog.*, tome I, pp. 145-
146). Nous dirons seulement, d'une manière sommaire, que ce
livre important traite de l'invention et de la division de l'art musical, — du ton, du demi-ton, du diésis, des consonnances et
des dissonnances en général, — des consonnances en particulier,
— des proportions musicales, — de la dissonnance, de l'euphonie, de l'harmonie et de la symphonie, — de la classification des
consonnances en raison des effets plus ou moins agréables qu'elles
produisent, — des genres d'inégalité, — des muances, — de la
conjonction des voix ou sons, — des tons ou modes grégoriens,
— de la quantité dans la musique plane, — de la division des

____

(1) « *Libellum hunc*, dit l'auteur, *decrevi* Pomerium *nuncupari*,
» *eo quod fructuum et florum velut immensitatis culto plantario emis-*
» *siones poterunt invenire cantores.* »

modes en authentes et plagaux, — des pauses, — des clefs, — du musicien et du chanteur.

Le *Lucidaire* est une véritable encyclopédie du plain-chant, écrite en style scolastique, à la manière des théologiens et des philosophes du XIIIᵉ siècle.

XXV. — Le plus considérable des ouvrages de musique du XIVᵉ siècle est le *Speculum musicæ* de JEAN DE MURIS. Il n'a jamais été publié, et l'on n'en connaît que deux manuscrits qui sont à la bibliothèque impériale de Paris (ancien fonds latin). Le premier (nº 7207 in-fol.) est un magnifique volume de plus de 600 pages sur vélin, d'une écriture fort belle du commencement du XVᵉ siècle. L'autre (nº 7207 A) sur papier, d'une mauvaise écriture, n'est point complet. « L'ouvrage, dit M. Fétis, est divisé en sept livres : » le premier traite de la musique en général, de l'invention de ses » diverses parties et de sa division, en 76 chapitres; le second, » des intervalles, en 123 chapitres ; le troisième, des propor- » tions et des rapports numériques des intervalles, en 56 chapi- » tres; le quatrième, des consonnances et des dissonnances, en » 51 chapitres ; le cinquième, des tétracordes de la musique des » anciens, de la division du monocorde et de la doctrine de Boëce, » en 52 chapitres; le sixième, des modes, de la tonalité antique, » du système des hexacordes et des muances, en 113 chapitres; » le dernier, de la musique figurée, du déchant, et du système » de mesure. » — Ce septième livre est composé de 47 chapitres.

Gerbert ne semble pas avoir eu connaissance du *Speculum mu-sicæ*, et n'a publié, de Jean de Muris, qu'un abrégé mêlé de prose et de vers des doctrines musicales de ce docteur sous le titre de *Summa musicæ magistri Joannis de Muris* (1), et quelques autres opuscules qui ont rapport au chant mesuré ou aux éléments purement spéculatifs des proportions musicales.

XXVI. — HUGON, prêtre de Reutlingen, auteur en 1332 d'un

_____

(1) *Scriptores*, tome III, pp. 190-256. M. Fétis regarde cet ouvrage comme l'œuvre de quelque écrivain postérieur à de Muris.

poème didactique composé de 635 vers sur le chant ecclésiastique, qui est intitulé : *Flores musicæ*. La bibliothèque de la ville de Gand possède un beau manuscrit de cet ouvrage excessivement rare ; la bibliothèque impériale et celle de Sainte-Geneviève, à Paris, en ont une édition gothique in-4°, qui est sans date, mais qui a probablement paru dans les dernières années du xve siècle. (Voir la *Biog. univ. des music.*, par M. Fétis, art. *Hugon*).

XXVII. — Je crois que l'on peut ranger, parmi les productions de la fin du xiv° siècle, l'ouvrage manuscrit intitulé : *Lectura per Petrum Talhandierii* (Pierre Tolhandier) *tam super cantu mensurabili, quam super immensurabili*. M. Danjou en a vu une copie du xve siècle à la bibliothèque du Vatican, sous le n° 5129, que le Père Martini indique et signale dans le tome Ier de son livre *Storia della musica*, p. 466.

XXVIII. — *La Calliopée légale*, par l'Anglais maître JEAN HOTHBY. L'auteur, religieux carmélite, vivait à la fin du xiv° siècle. MM. Stéphen Morclot et Danjou ont levé une copie de cet important ouvrage d'après deux manuscrits de Florence et de Venise. M. de Coussemaker (Hist. de l'harmonie au moyen âge), l'a publié *in extenso* avec une traduction française en regard du texte qui est en italien. Bien que *La Calliopée légale* ne porte aucune division de matière, elle se compose néanmoins de quatre parties qu'il est facile de distinguer. « La première, dit M. de » Coussemaker, traite des sons et de la solmisation par muances, » dont le système se trouve envisagé et expliqué ici d'une manière » particulière qui mérite l'attention des musicologues. Cette partie « comprend les paragraphes 1 à 32.

» La deuxième partie est relative aux mouvements des sons » ou voix. C'est la partie la plus importante de la Calliopée, au » point de vue de la notation et du rapport des neumes avec les » notes carrées..... La deuxième partie est comprise dans les » paragraphes 33 à 72.

» Ce que nous appelons la troisième partie concerne les diver-

» ses proportions de durée des sons, mais cette matière n'y a
» pas les développements que l'on peut désirer; elle n'y est
» qu'effleurée dans les paragraphes 72 à 114.

» La dernière partie traite des intervalles en usage dans le
» plain-chant. Il est intéressant de voir comment ils étaient con-
» sidérés du temps d'Hothby. Nous appelons surtout l'attention
» de nos lecteurs sur ceux de seconde, de quarte, de quinte et
» de septième. »

XXIX. — JEAN LE CHARTREUX, dit *de Mantoue*, né à Namur au
XIVe siècle et moine à la Chartreuse de Mantoue. Il est auteur
d'un traité qui se conserve en manuscrit dans les bibliothèques
du Vatican, du Musée britannique et de la ville de Gand, sous
le titre de : *Libellus musicalis de ritu canendi vetustissimo et novo*.
On regarde généralement cet ouvrage comme anonyme, mais
M. Fétis en a publié un passage qui prouve que l'auteur en est
bien Jean le Chartreux (*Biog. univ.*, tome V, p. 261, 2e colonne).
Voici comment le docte musicographe de Bruxelles rend compte
du contenu du *Libellus*. « Il est divisé, dit-il, en deux parties,
» et chacune d'elles en trois parties. Le premier livre de la pre-
» mière partie traite du *plain-chant;* le second, de la *division du*
» *monocorde;* le troisième, des *consonnances et de leurs espèces.*
» Dans le premier livre de la seconde partie, l'auteur explique
» la manière dont les anciens écrivaient la musique par *les lettres*
» *de l'alphabet;* dans le second, il traite de la *solmisation*, et,
» dans le troisième, du *contrepoint.* »

XXX. — Gerbert nous a conservé, dans ses *Scriptores* (t. III,
ad finem), deux ouvrages de musique dont l'un est daté de 1442,
et l'autre, de 1490. Le premier a pour titre : *Joannis Keckii in-*
troductorium musicæ (pp. 319-329), et concerne particulièrement
les proportions géométriques de la musique. Le second est intitulé : *Adami de Fulda musica* (pp. 529-381). Le livre d'Adam
de Fulde est divisé en quatre parties : la première, composée de
7 chapitres, traite de l'invention des diverses branches de l'art

musical ; la seconde, en 17 chapitres, traite de la *main musicale,* du chant , de la voix, des clefs, des muances, du mode et du ton ; la troisième, fort curieuse, a pour objet la musique mesurée de l'époque, et la quatrième, les proportions et les consonnances.

Nous ne dirons rien ici de la fameuse querelle musicale qui eut lieu dans la seconde moitié du xve siècle, et dont le point de départ fut une attaque violente des doctrines de Gui d'Arezzo. Ceux de nos lecteurs qui désireraient des détails sur ce fait important, peuvent consulter les articles que M. Fétis a consacrés, dans sa *Biographie universelle des musiciens,* à Ramis de Pareja , Jean Spataro, Nicolas Burci, Gaforio, et quelques autres didacticiens de cette époque.

Mentionnons seulement les ouvrages de deux hommes célèbres dont les travaux ont alors exercé une influence considérable sur la musique et le plain-chant.

Ces deux hommes sont Franchino Gafori de Lodi que Dom Jumilhac cite presque à chaque page, et Jean Tinctoris de Nivelles en Brabant, dont les œuvres sont peu connues de nos jours, parce qu'elles n'ont jamais eu l'honneur d'être éditées.

Gafori a publié plusieurs traités dont voici les deux principaux sous le rapport du plain-chant :

1º *Theoricum opus musicæ disciplinæ,* Naples, in-4º, 1480. Une seconde édition de ce livre a paru à Milan, dans le même format, en 1492, sous le titre de : *Theorica musica Franchini Gafori.* — Ce traité, divisé en cinq livres, renferme une sorte d'abrégé des doctrines de Boëce; le cinquième livre est un exposé de la tonalité grecque, suivi de l'explication du système de solmisation par muances, faussement attribué à Gui d'Arezzo.

2º *Practica musicæ,* excellent ouvrage in-folio qui a eu quatre éditions sous des titres dissemblables, à Milan, en 1496 ; à Brescia, en 1497 et 1502 ; à Venise, en 1512. — Ce travail est composé de quatre livres ou parties. Dans le premier livre , Gafori traite des principes et de la constitution du plain-chant. On y trouve quelques intonations conformes au rite ambrosien. Le

deuxième livre est relatif à la notation; le troisième, au contrepoint, et le dernier, aux proportions des notes, des temps, des
prolations et des modes de la musique mesurée.

« Tous les travaux scientifiques de Tinctoris méritent d'être
» placés au premier rang des écrits sur l'art; ils sont rédigés
» avec une précision remarquable, et accusent un esprit vrai-
» ment supérieur. Les copies anciennes en sont fort rares;
» M. Fétis en possède une du xve siècle, qui a été la propriété de
» M. Fayolle, puis du savant Perne. Heureusement pour nous,
» celui-ci l'avait transcrite en entier de sa main, et son œuvre a
» passé, comme un précieux trésor, dans la bibliothèque du
» Conservatoire de musique de Paris (1). »

Lichtenthal a publié, d'après Forkel (2), le *Diffinitorium termi-
norum musices* de Tinctoris, pp. 298-313 du premier volume de sa
Bibliografia. On peut regarder le *Diffinitorium* comme le plus
ancien *Dictionnaire de musique* connu. Malheureusement l'édition
de Lichtenthal est criblée de fautes. Burney parle d'une ancienne
édition du *Diffinitorium* qui aurait paru en un volume in-4° de
quinze feuillets, sans date et sans nom de lieu, mais probablement à Naples ou à Trévise vers 1474 : elle est d'une excessive
rareté, et l'on n'en connaît que quelques exemplaires; il y en a
un dans la bibliothèque de la reine d'Angleterre et un autre dans
la bibliothèque de Gotha : c'est de ce dernier exemplaire que s'est
servi Forkel pour reproduire le *Diffinitorium*. « Quoi qu'il en soit,
» dit M. Fétis, la date de l'impression de ce dictionnaire de mu-
» sique est de peu d'importance; mais l'ouvrage en lui-même est
» digne d'attention pour les définitions claires et précises de tous
» les mots dont était composé le vocabulaire de la musique au
» quinzième siècle. Ces définitions sont d'un grand secours pour
» l'intelligence des anciens auteurs. »

(1) *La Science et la Prat. du Pl.-Ch.*, par Dom Jumilhac, nouvelle
édition, *table onomastique*, p. 352.

(2) *Allgemeine Litteratur der Musik*, Leipsick, 1792, in-8°, pp. 204-
216.

Les ouvrages de Tinctoris, renfermés dans le manuscrit du Conservatoire de Paris, sont au nombre de dix, sans compter le *Diffivitorium*, qui s'y trouve également. En voici les titres :

1. — *Expositio manus secundum magistrum Johannem Tinctoris.*

2. — *Liber de natura et proprietate tonorum.*

3. — *De notis ac pausis.*

4. — *De regulari valore notarum.*

5. — *Liber imperfectionum notarum.*

6. — *Tractatus alterationum.*

7. — *Super punctis musicalibus.*

8. — *Liber de arte contrapuncti.*

9. — *Proportionale musices.*

10. — *Complexus effectuum musices* (dont il manque treize chapitres que l'on peut heureusement rétablir d'après un manuscrit de la ville de Gand).

Les n°s 1 et 2 sont précieux pour l'étude du plain-chant. Le n° 1 est relatif à la définition de la main musicale, à l'emploi des clefs, aux places qu'elles occupent, aux voix, aux propriétés, aux muances, aux déductions et aux conjonctions. Le n° 2 traite de la définition des tons, de leur formation, de ce qu'ils ont de commun entre eux, de leur mixtion, de leur régularité, irrégularité, perfection, imperfection, de leurs finales, etc. On y trouve à la fin une nomenclature des termes grecs usités en musique avec l'explication latine de chacun d'eux.

Je dois dire cependant que, dans les autres ouvrages de Tinctoris, on trouve çà et là quelques textes qui ont beaucoup d'intérêt par rapport au chant grégorien. C'est ainsi, par exemple, que l'auteur dit dans le *Tractatus de notis ac pausis*, en parlant de la manière d'exécuter les notes de la musique plane à l'époque où il écrivait : « *Et hujusmodi notæ nunc cum mensura, nunc* » *sub una quantitate perfecta, nunc sub alia imperfecta canuntur,*

» *secundum ritum ecclesiarum* AUT VOLUNTATEM CANENTIUM (1). »
C'est ainsi encore que, dans son traité de Contrepoint, il nous
rapporte ce fait curieux : — « *In pluribus ecclesiis, cantus planus*
» ABSQUE MENSURA *canitur, super quem suavissimus concentus ab*
» *eruditis efficitur. Et, in hoc, auris bona concinentibus necessaria*
» *est, ut attentissime cursum tenoristarum animadvertant*, etc.
» (p. 87 bis, 2ᵉ colonne). »

XXXI. — Quelques-uns des auteurs mentionnés au paragraphe
précédent ont vu paraître le xviᵉ siècle et en ont salué la brillante
aurore. Les musicologues, dont il va être question, vont continuer l'œuvre de leurs prédécesseurs. « L'art a pu se modifier,
» mais il est toujours grec, et jusqu'au xviᵉ siècle il ne cesse pas
» de l'être, du moins dans l'opinion des écrivains et des artistes.
» Pendant tout le moyen âge, l'art musical de la Grèce antique
» est le point de départ du génie européen : c'est à cette source
» féconde que celui-ci va constamment puiser ; c'est son autorité
» qu'il invoque sans cesse ; c'est au développement et à l'applica-
» tion de ses théories qu'il se dévoue avec une ardeur toujours
» nouvelle. Que penser donc de l'opinion des *philosophes de l'his-*
» *toire*, qui, sans avoir étudié les manuscrits, soutiennent qu'à
» la grande époque de la *renaissance* la musique est devenue
» païenne en Europe, parce que les intelligences abandonnèrent
» alors les principes de l'art catholique pour réhabiliter ceux de
» l'art grec (2) ? » Que penser de cette épithète d'*exécrable* (3)
qu'on ose jeter à la face d'un siècle qui, en fait de musique,
n'a pas été plus *grec* que les siècles précédents ? Sans doute, le
plain-chant n'y brille plus de cet éclat qu'il avait, dit-on, à

(1) J'ai cité ce passage dans le nᵒ IX des *Pièces liminaires* de ma
copie de l'*Antiphonaire de Montpellier.* — M. de la Fage en a fait
mention, en me citant, dans son livre sur la *Reproduction des livres
de Plain-Chant romain*, pp. 96-97.

(2) *Musique des Odes d'Horace*, par Th. Nisard (*Archives des missions scientifiques*, février 1851, — tirage à part, p. 12).

(3) Voir le *Messager du Midi*, du 24 septembre 1851.

l'époque des chantres de l'école grégorienne ; mais à qui la faute ? S'il faut s'en prendre à quelque chose, ce n'est certainement pas au retour des idées musicales grecques, puisque ces idées n'ont jamais cessé de régner en Europe.

Après ce préambule que j'ai cru nécessaire, je reprends ma nomenclature bibliographique, et j'aborde les principaux traités de musique plane publiés au xvi° siècle.

— AARON ou ARON (Pietro.) — Cet auteur célèbre a laissé plusieurs ouvrages parmi lesquels je distingue celui qui a pour titre : *Compendiolo di molti dubbi, segreti, e sentenze intorno al canto fermo e figurato da molti eccellenti e consumati musici dichiarate......;* Milan, in-8° (sans date).

Aaron vivait encore en 1545. Il a suivi la doctrine musicale de Tinctoris.

— Le P. BONAVENTURE DE BRESCIA, *Regula musicæ planæ*, in-4°, Venise, sans date. Cet ouvrage a eu plusieurs éditions; M. Fétis en possède une qui porte la date de 1500.

— PRASPERG (Balthazar), *Clarissima planæ atque choralis musicæ interpretatio........*, Bâle, 1501, in-4°, gothique.

— CASTILLO (Alphonse de), *Arte de Canto Llano*, Salamanque, 1504, in-4°.

— PUERTO (Didier del), *Arte de Canto Llano*, Salamanque, 1504, in-4°.

— VISCARGUI (Gonsalve-Martinez de), *Entonaciones corregidas segun el uso de los modernos*, Burgos, 1511, in-4°. — *Arte de Canto Llano, contrapunto y de organo*, Saragosse, 1512, in-8°.

— VENCESLAI PHILOMATIS DE NOVA DOMO *Musicorum libri quatuor compendioso carmine elucubrati*, Vienne, 1512, in-8°. Le vrai nom de l'auteur est *Wenceslaus de Neuhaus*. Son livre, qui est un traité des éléments du plain-chant et de la musique mesurée, écrit en vers techniques latins, a eu quatre éditions qui ne portent pas toutes le même titre. Martin Agricola, directeur de musique à Magdebourg, a publié en 1540, à Wittenberg, un commentaire sur le premier livre de l'ouvrage de Wenceslaus, relatif au plain-chant, sous ce titre : *Scholia in musicam planam Wenceslai de Nova Domo*, etc., in-8°.

— GUERSON (Guill.) : *Utilissimæ musicales regulæ plani cantus, simplicis contrapuncti, rerum factarum, tonorum usualium, nec non artis accentuandi epistolas et evangelia*, Paris, in-4°, 1513. Cet ouvrage existe à la bibliothèque impériale de Paris; c'est la troisième édition d'un livre devenu introuvable. On en possède un exemplaire de la 2ᵉ édition (1509) à la bibliothèque Mazarine, sous le n° C. 17980.

— *Musicæ activæ micrologus*, etc., par André ORNITHOPARCUS, 1 vol. in-8° oblong.

Il y a eu plusieurs éditions de cet ouvrage : celle de 1517, signalée par M. Fétis, existe à la bibliothèque impériale de Paris. Jean Millet, Claude Sebastiani, et d'autres auteurs du XVIIᵉ siècle, citent souvent Ornithoparcus comme une autorité.

John Bowland en a fait une traduction anglaise *plus rare que l'original*, dit M. Fétis. Cette traduction a été publiée à Londres, in-fol., en 1609, et se trouve à la bibliothèque Mazarine de Paris, sous le n° 4734.

J'ai donné une copie complète de tous les titres des chapitres de l'ouvrage d'Ornithoparcus, dans la table onomastique de la nouvelle édition de Dom Jumilhac (pp. 347-348).

— SIMO BRABANTINUS DE QUERCU. La bibliothèque impériale de Paris possède de cet artiste Brabançon, deux éditions d'un livre devenu fort rare : l'une est de 1509 et a pour titre : *Opvsculvm mvsices perqvam brevissimvm de Gregoriana et Figuratiua atque contrapuncto simplici percommodè tractans*, etc., Viennæ, J. Winterburg, in-4° non gothique de 46 pages; l'autre, de 1518, est intitulée : *Opusculum musices perquam brevissimum de Gregoriana et figurativa atque contrapuncto simplici, una cum exemplis idoneis, percommode tractans : omnibus cantu oblectantibus utile ac necessarium : per Simonem Brabantinum de Quercu cantorem Ducum mediolanen. confectum. Impressum Landshut, Weissenburger* (petit in-4° gothique de 68 pages non numérotées).

— *Recanetum de musica aurea a magistro Stephano* **Vanneo**.......
nuper editum (1), *et solerti studio enucleatum, Vincentio Rosseto Ve-
ronensi intreprete*, in-fol., Romæ, 1533. Cet ouvrage qui est
aussi rare que précieux, traite, en trois livres, du *plain-chant,*
de la *musique mesurée* et du *contrepoint.* « Les chapitres 36
» et 37 du troisième livre, dit M. Fétis, sont très-curieux; ils
» fournissent la preuve de l'erreur de quelques musiciens qui se
» persuadent que l'emploi du dièse dans le plain-chant ne s'est
» introduit que par corruption dans les temps modernes. »

— **Lanfranco** (Jean-Marie) : *Scintille di musica.... che mon-
strano a leggere il canto fermo e figurato*, etc., Brescia, in-4°
oblong, 1533.

— **Glaréan** (Henri **Lorit**) : *Glareani Dodecachordon*, Bâle,
1547, in-folio. Jean Litavicus Wonegger a fait un excellent
abrégé du *Dodecachordon*, qui a paru à Bâle en 1557 et 1559, petit
in-8°, sous le titre de : *Musicæ epitome ex Glareani Dodeca-
chordo.*

« L'objet de Glaréan, dit **M.** Fétis, est de démontrer dans ce
» livre savant et bien écrit, que les tons du plain-chant, qui
» servaient de base à toute la musique de son temps, ne sont
» pas au nombre de *huit,* comme le prétendent la plupart des
» auteurs qui ont traité de la tonalité du plain-chant, mais au
» nombre de *douze* qui correspondent à chacun des modes de
» l'ancienne musique grecque. »

— **Coclicus** (Adrien Petit) : *Compendivm mvsices descriptvm
ab Adriano Petit Coclico, discipvlo Iosqvini de Pres*, etc., Nuremberg, 1552, in-4°. J'ai fait une copie de cet ouvrage excessivement rare, et j'en ai donné une analyse complète dans la table onomastique de Dom Jumilhac (nouv. édit., pp. 326-327). Le *Compendivm* contient de bonnes choses sur les éléments du plain-
chant et sur l'art d'accompagner les mélodies grégoriennes en
style canonique.

— **Guilliaud** (Maximilien) : *Rvdimens de mvsiqve practiqve,*

(1) Publié en italien par Vanneo, le 26 août 1531.

redvits en deux briefs traictez, le premier contenant les preceptes de la plaine, l'avtre de la figvree, etc., Paris, 1554, in-4° oblong.

— CINCIARINO (Pietro) : *Introduttorio abbreviato di musica piana, o canto fermo;* Venise, in-4°, 1555.

— *Practica mvsica Hermanni* FINCKII, etc., Wittenberg, 1556, in-4°. Le commencement de ce traité fort précieux est relatif au plain-chant; la quatrième partie concerne les tons ou modes de l'ancienne tonalité dans leurs rapports avec la musique mesurée. Voir l'analyse détaillée de la *Practica musica* d'Hermann Finck dans la nouvelle édition de Dom Jumilhac, pp. 335-338.

— ZARLINO (Joseph), le plus savant didacticien du xvi° siècle, nous a laissé plusieurs ouvrages sur la musique qui révèlent une immense érudition. Le plus important de ces ouvrages est intitulé : *Le Istitvtioni harmoniche,* etc., Venise, 1558, in-fol. — La quatrième partie de ce livre est un traité des modes du plain-chant. M. Fétis est resté dans les termes de la plus exacte vérité, en disant que les *Institutions harmoniques* de Zarlino, qui ont eu plusieurs éditions, sont le répertoire où tous les théoriciens ont puisé pendant près de deux siècles (1).

— MARTINEZ (Jean) : *Arte de Canto Llano puesta y reducida nuovamente en su entera perfeccion segun la pratica,* Séville, 1560, in-8°. On a publié une traduction portugaise de cet ouvrage à Coimbre, en 1603, en 1612 et en 1625.

— AIGUINO (illuminato), — *La illuminata di tutti i tuoni di canto fermo,* etc., in-4°, Venise, 1562. Pierre Aaron appelle Aiguino : *il suo irrefragabile maestro.*

— SEBASTIANI (Claude) : *Bellum musicale inter plani et mensurabilis cantus reges...,* Strasbourg, 1563, in-4°.

— ARTUFEL (Damien de), *Canto Llano,* Valladolid, 1572, in-8°.

— GUEVARA (Pedro de Loyola) : *Arte de componere Canto Llano,* etc.; in-8°, 1582.

(1) Voir plus loin l'article que je consacre, dans cette bibliographie, au livre de Cerone.

— *Novvelle instrvction contenant en brief les preceptes ov fondemens de la mvsiqve, tant pleine que figuree :* composee par Michel de Menehou, maistre des enfans de cœur (*sic*) de l'Eglise sainct Maur des fossez, lez Paris. A Paris, 1582, 1 vol. in-4° oblong de 15 pages.

Ce volume existe à la bibliothèque de Sainte-Geneviève, à Paris ; M. Fétis ni aucun bibliographe n'en ont parlé.

— DURAN (Dominique-Marc), né dans l'Estramadure : *Lux bella del Canto Llano*, Tolède, 1590, in-4°. — *Comento sobre la Lux bella*, ibid., in-4°.

— MORLEY, (Thomas), célèbre musicien anglais que M. Fétis regarde, avec justice, comme l'un des plus illustres disciples de l'école palestrinienne. Cet auteur, mort à Londres en 1604, nous a laissé un excellent ouvrage intitulé : *A plaine and easie introduction to practical Musick*, etc., in-fol., Londres, 1597, et in-4°, ibid., 1771. « Ce livre, dit M. Fétis, renferme une multitude » de choses relatives à l'ancienne notation, à la mesure et à la » tonalité, qu'on ne trouve point dans les autres traités de mu- » sique du même temps. La première partie est terminée par de » très-bons solféges à deux et à trois voix, qui ont beaucoup » d'intérêt sous le rapport historique. La seconde partie contient » des exemples de contrepoint sur le plain-chant fort bien écrits. » On y trouve une table des dispositions des intervalles dans » les accords de tierce et quinte, et de tierce et sixte, qui » peut être considérée comme un des premiers essais de systè- » mes d'harmonie. La troisième partie est aussi un des meilleurs » traités de composition écrits au seizième siècle.... » — L'ouvrage de Morley se trouve dans plusieurs bibliothèques publiques de Paris, et offre un vaste répertoire de documents précieux au point de vue du plain-chant et de l'ancienne tonalité grégorienne. Sous ce rapport, c'est le chef-d'œuvre de la littérature anglaise.

XXXII. — La typographie a donné, comme on vient de le voir, un grand et magnifique essor à la propagation des ouvrages de plain-chant, pendant le XVIᵉ siècle. Dans le siècle qui va suivre, malgré la **création** d'une tonalité nouvelle qui est la base de notre musique, malgré l'engouement des artistes pour l'art qui se transforme, le plain-chant continuera toujours à occuper les hommes sérieux et à être l'objet de leurs méditations.

Voici les principaux traités qui ont paru pendant ce siècle :

— CERONE (Dominique-Pierre), né à Bergame en 1566, vint en Espagne dans le cours de l'année 1592, et y resta jusque vers l'année 1608, époque où il s'établit définitivement à Naples. C'est dans cette dernière ville qu'il publia les deux ouvrages suivants : 1° *Regole per il canto fermo*, Naples, 1609, in-4°; 2° *El Melopeo y Maestro, tractado de musica theorica y pratica*, etc., Naples, 1613, in-fol. de 1160 pages.

Le premier ouvrage est faible; le même sujet est traité avec une science réelle, dans les livres 3, 4 et 5 du *Melopeo*. Un nommé Georges de Guzman a fait à Madrid, en 1709, un traité qui a pour titre : *Cvriosidades del Cantollano, sacadas de las obras del Reverendo Don Pedro Cerone de Bergamo, y otros Autores*, etc., 1 vol. petit in-4°. J'ai fait connaître tous les chapitres de ces *Curiosités*, dans la nouvelle édition de Dom Jumilhac, pp. 324-325.

Le Melopeo est une des encyclopédies les plus importantes et les plus considérables que l'on a publiées sur la musique. La transcription des chapitres qui composent cette effrayante publication, n'occupe pas moins de 20 pages compactes dans le tome II de la *Bibliografia* de Lichtenthal (pp. 296-315). M. Fétis émet une conjecture en vertu de laquelle Cerone pourrait bien avoir profité du manuscrit d'un ouvrage dont Zarlino était l'auteur, et que celui-ci se proposait de faire imprimer sous le titre de *Melopeo o Musico perfetto*. Or, ce manuscrit n'a pas été publié, et on ne l'a point retrouvé après la mort de Zarlino. Le plagiat que signale M. Fétis est possible, mais l'accusation est trop grave pour que, sans preuves positives, elle puisse être considérée comme un fait historique. Tout ce que je puis dire avec certitude, c'est que Cerone était grand plagiaire de sa nature. Mon ami Dom Sébastien Boixet, prêtre et savant organiste de la cathédrale de Montpellier, possède un exemplaire du *Melopeo* dont les marges sont criblées de notes manuscrites, déposées par un Espagnol contemporain de Cerone, lequel contemporain se plaint amèrement des nombreux larcins que celui-ci lui a faits, sans seulement prendre la peine d'en aviser le public.

— *Arte de Canto Llano..:*, compuesto por Francisco de Montanos (1), en Madrid, en la Imprenta Real, año 1635 (in-4° de 104 pages).

La bibliothèque de Sainte-Geneviève à Paris en possède un exemplaire.

M. Fétis, qui cite une édition de cet ouvrage, faite à Salamanque, en 1610, n'a pas connu celle-ci.

Dom Joseph de Torres a fait réimprimer le traité de François de Montanos, en 1728, à Madrid, avec des augmentations.

— TALESIO (Pierre) : *Arte de Canto Chaô cum huma breve instruçao para os sacerdotes, diaconos e subdiaconos, e moços do coro, conforme o uso romano*, Coïmbre, 1617, in-4°. Il y a eu une deuxième édition de ce volume, dans la même ville et dans le même format, en 1628.

— Le tome I du *Syntagma musicum* de Michel SCHULTZ (en latin, Prætorius), in-4°, imprimé à Wolfenbuttel, en 1614 et 1619, est entièrement historique : — « Il traite, dit M. Fétis, de la musique » religieuse, ou plus exactement du chant choral et de la psal- » modie dans le culte judaïque, et dans les églises des divers » rites grec, asiatique, égyptien et catholique romain.... Une » érudition solide se fait remarquer dans le livre de Prætorius, » et l'on y admire l'étendue et la variété des connaissances de » l'auteur (*Biog. univ. des music.*, tome VII, pp. 299-300). »

Voir la table des matières de cet ouvrage dans le premier volume de la *Bibliografia* de Licthenthal, p. 25.

— *La Regola del Canto Fermo Ambrosiano*, par Camille PEREGO,

(1) Lichtenthal et M. Fétis écrivent : François Montanos. C'est une erreur.

Milan, 1622, in-4°. — J'ai publié l'analyse et donné de nombreux extraits de cet ouvrage, dans le *Dictionnaire de plain-chant* de M. d'Ortigue, art. *Ambrosien (chant)*.

— *Pratica del Canto Piano e Canto Fermo*, par le P. Horace CAPOSELLE, frère mineur, Naples, 1625, in-fol. — Cet ouvrage est fort rare, dit M. Fétis.

— Le père Silverio PICERLI est auteur des deux ouvrages suivants :

1° *Specchio primo di musica, nel quale si vede non sol' il vero, facile e breve modo d'imparar di cantare il Canto Figurato e Fermo; ma vi se vedon' anco dichiarate con brevissim' ordine tutte le principali materie*, etc.; Naples, 1630, in-4°.

2° *Specchio secundo di musica, nel quale si vede chiaro il vero e facil modo di comporre di Canto Figurato e Fermo*, etc. ; Naples, 1631, in-4°.

— *De ratione recitandi epistolas, evangelia, orationes et prophetias in missis, quæ solemniter decantantur; cui accessere Jeremiæ prophetæ Lamentationes cum suo cantu*, etc., auctore L. LE MENAGER, in choro S. Germani Antissiodorensis capellano perpetuo; Parisiis, apud Petrum Billaine, in-12, 1634. — J'ai signalé cet ouvrage qui existe à la bibliothèque de Dijon, dans une lettre adressée, le 24 février 1851, à M. le ministre de l'instruction publique, et insérée quelques mois plus tard dans les *Archives des missions scientifiques*.

— *Harmonie universelle, contenant la Théorie et la Pratique de la Musique, où il est traité de la nature des sons et des mouvemens, des consonnances, des dissonances, des genres, des modes, de la composition, de la voix, des chants, et de toutes sortes d'instrumens de musique*, par F. Marin MERSENNE, de l'ordre des Minimes, Paris, 1636 et 1637, énorme volume in-folio. Cet ouvrage est très-important et très-rare, mais il est inférieur à celui de Cerone sous le rapport de la théorie et de la pratique de l'art. En revanche, il contient des documents historiques sur la musique et les musiciens du xviie siècle, que l'on chercherait vainement ailleurs.

— *Traité de musique théorique et pratique, contenant les préceptes de la composition*, par le P. Antoine **Parran**, Paris, éditions de 1636 et de 1646, in-4°. J'ai constaté l'existence de ces deux éditions. Le livre du P. Parran est très-rare; il renferme de très-bonnes choses sur la tonalité grégorienne et sur l'harmonie qui convient à cette tonalité.

— Jean de **Bordenave** : *L'Estat des Eglises cathedrales et collegiales*, etc., Paris, in-fol., 1643. On y trouve des détails sur la musique religieuse; sous ce rapport, le chapitre XII (pp. 534-577) est très-curieux.

— **Dionigi** (Marc) : *Primi tuoni, Introduttione nel Canto Fermo*, Parme, 1648, in-4°; deuxième édition avec additions, Parme, 1667, in-4°.

— *Musurgia universalis, sive ars magna consoni et dissoni in X libros digesta*, etc., par le P. Athanase **Kircher**, Rome, 1650, 2 vol. in-folio. C'est un livre dans lequel tout lecteur attentif trouvera d'excellentes choses, comme dans ceux de Mersenne et de Cerone dont il a les défauts et les prolixités.

— *Instruction, ou methode, pour apprendre le Plain-Chant*, dressée par le R. P. François **Bouïllon**, chan. regulier de sainct Augustin, de la Congregation dicte de France. Troisieme édition. Reueue et augmentée par le mesme autheur.

Cette 3ᵉ édition existe en manuscrit à la bibliothèque Sainte-Geneviève de Paris; elle est sans date, forme un volume in-4° de 91 pages d'une belle écriture, qui est celle de l'auteur lui-même, et n'a jamais été publiée ni indiquée par les bibliographes.

La première édition a été imprimée à Paris, en 1651, et la seconde, dans la même ville, en 1660, toutes deux in-4°.

— *Nouvelle methode povr apprendre le Plain Chant en fort peu de iours; Non encore veuë, tres-briefve et tres-vtile*. Par Philippe Fornas, Francopolitain. A Lyon, chez la vefve de Pierre Mvgvet. M. DC. LVII., 1 vol. in-4° de 54 pages.

M. Fétis n'a point connu cette édition qui existe à la bibliothèque de Sainte-Geneviève, à Paris; mais il cite *l'art du plain-*

chant du même auteur, imprimé à Lyon en 1673, in-4°, en disant qu'il regarde ce livre comme une 2ᵉ édition.

Fornas était curé de Lacenas en Beaujolais.

— Jean d'Avella : *Regole di musica con le quale s'insegna il Canto Fermo e Figurato*, etc.; Rome, in-4°, 1657.

— *Briefve instruction pour apprendre le Plein-Chant*, par le R. P. Paschal, Paris, in-8°, 1658.

— *Breve istruzione per il Canto Fermo*, par le P. Joseph-Marie Stella, Rome, 1665, in-4°. Seconde édition : *Breve istruzione agli giovani per imparare il Canto Fermo*, Rome, 1675, in-4°.

— *Directoire du Chant Grégorien*, par Jean-François Millet, Lyon, 1666, in-4°.

— *Compendio per imparare le regole del Canto Fermo*, par le P. Ange Pellatis, moine franciscain, Venise, 1667, in-4°.

— Lancelot (Claude), célèbre grammairien de Port-Royal : *Nouvelle méthode de Plain-Chant, plus facile et plus commode que l'ancienne*, Paris, 1668, in-4°.

— *L'art de chanter, ou méthode facile pour apprendre les principes du Plain-Chant et de la musique*, Paris, 1685, in-4° oblong.

Ces deux éditions d'un seul et même ouvrage sont devenues fort rares.

— Marinelli (le P. Jules-César) : *Via retta della voce corale*, etc., Bologne, 1671, in-8°.

— Lorente (André) : *El porque de la musica en que se contiene los quatro artes de ella, canto llano, canto de organo*, etc., Alcala de Hénarès, in-fol., 1672. Ouvrage très-important.

— *La science et la pratique du Plain-Chant, où tout ce qui appartient à la Pratique est étably par les Principes de la Science, et confirmé par le témoignage des anciens Philosophes, des Peres de l'Eglise, et des plus illustres Musiciens*, etc. Par un religieux bénédictin de la congregation de S. Maur; Paris, Louis Billaine, in-4°, 1673.

Il est aujourd'hui reconnu que l'auteur de ce magnifique chef-d'œuvre est Dom Jumilhac.

Une seconde édition de ce livre a été publiée à Paris, en 1847, dans le format grand in-4°, par Théodore Nisard et Alexandre Le Clercq (1).

M. Lecomte en a donné une analyse considérable et largement écrite , dans *L'Auxiliaire catholique*, livraison du mois d'août 1846 (2). « Le docte et laborieux disciple de saint Benoît, dit-il, tra-
» vaillant à loisir dans la paix du cloître, s'était proposé, au nom
» de la religion, d'élever à la science du chant un monument d'une
» régularité parfaite, construit tout entier avec des matériaux de
» choix qui pussent en garantir la solidité. Creusant jusque dans
» les fondements, il s'est mis en rapport, quant à la théorie,
» avec la plus haute antiquité, du moins par l'intermédiaire de
» Boëce qui la rappelle à un degré satisfaisant, et de là il est
» descendu naturellement à Guido (que sans ce secours préalable
» on ne peut bien comprendre ou du moins apprécier) et aux
» premiers interprètes de ce législateur. Si l'on ne trouve pas
» ici une marche philosophique, procédant par l'observation im-
» médiate des lois de la nature, méthode d'invention dans la-
» quelle souvent l'imagination égare; si l'auteur enfin, écho
» modeste, semble ne jamais penser par lui-même, quelle phi-
» losophie, quelle exactitude didactique, quel charme littéraire
» ne trouve-t-on pas dans ce grand nombre de textes originaux
» qu'il a su rassembler (3)! »

Sans aucun doute pour nous, le traité de plain-chant de Dom Jumilhac est un trésor que doit posséder tout homme qui veut s'initier à la littérature et à l'érudition du chant liturgique. Quiconque en est privé, ne peut s'aventurer à prendre la plume dans les graves débats qui s'agitent aujourd'hui en faveur de la musique grégorienne. Dom Jumilhac peut remplacer tous les au-

(1) Il reste encore quelques exemplaires à vendre de cette deuxième édition, chez mon ami et collaborateur M. Le Clercq, rue Culture-Sainte-Catherine, 36, à Paris.

(2) Pp. 463-484.

(3) Ibid, p. 507.

teurs anciens, mais aucun ne peut le remplacer : il est au plain-chant ce que saint Thomas est à la théologie.

— L'abbé René Ouvrard, chanoine de Saint-Gatien de Tours, mourut en cette ville le 19 juillet 1694. C'était un musicien très-savant. Il était maître de musique de la Sainte-Chapelle de Paris, lorsqu'il fut chargé, le 3 octobre 1671, d'approuver *La science et la pratique du plain-chant* de Dom Jumilhac : cette approbation est écrite en termes qui lui font le plus grand honneur.

On lui doit plusieurs ouvrages sur la musique, dont M. Fétis a donné les titres dans le tome VIIe de sa *Biog. univ. des musiciens*, p. 107; mais celui qui va fixer notre attention, étant mal cité, nous allons en donner ici un aperçu plus exact.

Il se trouve en manuscrit à la bibliothèque de la ville de Tours où nous avons eu l'occasion de l'étudier.

Il est sans nom d'auteur et en double exemplaire, sous les numéros 236 et 238.

En voici le titre, d'après le manuscrit n° 236 :

La musique rétablie depuis son origine, et l'histoire des diuers progrez qui s'y sont faits jusqu'à notre tems avec l'explication de tous les Auteurs Grecs et Latins, François, Italiens, Allemans, Espagnols et Anglois, qui en ont ecrit, ou à dessein ou par occasion. Ainsi, dans ce seul liure, les musiciens auront tous les autres liures qui ont traitté de la Musique, et toute sa Théorie et Pratique, en françois et en latin, Par.......

Harmonica scientia à Fundamentis restituta; ac per varios status ad præsens incrementum historiæ deducta. Luci dantur quotquot extant monimenta tùm Græcorum, cùm Latinorum; imò et Gallorum, Italorum, Germanorum, Hispanorum et Anglorum qui de musica aliquid, vel datâ operâ, vel è re natâ, litteris mandarunt. Unde hoc in libro, Musici suam Bibliothecam uniuersalem habebunt necnon generalem illius Theoriam et Praxim latinè et gallicè. Aggressus est......

Le titre latin de cet ouvrage porte, dans le manuscrit 238, *simulque generalem illius Theoriam et Praxim*, etc., au lieu de *necnon generalem illius*..... Le titre français, dans le même ma-

nuscrit, offre à la fin un changement assez considérable; on y
lit : *Et toute sa Théorie et Pratique tant ancienne que moderne avec
plusieurs traités particuliers qui regardent cette science, comme physique, arithmétique, rhétorique, poétique et rhythmique,* etc.

Les manuscrits 236 et 238 doivent être considérés comme
deux recueils dans lesquels l'auteur enregistrait tous ses travaux,
et qui, complétés l'un par l'autre, auraient fini par composer
un admirable ouvrage, si l'auteur avait eu le temps de le terminer.

Le manuscrit 238 débute par une préface générale intitulée :
Prologus generalis totius operis consilium explicans. Puis vient :
De musica Hebræorum. « Ce n'est pas chez eux, dit l'auteur, qu'il
» faut chercher des lumières pour la musique ancienne. » Puis :
De la musique des Latins. « Le premier des Romains, dit Ouvrard,
» qui ait traitté à fonds de la musique, a été Seuerin Boëce.... »
— « Apres l'extinction du paganisme, ajoute ce savant, la Reli-
» gion Chrestienne succedant à la synagogue, emprunta d'elle les
» ceremonies qui regardent le culte de Dieu et la majesté de son
» seruice, et laissa celles qui n'auoient été instituées que pour
» être les figures de la nouuelle Loy, comme les sacrifices des
» bêtes, les purifications et autres ceremonies legales. Ainsi la
» musique fut introduite dans l'Eglise, et son vsage fut estimé si
» necessaire, qu'encore que le capital de la Religion Chrestienne
» soit de prier dans le secret du cœur, et d'ecouter avec silence
» la parole de Dieu de la bouche de ses Pasteurs, néantmoins il
» ne se fait point d'assemblées ny de prieres publiques sans
» chant, parce que la musique est comme l'esprit qui anime les
» prieres, et qui recueille l'attention, soutient et fortifie la deuo-
» tion, empêche la distraction aux choses de la terre, et trans-
» porte commé dans le ciel dont elle represente les joyes icy
» bas. »

L'auteur traite ensuite de la musique des Grecs, et donne le
Plan de tout l'ouvrage qu'il divise en trois parties, ayant chacune
une préface particulière.

Première partie. — « Prenotions harmoniques, c'est à dire
» connoissances necessaires pour l'intelligence generale de l'ou-
» vrage. »

Deuxième partie. — « Bibliotheque harmonique contenant
» une chronologie de tous les auteurs qui ont écrit de la musique
» soit exprès, soit par occasion; les livres des propres auteurs
» de musique, soit en entier, soit par fragmens avec la critique
» ou l'eloge.... Et enfin les passages de ceux qui n'en ont parlé
» que par occasion. »

Troisième partie. — « Pratique universelle de la mu-
» sique, *etc.* »

Dans la première partie, Ouvrard assigne dix âges à l'histoire
de la musique. Il dit, en parlant du cinquième âge : — « Le
» 5e âge est l'art du simple chant, ou chant ecclesiastique ap-
» pellé plainchant qui n'est que la moindre espece de la musique,
» parce que *les notes y sont egales et n'ont point d'autres diffe-*
» *rences pour leur valeur ou durée que celle de la quantité des*
» *syllabes..... »*

A la fin du manuscrit 238, il y a une copie complète des
œuvres de Gui d'Arezzo, de beaucoup préférable à la leçon
publiée plus tard par Gerbert.

Le manuscrit 236 commence *ex abrupto* par la description
latine et très-sommaire des dix âges de la musique, à la suite de
laquelle on trouve :

1° L'explication du premier livre des éléments ou principes
harmoniques d'Aristoxène (bien complet et avec une traduction).

2° Euclide (le français seulement).

3° L'abrégé ou manuel harmonique de Nicomaque (traduction
française).

4° Introduction à la musique par Alypius (les premières pages
seulement).

5° Gaudentius.

6° L'introduction à l'art de la musique par Bacchius l'ancien.

7° Aristide Quintilien.

8° Division du monocorde.

9° Traité d'arithmétique.

10° Traité des proportions.

L'ouvrage d'Ouvrard est loin d'être complet ; ce n'est qu'un travail préparatoire dont Villoteau a eu probablement connaissance.

— Fabrici (l'abbé Pierre) ; on a de lui un traité dont la 3° édition a paru à Rome, sous ce titre : *Regole generali di Canto Fermo*, 1678, in-4°.

— Coferati (Matteo), prêtre et auteur d'une méthode de plain-chant qui est estimée des érudits, et dont il a été fait plusieurs éditions. La première a paru en 1682 à Florence, patrie de l'auteur, sous le titre de : *Il cantore addottrinato*, etc., petit in-8°. La seconde, imprimée aussi à Florence, est sans date ; elle a le même format que la précédente et contient beaucoup d'additions importantes, entr'autres un *Manvale degli invitatorj co suo' Salmi*, etc., Florence, 1691. Ce qui semblerait indiquer que la seconde édition du *cantore addottrinato* est de cette même année 1691. J'en possède un exemplaire. On en a publié une troisième édition, dans la même ville, en 1708, et c'est la meilleure, suivant M. Fétis. Enfin, il y a une édition récente du livre de Coferati, in-8° ordinaire, sous ce titre : *Regole di canto ecclesiastico o fermo compilate sull' antiche tracce del celebre Don Matteo Coferati da un sacerdote toscano secondo il Sistema musicale del si per uso della gioventù;* Firenze, nella stampiera Brazzini, 1830, in-8°. Il s'en trouve un exemplaire dans la bibliothèque de M. Vincent. Dans la préface historique de cette dernière édition, on cite *il discorso proemiale del celebre letterato Francesco Cionacci dell' origine e progressi del canto ecclesiastico* mis en tête de l'édition de 1682 ; mais comme ce discours préliminaire ne se trouve pas dans l'exemplaire que M. Vincent possède aussi de l'édition de 1682, il y a tout lieu de croire qu'il a été imprimé séparément et ajouté au livre de Coferati suivant le désir des acquéreurs.

— Nivers (Guillaume Gabriel) : *Dissertation sur le Chant Gré-*

gorien, Paris, 1683, in 8° de 216 pages. Cet ouvrage, malgré quelques erreurs, est rempli de savantes recherches.

— *Nouvelle methode tres-seure et tres-facile pour apprendre parfaitement le Plein Chant en fort peu de temps.* Seconde édition. Paris, Guillaume Desprez, 1683, in-8° oblong.

— *Direttorio del Canto Fermo, dal quale con brevità si apprende il modo di cantare in coro*, etc., dato in luce da Fr. Lorenzo PENNA Carmelitano della congregazione di Mantova, Maestro di sacra Teologia e Dottor collegiato. — In Modena, 1689, in-4°.

— ANDREA, carmélite de Bologne : *Canto armonico in cinque parti diuiso, col quale si puo arriuare alla perfetta cognitione del Canto Fermo;* Modène, in-4°, 1690.

Le *Giornale de' litterati italiani* (année 1690, pp. 273-275), contient une analyse de cet ouvrage.

— *Nouvelle méthode pour apprendre le Plain-Chant, divisée en quatre parties.* Par le sieur DROUAUX, Paris, in-8°, M. DC. LXXXX (*sic*).

— *Disquisitio de cantu a D. Ambrosio in Mediolanensem Ecclesiam introducto,* par Eustache de S.-HUBALDE, Milan, 1695.

Ouvrage que citent quelques bibliographes et que je désire trouver depuis bien longtemps.

— *Méthode certaine pour apprendre le Plein-Chant de l'Eglise,* par Guillaume-Gabriel NIVERS, cité plus haut; Paris, in-8°, 1699.

NOTA. — C'est au XVIIᵉ siècle que l'on fit les premiers efforts pour abolir le système de solmisation par muances. Voir, à ce sujet, l'article de M. Stéphen Morelot *sur la solmisation*, précédemment cité, et la nouvelle édition de Dom Jumilhac, p. 63, note 1.

XXXIII. — Pendant le XVIIIᵉ siècle, on compte encore beaucoup de publications relatives à la musique plane. Nous citerons :

— *Istruzioni corali, non meno utili che necessarie a chiunque desidera essere vero professore del Canto Piano,* par le P. Dominique SCORPIONE, mineur conventuel, Bénévent, 1702, in-4°.

— *Scuola Corale, nella quale s'insegnano i fondamenti piu neces-*

sarii alla vera cognizione del Canto Gregoriano, composta dal Padre Francesco Maria VALLARA DA PARMA, *Carmelitano della congregazione di Mantova.* In Modena per Antonio Capponi stamp. vesc. 1 vol. in-4°, 1707.

Il existe un exemplaire de cet ouvrage dans la bibliothèque de l'université de Gênes (*terza scala, scanz.* MM, *ord.* VI. n° 12).

La même bibliothèque possède, du même auteur, les deux ouvrages suivants :

Teorico-Practico del Canto Gregoriano, etc. Parme, Giuseppo Rosati, 1721, in-4°.

Primizie di Canto Fermo, etc. (Voir la *Biographie* de M. Fétis, art. *Vallara,* pour le reste du titre), édition de 1724.

— CIZZARDI (Liborio Mauro) : *Il tutto in poco, overo il segreto scoperto......, diviso in cinque libri, ne' quali si mostra un modo facilissimo per imparare il vero Canto Fermo;* Parme, 1712. M. l'abbé Bottaro de Gênes, en me signalant ce volume comme existant à la bibliothèque de l'université de cette ville, ne m'en a pas indiqué le format.

— SANTORO (l'abbé Fabien-Sébastien): *Scuola di Canto Fermo, divisa in tre libri,* Naples, 1715, in-4°.

— *Lettre d'un chanoine de l'église de *** à M. *** chanoine et chantre de la même église, pour justifier le rétablissement qu'il a fait des* IX° *et* X° *modes, dans les livres de cette église.* Paris, 1 décembre 1719 (brochure de 24 pages, in-4°, sans frontispice).

Cet ouvrage, que j'ai découvert à la bibliothèque de Sainte-Geneviève, à Paris, porte à la fin : Revûë le 6. May 1721. Page 2, l'auteur dit que la 3ᵉ édition du livre du P. Boüillon lui a été communiquée par le bibliothécaire de Sainte-Geneviève, son ami.

BROSSARD (Sébastien de) : *Dictionnaire de Musique,* Paris, in-fol., 1730. C'est la meilleure édition de cet excellent livre qui, plus tard, a paru plusieurs fois dans le format in-8°.

— D. C. Ant. PORTAFERRARI : — *Il Canto Fermo ecclesiastico,* etc.; Modène, 1732, in-4°.

— MORATO (Jean Vaz Barrados Muito Pame), Portugais, auteur des deux ouvrages de plain-chant dont les titres suivent : *Preceitos ecclesiasticos de Canto Fermo*, etc., Lisbonne, 1733, in-4°; *Breve resumo de Canto Chaô*, etc., Lisbonne 1738, in-4°.

— Costa (Victorin-Joseph da) : *Arte de Canto Chaô para uso dos principiantes*, Lisbonne, 1737, in-8°.

— *Il Canto Fermo, anima del coro, pregio del sacerdote, attrattivo dei fideli, espotto dal sacerdote D.* Filippo lo Picolo, *uno dei beneficiati della insigne basilica della prima sede del regno Palermo.* 1739, in-4° de 124 pages. M. Danjou *qui a eu cet ouvrage sous les yeux*, l'a signalé dans sa *Revue de Musique*, 1847, p. 279.

— Lebeuf (l'abbé Jean), auteur de plusieurs ouvrages et articles sur le plain-chant, parmi lesquels on distingue : *Traité historique et pratique sur le chant ecclésiastique*, etc., Paris, 1741, in-8°. Ce volume est devenu rare et contient d'excellents documents historiques.

— *Arte de Canto Chaô*, par Luiz da Maya Croecer, Coïmbre, 1741, in-4°. Le vrai nom de cet auteur est le P. Charles de Jesus-Maria, du monastère de Sainte-Croix, à Coïmbre.

— *Le maistre des novices dans l'art de chanter : ou regles générales, courtes, faciles, et certaines, pour apprendre parfaitement le Plein-Chant*, etc., par Frere Remy Carré...., Paris, 1744, in-4°.

— *Méthode nouvelle pour apprendre le Plain-Chant*, etc., par Fr. de la Feillée. Cet ouvrage, empirique et superficiel, a eu beaucoup d'éditions in-8° et in-12, depuis l'époque où il a paru pour la première fois, c'est-à-dire en 1748, à Poitiers, in-12.

— *Traité théorique et pratique du Plain-Chant, appellé grégorien, dans lequel on explique les vrais Principes de cette Science, suivant les Auteurs anciens et modernes*, etc.; Paris, Ph. N. Lottin et H. Butard, in-8°, 1750 (sans nom d'auteur).

Cet ouvrage a paru chez Lottin le jeune, en 1755, sous ce titre ajouté à l'édition précédente : *Nouvelle Méthode, ou Traité du Plain-Chant, dans lequel on explique les vrais principes de cette science*, etc...

Pietro Lichtenthal (1) et M. Fétis (2) n'ont point connu ce second titre. M. Lecomte l'a signalé le premier, dans sa belle analyse de cet ouvrage, en 1846 (3). Mon ami M. R.-J. Pottier en possède un exemplaire décoré du second titre que je viens de transcrire.

L'auteur du *Traité théorique et pratique de Plain-Chant* ou de la *Nouvelle méthode, ou Traité de Plain-Chant,* est l'abbé Léonard Poisson, curé de Marchangis, au diocèse de Sens, qui mourut le 10 mars 1753.

Il ne faut pas confondre cet ouvrage avec la *Nouvelle méthode pour apprendre le Plain-Chant,* imprimée à Rouen, en 1789, et dont l'auteur est aussi un nommé Poisson, curé de Bocherville. Ce petit livre, *qui est signé,* n'a aucune importance.

L'abbé Léonard Poisson se distingue éminemment par une grande puissance d'esthétique; mais son érudition ne repose que sur des erreurs manifestes d'histoire musicale.

— FEDELI (l'abbé Joseph) : *Regole di Canto Fermo....,* Cremone, 1757, in-fol., avec planches. « C'est, dit M. Fétis, un des » meilleurs ouvrages qu'on possède sur cette matière (*Biog.* » *univ. des music.,* tom. IV, p. 79). »

— *L'art du Plein-Chant, ou traité théorico-pratique sur la façon de chanter : dans lequel on propose aux Eglises de Province les regles et le goût reçus dans la Capitale du Royaume pour le Chant des Offices.* A Villefranche-de-Rouergue, chez Vedeilhé, 1765, in-12, de I-XVI et de 1-226 pages, plus la dédicace à M⁸ʳ Du Guesclin, évêque de Cahors.

— Jean-Jacques ROUSSEAU, auteur d'un *Dictionnaire de Musique* qui a eu de nombreuses éditions depuis 1767, et dans lequel une foule d'articles relatifs au plain-chant ont d'autant plus

(1) *Dizionario e Bibliografia della Musica,* tom. IV, p. 131.
(2) *Biographie universelle des musiciens,* tom. VII, p. 276.
(3) *L'Auxiliaire Catholique,* année 1846, livraison du mois d'août, p. 491.

d'importance, qu'on ne peut les attribuer à un philosophe catholique.

— *Méthode nouvelle pour apprendre facilement le Plain-Chant*, par l'abbé OUDOUX. Paris, in-12, 1772.

— GERBERT (Martin), prince-abbé du couvent de bénédictins et de la congrégation de Saint-Blaise dans la Forêt-Noire, auteur à jamais illustre de deux ouvrages excessivement précieux, savoir : 1° *De cantu et musica sacra, a prima Ecclesiœ œtate usque ad prœsens tempus.....*, Saint-Blaise, 1774, 2 vol. in-4°; 2° *Scriptores ecclesiastici de musica sacra potissimum, ex variis Italiœ, Galliœ et Germaniœ codicibus manuscriptis collecti et nunc primum publica luce donati*, etc., Saint-Blaise, 1784, 3 vol. in-4°. — Ces deux ouvrages *doivent* se trouver dans la bibliothèque de tous ceux qui veulent s'occuper sérieusement de plain-chant et de musique religieuse.

— FUENTES (François de Sainte-Marie de) : *Dilecticos musicos*, etc., Madrid, 1778. L'auteur y traite la musique depuis les éléments du plain-chant jusqu'à la composition.

— *Arte de Canto Llano en compendio breve*, etc., par Ignace RAMONEDA, moine espagnol, Madrid, 1778, in-4°.

— IMBERT : *Nouvelle méthode, ou principes raisonnés du Plain-Chant*, etc.; in-12, Paris, 1780.

— *Regulœ fundamentales Cantus Plani methodo arithmetica expositœ, prœviis adnotationibus historicis et criticis illustratœ.* Authore Felice Car. POINSIGNON, Theol. licent. Argentorati, 1785, in-8°.

Les bémols, dièses et bécarres sont toujours indiqués dans le courant des morceaux de plain-chant de ce précieux ouvrage, qui est inconnu à M. Fétis, et qui fait partie de la riche collection musicale de M. Vincent, membre de l'Institut.

— BELLI (l'abbé Lazare-Venance) : *Dissertazione sopra li pregi del Canto Gregoriano, e la necessità che hanno gli ecclesiastici di saperlo....*, Frascati, 1788, in-4°.

XXXIV. — Nous ne sommes qu'en 1855, et déjà la bibliographie du XIX° siècle peut compter un nombre assez considérable de livres de plain-chant ou de musique grégorienne. On peut en juger par les citations suivantes qui, nous le répétons ici surtout, sont loin d'être complètes :

— Roze (l'abbé Nicolas) : *Méthode de Plain-Chant à l'usage des écoles de France*, Paris, sans date (1806), grand in-4°.

— *Méthode élémentaire de Musique et de Plain-Chant*, par Alexandre Choron, Paris, sans date, in-8°; *Méthode de Plain-Chant, autrement appelé chant ecclésiastique ou chant grégorien*, par le même, Paris, 1818, in-4°.

— *Archäologisch-liturgisches Lehrbuch des Gregorianischen Kirchengesanges*, etc. (Traité archéologique et liturgique du Chant Grégorien), par Joseph Antony, Munster, 1829, 1 vol. in-4° de 244 pages.

« Cet excellent ouvrage, dit M. Fétis, rempli d'une érudition
» rare, est divisé en deux parties : la première est relative à
» l'histoire et à la théorie du plain-chant; la seconde traite de
» la pratique. Tous les objets importants du chant ecclésiastique
» sont traités avec beaucoup de sagacité et de savoir dans la pre-
» mière partie, qui contient vingt-huit chapitres ; la seconde,
» qui n'en renferme que quatre, est un traité succinct du plain-
» chant (1). »

M. Lecomte, savant littérateur musicien, a donné une analyse fort intéressante du livre de M. l'abbé Joseph Antony, dans l'*Auxiliaire catholique*, livraison du mois d'août 1846 (2).

— Benoit (P.), vicaire de S.-M. : *Manuel de chant sacré, ou le plain-chant enseigné par principes et mis en rapport avec la musique*, 2e édition, Dijon, 1840, in-12. La première édition a paru en 1830, même ville et même format. Le titre de cet ouvrage renferme, à lui seul, une hérésie musicale.

— Miné (Jacques-Claude-Adolphe) : *Plain-Chant ecclésiastique romain et français*, etc., Paris, sans date (1835), in-12. Ce traité fait partie de la collection des *Manuels-Roret ;* c'est une traduction de la méthode italienne de plain-chant, publiée à Rome (1835,

(1) *Biographie universelle des musiciens*, tom. I, p. 95.
(2) PP. 501-506.

in-4°) par l'abbé Alfieri ; M. Miné a oublié de le dire, mais M. Fétis en a fait justement la remarque.

— *Regole di Canto Gregoriano ricavate da rinomati Autori , adattate al metodo presente cioè senza le cosi dette mutazioni, e proposte ai signori Alunni del Pontificio Collegio Urbano* De propaganda Fide *dal sacerdote romano* Lorenzo BERTI, *etc.*, Rome, 1836, in-4°. Cet ouvrage peut être placé au nombre des meilleurs traités de Chant Grégorien publiés au xixe siècle.

— *Mémoire sur l'auteur du* Te Deum , par M. l'abbé COUSSEAU. Ce beau travail se trouve dans les *Mémoires de la société des antiquaires de l'Ouest* , tom. 2 , pp. 251-266 , in-8° , année 1837. J'ai donné l'analyse de l'œuvre de M. l'abbé Cousseau , aujourd'hui évêque d'Angoulême , dans la table onomastique de la nouvelle édition du traité de Dom Jumilhac (pp. 328-329).

— GOMANT (l'abbé.....), curé de Pervenchères : *Manuel du chantre, contenant une nouvelle Méthode de Plain-Chant,* etc., etc., Paris, 1837, in-12. Il y a eu une deuxième édition de ce livre en 1839 , et une troisième , sans date, dont je possède un exemplaire.

— MATHIEU : *Nouvelle méthode de Plain-Chant à l'usage de toutes les églises de France,* Paris , 1838 , in-12.

— *Méthode de Plain-Chant , principalement destinée au diocèse de Beauvais , et utile à tous les diocèses ,* par M. l'abbé DEVERGIE, prêtre du diocèse de Beauvais ; Beauvais , 1840 , in-8° de 100 pages à la suite desquelles il y a un recueil de différentes pièces de plain-chant.

Cet ouvrage peu connu est composé de six chapitres qui ont pour objet les signes essentiels du plain-chant, les clefs, les lignes, les notes et la gamme , les signes accidentels du plain-chant , les degrés et les intervalles , les modes , la psalmodie et les notions musicales. On trouve, pp. 77-79, un *Précis historique sur le chant ecclésiastique* , qui , malgré son excessive briéveté , n'est qu'un tissu d'assertions erronées ou superficielles. Il y a cependant de bonnes choses dans cette petite méthode.

— *Méthode élémentaire de Plain-Chant à l'usage des séminaires ,
des chantres et des organistes ,* par François-Joseph FÉTIS , *maître
de chapelle de S. M. le Roi des Belges , et directeur du Conservatoire
royal de musique de Bruxelles ,* Paris , 1843 , grand in-8º.

Cette *Méthode* est écrite avec une clarté remarquable.

M. Fétis est auteur d'un nombre prodigieux d'ouvrages qui
doivent nécessairement se trouver dans la bibliothèque des amateurs de plain-chant. Sa *Biographie universelle des musiciens* est ,
notamment , un des plus beaux livres qui ont été publiés sur la
musique à l'époque actuelle. On y trouve une foule de choses
curieuses sur l'histoire , la théorie, la bibliographie et la pratique
du Chant Grégorien , qu'on chercherait difficilement ailleurs. La
Revue de musique de M. Danjou renferme aussi beaucoup d'articles de M. Fétis sur le plain - chant et la musique d'Eglise.
L'importance des travaux de l'illustre musicologue est incontestable , et voilà pourquoi nous les avons invoqués le plus souvent
possible , dans ces *Etudes ,* pour enrichir notre travail et rendre
hommage à l'éminent écrivain.

— L'abbé David FAURE : *Nouvelle méthode de Plain-Chant et
de Musique,* etc. , Limoges , 1844 , in-12 de 408 pages. L'auteur
n'y enseigne pas toujours des choses exactes : « L'unisson en
» plain-chant, dit-il p. 25, est cet accord de plusieurs voix qui ne
» font entendre qu'un même ton. Lorsque les voix sont à une
» quinte ou une octave de distance , elles sont dites être à l'*unis-
» son.* » Avec de pareils principes , l'enseignement du plain-
chant finirait par être un tissu d'absurdités.

— LABOUREAU (P.) : *Théorie de lecture musicale suivie d'un petit
traité de Plain-Chant , et des principales règles de la psalmodie.*
Paris, 1844, in-18 de 36 pages.

— JANSSENS (l'abbé N.-A.) : *Les vrais principes du Chant Grégorien,* Malines, 1845, grand in-8º. Ouvrage important qui pèche
malheureusement par sa base.

— *Cours de Plain-Chant dédié aux élèves et maîtres des écoles nor-
males,* par Don Salvador Daniel, in-8º de 100 pages, Paris, 1845.

Pour donner une idée des excentricités de l'auteur, je citerai un petit passage qui se trouve à la page 96 : — « Ces voyelles » E u o u a e, dit M. Salvador Daniel, que F. J. Fétis a très-bien » et justement qualifiées du mot *barbares*, et qu'on est toujours et » malgré soi-même étonné de rencontrer dans des livres qui ne » s'adressent qu'à la divinité, sont les initiales, ou l'*hiéroglyphe* » de *seculorum, amen*, finale ordinaire de tous les psaumes. Ce » mot peint, dans la plus rigoureuse vérité, l'état actuel du » plain-chant. » — Qu'on me permette d'ajouter : Cette réflexion de M. Daniel peint rigoureusement aussi la juste valeur de son livre.....

— *Méthode de Plain-Chant purement romain, précédée d'une notice historique sur le chant religieux depuis son origine chez les Hébreux jusqu'à nos jours, contenant les règles de la Psalmodie, etc.,* etc.; Paris et Angoulême, 1845, in-12.

— *Revue de la musique religieuse, populaire et classique*, par F. DANJOU ; Paris, 1845, 1846 et 1847, in-8°. Collection précieuse.

— *Du Plain-Chant parisien. Examen critique des moyens les plus propres d'améliorer et de populariser ce chant,* adressé à *Mgr l'archevêque de Paris*, par Théodore NISARD ; Paris, 1846, in-8°.

— *La science et la pratique du Plain-Chant, par Dom Jumilhac ;* nouvelle édition par Théodore NISARD et Al. LE CLERCQ, Paris, 1847, in-4°.

— *Examen critique des chants de la Sainte-Chapelle*, par Théodore NISARD (*Correspondant*, 25 août 1850).

— *Lettre à M. Ch. Lenormant sur les chants de la Sainte-Chapelle*, par le même (Ibid., 10 décembre 1850).

— *Musique des Odes d'Horace*, par le même (Archives des Missions scientifiques, tome II, *p.* 98 *et suiv.*, février 1851). Cette dissertation a été reproduite dans la belle édition des Œuvres d'Horace d'Orelli.

Malgré son titre, la *Musique des Odes d'Horace* contient des faits nouveaux relatifs à la tonalité du plain-chant.

363

— Le même auteur a inséré, dans le *Dictionn. de Plain-Chant et de Musique d'Eglise* de M. J. d'Ortigue (Paris, 1854), plusieurs articles dont les principaux se trouvent aux mots suivants : *Accent*, — *accompagnement*, — *accord*, — *action*, — *adagio*, — *alla mente*, — *ambrosien (chant)*, — *antienne*, — *antiphonaire*, — *appoggiature*, — *arranger*, — *aspirer*, — *brève*, — *canon*, — *cantilena*, — *conductus*, — *épître*, — *évangile*, — *quilisma*, — *réverbération*, — *vocalise*, etc., etc..

Outre les éditions nouvelles du *Graduel* et du *Vespéral Romains* que cet auteur a dirigées dans ces dernières années, et dont l'adoption se propage de plus en plus en France par une visible bénédiction de Dieu, on lui doit encore des *Etudes sur les anciennes notations musicales de l'Europe* et la première livraison d'un *Graduel monumental* dont il sera fait mention spéciale dans le chapitre suivant de ce livre, ainsi que de sa copie en fac-similé de l'*Antiphonaire de Montpellier*, immense in-fol. manuscrit qui est déposé à la Bibliothèque impériale de Paris.

— *Méthode de Plain-Chant à l'usage des écoles primaires*, par le même, Rennes, 1855, in-18.

— *Pratique du Plain-Chant, ou Manuel du jeune chantre*, par Louis FELTZ, Langres, 1846, in-12.

— MANTIN (C.) : *Traité de Psalmodie, ou exposé des règles qui la concernent*, Orléans, 1846, in-12.

— DOLÉ (l'abbé F.-C.) : *Essai théorique, pratique et historique sur le Plain-Chant*, Paris, 1847, in-8°.

— *Le culte religieux aux âges de Foi, ou l'influence du chant ecclésiastique dans la Religion*, par l'abbé BARATHE, organiste de la cathédrale de Saint-Flour; 2ᵉ édition, Paris, in-18 de 108 pages, 1847.

— *Mémoire pour servir à l'étude et à la restauration du chant romain en France*, par l'abbé Céleste ALIX; Paris, in-8°, 1851.

— *Cours complet de chant ecclésiastique*, par le même, Paris, 1853, in-8°. — *Réponse aux Etudes de M. Duval sur le Graduel Romain*, par le même, Paris, 1852, in-8°. Ouvrages très-faibles.

— *Etudes sur le* Graduale romanum *publié à Paris chez M. Le-coffre, en* 1851 (par **M.** Edmond Duval) ; Malines, sans date , grand in - 4° lithographié. Travail consciencieux et solide.

— *Mémoire sur la nouvelle édition du Graduel et du Vespéral romains publiés par ordre de NN. SS. les Archevêques de Reims et de Cambrai,* Paris , 1852, in 8°.

— *De la restauration du chant liturgique, ou ce qui est à faire pour arriver à posséder le meilleur chant romain possible,* par l'abbé N. CLOET, curé d'Annay, au diocèse d'Arras; Plancy, 1852, in-8°.

— *Du Rhythme, des effets qu'il produit et de leurs causes,* par D. BEAULIEU, correspondant de l'Académie des Beaux-Arts de l'Institut de France ; Paris et Niort (Deux-Sèvres), brochure grand in-8° de 105 pages, sans date (1852). — Bien que ce mémoire soit relatif à la musique moderne, il est si intéressant et offre des idées si analogues avec celles que j'ai émises sur les origines du rhythme musical en Europe, pp. 96-97 de ces *Etudes,* qu'il m'est impossible de résister au plaisir de citer ici le travail de M. Beaulieu.

— L'abbé A. DELATOUR : *Exercices sur les formules du chant grégorien, précédés de notions élémentaires sur le Plain-Chant, d'un essai sur la culture de la voix...., et de règles pratiques sur l'expression dans l'exécution du chant;* Paris , 1853, in-12 de 87 pages. — C'est un ouvrage fait en vue des nouvelles éditions de Reims et de Cambrai.

— *Eléments de Plain-Chant et Exercices gradués,* par L. ROU-XEL , maître de pension; Rennes, 1853, brochure in-8° de 48 pages lithographiées.

— *Lettre écrite à l'occasion d'un Mémoire de M. l'abbé Céleste Alix sur le chant romain en France,* par Adrien de LA FAGE, Paris, in-8°, 1853. — *De la reproduction des livres de chant romain,* par le même; Paris, 1853, in-8°. — *Cours complet de Plain-Chant ou nouveau traité méthodique et raisonné du chant liturgique de l'Église latine à l'usage de tous les diocèses,* par le même; Paris,

1855, 1 fort vol. in-8°. — Ce livre est, sans contredit, le meilleur ouvrage de M. de la Fage.

— *Méthode élémentaire de Plain-Chant appliquée à l'édition de la Commission instituée par LL. EE. les Archevêques de Reims et de Cambrai*, par l'abbé TOUZÉ; Paris, 1854, 2ᵉ édition, in-12 de 35 pages.

— *Du chant liturgique. Etat actuel de la question. Quelle serait la meilleure manière de la résoudre?* par l'abbé JOUVE, chanoine de Valence ; Avignon, 1854, in-8°.

— *Lois du Chant d'Eglise et de la musique moderne. Monothésie musicale*, etc., par A. HERLAND, Paris, 1854, grand in-8°.

— *Dictionnaire liturgique, historique et théorique de Plain-Chant et de musique d'Eglise au moyen âge et dans les temps modernes*, par J. D'ORTIGUE, Paris, 1854, un fort volume in-4° imprimé sur deux colonnes.

— *Quelques mots sur la restauration du chant liturgique. Etat de la question, Solution des difficultés*, par le R. P. Louis LAMBILLOTTE, Paris, 1855, in-8°.

— *Simple réponse à la brochure du P. Lambillotte, intitulée : Quelques mots sur la restauration du chant liturgique*, par l'abbé Jules BONHOMME, Paris, 1855, in-8°.

— *Méthode élémentaire de Plain-Chant*, par l'abbé F. Aubert; Digne, 1855, in-8°.

XXXV. — Notre tâche bibliographique est enfin terminée. Les lecteurs nous pardonneront l'excursion que nous venons de faire à travers les âges, depuis les origines musicales du catholicisme jusqu'à nos jours. On parle beaucoup aujourd'hui des traditions grégoriennes et de leur importance dans l'œuvre liturgique qui préoccupe notre époque. Oui, ces traditions sont importantes ; mais on se tromperait si l'on s'imaginait qu'elles résident tout entières dans les vieux parchemins notés en neumes. C'est l'erreur des réformateurs actuels qui, sans d'immenses études préalables et comme par enchantement, ne se sont point mis en peine de suivre d'abord pas à pas les traditions théoriques relatives au plain-chant, d'en chercher les éléments épars dans les ouvrages de toutes les époques et de tous les pays, et de saisir le fil des modifications lentes que le chant ecclésiastique a subies, et que chaque écrivain a constatées, comme à son insu, dans des ouvrages dont le nombre atteste l'heureuse fécondité de l'œuvre grégorienne. Ces ouvrages, loin d'être à dédaigner, doivent au contraire être lus, analysés et comparés entre eux. Ils doivent être recherchés avec empressement comme l'un des plus puissants moyens de restaurer le chant d'Eglise d'une manière convenable, judicieuse et sûre.

CHAPITRE VII.

De la restauration du chant grégorien dans ses rapports avec les réformes proposées ou réalisées de nos jours.

———

La question que je vais agiter dans ce chapitre, est l'une des plus graves de l'époque actuelle. Elle touche à tant d'amours-propres, que l'imagination s'en effraie; mais elle intéresse à un si haut point l'avenir de la liturgie musicale, que le catholicisme tout entier vient ici dominer la situation, et commande le silence absolu de l'égoïsme scientifique, pour laisser triompher librement la cause du chant sacré.

Dans ce qui précède, j'ai donné les éléments épars d'une solution que les érudits recherchent et que l'épiscopat réclame; ici, il faut que je rassemble, comme en un faisceau, les faibles forces que Dieu m'a données : il faut que je résume les conséquences des principes que je crois être les seuls vrais, les seuls praticables, les seuls utiles à la Religion. Tâche immense, s'il en fut ! Fardeau d'autant plus lourd, que, pour le soulever et le déposer sur l'autel du sanctuaire, j'ai à lutter contre des noms propres, contre des hommes vénérables par leur caractère, contre des savants, contre des artistes, contre des influences enfin qui, de bonne foi (je le croirai toujours) égarent l'opinion publique, et conduisent le chant grégorien à une ruine inévitable !

On peut, par tout ce qui a été dit dans cet opuscule, on peut pressentir les termes de ce chapitre; mais je serais bien incomplet ou bien timide (et je ne veux être ni l'un ni l'autre), si je ne consacrais quelques pages à une conclusion catégorique et précise. Je tiens à dire la vérité comme je la comprends; je mets la question qui m'occupe au-dessus des personnes qui en ont traité; et j'ai la prétention de croire que mes adversaires eux-mêmes rendront hommage à la loyauté de mes convictions. Quand un homme a consacré toute sa vie à l'étude et au triomphe d'une cause, on peut être certain qu'il ne parle point légèrement, et qu'il y a, dans les battements de son cœur, comme autant de cordes sonores qui vibrent à l'unisson de la vérité.

La première chose que je remarque dans tous les travaux actuels relatifs à la restauration du chant grégorien, c'est le désir effréné d'*innover*. Et quand je dis *innover*, je n'exclue pas le moins du monde la manie fatale de remettre en honneur des institutions que l'Eglise elle-même a modifiées ou laissé modifier, et qui, nouvelles à force d'être anciennes, jettent les fidèles dans un légitime étonnement. On veut être plus sage et plus savant que l'Eglise : le Souverain Pontife trouve qu'il y a des inconvénients à se prononcer dans tel ou tel cas, et, en face de cette divine sagesse, on s'agite, on fascine, on entraîne les évêques, on les pose en juges dans une question qu'ils ne connaissent pas d'une manière solide, on se fait un rempart de leur bonne foi et de leur zèle ardent, on parle au nom de la papauté, on prétend qu'elle a porté une décision définitive ou favorable, et, engagé dans cette voie, on poursuit à outrance une mission désastreuse.

Les fidèles se réjouissaient à la pensée que l'Eglise de France allait enfin revenir à la liturgie romaine. Les vieillards avaient été bercés avec les graves et douces mélodies de ce chant si simple et si beau ; ils pourront donc les entendre encore avant de mourir, et ressentir les saintes émotions de leur enfance ! Hélas, non ! le prétendu chant romain qu'on leur impose, n'a pas d'analogie avec celui qu'ils connaissent et qu'ils n'ont pu oublier ! Des amateurs ont trouvé, dans de vieux parchemins, d'insipides et longues tirades de notes placées sur des syllabes latines ; ils ont cru que c'était bien là l'œuvre de S. Grégoire, et, sans attendre le jugement calme et réfléchi de la science, ils se sont mis à l'œuvre et ont fait disparaître le chant romain que plus de trois siècles avaient vu s'enraciner dans les traditions populaires de la France.

Du jour au lendemain, il s'est rencontré des réformateurs armés de pied en cap qui ont proclamé à son de trompe la nécessité de revenir non pas au plain-chant romain *connu*, mais au plain-chant romain *inconnu*, à celui des premiers siècles du christianisme, que l'Eglise avait soumis à des remaniements successifs, pour qu'il fût toujours approprié aux besoins de chaque époque. Ces réformateurs *improvisés* n'ont tenu compte de rien; les considérations les plus élémentaires ne leur sont pas seulement venues à l'esprit. Au lieu d'améliorer, ils ont bouleversé : grâce à eux, le plain-chant sera tué par le ridicule même de leur prétendue restauration, ou s'il survit, il deviendra de moins en moins populaire, parce qu'il est impossible de populariser d'interminables trainées de notes, dignes des bons moines Cophtes qui emploient plus de vingt minutes à chanter une seule fois le mot *alleluia* (1); il est également impossible de populariser un chant qui offre constamment un rhythme boiteux et tout farci de notes longues, de notes à queue, de brèves et de semi-brèves, dont les valeurs ne peuvent pas être déterminées avec une rigoureuse exactitude, et dont l'ensemble n'offre que des sautillements maussades, aussi étranges en musique qu'en plain-chant.

Ainsi, l'on veut ramener brusquement les fidèles à un chant composé pour les premiers siècles de l'Eglise, à une époque où la discipline, les habitudes et les mœurs étaient toutes différentes de la discipline, des habitudes et des mœurs de la nôtre ; on présente le chant romain en usage depuis trois ou quatre cents ans comme quelque chose qui n'est digne d'aucun respect ; on s'efforce enfin de l'anéantir et de le remplacer par de soi-disant mélodies grégoriennes que les fidèles ne comprennent pas, qu'ils trouvent insaisissables et qu'*ils sont incapables d'exécuter*.

J'ai toujours cru que le retour à la liturgie romaine devait être la réalisation d'une grande et magnifique UNITÉ. On se plaignait des discordances inhérentes aux liturgies diverses établies, en France, au siècle dernier. Pourquoi, disait-on, chanter ici d'une manière, et là, d'une autre? pourquoi maintenir plus longtemps cette sorte de schisme qui divise les enfants d'une même famille?

(1) Villoteau, *Etat actuel de l'art musical en Egypte*, p. 300, édition in-8°.

pourquoi ceux qui ont la même foi ne prieraient-ils pas Dieu et ne chanteraient-ils pas ses louanges d'une manière uniforme? Revenons au romain : cette liturgie de la mère et maîtresse de toutes les églises ramènera l'unité, et fera cesser toutes les dissidences.

Hé bien! on revient à la liturgie romaine : l'unité de prières et de cérémonies remplace les rites particuliers, mais où est l'unité du chant? N'est-il pas vrai que le schisme dont je parlais tout-à-l'heure, loin de disparaître, tend au contraire à s'aggraver, parce que Rome en est rendue solidaire *au nom de l'unité même*. Peu m'importe qu'il y ait le chant d'Amiens, celui de Soissons, celui de Paris, celui de Rouen, etc., etc., si l'on vient remplacer tout cela par le chant romain de Reims, par le chant romain de Malines, par le chant romain de Rennes, par le chant romain de Digne, par le chant romain du P. Lambillotte, et par d'autres encores qui naîtront bientôt, il faut bien le craindre. *Schisme pour schisme*, je préfère l'ancien état de choses, d'abord parce qu'il respectait le budget des diocèses, ensuite parce qu'il ne gâtait pas à tout jamais la restauration du chant, et, en dernier lieu, parce qu'il y avait quelque unité dans le schisme, et qu'aujourd'hui il y a beaucoup de schisme dans l'unité. Depuis que le premier venu se croit le droit de toucher à sa guise à l'œuvre de saint Grégoire, modifiée par les siècles, la question du plain-chant semble avoir perdu son caractère auguste : elle est devenue un passe-temps, une bagatelle, quelque chose même comme une spéculation de librairie. On s'imagine alors qu'une approbation épiscopale est une garantie et une décision sans apppel; mais comme chacun se fait approuver, les approbations, portant sur des réformes contradictoires ou au moins très-différentes entre elles, ne prouvent qu'une adhésion locale. Et en cela encore, on compromet l'épiscopat, ce qui n'existerait point si nos réformateurs, en attendant que les éléments d'une bonne restauration du chant romain fussent prêts, respectaient les traditions grégoriennes établies, et se contentaient d'en améliorer l'exécution pratique.

C'est sous l'empire de ces idées, que je vais maintenant passer en revue les diverses réformes du plain-chant *proposées* ou *réalisées* de nos jours.

§ 1. — *Réformes proposées.*

1. — M. Fétis occupe la première place parmi les restaurateurs modernes du plain-chant, par droit de date comme par droit de talent.

Il nous apprend lui-même que, dès 1806, il fut engagé dans un travail immense dont il n'avait pas mesuré l'étendue, qui fut plusieurs fois interrompu, qu'il reprit cependant toujours avec courage, et qu'il a enfin achevé après trente années de recherches et de patience. « Il s'agit, dit-il (et tout ce qu'il va nous affirmer
» est exactement vrai), il s'agit d'une révision de tout le chant
» de l'église romaine, d'après les manuscrits les plus authen-
» tiques et les plus anciens, conférés avec les meilleures édi-
» tions. La première révolution française avait anéanti une mul-
» titude de livres de chœur, et la rareté de ces livres s'était fait
» apercevoir quand Napoléon eut rétabli le culte catholique en
» France. Un descendant de la famille des Ballard conçut alors
» le projet de donner de nouvelles éditions des livres du chant
» romain et du parisien ; mais ayant appris que ces chants
» avaient subi de notables altérations, il eut assez de confiance
» dans les connaissances de Fétis, malgré sa jeunesse, pour lui
» proposer de donner des soins aux nouvelles éditions qu'il pro-
» jetait ; celui-ci accepta pour le chant romain, mais refusa pour
» le parisien, qui n'avait point de valeur dans son opinion. Im-
» médiatement après, il se mit à l'ouvrage ; mais dès les pre-
» miers pas, il trouva tant de versions différentes et capricieuses
» dans toutes les éditions qu'il consulta, qu'il demeura con-
» vaincu de la nécessité de remonter aux sources les plus an-
» ciennes et les plus authentiques, dans les manuscrits, afin de
» retrouver le chant pur et primitif. Dès lors le travail devenait
» presque sans bornes, et il ne fallut pas moins qu'un courage
» de bénédictin pour oser l'entreprendre. »

« Ce n'est pas d'aujourd'hui, continue M. Fétis, que la néces-
» sité de rappeler le chant de l'église romaine à ses formes pri-
» mitives se fait sentir; plusieurs papes ont reconnu cette néces-
» sité : Grégoire XIII avait chargé Pierluigi de Palestrina de faire
» ce travail, et ce grand maître, aidé par son élève Guidetti, y
» employa plusieurs années, sans l'achever. Paul V ordonna à
» Roger Giovanelli, successeur de Palestrina, de corriger l'anti-
» phonaire et le graduel; le graduel seul, résultat du travail
» de Giovanelli a été publié à Rome, en 1614, à l'imprimerie
» Médicis. Ce graduel, le *Directorium chori* de Guidetti, le
» graduel et l'antiphonaire de Venise, 1580, et d'anciennes édi-
» tions du seizième siècle, données par les Junte, les Plantin, et
» autres, ont été conférées par Fétis avec 246 manuscrits des
» bibliothèques de Paris, de Cambrai, d'Arras, du musée bri-
» tannique à Londres, de la bibliothèque des ducs de Bourgogne,
» à Bruxelles, etc. Parmi ces manuscrits, il y en a plusieurs du
» neuvième siècle, quelques-uns du dixième, et beaucoup du
» onzième et du commencement du douzième. Ceux qui sont
» postérieurs à cette époque ont dû être examinés avec beaucoup
» de soins, parce que les habitudes de chant brodé, rapporté des
» monastères de l'Orient par les croisés, y ont introduit grand
» nombre d'altérations. Ce travail immense est terminé; le gra-
» duel et l'antiphonaire sont prêts à être livrés à l'impres-
» sion (1). »

Les choses en étaient là, lorsque M⸢gr⸣ Giraud, archevêque de
Cambrai, désireux de doter son diocèse d'une bonne restauration
du chant liturgique, nomma le 24 novembre 1845 une commission chargée d'examiner les corrections que M. Fétis avait fait
subir aux éditions modernes du chant romain, dans le but de
rappeler le plain-chant à sa pureté primitive (2).

(1) *Biog. univ. des music.*, par M. Fétis, tome IV, p. 105.
(2) Voir l'*ordonnance* du pieux et savant prélat dans la *Revue* de
M. Danjou, année 1846, pp. 102-106.

Le mois suivant (décembre 1845), M. Fétis commençait, dans la *Revue* de M. Danjou, la publication d'un travail extrêmement important, sous ce titre : *Des origines du plain-chant ou chant ecclésiastique, de ses phases, de sa constitution définitive dans l'église catholique et romaine, de ses altérations, des entreprises formées pour sa restauration, et des sources où il faut puiser pour l'opérer.* Ce travail, qui était comme une sorte de préface à la réforme proposée par le savant archéologue, fournit matière à *neuf articles étendus* dans le même recueil (1), mais ne fut point achevé par suite de certaines circonstances dont nous parlerons bientôt. Dans ces articles remarquables, M. Fétis défendait son plan de restauration avec une énergie d'érudition transcendante qui n'atteignit point cependant le but que l'auteur se proposait.

Sur ces entrefaites, une *Revue du monde catholique* fut fondée à Paris, et le premier numéro de cette importante publication mensuelle parut en avril 1847. J'en devins collaborateur pour la partie de la musique religieuse. Mgr Giraud, se trouvant dans la capitale, se plaignait au Révérend Père L....x du silence que gardait la presse sur son entreprise de réforme du plain-chant dans son diocèse. « Cette entreprise me préoccupe plus » qu'on ne le pense, disait le vénérable cardinal-archevêque, et » ce n'est pas sans chagrin que je me vois livré à moi-même et » privé des lumières de la critique. » — « Rassurez-vous, Mon- » seigneur, lui répondit le saint religieux, la presse va parler; » dans quelques jours, la *Revue du monde catholique* commence la » publication d'une série d'articles sur votre projet de réforme. » — « Dieu soit béni! s'écria » le Prélat!..... » Et quelques jours après , en effet, je commençais dans la *Revue* mes *Etudes sur la musique religieuse.* Les deux premiers articles furent consacrés à l'*Hymnologie catholique* : j'y montrais combien les réformes de

(1) Décembre 1845, pp. 481-495; janvier 1846, pp. 11-22; mars, pp. 81-94; avril, pp. 113-126; juillet, pp. 225-237; septembre, pp. 305-319; décembre, pp. 409-423; janvier 1847, pp. 5-17; avril, pp. 142-157.

M. Fétis, touchant les hymnes, étaient défectueuses, selon moi.
Dans un troisième article, j'examinais la triple base sur laquelle
M. Fétis voulait asseoir sa vaste entreprise : 1° Les plus anciens
manuscrits de plain-chant ; 2° la notation de ces manuscrits ; et
3° l'éclectisme judicieux des meilleures versions mélodiques,
lorsqu'il y a des antilogies musicales dans les monuments grégoriens.

Ce troisième article allait paraître, lorsque j'appris que Mgr Giraud *renonçait définitivement* aux plans et aux propositions de
M. Fétis : un *post-scriptum,* en forme de CONCLUSION (1), fut
ajouté à mon travail, et la lutte cessa, n'ayant plus d'objet.

Je crois, aujourd'hui encore, que l'entreprise du savant archéologue, considérée comme travail pratique et usuel, eût été
fatale à l'art chrétien; mais je regrette profondément la vivacité
avec laquelle j'ai combattu, en cette circonstance, un homme
dont l'immense érudition est si fort au-dessus des prétentions des
restaurateurs qui, dans ces derniers temps, ont pris ses idées,
ses plans, ses moyens, ses dépouilles en un mot, et ont parodié
grotesquement son génie. A l'heure qu'il est , la réforme de
M. Fétis serait un bienfait, même au point de vue pratique, en
comparaison des capricieuses tentatives dont on poursuit le
triomphe avec un prosélytisme sans exemple et sans excuse.

A cette époque, et subissant à mon insu l'influence puissante
de M. Fétis, je croyais que le *critérium de l'esthétique musicale
religieuse* devait être basé sur le chant tel que l'avait conçu ou
approuvé saint Grégoire , *purement* et *simplement*. Je ne tenais
aucun compte de l'action de l'Eglise et des âges subséquents sur
les transformations *formelles* de ce chant, sur les abréviations
reconnues nécessaires d'âge en âge, sur la variabilité du goût
européen dans l'exécution des cantilènes liturgiques et sur la convenance enfin qu'il y a de respecter cette partie mobile et transfor-

---

(1) *Revue du monde catholique,* 1re année, n° 9, mercredi 15 décembre 1847, p. 150.

mable de l'œuvre grégorienne. Fasciné par les éloges que les auteurs donnent avec une splendide largesse à une musique que l'*ignoti cupido* semble rendre impénétrable à tous les regards modernes, j'ai pendant longtemps été persuadé qu'il n'y avait rien de mieux à faire que de la chercher dans les entrailles mêmes des vieux manuscrits. Mais, depuis lors, l'expérience et la logique m'ont démontré que si l'Eglise tient à la tonalité calme et pieuse de saint Grégoire, elle a eu de puissantes raisons pour vouloir ou pour permettre qu'on modifiât les détails des chants religieux basés sur cette tonalité; qu'aller plus loin, c'est faire de l'archéologie; que l'Eglise n'est point saint Grégoire, et que les temps modernes ne sont pas les temps anciens, et que ce n'est point sans une profonde intention divine que les manuscrits originaux et authentiques du grand réformateur de la fin du VIe siècle se sont perdus et semblent défier les recherches humaines, parce que la Providence laisse à chaque Pontife le soin de pourvoir souverainement aux besoins religieux de chaque époque dans les questions qui, comme celle du chant, touchent de si près à la discipline ecclésiastique de la physiologie.

Les immenses recherches que j'ai faites pour déchiffrer les manuscrits neumatiques des plus anciens âges, m'ont amené peu à peu, mais forcément, aux conclusions que je viens d'émettre; et, grâce aux mélodies sacrées que je connaissais enfin *par elles-mêmes* à peu de choses près, je n'ai point hésité à combattre des plans de restauration qui me paraissent impraticables et dangereux. Avant peu, j'en suis convaincu, une partie de l'épiscopat français dont on a fourvoyé le zèle, reviendra aux traditions grégoriennes telles que les siècles les ont façonnées avec tant de prudence et de sagesse. En France, on se passionne facilement; mais on finit bientôt par se calmer : l'esprit public rentre alors dans l'appréciation positive et réfléchie des choses, et revient de lui-même à la vérité. Encore quelques tentatives de la part des novateurs, et, si le plain-chant n'est point anéanti, nous serons rapprochés du but. Malheureusement, ces tentatives coûtent cher !

II. — Il faut avouer que l'entreprise de M. Fétis était difficile, à cause surtout de l'*éclectisme* que ce savant voulait mettre en œuvre. Mes critiques avaient produit leur effet, sur ce point essentiel. Aussi, quand M. Danjou vint annoncer (1) qu'il avait découvert, dans la bibliothèque de la Faculté de médecine de Montpellier, un *Antiphonaire* grégorien authentique, noté en neumes et en lettres, il rendait involontairement justice à la légitimité de mes objections en s'écriant : — « La restauration du chant » romain peut désormais s'effectuer sans incertitude, sans diffi- » culté, et presque sans aucune intervention de la science et de » la critique, par la simple transcription de ce précieux et unique » manuscrit, dont la découverte est assurément un des événe- » ments qui marqueront le plus dans l'histoire de la renaissance » de l'art chrétien. »

Mais évidemment, M. Danjou cédait ici à un entraînement facile à comprendre, mais qui me parut difficile à justifier. Je pris encore la plume avec l'impétuosité d'un homme qui veut conjurer un péril imminent.

Ma réfutation des prétentions de M. Danjou parut, je crois, en janvier 1848, dans la *Revue du monde catholique*. Le mois suivant, M. Danjou reproduisait *in extenso* mon attaque dans sa propre *Revue* (2), et y répondait en dénaturant mes paroles et mes intentions (3). L'auteur y représentait mon article *comme le résumé de tout ce qu'avaient dit et imaginé, contre l'importance de l'Antiphonaire de Montpellier, ceux qui* avaient *vu avec un souverain déplaisir que la Providence eût placé sous* sa *main ce précieux document,* tandis que, de notoriété publique, personne n'avait alors écrit si ce n'est moi, non pas contre l'Antiphonaire de Montpellier, mais contre les exagérations que ce monument faisait naître. Je ne me plaignais point de la publication annoncée de cet

(1) *Revue de musique religieuse et classique*, pp. 385-397 de la livraison de décembre 1847.

(2) Février, pp. 44-54.

(3) *Ibid*, pp. 54-62.

Antiphonaire, mais je croyais et je crois encore qu'il était dangereux de n'éditer que la notation littérale de ce manuscrit, — que l'Antiphonaire en question n'est point aussi ancien qu'on le supposait gratuitement, — qu'il n'est pas une copie authentique de l'œuvre grégorienne, — et enfin, qu'en supposant même son authenticité, la prétention de restaurer le plain-chant à l'aide de ce précieux monument n'en serait pas moins inadmissible, pour trois raisons : 1° parce que la liturgie romaine s'étant agrandie et complétée depuis saint Grégoire, ce manuscrit ne peut servir à corriger ce qui a été composé après ce saint Pontife ; 2° parce que le Souverain Pontife peut refuser d'approuver une restauration *faite presque sans aucune intervention de la science et de la critique ;* et 3° parce que le manuscrit de Montpellier *ne contient pas l'office du soir.*

Quoi qu'il en soit, l'Antiphonaire de Montpellier ne fut point publié par M. Danjou ; mais on forma dès-lors, à Reims et à Cambrai, le projet de prendre cet Antiphonaire pour base d'une réforme qu'il fallait réaliser à tout prix et au plus vite, parce qu'elle avait été promise au clergé de ces deux diocèses. Une commission spéciale fut nommée ; le temps pressait ; on se mit à l'œuvre avec une ardeur qui permit enfin aux pieux prélats de Reims et de Cambrai de remplir, à point nommé, leur parole et leur promesse.

Nous ne dirons rien, en ce moment, du résultat de ce travail. L'édition de Reims et de Cambrai étant une réforme consommée, il en sera longuement question dans le deuxième paragraphe de ce chapitre. C'est là aussi que nous examinerons la restauration des livres de chants liturgiques opérée à Malines en 1848 par l'estimable M. Edmond Duval.

III. — Ce qui prouve que les restaurations du chant romain, faites à Malines, à Reims et à Cambrai, ne satisfaisaient point complétement les hommes spéciaux, c'est qu'en février 1852 M. l'abbé Cloet publiait un volume étendu, ayant pour titre : *De*

la restauration du chant liturgique ; ce qui est à faire pour arriver
à posséder le meilleur chant romain possible.

Dans cette publication, remarquable à plusieurs titres, M. l'abbé
Cloet aborde la question avec un courage d'autant plus digne
d'éloges, que, privé de la faculté de consulter les monuments originaux, il est obligé de faire d'emprunt presque toutes ses citations. Il y aurait une souveraine injustice à en exiger davantage
d'un bon, d'un zélé et d'un véritable savant, relégué dans son
village et dépourvu des ressources de nos grandes bibliothèques
publiques.

Le livre de l'abbé Cloet est l'œuvre d'un homme consciencieux.
Si, comme lui, tous les membres du clergé s'occupaient de la
question de la liturgie musicale avec l'activité et le dévouement
qui distingue cet estimable auteur, le triomphe de la sainte cause
serait assuré, et l'érudition positive trouverait de nombreux
soutiens.

L'auteur constate d'abord que l'uniformité liturgique romaine
existe quant aux paroles, mais non quant au chant : « C'est peut-
» être là, dit-il, une imperfection; car, si l'unité est désirable
» sous le rapport des paroles et des rites, paroles que le plus
» grand nombre des fidèles ne sait ou ne veut pas lire, rites aux-
» quels on ne donne ordinairement qu'une attention secondaire,
» elle n'est pas moins à désirer sous le rapport du chant. Comme
» le fait remarquer Grégoire de Tours dans la préface de son His-
» toire, ajoute M. Cloet, ce qui surtout frappe et impressionne
» le peuple, n'est-ce pas le chant? N'est-ce pas le chant que les
» fidèles entendent, retiennent, jugent avant tout? *Philosophantem*
» *rhetorem intelligunt pauci, canentem rusticum multi.* S'il y a dé-
» faut d'uniformité, n'est-ce pas surtout lorsque la variété existe
» quant aux mélodies sacrées qu'on le remarque davantage, et
» que, selon le mot d'un homme bien compétent sur cette ma-
» tière, le Père Dom Jumilhac, on y trouvera plus aisément oc-
» casion de scandale? »

Et ici, M. Cloet cite ces belles paroles de Pie V promulguant le nouveau Missel romain : « *Congruum est et conveniens unum* » *esse in Ecclesia Dei psallendi modum* » — et ce vœu de Charlemagne : « *Ut non esset dispar ordo psallendi quibus erat compar* » *ordo credendi* » — et cette magnifique exhortation de l'apôtre saint Paul : « *Ut idem sapiatis, et non sint in vobis schismata, uno* » *ore honorificetis Deum.* »

Pourquoi faut-il qu'après de si beaux témoignages, nous ayons à constater que l'auteur proclame, comme s'il avait peur de s'être trop avancé, que *l'uniformité complète entre les églises du rite latin qui couvrent la surface du globe, est peut-être une chose irréalisable.* Bien certainement, l'abbé Cloet oublie que *cette uniformité complète* est le *but avéré* que poursuit l'Eglise elle-même. « Le réta-» blissement complet de la sainte liturgie romaine, disait Mgr Pa-» risis en 1846, présente surtout l'inestimable avantage de nous » tenir tous attachés, pasteurs et peuples, par un lien sensible, » solennel et populaire, à cette Chaire de Pierre, à ce centre de » l'Unité Catholique, auquel *nous devons désirer* être d'autant plus » unis, que les ennemis de Dieu font de plus furieux efforts pour » nous en séparer. Oui, continue le pieux Prélat, c'est pour » notre cœur une douce joie, c'est pour notre foi une sécurité » précieuse de savoir qu'à chaque jour et surtout à chaque fête » de l'année, *tous les détails du culte sont identiquement les mêmes* » dans toutes les églises de notre diocèse; que toutes les paroles » qui s'y prononcent, que toutes les cérémonies, et, pour ainsi » dire, tous les mouvements qui s'y font, se trouvent conformes » à ce qui se pratique dans presque toutes les parties du monde » catholique; et qu'en cela *tout est réglé par cette mère et maîtresse* » *de toutes les églises,* qu'à l'exemple des Pères du Concile d'Aqui-» lée *nous aimons à suivre dans les rites et les cérémonies comme en* » *toutes choses* (1) : de telle sorte qu'il est visible à tous que nous

(1) *Sanctam romanam Ecclesiam magistram et matrem agnovimus; hanc ut in reliquis etiam in ritu et ministeriis ecclesiasticis sequimur* (Conc. Aquil. 1596).

» sommes tous les membres d'un même corps, tous animés par
» un même esprit et dirigés par un même Chef (1). » — C'est
dans le sens des paroles de Mgr Parisis, que Mabillon dit dans
son beau livre *De Liturgia Gallicana* : « *Hæc semper fuerunt Sum-*
» *morum Pontificum* ARDENTISSIMA STUDIA, *ut Romanæ Ecclesiæ*
» *ritus aliis ecclesiis approbarent ac persuaderent, rati id quod res*
» *erat, eas facilius in una Fidei morumque concordia, atque in Ro-*
» *manæ Ecclesiæ obsequio perstituras, si eisdem cæremoniis, eadem-*
» *que sacrorum forma continerentur.* »

Je crois donc fermement, malgré les doutes de M. Cloet, que
toute restauration liturgique en général et mélodico-grégo-
rienne en particulier doit tendre à l'unité, sous peine de ne pas
être conforme aux vœux, aux désirs et au but final de l'église catholique. Je sais bien, et je l'avoue avec l'auteur, que Rome
tolère la variété qui existe en fait de chant religieux, mais elle
déplore sans doute de ne pouvoir encore la faire cesser, parce
que, pour prendre à cet égard une résolution définitive et générale, le Saint-Siége attend que sa conscience soit suffisamment
éclairée par les travaux de la science. La réserve du souverain
Pontife est ici une marque de profonde sagesse, et non d'indifférence, comme je l'ai déjà dit au commencement de ce livre.
Mais, en attendant, on revient en France au chant romain, et nos
évêques doivent prendre un parti. C'est pour être utile, que l'auteur a pris la plume.

M. Cloet divise son livre en trois parties : la première traite
de la nécessité et des moyens de retrouver les mélodies de saint
Grégoire; la deuxième a pour objet la nécessité et les moyens de
compléter le recueil des mélodies de saint Grégoire; et, enfin, la
troisième donne les principes et les règles d'après lesquels devront être écrites les mélodies qui constitueront le recueil des
chants liturgiques.

L'auteur pose en principe que le chant liturgique est essentiel-

(1) Instruction pastorale de Mgr l'évêque de Langres sur le chant
de l'Eglise (tirage à part, pp. 5 et 6), Paris, 1846, in-8°.

lement *le chant grégorien*, non pas tel que les siècles l'ont modifié, et tel qu'il nous est connu depuis le Concile de Trente, mais tel que l'a écrit saint Grégoire. Malheureusement, l'antiphonaire authentique de ce pape n'existe plus. Donc, dit-il, si les mélodies instaurées par saint Grégoire existent encore dans leur intégralité, ce ne peut plus être qu'à l'état de copie, et peut-être à l'état de traduction.

L'auteur range ensuite les monuments grégoriens qui nous restent, suivant les systèmes de notation dont on s'est servi pour les écrire. Ces systèmes sont au nombre de cinq, d'après M. l'abbé Cloet, savoir : la notation *alphabétienne*, la notation *neumatique sans portée*, la notation *neumatique avec portée*, la notation *guidonnienne*, la notation *carrée* ou *moderne* (1). Par là même, il y a eu cinq versions du chant grégorien, et il existe en effet cinq sortes de documents grégoriens. C'est du moins l'avis de l'auteur, bien que ce ne soit pas le nôtre; mais passons sur ce détail : qu'il y ait un peu plus ou un peu moins d'espèces de documents, cela ne tire pas ici à conséquence.

M. l'abbé Cloet donne une liste des monuments grégoriens, non pas d'après la nature de leur notation, mais d'après la date de leur copie ou de leur impression. C'est une reproduction des indications bibliographiques de M. Fétis, de M. Danjou, de M. de Coussemaker, du P. Lambillotte, et de quelques autres écrivains, avec l'appoint précieux des monuments découverts par l'auteur lui-même dans les bibliothèques de Paris et du nord de la France ; mais puisque M. Cloet a visité les dépôts scientifiques de la capitale, il aurait dû expurger son catalogue bibliographique d'une foule d'erreurs très-graves dont la reproduction n'est utile à personne. C'est ainsi, par exemple, que l'auteur répète que le *Missel de Worms* (bibliothèque de l'Arsenal, à Paris) porte la date

______

(1) L'auteur, se basant ici sur des opinions qui n'ont plus cours, n'a point tenu compte des principes que j'ai posés nettement dans le sixième § de mes *Etudes sur les anciennes notations musicales de l'Europe.*

de 840 , tandis que ce manuscrit ne contient aucune date ; c'est ainsi encore que M. Cloet se contente de redire que le manuscrit in-8°, n° 1327 de l'ancien fonds latin de la bibliothèque impériale de Paris , est intitulé : *Psalmi et hymni cum notis* , et qu'il est *noté en caractères de conventions semblables aux notes inventées par Tiron, l'affranchi de Cicéron*, tandis que la notation dont il s'agit ici est *celle du texte même écrit en caractères tironiens*, et qu'il n'y est nullement question de chant ; c'est ainsi enfin que l'estimable curé d'Annay reproduit avec assurance que le *Vetus antiphonale* (titre auquel on ajoute je ne sais pourquoi *et Graduale) Arelatense cum notis* (1) contient des chants particuliers au diocèse d'Arles, mêlés parmi les chants de l'Antiphonaire et du Graduel romains , tandis qu'il n'y a , dans ce beau manuscrit, que les chants du graduel, et pas autre chose.

Je ne voudrais pas être chargé de rectifier toutes les citations que M. Cloet accumule dans son livre ; il faudrait, pour en relever les fautes, les inexactitudes et la signification souvent prise au rebours de ce qu'ont voulu dire les auteurs anciens, il faudrait, dis-je, un volume au moins aussi fort que celui qu'il a consacré à la *Restauration du chant liturgique.*

M. l'abbé Cloet demande ensuite quelle valeur il faut accorder aux monuments du chant grégorien qui nous restent ? Et il répond : — « Il y a des causes d'altération communes à toutes les » époques , et qui sont : chez les uns, l'insouciance, l'ignorance, » ou , qui pis est, la demi-science ; chez les autres , la manie des » changements , l'orgueilleuse prétention de faire mieux que les » anciens; chez tous, l'amour de la nouveauté , l'influence de la » musique profane , le goût national , qui en général diffère du » goût grégorien et tend à se substituer à lui (pp. 77-78). »

Je n'ai rien à répondre à un pareil argument ; voyons donc ce que l'auteur va nous apprendre sur les causes *particulières* qui ont

(1) Le vrai n° est 780 et non 789, comme le dit erronément M. Cloet ; il existe à l'ancien fonds latin de la Bibliothèque impériale de Paris.

successivement amené la corruption du plain-chant : ici, peut-être, trouverons-nous quelque chose de plus net, de plus positif et de plus saisissable sous la plume de M. Cloet !

Or, l'auteur cite, au nombre des causes particulières : la *rareté des livres de chant liturgique* au moyen âge, — l'obligation où l'on était, avant la découverte de la typographie, de *copier à la main* toute espèce d'ouvrage, — la *nature de la notation* qu'il s'agissait de reproduire, — la coutume qui a longtemps régné de chanter *par cœur* les mélodies sacrées, — l'existence simultanée de la notation par lettres et de la notation par neumes, ce qui obligeait les copistes à traduire souvent d'une traduction dans une autre, — les diverses méthodes d'enseignement, souvent opposées entre elles, des maîtres de chant liturgique, — les envahissements de la musique mesurée, etc., etc.

Il est fâcheux que, dans toute cette discussion, l'auteur n'ait seulement pas soupçonné que ce qu'il appelle *altération du chant* ne doit pas toujours être regardé comme tel. Sans doute, il est fort important pour nous de posséder une version du chant grégorien aussi exacte que possible : c'est la condition *sine qua non* de la réforme que l'on désire, mais que l'on comprend mal, à notre avis du moins. Cette version ne peut s'obtenir qu'au moyen d'une scrupuleuse et très-longue étude des plus anciens manuscrits. Et quand on la possédera, cette version, il faudra bien se garder de l'adopter *purement* et *simplement* pour les usages actuels de la liturgie. Pourquoi? parce qu'il y a des *altérations* qui, loin d'être telles aux yeux de l'Eglise, sont devenues pour elle des *nécessités*. Ainsi, par exemple, abréger le chant grégorien et respecter l'accentuation latine sont deux choses fondamentales que le simple retour aux cantilènes primitives viole forcément, et au sujet desquelles il n'y a pas cependant de discussion admissible. L'art du plain-chant, tel que nous le connaissons, et la forme générale des mélodies liturgico-romaines, telle que nos vieux livres de chœur l'ont déterminée, ne dépendent pas absolument et uniquement du caprice des chantres et des éditeurs, de l'ignorance des copistes et d'autres causes semblables que l'on rend *fausses* en les *exagérant :* il y a au-dessus de tout cela, une cause prédominante et supérieure, qui n'est et ne peut être que LA VOLONTÉ DE L'ÉGLISE. L'érudition ne peut point suivre ici, pas à pas, la trace de l'action de l'autorité religieuse sur les modifications successives que le chant romain a subies de siècle en siècle ; mais qui oserait nier cette action? qui oserait dire, notamment, que le chant grégorien a été abrégé, depuis le XVe siècle, à l'insu de l'Eglise et contre son gré? ne serait-ce pas accuser le Saint-Siége et l'Episcopat d'une négligence et d'une incurie révoltantes? Or, une pareille accusation ne peut pas s'énoncer d'une manière sérieuse. Je la repousse au nom de l'Eglise et au nom du sens commun. Peu m'importe ici la science plus ou moins réelle des réformateurs modernes et des utopistes : je tiens pour certain qu'en poussant les évêques à revenir à des chants liturgiques dont les détails et les longueurs ont été corrigés ou modifiés avec l'assentiment formel ou tacite de l'autorité religieuse, on peut agir de bonne foi, sans doute, mais on veut faire revenir l'Eglise sur ses pas, on la met en contradiction avec elle-même, on la jette violemment dans une position pleine de périls. Restaurateurs, si vous avez quelque chose d'utile à faire dans la question qui nous occupe, ce n'est point de tout bouleverser : c'est tout simplement de respecter ici *les tendances manifestes de l'Eglise*, et de ne point transformer *en une restauration radicale* ce qui ne doit être qu'*une modeste question de révision de détails*. On parle tant de variantes introduites dans le chant romain, que ceux qui n'ont pas vérifié l'assertion, sont tentés d'y croire. Hé bien! pour mon compte, je n'y crois plus depuis que j'ai comparé entre elles les versions manuscrites et imprimées de ce chant. Les vieilles éditions, adoptées en France depuis le Concile de Trente, se ressemblent toutes : s'il s'y rencontre des divergences mélodiques, celles-ci consistent en quelques notes çà et là, et ne valent vraiment pas la peine qu'on mette tout en feu pour les faire rentrer dans le giron de l'orthodoxie musicale. Le mal peut se guérir à moins de frais et plus sûrement, avec un peu de patience chrétienne et de prudence scientifique..... Est-il donc si mal aisé d'être patient et prudent dans une chose si grave?

Ces réflexions nous conduisent naturellement à la deuxième partie du livre de M. Cloet.

Ici, nous sommes complétement de l'avis de l'auteur : *Le recueil des mélodies de saint Grégoire doit être complété,* autrement il y aurait d'immenses lacunes dans la liturgie musicale; mais il faut que les additions, survenues après l'illustre pape, soient rigoureusement grégoriennes par le fond comme par la forme. « Il y a, dit-il, une multitude de mélodies qui, à raison de leur » valeur intrinsèque, des personnages qui les ont composées, des » heureux temps qui les ont données, des souverains-pontifes et » des évêques qui les ont acceptées, de l'usage que l'Eglise en » fait depuis plusieurs siècles, de la longue habitude que les » fidèles ont de les entendre, méritent d'être conservées » (p. 128). » — Et l'auteur ajoute ces admirables paroles qui sont une éclatante approbation de nos doctrines : « Tout en s'ef- » forçant de ramener la liturgie aux formes anciennes, *ad pristi-* » *nam sanctorum Patrum normam ac ritum,* saint Pie V a cru » qu'*il fallait tenir compte de ce que les siècles avaient produit de* » *bien en fait de prières et de rites liturgiques.* Loin de dédaigner » ces productions d'une origine plus récente, *pour retourner au* » *pur Sacramentaire de saint Grégoire,* l'illustre réformateur en a » enrichi les livres liturgiques qu'il formait. N'EST-IL PAS ÉGALE- » MENT DANS L'ORDRE QUE, LOIN D'ABANDONNER ET DE LAISSER » PÉRIR CE QUE LE PASSÉ A AJOUTÉ DE BIEN AU RECUEIL DES MÉLO- » DIES DE SAINT GRÉGOIRE, NOUS NOUS EMPRESSIONS DE L'ACCEPTER » (*ibid.*)? »

Ami lecteur, méditez bien ces derniers mots que j'ai soulignés avec une intention toute particulière, et vous y verrez que si Pie V a bien fait de tenir compte de l'œuvre des siècles en fait de prières et de rites liturgiques, il est également dans l'ordre de respecter les modifications apportées par ces mêmes siècles à l'œuvre musicale de saint Grégoire. Est-ce clair? et cette conséquence ne jaillit-elle pas tout naturellement du principe posé par M. Cloet?

Mais citons encore : — « Ce qu'on a fait dans l'Eglise, dit plus
» loin l'auteur, depuis les premiers jours du christianisme jus-
» qu'à nos temps actuels pour compléter le Chant Ecclésiastique
» et *pourvoir à des besoins nouveaux*; ce qu'ont fait tant de papes,
» tant d'évêques, saint Ambroise, saint Grégoire, saint Augustin
» de Cantorbéry, ne nous indique-t-il pas ce que nous avons à
» faire aujourd'hui pour arriver au même but? — Au bout de
» tout, il faut bien prendre un parti. *Choisir entre tout ce qui est*
» *actuellement usité une édition et la suivre, c'est commode; car ne*
» *rien faire c'est toujours commode.* Aussi, la question n'est pas
» là. Une restauration du Chant Ecclésiastique est jugée néces-
» saire; il s'agit, non de rien faire et de laisser au Chant Litur-
» gique son imperfection, mais de lui donner, pour la plus
» grande gloire de Dieu et la plus grande édification des fidèles,
» le perfectionnement qu'il est susceptible d'acquérir (1). »

Oui, répéterons-nous avec M. l'abbé Cloet, — oui, il faut pourvoir *aux besoins nouveaux* de l'Eglise dans les temps modernes, en ce qui regarde l'adoption de la liturgie musicale de saint Grégoire; mais je l'ai déjà dit : l'Eglise y a pourvu elle-même, en modifiant peu à peu les cantilènes dont elle se sert. Les éditions de chant liturgique romain qui se sont enracinées dans nos traditions et nos souvenirs depuis tant de siècles, sont l'œuvre de l'Eglise et la satisfaction donnée par elle *aux besoins nouveaux*. M. Cloet se trompe en disant qu'il faut choisir entre ces vieilles éditions : celles-ci se ressemblent toutes au fond, à tel point que le choix en est indifférent. L'auteur se trompe encore, lorsqu'il dit qu'adopter une de ces éditions, c'est commode, c'est-à-dire suivant lui, *c'est ne rien faire*, tandis que, suivant nous, *c'est faire beaucoup*, puisque c'est entrer dans les vues de l'Eglise. M. Cloet se trompe également, quand il croit que le choix des éditions préexistantes laisserait au chant liturgique son

(1) Pp. 162-163.

imperfection, puisqu'il est bien convenu qu'on y introduirait tout ce qui peut contribuer à une bonne exécution pratique du chant, qu'on vérifierait les coupures mélodiques en consultant les vieux manuscrits, et que, tout en respectant les traditions populaires, on arriverait facilement à l'UNITÉ qui, elle aussi, est le plus grand et le plus nécessaire des *besoins nouveaux* du catholicisme.

N'insistons pas davantage, et passons à la troisième partie du livre de M. le curé d'Annay.

Après quelques conjectures vagues sur le système musical des premiers chrétiens, l'auteur arrive à celui dont s'est servi saint Grégoire. Pour apprécier ce dernier système, M. Cloet remonte aux temps les plus reculés de la Grèce. Faute de connaissances spéciales et privé des ressources que nous fournissent de récentes recherches sur la musique chez les anciens Hellènes, il s'égare un peu dans cette difficile exploration, et arrive enfin à l'échelle tonale des mélodies grégoriennes. Cette échelle, dont les cordes ont été plus ou moins nombreuses selon les époques, donne encore à l'auteur l'occasion d'émettre des opinions plus ou moins erronées. Bref, M. Cloet est d'avis que le genre musical grégorien est exclusivement *diatonique*. C'est aussi l'avis de tous les musicologues; mais nous avons fait remarquer dans plusieurs ouvrages, et notamment au commencement de cet opuscule, que saint Grégoire, en adoptant le genre diatonique, n'a pu répudier une sorte de genre chromatique qui avait servi de base à la réforme de saint Ambroise, et la découverte d'une nouvelle version du traité de Réginon de Prum, nous a démontré la réalité incontestable de notre assertion. M. Vincent croit même déduire de la présence des *épisèmes* dans l'*Antiphonaire de Montpellier*, que le genre enharmonique des anciens Grecs, genre modifié sans doute, a été usité aussi dans la liturgie musicale du moyen âge. Nous n'allons pas aussi loin que le docte membre de l'Institut, mais nous maintenons qu'à cette époque la tonalité ambrosienne et la tonalité grégorienne ont existé parallèlement, qu'il y a eu fusion de ces deux tonalités, et que, malgré toutes les réclamations possibles, quoi qu'en dise M. l'abbé Cloet, si le plain-chant n'admet pas généralement le *dièse* comme *signe* (ce qui serait logique cependant), il peut et doit l'admettre, en certains cas, comme *effet*, comme *couleur*, comme *musique feinte*. Et alors ce *dièse* peut être écrit et n'engendre point, ainsi qu'on le croit (p. 178) une *note sensible* à la manière de la tonalité moderne, mais une *euphonie* à la manière de la tonalité ambrosienne.

De l'aveu de tous, le dièse est quelquefois nécessaire pour éviter le triton de *fa* contre *si naturel*, dans le huitième mode par exemple. M. l'abbé Janssen a dû mutiler les passages qui contiennent ce triton, pour se soustraire à la règle du *fa dièse;* et M. l'abbé Cloet, qui cite à faux un passage du moine de Pompose, n'a pas compris que Marchetto de Padoue reconnaît formellement l'emploi du signe altératif ascendant dans le plain-chant en d'autres circonstances, *in plano qui colorate cantatur.*

L'auteur admet quatorze gammes (p. 189), malgré l'opinion et la pratique commune qui n'en reconnaît que huit dans le chant gregorien; mais ce n'est là qu'un détail dont nous n'avons pas à nous occuper ici : nous y reviendrons un peu plus loin.

M. Cloet entre ensuite dans des considérations qui s'appliquent à tous les systèmes possibles de réforme grégorienne. Citons les suivantes : — *Le chant doit être composé pour les paroles.* — *Il faut que les mélodies soient composées de manière à aider la bonne prononciation.* — *Le chant doit exciter à la piété.* — Il faut procéder très-lentement a la restauration du plain-chant; la précipitation gaterait tout, etc., etc.

Ce dernier conseil est on ne peut plus sage ; ces messieurs de Reims et de Cambrai l'ont suivi très-exactement, j'en laisse juge M. Cloet lui-même...

En terminant cette analyse de l'ouvrage du très-estimable curé d'Annay, nous prévenons nos lecteurs qu'il y a, dans la troisième partie du livre de ce savant homme, quelques recherches sur l'*accentuation* et le *rhythme* qui ont été examinées au commencement de cet opuscule. En général, l'auteur fait preuve d'un zèle qui égale la difficulté du but que les temps modernes doivent atteindre ; s'il se trompe, il ne faut en accuser ni sa plume ni son cœur. Quand un homme révèle, comme M. Cloet, une conscience droite et pure, la critique doit en tenir compte et lui en savoir gré. Nous l'en remercions au nom de la Religion et de la science ; mais nous aurons bientôt l'occasion de lui prouver que le RESTAURATEUR qu'il salue de ses sympathies et de ses vœux, n'a pas répondu à ses espérances, et que le dernier mot, qu'en mourant il a laissé à l'érudition liturgico-musicale, n'est qu'une amère déception scientifique ! *Plaga plagæ addita...*

IV. — J'arrive au beau volume in-8° que M. de la Fage a publié, en 1854, sous ce modeste titre : *De la reproduction des livres de Plain-Chant romain.* L'auteur débute par ces paroles remarquables : — « La reproduction des chants en usage dans
» l'Eglise catholique peut être envisagée sous un double point de
» vue, selon que l'éditeur se propose de donner au public un
» livre *archéologique* ou un livre *pratique.* Dans le premier cas,
» son travail doit se borner à l'impression pure et simple des
» pièces telles qu'elles existent dans les manuscrits qu'il a pris
» pour base, sauf à en discuter les leçons et à y joindre tous les
» commentaires que lui fournira son érudition ou son imagina-
» tion. C'est d'après ce plan qu'avait été d'abord annoncée la
» publication de l'Antiphonaire de Montpellier à laquelle on a
» malheureusement renoncé ; il a été suivi pour l'édition de
» l'Antiphonaire de Saint-Gall faite par les soins et sous la direc-
» tion du Père Louis Lambillotte. Dans le second cas, le but est
» d'une tout autre nature et d'une tout autre portée. Il ne s'agit
» plus seulement de mettre en lumière un manuscrit inconnu ou
» mal connu, et d'en publier une édition correcte ; *il faut songer*
» *d'avance, et indépendamment de toute autre considération, que le*
» *livre à éditer sera d'un usage journalier et tombera en beaucoup*
» *de mains.* En conséquence tous les changements et innovations,
» *s'il y a lieu d'en faire,* devront être subordonnés à de certaines
» conventions, à des habitudes reçues dont on ne pourrait s'écar-

» ter sans inconvénients et sans embarras. Ainsi l'usage est au-
» jourd'hui qu'une très-grande partie des offices de l'Eglise se
» chante en chœur ; ce chœur est composé ou peut être composé
» d'un nombre considérable de voix, qui, à l'exception de cer-
» tains passages réservés pour une ou deux d'entre elles, chan-
» tent toutes ensemble. Ces voix ne sont pas toutes de même
» qualité ni de même étendue, et l'instruction musicale de ceux
» qui les possèdent n'est pas égale ; parmi les individus qui com-
» posent cet ensemble, il s'en trouve qui font partie du clergé,
» d'autres qui ne lui appartiennent pas ; il en est qui possèdent
» la connaissance de la langue latine, d'autres qui ne l'ont point.
» Il ne s'agit pas d'examiner si dans cet état de choses tout est ce
» qu'il devrait être ; ce qu'il faut observer, c'est qu'en général il
» serait difficile d'introduire à cet égard un changement tant soit
» peu radical, et que le mieux à faire pour un nouvel éditeur de
» livres de chant est de supposer que tout continuera comme par
» le passé, ou bien que les changements ne seront que graduels
» ou partiels, et qu'il aurait tort d'y trop compter (pp. 7-8). »

Je ne demanderai point pardon à mes lecteurs de leur avoir
cité *in extenso* ce long paragraphe qui me paraît trop court, tant
il contient une doctrine sage et énoncée en termes magnifiques de
justesse. On peut se récrier : il faudra toujours en venir, dans la
pratique actuelle, au sentiment de M. de la Fage. Ce qui me
console, c'est que, pendant que le docte écrivain posait en tête
de son livre les belles maximes que l'on vient de lire, je les
mettais à exécution dans les éditions de chant romain que j'étais
chargé de surveiller à cette époque, éditions qui sont maintenant
terminées. Ainsi, deux praticiens se rencontraient dans la seule
vraie manière de réaliser la restauration du chant grégorien :
isolés et conduits par leur instinct du possible et de l'utile, ils
laissaient de côté toutes les grandes questions d'archéologie et de
science, pour aborder franchement et carrément une ligne de
conduite exempte de tout péril, respectant les traditions de
l'Eglise, ménageant le budget des diocèses, tenant compte de la

situation actuelle de l'art, redoutant les conséquences de l'inconnu, procédant avec une extrême réserve, et repoussant avec énergie toute tentative qui pourrait paraître aléatoire.

Il va sans dire que M. de la Fage rejette l'édition de Reims et de Cambrai, comme une œuvre que rien ne peut justifier. Son livre, dont bien des pages sont écrites en style de feu, n'a pas encore reçu de réponse, probablement parce que les adversaires des doctrines de M. de la Fage n'en ont aucune à donner. Il y a des circonstances où le silence est commode : on se drape alors dans les plis du manteau d'un superbe dédain; on hausse les épaules de pitié à la vue des héroïques efforts d'une science solide qui jette des cris d'alarmes; le dédain remplace la force, le prosélytisme nargue l'érudition, l'aveuglement tient lieu de fermeté; on avance toujours, fermant les yeux pour ne point voir le précipice dans lequel on pousse les prélats les plus vénérables et les plus dignes d'une destinée meilleure.

Mais si le silence est commode, n'offre-t-il pas aussi d'autres avantages bien précieux? Si l'on garde un mutisme absolu, il ne faut s'en prendre qu'à l'injustice des attaques auxquelles on est en butte, et à la violence avec laquelle elles sont formulées. D'un mot, on pourrait foudroyer les *passions ameutées contre la sainte cause de la liturgie musicale;* mais on se tait, on souffre l'injure avec résignation, on prie même pour la conversion des ennemis de l'Eglise..... N'est-ce point là le comble de la vertu? Au lieu de vous plaindre, Monsieur de la Fage, soyez donc plus juste, agenouillez-vous, et posez, sur le front des restaurateurs de Reims et de Cambrai, *la couronne des martyrs!*

Peut-être encore, les éditeurs rémo-cambraisiens ont-ils pris trop au sérieux les paroles suivantes de l'auteur : — « Quand on » attaque un corps d'individus comme seraient une académie, » une assemblée politique, une commission, etc., il est bien » entendu que jamais on ne s'en prend aux individus eux-mêmes : » c'est comme quand les moralistes reprochent, hélas! sans » grand succès! au peuple ou aux classes dont il se compose,

» aux riches, aux gens de race, aux souverains, etc., leurs vices
» ou leurs défauts, *personne ne prend la semonce pour soi* (p. 4). »
Il serait fort possible que ces messieurs, attaqués en masse, aient
cru qu'individuellement ils ne devaient ni répondre ni se justifier,
parce que la chose ne les concernait en aucune manière.

Quoi qu'il en soit, M. de la Fage a rendu un grand service à
la Religion et à la musique religieuse. Le temps n'est pas éloigné
où le triomphe de ses idées, qui sont presque toujours les nôtres,
le récompensera de son zèle, et le vengera complétement de l'indifférence que l'on affecte, dans le *demi-monde* de la science, à
l'égard de son livre.

V. — Monsieur l'abbé Jouve, chanoine de Valence, doit être
également compté parmi les défenseurs des bons principes et
d'une saine restauration.

En 1853-54, ce docte écrivain avait publié une série d'articles
dans la *Revue des Bibliothèques paroissiales de la Province ecclésiastique d'Avignon*, qui furent réunis en 1854 sous ce titre : *Du
Chant liturgique. Etat actuel de la question. Quelle serait la meilleure manière de la résoudre?*

Ce que veut l'auteur, dans cet ouvrage capital, c'est *le chant
d'Eglise tel qu'il a été réformé durant le dix-septième siècle, à Rome
par le Saint-Siége, et en France par l'Episcopat* (1).

M. Adrien de la Fage, M. l'abbé Jouve et moi, nous sommes
parfaitement d'accord sur le caractère que doit offrir toute véritable
édition nouvelle de chant romain. M. de la Fage aime l'édition de
Paul V dont j'ai démontré le vice profond dans le premier chapitre
de ces *Etudes*; M. l'abbé Jouve cite aussi cette édition avec éloges;
il ne faut donc pas s'étonner si ces deux maîtres témoignent une
grande prédilection pour les nouveaux livres de chant liturgique
à l'usage de Malines, puisque ceux-ci ne sont qu'une reproduction
plus ou moins rigoureuse du Graduel et de l'Antiphonaire de
Paul V. Mais, au-dessus de ce dissentiment de pur détail, il y a

______

(1) *Avant-Propos*, p. 3.

des principes supérieurs à propos desquels il n'y a pas le moindre doute : ce sont la *brièveté* et la *simplicité* qui conviennent maintenant au chant d'Eglise ; c'est la différence essentielle qui existe, pour toute réforme de ce chant, entre une restauration *archéologique* et une restauration *pratique ;* c'est le danger qu'il y a de confondre ici ces deux restaurations diamétralement opposées l'une à l'autre ; c'est enfin le légitime désir de respecter, d'une part, ce que l'Eglise a ordonné elle-même, et, d'autre part, de tenir compte des traditions immémoriales qui sont écloses sous l'influence de l'autorité religieuse.

On a beau s'agiter : ces principes supérieurs triompheront malgré les obstacles qu'on leur oppose en ce moment. La répulsion des masses pour les nouveaux livres de Reims et de Cambrai repose essentiellement sur ces principes ; elle en est le corollaire et la manifestation. Les masses n'ont que faire de toutes les belles choses inventées par le génie de messieurs les savants : ce qu'il leur faut, à elles, c'est précisément ce que ces messieurs ne veulent pas : jamais on ne persuadera aux fidèles que Reims et Cambrai ont maintenant *le vrai chant romain,* parce que, pour en arriver là, il faudrait renverser toutes les habitudes acquises, et faire un procès, en bonne et due forme, aux papes et aux évêques. Or, si certains prélats veulent bien se déjuger, beaucoup d'autres n'y consentiront pas ; le Saint-Siége y regardera à deux fois, et dira positivement NON lorsque *les pièces de l'affaire seront bien connues.* Quant aux traditions, c'est autre chose : on ne les anéantit pas d'un trait de plume, surtout quand elles tiennent par quelque côté essentiel au culte religieux.

Les entreprises de réforme musicale qui préoccupent le clergé de notre époque, auraient leur raison d'être, si la France ne possédait aucune bonne édition de plain-chant romain ; mais il en existe, et elles sont dignes de respect. « En tête de l'Antiphonaire (1649) de » Robert Ballard, dit M. l'abbé Jouve, se trouve une préface » que cet éditeur distingué, imprimeur unique de la musique du » roi, adresse, en forme de dédicace, à tous les clercs des Gaules.

» Ce curieux document..... est une preuve évidente que Ballard
» éditait pour toute la France, ce qui attache une grande impor-
» tance à sa publication, et prouve de plus, qu'en agissant ainsi,
» il répondait à un besoin et à un désir universels du clergé de
» notre nation. Ceci trouve d'ailleurs son explication dans le
» grand mouvement de rénovation catholique, qui s'était produit
» dès le milieu du xvie siècle, grâce à l'impulsion donnée par
» le Concile de Trente, et par les grands papes qui, depuis,
» s'étaient succédé.

» Ce n'est pas autrement, ajoute M. Jouve, qu'on peut se
» rendre compte de la faveur avec laquelle furent accueillis dans
» les diocèses de France ces livres de chant réformés dans l'es-
» prit de Rome, et cela, dans de si vastes proportions, qu'un tel
» remaniement équivalait à une révolution liturgique; heureux
» si nous n'en avions jamais vu parmi nous que d'aussi bienfai-
» santes et d'aussi légitimes ! — Quoiqu'il en soit, la publication
» Ballard eut un si grand succès, qu'indépendamment des édi-
» tions consécutives qu'il donna lui-même de ses livres de chant
» romain et de ceux de Nivers, ces éditions furent reproduites à
» Paris, en 1671, par une société de libraires; à Lyon, en 1691,
» 1730, par Pierre Valfray; à Grenoble, en 1730 et 1735, par
» Pierre Faure; enfin à Avignon, en 1758 et 1788, par Niel; et
» encore, nous en omettons certainement plusieurs autres dans
» cette nomenclature. — Si nous avons, plus haut, mis le nom
» de Nivers à la suite de celui de Ballard, c'est à cause de la
» communauté de vues et d'exécution typographique, qui existe
» entre l'un et l'autre, relativement aux nombreuses éditions du
» chant réformé, dont il est question maintenant, et parce que
» les éditions de Nivers ont servi de modèle à la plupart de celles
» du Graduel et de l'Antiphonaire, publiées en France pour le
» chant romain, depuis la fin du xviie siècle. — Les diverses
» éditions de Ballard et de Nivers, dit encore M. l'abbé Jouve,
» ainsi que celles auxquelles elles ont servi de modèle, *présentent*
» *le même type,* sauf quelques variantes inévitables. *Le chant en*

» *est plus doux, plus coulant que celui de Reims et de Cambrai.* Il
» est nécessairement *beaucoup plus court,* à cause de la réduction
» des notes dans la phrase mélodique, et de *l'heureuse suppres-*
» *pression de ces tirades sans fin, dont l'édition Lecoffre est encom-*
» *brée.* On voit que les éditeurs se sont inspirés des deux prin-
» cipes qui ont présidé à la réforme faite à Rome, du chant li-
« turgique, la *simplicité* et la *brièveté* (1). »

Si j'ai emprunté à M. le chanoine de Valence la longue citation
qui précède, c'est pour établir d'une manière incontestable la
parfaite similitude de vues qui existe entre ce docte musicographe et l'auteur de cet opuscule. En présence des considérations et des faits que l'on vient de lire, on est en droit de se
demander comment il est possible que certains esprits aventu-
reux aient pu trouver accès auprès de quelques prélats dont la
science, la piété et le noble caractère ne sauraient être révoqués
en doute? et comment, aux autres calamités religieuses qui désolent notre siècle, on ait ajouté celle d'un véritable schisme à
propos de chant liturgique, puisque l'on avait sous la main de
bonnes éditions anciennes de ce chant, qui ont été reproduites et
adoptées jusqu'à ce jour, qui se ressemblent toutes au fond, et
dans lesquelles on pouvait, ainsi que l'observe judicieusement
M. l'abbé Jouve, introduire *hic et nunc* toutes les corrections désirables (2). « Or, ajoute le même auteur, CE SERAIT VAINEMENT
» QU'ON OSERAIT ESPÉRER, DANS L'AVENIR, UNE ÉDITION, N'IMPORTE
» LAQUELLE, QUI RÉUNIT TANT DE CONDITIONS MORALES ET MATÉ-
» RIELLES D'UNE BONNE ET ÉCONOMIQUE EXÉCUTION (3). »

Je n'ai point la prétention d'offrir une analyse complète du
livre de M. le chanoine de Valence; j'engage mes lecteurs à se
charger eux-mêmes de ce soin : ils éprouveront un véritable plaisir à suivre l'auteur dans les discussions qu'il soulève sur les
points qui intéressent la restauration du chant grégorien. Juge-

(1) Deuxième partie, pp. 31-33.
(2) *Ibid.,* p. 38.
(3) *Ibidem.*

ment calme et solide, érudition profonde, détails curieux, netteté dans les vues, — tels sont les principaux caractères qui se révèlent dans l'œuvre dont je viens de parler, et dont je me suis contenté d'indiquer rapidement les tendances et le but général.

VI. — Nous ne devons pas oublier ici la doctrine de M. Joseph d'Ortigue, bien qu'à vrai dire ce savant auteur ne soit pas d'avis de soumettre le plain-chant à aucune restauration, parce que ce chant n'est plus dans l'oreille des européens d'aujourd'hui. Après avoir fait un *Dictionnaire de Plain-Chant et de Musique Religieuse*, qui est à coup sûr l'ouvrage le plus étendu, le plus érudit et le plus consciencieux que l'on ait écrit sur cette matière, M. d'Ortigue s'écrie : — « La conclusion de ce livre est assez » singulière et inattendue, et nous consentirions, bien volontiers, » à laisser à d'autres le soin de la tirer pour se donner l'innocente » satisfaction de nous la jeter à la face comme contradictoire avec » le livre même, si nous n'avions à cœur de montrer que nous » ne nous sommes fait aucune illusion sur les résultats de la » longue et laborieuse tâche que nous avons tant bien que mal » remplie. En effet, notre livre est intitulé : *Dictionnaire de* » *Plain-Chant et de Musique Religieuse.* Or, pour ce qui est du » plain-chant, la conclusion finale est *qu'il n'existe plus*, qu'il a » été absorbé par la musique mondaine ; que c'est une langue » que nous n'entendons plus, qui a été, pour ainsi dire, chassée » de notre oreille et de notre mémoire.... ; et quant à la musique » religieuse, la conclusion est qu'elle existe sans doute, puisque » beaucoup de musiciens en composent et que tout le monde en » parle ; mais comme personne en définitive ne peut dire en quoi » elle consiste, ni en donner une définition claire, nette et pré- » cise ; comme on est plus embarrassé encore pour en offrir des » modèles, nous sommes en droit de dire que si la musique » religieuse existe, c'est absolument *comme si elle n'existait* » *pas* (1). »

(1) *Dict. de Plain-Chant*, préface, p. XXVI.

Chose étrange ! la *musique religieuse* existe *comme si elle n'exis-tait pas*, parce que *tout le monde en parle*, mais que personne n'en peut donner *une définition précise* ni en offrir des *modèles ;* tandis que le plain-chant est mort et *n'existe plus*, bien que *tout le monde en parle*, que l'Eglise le maintienne et nous en ait con-servé des *modèles* en rapport avec les besoins actuels du culte ! Une pareille conclusion, tirée par un homme de l'importance scientifique de M. d'Ortigue, a de quoi jeter l'esprit dans un étonnement inexprimable. On dirait une sorte de défi jeté à la face de la grande question de la restauration du plain-chant. Et dès-lors, pourquoi réunir dans un volume de SEIZE CENTS PAGES COMPACTES tout ce que la philosophie, l'esthétique, l'histoire, la théorie et la pratique du plain-chant offrent de plus remarquable ? Pourquoi cet immense luxe d'érudition solide et de patience vraiment bénédictine ?

On serait tout d'abord tenté de croire que M. d'Ortigue n'a eu d'autre but, en publiant son *Dictionnaire*, que d'élever un monu-ment à la mémoire du plain-chant, *ad rei memoriam*, et de léguer ainsi à la postérité, pendant qu'il en est temps encore, les anciennes traditions musicales de l'Eglise.....

Hé bien ! non : M. d'Ortigue tombe dans la plus heureuse con-tradiction qu'il soit possible d'imaginer. En méditant son livre, on voit que l'auteur aime le chant liturgique, et, qu'en dépit de la préface de son *Dictionnaire*, il n'ose point prononcer l'*arrêt terrible* qui condamne ce chant à une mort définitive. Mais il ne peut souffrir qu'on ait, ainsi que le veulent nos faiseurs de restau-ration, la prétention de revenir à saint Grégoire : — « Et quoi !
» s'écrie M. d'Ortigue, nous avons perdu, absolument perdu les
» traditions de Grétry, de Gluck, de Spontini, qui sont d'hier, à
» tel point que ni le *Sylvain*, ni *Alceste*, ni la *Vestale*, ne sauraient
» être représentés aujourd'hui sur la scène; demain, oui demain,
» c'est-à-dire avant dix ans, nous aurons perdu les traditions de
» Rossini, et vous vous figurez retrouver, non-seulement la lettre
» du chant grégorien, mais encore ses traditions, son esprit !

» Nous ne pouvons retrouver l'accent de nos pères dans des par-
» titions qui datent de cinquante ans et que nous déchiffrons à
» merveille, et vous rétablirez les chants du moyen âge notés en
» hiéroglyphes (1) ! »

Ici, M. d'Ortigue a certainement raison ; d'un mot, il met
à néant les téméraires tentatives de ceux qui, n'écoutant que leur
zèle, viennent nous dire sérieusement : *Nous avons retrouvé le chan t
de saint Grégoire ; soumettez-vous, le voici.* — Hé ! mon Dieu ! lors
même que nous aurions, aussi pur que possible, le chant du saint
Pontife ; lors même que pas une note ne manquerait dans les
interminables vocalises qui surmontent chaque syllabe du texte
dans ce chant ; lors même que nous saurions qu'ici il y a un *trille,*
là *une petite note d'agrément*, ailleurs autre chose, — à quoi tout
cela servirait-il pour la *pratique actuelle*, pour nos goûts, pour la
réforme du plain-chant ? Au point de vue *archéologique*, ce serait
une conquête ; mais, au point de vue des temps modernes, ce
serait quelque chose comme une *singerie grotesque*, voire même
une *impossibilité absolue*, parce que si Gluck est une énigme pour
nous, que sera-ce saint Grégoire ?

Ceci nous ramène tout naturellement au plain-chant tel que
nous le comprenons aujourd'hui, au plain-chant modifié et en
usage dans l'Eglise occidentale depuis le Concile de Trente. Celui-
là, on peut l'améliorer sans le bouleverser ; on peut le restaurer
sans le détruire. Mais, ici encore, M. d'Ortigue ne se montre pas
trop empressé. Il veut, avant tout, que l'on s'oppose à la dispari-
tion imminente de la tonalité grégorienne. «Si le Clergé, dit-il,
» si les hommes qui se sont consacrés à l'œuvre de la restauration
» grégorienne se préoccupent moins d'efforts individuels que
» d'efforts communs, *le mal peut être conjuré.* Nous leur dirons donc
» à tous, ajoute M. d'Ortigue : Descendez dans le peuple, mêlez-
» vous au peuple, faites-vous peuple. Emparez-vous de l'instinct

____

(1) *Dictionn. de Plain-Chant*, art. *Tonalité*, n° XLI, p. 1494.

» musical du peuple (1) ; attirez-le surtout dans les temples ;
» redonnez-lui-en l'habitude. Il y a une certaine fibre dans le peu-
» ple, il s'agit de la toucher ; or, cette fibre, c'est le clergé qui
» en a le secret ; et ce secret, le clergé croit l'avoir perdu : voilà
» le grand malheur. Ouvrez, dans tous les diocèses, dans toutes
» les cités, dans tous les villages, des écoles gratuites, où, sous
» la surveillance d'hommes compétents, chargés de donner l'im-
» pulsion aux études, tous les enfants du peuple seront appelés à
» apprendre le plain-chant, bien entendu en dehors de toute
» éducation musicale..... ; où les maîtres se formeront, non
» d'après les méthodes nouvelles, mais d'après les anciennes.....
» Pourquoi, dans toutes les écoles communales, dans toutes les
» écoles des Frères, dans les grands et petits séminaires, n'y
» aurait-il pas une classe de plain-chant ? Certes, les hommes de
» zèle ne manqueraient pas à une œuvre de dévouement. — C'est
» au clergé à prendre l'initiative de cette œuvre de restauration
» au nom de la religion, au gouvernement à la seconder au nom
» de l'art. Mais si cela ne se fait pas ; si, faute d'entente et d'ac-
» cord, ce projet n'est pas réalisé sur un plan quelconque, soyez
» bien sûr qu'il faudra bientôt mettre au rang des stériles témoi-
» gnages de la vanité scientifique les recherches auxquelles se li-
» vrent tant d'érudits recommandables, dans le but de débrouiller
» la notation du moyen âge. *In vanum laboraverunt qui œdificant*
» *eam* (2). »

Par une conséquence toute naturelle, le *Dictionnaire* de
M. Joseph d'Ortigue se présente maintenant à nous sous son
aspect véritable : c'est une œuvre sérieuse de restauration grégo-
riennne ; c'est un vaste répertoire où sont classées et développées

(1) Précédemment, dans le même article, l'auteur trace un magnifique tableau de l'instinct musical du peuple, de celui des campagnes
surtout, chez qui la tonalité du plain-chant a conservé un dernier
asile. Nous regrettons de ne pouvoir reproduire ici ce tableau palpi-
tant de vérité et de haute philosophie.

(2) *Id.*, *ibid.*, n° L, p. 1507.

avec une immense érudition toutes les matières relatives à l'enseignement du plain-chant. L'auteur ne se contente pas de faire un appel au zèle des hommes dévoués pour les engager à ouvrir partout des écoles de chant liturgique, il donne l'exemple, et pose, grâce à son livre, le fondement des institutions dont il proclame avec raison l'urgente nécessité.

Sous ce rapport donc, M. d'Ortigue doit être placé au premier rang des défenseurs d'une saine et logique restauration du plainchant.

VII. — L'année même où M. d'Ortigue publiait son *Dictionnaire*, c'est-à-dire en 1854, M. A. Herland faisait paraître son livre intitulé : *Lois du Plain-Chant d'Eglise et de la Musique moderne*.

J'ai déjà dit un mot de M. Herland dans le cours de ce volume ; il faut que j'apprécie maintenant son œuvre au point de vue de la restauration du chant grégorien, car c'est là une question fondamentale que l'auteur veut résoudre.

M. Herland pense que, pour restaurer le chant grégorien, il faut « *posséder, avant tout, les lois et les principes sur lesquels sont* » *basés les chants de l'Eglise.* »

« Deux moyens, dit l'auteur, semblaient s'offrir à nous (*pour* » *obtenir la solution du problème ainsi posé*). L'un, l'étude des » ouvrages traitant de la musique des différentes époques, ne » nous a pas plus réussi qu'aux nombreux écrivains qui l'ont » tenté avant nous; l'autre, devenu notre unique ressource, con» sistait à chercher ces lois dans la source primitive de tout art » et de toute science, dans la nature même. »

Suivons M. Herland dans sa route savante, mais aride.

« L'instinct musical est-il inné dans l'homme? Par nous-» mêmes, et sans la participation de toute cause étrangère à » notre constitution, pouvons-nous connaître et produire les sons » suivant les combinaisons et les intervalles usités en musique » (p. 21)? » — L'auteur n'hésite pas : *l'oreille*, seul organe propre à la perception des sons, n'est point chez tous les individus, d'une impressionnabilité et d'une sensibilité égales. « Il n'appar-

» tient donc à aucun de nous de régler, de déterminer instinctive-
» ment les intervalles musicaux. Une telle prérogative ne saurait
» être accordée à personne, sans placer ces intervalles sous le
» régime de l'arbitraire, sans les livrer à des disputes d'autant
» plus interminables que l'oreille la plus atrophiée, comme
» l'oreille la plus délicate, prétendrait y avoir des droits égaux. »
— Il existe donc, EN DEHORS DE NOUS, un instrument type, un
tonomètre naturel, invariable, auquel nous sommes forcés de
nous soumettre, et *sur les intervalles duquel toute contestation de
notre part devient un aveu formel de la constitution viciée de notre
oreille*. Cet instrument type, ce tonomètre invariable existe dans
la *nature*, et nous est révélé par l'*acoustique*.

Voilà qui est grave, plus grave même que ne le pense M. Herland. Si, comme il l'affirme, *on ne peut admettre dans le langage
musical que des intervalles indiqués et désignés par la nature* (p. 22,
n° 33), il s'ensuit invinciblement qu'IL N'EXISTE POINT DE MUSIQUE
AU MONDE, puisque les européens eux-mêmes n'ont pas été d'accord, à aucune époque, sur la dimension de tous les intervalles
qui doivent composer leur échelle mélodique, et qu'en dehors de
l'Europe, vingt espèces de gammes contradictoires sont admises
chez les Arabes, chez les Arméniens, chez les Chinois, chez les
Indiens, etc., etc. Cette opposition ne repose certainement pas
sur la nature, et il y a évidemment un critérium qui s'interpose
ici entre l'oreille et l'acoustique.

Ce critérium, quel est-il? sinon la loi physiologique qui établit
toujours une relation mystérieuse entre le génie de la langue
d'un peuple et celui de sa musique, comme l'a démontré
M. d'Ortigue (1). La nature, sans doute, fournit des intervalles
sonores ; mais l'homme les coordonne et les modifie suivant son
éducation, ses habitudes et son idiome maternel. L'acoustique
peut bien expliquer une gamme et une tonalité musicale; les créer
a priori, c'est pour elle chose impossible. C'est néanmoins la prétention de M. Herland.

(1) *Dict. de Plain-Chant*, art. *Philosophie de la Musique*.

Voyons les résultats obtenus par ce consciencieux et estimable savant.

Après avoir donné la notion du *son musical* au point de vue de l'acoustique, il en déduit les lois suivantes *dont les deux premières se trouvent consignées dans tous les ouvrages de physique et de musique philosophiques; les deux autres*, ajoute l'auteur, *ne sont que des conséquences des deux premières* (p. 28).

PREMIÈRE LOI FONDAMENTALE : — Dans les cordes dont la matière, la grosseur et la tension sont les mêmes, le nombre des vibrations est en raison inverse des longueurs.

DEUXIÈME LOI FONDAMENTALE : — Les sons concomitants de la résonnance forment sur le son grave une série d'intervalles 1/2, 1/3, 1/4, 1/5, etc., nommés intervalles harmoniques.

TROISIÈME LOI FONDAMENTALE : — Les sons harmoniques de la résonnance produisent simultanément, par leur *immédiateté*, une série d'intervalles 1/2, 2/3, 3/4, 4/5, etc., que nous nommons intervalles mélodiques.

QUATRIÈME LOI FONDAMENTALE : — Les parties aliquotes représentant les sons harmoniques d'une corde, laissent, en dehors, des compléments dont les sons forment, sur le son fondamental, une deuxième série d'intervalles mélodiques 1/2, 2/3, 3/4, 4/5, 5/6, etc..

Après avoir donné ces quatre lois fondamentales que M. Herland explique, développe et rend sensibles par des détails qui ne peuvent malheureusement entrer dans ce volume, l'auteur en déduit ce qu'il appelle *les lois réglementaires de l'art musical*.

Ces *lois réglementaires* sont au nombre de DIX-SEPT, d'après les recherches de M. Herland. Ce sont elles qui président, qui doivent présider nécessairement à la génération des sons, aux limites de l'échelle musicale mélodique, à la formation des intervalles mélodiques consonnants, à tout ce qui concerne, en un mot, la synthèse de notre tonalité et même de toute tonalité musicale.

Il y a ici deux choses curieuses, entre mille, dans la doctrine de l'auteur : c'est que d'abord, malgré lui, il est contraint d'abandonner à l'*induction de l'oreille* tous les intervalles mélodiques dissonants, c'est-à-dire, ceux du ton ou du demi-ton majeur et mineur; c'est que tantôt il admet que les intervalles mélodiques consonnants doivent, pour être jugés tels, être entendus d'une manière simultanée et n'offrir à l'oreille *aucun battement* (p. 52), et qu'ailleurs il déclare que *les sons simultanés de la résonnance sont toujours accompagnés de battements que l'on distingue parfaitement* (p. 150).

L'erreur profonde de M. Herland est de vouloir régler matériellement l'art musical et de l'enfermer dans le domaine de l'acoustique comme dans un cercle infranchissable. Sans doute, il est bon de montrer la coïncidence de certains intervalles musicaux avec les premières lois de l'acoustique, car tout est harmonie dans la nature; « mais, dirons-nous avec un savant fort respec-
» table, la langue musicale elle-même, langue d'expression, est
» un fait antérieur, indépendant, complexe, et *son échelle n'a pas*
» *eu besoin de l'assistance des physiciens pour se produire, comme elle*
» *échappe au matérialisme de leurs explications.* En musique comme
» en tout, l'esprit humain, remontant de cause en cause, *aboutit*
» *toujours à un mystère* (1). »

Ce mystère, M. Herland a voulu le sonder de fond en comble, et il est arrivé, pour ne parler ici que de ce qui a rapport au plain-chant, que la tonalité grégorienne, conçue et interprétée complétement en dehors de tous les auteurs et de tous les traités qui, dit-il, n'ont aucune valeur, doit être soumise à une restauration ou plutôt *à une révolution radicale.* Ainsi, par exemple, tout est bouleversé dans les échelles mélodiques que M. Herland nous propose pour corriger les modes du plain-chant : grâce à la *nature,* la gamme du premier mode doit être remplacée par une autre qui ne lui ressemble en rien ; les autres gammes ne sont pas plus respectées ; les toniques ou finales ne sont plus celles que nous connaissions depuis l'antiquité la plus reculée ; les ou-

____

(1) *Introduction philosophique et théorique à la musique d'Eglise,* par M. Lecomte, (*Auxiliaire cathol.*, n° de juillet 1846, pp. 286-287).

vrages qui ont pour but de corriger la mélodie grégorienne et les livres liturgiques qui contiennent cette mélodie, doivent être jetés au feu. « Les centaines de livres que l'on a écrits sur la théorie » du chant de l'Eglise SONT INUTILES (1) ! »

Nous regardons M. Herland comme l'un des plus savants théoriciens de notre époque ; mais, malgré cet aveu qui est sincère, nous ne redoutons point les ravages que pourrait faire son plan de réforme, s'il était adopté. Le motif de notre confiance est tout naturel : un auteur cesse d'être dangereux, lorsque ses prétentions deviennent impossibles.

VIII. — Il n'en est pas de même des plans du R. P. Lambillotte. Loin de paraître impossibles, ces plans semblent sanctionner les idées archéologiques qui entraînent, en ce moment, la masse des amateurs du chant grégorien. Et puis, l'illustre Société religieuse dont le P. Lambillotte était membre, le renom qu'il s'est acquis par des compositions musicales dont la légèreté mélodique 'a obtenu un vrai succès de vogue, l'*Antiphonaire de Saint-Gall* qu'il a publié avec un véritable luxe, les voyages nombreux qu'il a entrepris pour explorer les principales bibliothèques de l'Europe, l'amabilité de son caractère, la bonté de son cœur, l'ardeur de son zèle, la confiance que ses recherches inspirent à certains prélats et à beaucoup de membres du clergé, — tout contribue à rendre la mémoire du P. Lambillotte chère aux catholiques, tout semble promettre que l'œuvre de la restauration grégorienne doit enfin, sous les auspices d'un homme aussi éminent, répondre aux légitimes espérances des amis de la liturgie musicale.

Et pourtant il n'en est rien !

En présence de cette ombre que tous vénèrent, je me trouve dans la nécessité pénible de combattre tout ce que le P. Lambillotte a légué comme un héritage, parce que je regarde cet héritage comme quelque chose de fatal et de funeste à l'art chré-

(1) *Inutiles* au point de vue de la connaissance juste et exacte des échelles qui servent de base à ce chant (p. 11).

tien, au point de vue de la pratique actuelle et des besoins présents de l'Eglise catholique.

Le P. Lambillotte a été mon ami personnel. Il m'a fait l'honneur insigne de me consulter souvent; ses sympathies m'ont toujours soutenu dans mes luttes pleines de véhémence et d'ardeur; j'ai, et je conserve comme un trésor, des lettres de ce saint religieux dans lesquelles celui-ci me donnait, avec une expansion naïve et intime, le bilan de ses recherches de chaque jour, de ses découvertes, de ses projets, de ses espérances, de ses craintes!

Aussitôt que mes deux premiers articles sur les anciennes notations musicales de l'Europe furent publiés dans la *Revue archéologique* de M. Leleux, le Père Lambillotte les reçut et il m'écrivit : « Je ne sais comment vous témoigner ma reconnaissance » pour le beau et bon présent que vous venez de m'envoyer. Je » veux parler de votre ouvrage sur les notations musicales du » moyen âge. Je l'ai lu et relu, et je compte le relire encore; je » n'y ai rien trouvé qui ne soit digne d'éloge...... Je voudrais » être M. de Falloux (1) pendant vingt-quatre heures : je vous » enverrais tout de suite, *avec une bonne bourse bien remplie*, visi- » ter toutes les bibliothèques de la France et des pays voisins..... » Je vous le répète en finissant : j'aime à être en correspondance » avec vous, et désire que vous me comptiez *au nombre de vos* » *plus sympathiques amis.* »

Au reçu de mon *troisième* article, le P. Lambillotte se hâtait de m'écrire : « Je viens vous remercier de m'avoir envoyé votre » troisième article sur les notations anciennes. Je suis tout-à-fait » d'accord avec vous sur la signification des mots *arsis* et *thesis*, » et je trouve qu'il faut avoir bien peu étudié nos anciens théo- » riciens, pour former là-dessus le moindre doute. Cela nous » montre qu'il serait nécessaire avant tout de donner au public

(1) M. de Falloux était alors ministre de l'instruction publique et des cultes.

» un dictionnaire de toute la terminologie musicale du moyen
» âge. C'est un ouvrage que vous devriez entreprendre, et qui
» nous rendrait à tous un grand service en ce moment. »

Le 25 février 1850, je recevais, du Père Lambillotte, une
longue lettre dans laquelle je remarque le passage suivant : —
« Je vous remercie de tout ce que vous faites pour moi. Je vou-
» drais bien qu'il me fût donné d'aller à Paris, pour vous voir,
» causer avec vous et vous soumettre bien des choses intimes. Je
» voudrais devenir votre collaborateur et travailler sous votre
» direction à la restauration du chant grégorien. »

Il m'écrivait le 12 avril suivant : — « C'est à Cambrai que
» M. l'abbé Crombé m'a appris que M. l'abbé Tesson commençait
» l'impression du *Graduel* d'après le manuscrit de Montpellier,
» (M. Crombé est membre de la Commission); il m'a dit qu'il
» avait été décidé que l'on retrancherait les *longues neumations* qui
» se trouvent dans les *Répons-Graduels*, etc., etc., et que, pour
» la quantité latine, on ne ferait brèves que les syllabes *pénul-*
» *tièmes* et *antépénultièmes*. Nous sommes donc menacés d'avoir
» encore beaucoup d'arbitraire dans tout ceci..... Je suis fâché
» que vous n'ayez pas plus de temps à consacrer à vos recherches :
» avec l'expérience que vous avez, avec la grande facilité que le
» bon Dieu vous a donnée, avec votre indomptable courage enfin,
» vous feriez des merveilles. Ayez confiance ; la Providence est
» juste : des jours meilleurs luiront pour vous, et il vous sera
» accordé, je n'en doute pas, de pouvoir vous livrer tout entier
» à vos beaux et admirables travaux scientifiques. »

Enfin, le 5 septembre de la même année, je recevais encore
des encouragements du bon Père Lambillotte. Celui-ci me mandait :
— « Je ne puis pas m'empêcher de vous écrire pour vous féliciter
» de l'article que vous avez inséré dans le *Correspondant* sur les
» *Chants de la Sainte-Chapelle*. J'applaudis à votre courage et à
» votre bonne érudition qui est toujours conforme en tout à l'his-
» toire et à la vérité..... Continuez ; vous préserverez l'Eglise de
» grands fléaux, si vous nous prêtez main forte. »

Je m'arrête : il faut que je mette des bornes à mes citations, surtout quand je pense, qu'en les faisant, ma plume retrace des éloges personnels. Et cependant j'avoue que je ne me sens pas humilié de l'audace de mon amour-propre. Je livre au public toutes ces approbations laudatives comme si elles avaient pour objet un homme qui me serait tout-à-fait étranger. Le triomphe du chant liturgique m'anime seul, et je crois que je fais un sacrifice réel en me vantant par la bouche du P. Lambillotte pour assurer ce triomphe. Je n'ai pas d'autre souci. S'il fallait m'humilier, m'anéantir même, afin de gagner la vraie cause du plain-chant, je n'hésiterais pas d'avantage : j'accepterais tout, heureux, mille fois heureux, d'être ainsi utile au succès d'une chose qui intéresse l'Eglise à un si haut point !

J'aborde donc maintenant avec confiance l'examen de la restauration des mélodies grégoriennes proposée par le P. Lambillotte. On ne pourra point dire, je l'espère, que ce pieux ami, s'il vivait encore, eût recusé mon arbitrage. Mes lecteurs le savent ; cela me suffit.

Le plan de cette restauration se trouve nettement formulé dans une brochure posthume qui a pour titre : *Quelques mots sur la restauration du chant liturgique. Etat de la question, solutions des difficultés*, in-8°, Paris, 1855.

Le R. Père admet *les anciens manuscrits* comme base de sa restauration.

C'est là son point de départ, son principe fondamental, son critérium suprême.

Mais la leçon mélodique des anciens manuscrits de liturgie romaine n'existe qu'à une condition : c'est qu'on la fera jaillir, en quelque sorte, des monuments comparés entre eux, et étudiés sous l'influence d'une critique impartiale et féconde. Plus les monuments comparés entre eux seront nombreux et anciens, plus la critique sera féconde ; plus les fragments de mélodie se trouveront identiques dans un plus grand nombre de manuscrits de divers pays et de différentes époques, plus on pourra conclure qu'ils offrent le type original de la phrase grégorienne.

Au point de vue de l'archéologie musicale, il est impossible de nier la légitimité du système du Père Lambillotte. Cependant, je dois le dire, le R. Père n'a point ici la gloire de l'initiative. M. Fétis a consacré plus de trente années de sa laborieuse et infatigable existence au triomphe de la méthode du R. Père, et il peut la revendiquer à bon droit. Dom Guéranger a également signalé ce procédé de déchiffrement dans le premier volume de ses *Institutions liturgiques* (p. 306) ; et moi-même, avant l'abbé Lambillotte, j'ai soumis à M. le Ministre des Cultes, en février 1850, la première livraison d'un *Graduel monumental dans lequel le Chant Grégorien est ramené à sa pureté primitive par la comparaison des diverses variantes mélodiques qui ont été en usage, dans le Culte, depuis les temps les plus anciens jusqu'à nos jours.* Ce *Graduel monumental* et mes *Etudes sur les anciennes notations musicales de l'Europe* m'ont valu l'insigne honneur de la troisième médaille d'or, le 22 août 1851, dans la séance publique annuelle de l'Académie des Inscriptions et Belles-Lettres de France (1).

D'où vient donc que le P. Lambillotte s'est permis, en 1851, d'appeler SA MÉTHODE un procédé de déchiffrement musical dont il n'était point l'inventeur (2)? d'où vient que, dans sa brochure posthume, il annonce, en 1855, un *Graduel monumental,* sans même laisser entrevoir à ses lecteurs que, non content d'avoir suivi la trace de ses devanciers, il s'est emparé d'un TITRE qui est ma propriété exclusive?

Mais laissons là ces tristes détails, et voyons le parti que le P. Lambillotte va tirer de ses travaux préparatoires.

(1) Voir le *Rapport* fait à cette séance, par M. Lenormant, au nom de la Commission des Antiquités de la France, pp. 32-37, et les trois articles de M. Ludovic Vitet sur mes *Etudes* des anciennes notations musicales (*Journal des Savants,* cahiers de novembre 1851, de janvier et de février 1852).

(2) *Clef des Mélodies grégoriennes,* etc., par le P. Lambillotte, Bruxelles, 1851, in-4°, p. 42.

Va-t-il adopter purement et simplement la contexture mélodique des anciens manuscrits? aura-t-il la prétention d'opérer, pour nos églises et en plein XIXe siècle, une restauration archéologique, à l'instar de la commission de Reims et de Cambrai? en un mot, cèdera-t-il à cette MALADIE de notre époque, qui, à propos de chant grégorien, fait tourner toutes les têtes, et jette les esprits les plus graves dans une sorte de délire?

Le P. Lambillotte s'en garde bien, et, en cela, il n'a pas tort; mais, d'un côté, s'il ne veut pas *ajouter une seule note de son fond* à l'œuvre grégorienne, de l'autre il en retranche les *longueurs*, les *tirades interminables*, les *modulations traînantes* et les *superfétations mélodiques* qui lui paraissent *inutiles* ou *nuisibles*.

M. l'abbé Jules Bonhomme a beau protester (1) : le P. Lambillotte est ici dans le vrai, parce qu'il tient compte des motifs qui, depuis plus de trois siècles, ont présidé à la simplification et à l'abréviation du chant liturgique. C'est là un fait qui est l'œuvre de l'Eglise elle-même. Les éditeurs de Reims et de Cambrai nient ce fait, parce qu'il condamne leur entreprise d'une manière éclatante. Aussi, voyez avec quel souci M. l'abbé Bonhomme s'efforce d'atténuer la portée de la décision du Concile tenu à Reims en 1564. Ce Concile décide (et il n'était pas le seul de cet avis), que l'on abrégera, autant que possible, les longues tirades de notes qui existaient sur certaines syllabes du texte liturgique : *Abbrevietur cantus, quantum fieri poterit, quando super unam syllabam aut dictionem plures sint notulæ quam par sit,* — et l'excellent abbé de s'écrier que c'est bien mal choisir que d'aller chercher, dans un document de 1564, *des leçons de goût sur le chant ecclésiastique.* Hé! mon Dieu, Monsieur Bonhomme, le Concile de Reims et autres ne donnaient pas des leçons de goût musical : *ils donnaient des* ORDRES, EN VERTU DE L'AUTORITÉ DU CONCILE DE TRENTE....Vous faites dire au Concile de Reims que, si on lui obéit,

(1) *Simple réponse à la brochure du P. Lambillote,* etc., pp. 12-14.

le meilleur chant sera le plus court, — ce qui est une absurdité révoltante dont vous êtes seul responsable. — Vous vous ingéniez à expliquer, à commenter, à définir le sens des paroles de ce Concile ; vous dites qu'elles ont rapport à l'abolition des *fioritures* et des *myriades de notes d'agrément,* dont les chantres surchargeaient les mélodies liturgiques outre mesure au XVIe siècle, tandis qu'il n'est question de rien de cela dans le passage cité. — Vous voulez interpréter des paroles qui n'ont pas besoin d'interprétation, qui sont claires comme la lumière du jour, qui sont d'ailleurs justifiées par tout ce qui s'est fait en matière de plainchant depuis cette époque jusqu'aux temps actuels, et, en fin de compte, peu satisfait de votre érudition, vous nous dites doctoralement : « *La décision* (du Concile de Reims) *ne nous paraît pas avoir une grande autorité !* » Je le veux bien, pour vous faire plaisir, mais avouez aussi que les Conciles du XVIe siècle valaient bien l'érudition des réformateurs modernes qui défigurent et dénaturent tout pour imposer à nos vénérables prélats des choses qui étaient possibles aux époques reculées du catholicisme, mais qui sont devenues incompatibles avec la discipline ecclésiastique actuelle. Il est toujours dangereux de prétendre avoir plus d'esprit que l'Eglise. Depuis trois cents ans les faits sont là, ils sont plus que jamais palpitants d'actualité. Pas une édition de chant liturgique ne vous donne raison, ni à Rome, ni en Allemagne, ni en Belgique, ni en Espagne, ni en France, ni ailleurs, depuis le Concile de Trente, — et vous prétendez que le Concile de Reims s'est trompé au XVIe siècle et qu'une petite Commission d'hommes inhabiles a raison au XIXe ! Nous n'avons qu'un mot à répondre à toutes ces belles choses : *Vanitas vanitatum, et omnia vanitas.....* On fait rétrograder l'épiscopat, on le compromet, on le trompe *musicalement,* et l'on dit, en se frottant les mains : *La propagande et le prosélytisme feront le reste !*

Nous verrons bien.....

En mon âme et conscience, je crois avec le concile de Reims et beaucoup d'autres de la même époque, que le Plain-Chant grégorien doit être *abrégé*. Est-ce une raison pour que le P. Lambillotte, avec son *Graduel monumental*, puisse venir nous dire, comme il le fait : « *J'ai les monuments sous les yeux, et je vais, pour* » *me conformer à l'esprit de l'Eglise, je vais faire* DE MON CHEF *les* » *abréviations que je croirai nécessaires?* » Evidemment non ; et ici je me récrie, avec M. l'abbé Bonhomme, contre l'*arbitraire* que veut nous imposer le révérend Père jésuite. Bien que l'on ait la complaisance de nous apprendre que nos éditions de plain-chant liturgique, depuis le concile de Trente, sont des *livres vulgaires qui enlaidissent nos sacristies* (1), j'ai ces livres en grande vénération, parce que ceux qui les ont réformés connaissaient infiniment mieux le plain-chant que nous, — parce que ces illustres savants ont simplifié la mélodie grégorienne à l'instigation de l'Eglise elle-même, et qu'ils ont produit une *admirable unité liturgique* que nous n'aurons jamais sans eux, — parce qu'enfin ils ont laissé quelque chose de *traditionnel* et d'*ineffaçable* dans l'esprit des populations catholiques.

Soumettons leur œuvre, maintenant que nous sommes calmes, à une épuration et à une révision désirable, nécessaire même, — rien de mieux ; mais n'allons pas au-delà de ce but que l'Eglise nous indique comme une limite qu'il ne faut pas franchir, et la *liturgie musicale* sortira triomphante des rudes épreuves auxquelles on la soumet dè nos jours.

Le goût individuel du P. Lambillotte ne peut produire qu'une œuvre individuelle, quelque chose comme une restauration de fantaisie n'ayant aucune valeur. Il faut *abréger* le chant; or, cette opération s'est faite depuis le concile de Trente avec un ensemble magnifique. Pourquoi recommencer cette besogne immense ? pourquoi le P. Lambillotte se croirait-il avoir plus d'autorité que tous ceux qui ont fait depuis longtemps ce travail à la grande satisfaction des hommes les plus éminents? pourquoi ouvrir la porte à l'arbitraire, au schisme, aux discussions, aux innovations, puisque nous avons en mains des livres de plain-chant meilleurs

(1) *Simple réponse*, etc., p. 10.

que tous ceux qui paraissent et qui paraîtront , meilleurs sous
tous les rapports , meilleurs surtout sous le rapport de l'unité
liturgique ? Amendez ces livres avec sobriété ; vérifiez si, d'après
les manuscrits anciens, les coupures mélodiques ont toujours été
réalisées convenablement au xvie siècle (1) ; respectez l'œuvre de
vos devanciers et n'y touchez que lorsqu'il y a nécessité absolue ;
comptez les souvenirs traditionnels pour quelque chose de vénérable et de sacré ; placez, dans votre esprit et dans votre cœur,
l'unité liturgique bien au-dessus de la vaine gloriole de l'archéologie ; ayez assez d'humilité pour croire que moins votre amour-
propre sera satisfait, mieux les intérêts de l'Eglise seront
servis, — et alors la restauration du plain-chant sera chose facile
et bonne : les noms propres disparaîtront, l'individualisme ne sera
plus à craindre , l'arbitraire ne sera plus qu'une impossibilité, et
l'Eglise y gagnera !

Mes lecteurs doivent maintenant comprendre pourquoi je suis
l'ardent adversaire des doctrines du P. Lambillotte.

Ces doctrines me paraissent dangereuses : je n'hésite pas un
seul instant, et je les combats à outrance.

L'amitié et tout autre motif humain ne sauraient enchaîner ma
conscience ; les noms m'importent peu : — que ce soit Paul ou
Pierre, — que ce soit le religieux le plus saint ou l'académicien le
plus illustre ; les traditions ont pour moi plus d'autorité, en matière de liturgie, que la science et la sainteté. Ni le P. Lambillotte
ni l'abbé Tesson n'auront jamais plus de science ni de vertu que
les illustres réformateurs du chant grégorien, que le concile de
Trente a fait éclore et briller. Rien ne remplacera l'expérience
acquise de ce que nous avons en fait de plain-chant romain ; rien
ne saurait nous assurer la popularité et la solidité de l'œuvre
entreprise , depuis trois siècles , dans le domaine de la liturgie
musicale appropriée à notre époque et aux besoins de l'Eglise

---

(1) Voyez ce qui a été dit, sur ce point important, pp. 24-26 de cet
ouvrage.

actuelle. A mes yeux donc, le P. Lambillotte n'est qu'un *fantaisiste*, comme l'abbé Tesson et consorts.

Mais il y a bien d'autres motifs qui me forcent à condamner les tentatives du P. Lambillotte : je suis encore contre lui dans les questions des *ornements mélodiques*, du *rhythme* et de la *mesure* du plain-chant.

Ornements mélodiques du plain-chant. — « Il est certain, dit le
» P. Lambillotte, que dans l'institution primitive, il y avait des
» ornements dans le Chant Grégorien. Jean, diacre, nous en
» donne la preuve dans la Vie de saint Grégoire écrite au IXe siècle :
» il nous apprend que les chantres romains les exécutaient par-
» faitement bien et que les chantres gaulois ne pouvaient le faire.
» Plusieurs autres historiens rapportent le même fait; il est donc
» indubitable qu'il y avait des ornements dans le Chant Grégorien.
» Mais quels étaient-ils? C'étaient à peu près les mêmes qu'on
» exécute encore aujourd'hui, tels que *le trille, les ports de voix,*
» *les petites notes, l'appogiature, le vibrato, le grupetto* (1). »

Très-bien. — Or, quel parti va donc prendre ici le P. Lambillotte? Puisque ces *ornements* étaient à peu près les mêmes que ceux qui sont usités dans notre musique moderne actuelle, il s'empressera sans doute de les faire entrer, *bon gré mal gré*, dans son plain-chant restauré. Pourquoi pas? Si les anciens Gaulois ne pouvaient les exprimer convenablement, il est évident qu'aujourd'hui les gosiers modernes des Français et des autres peuples sont plus souples et peuvent les interpréter sans peine.

Hé bien! le P. Lambillotte hésite ; il balbutie, il distingue et fait encore de l'arbitraire : — « Fallait-il rétablir tout cela, dit-il ?
» Nous avons pensé que *la plupart des chantres d'aujourd'hui* ne
» seraient pas plus habiles que ceux d'autrefois, et que par con-
» séquent il valait mieux supprimer ceux des ornements que
» généralement on ne peut pas bien exécuter. Nous n'avons con-
» servé que les petites notes d'agrément, le *port de voix* ascendant

(1) *Quelques mots sur la restauration du chant liturgique*, pp. 26-27.

» et descendant, que les anciens appelaient *plica,* et qui, selon
» eux, servaient à donner de la douceur au chant. Nous avons
» aussi conservé çà et là l'ornement appelé *Quilisma ,* qui s'exé-
» cutait avec trille et port de voix, tantôt ascendant et tantôt
» descendant.... Tels sont les seuls ornements que nous ayons
» cru devoir conserver. Bien exécutés ils donneront de la grâce à
» la mélodie, et si on ne peut pas bien les rendre, *on est toujours*
» *libre de les supprimer* (1). »

Singulier aveu, s'il en fut jamais ! comment justifier au tribunal d'une saine logique ce *farrago* du bon P. Lambillotte ? Je le
demande de bonne foi, et ne puis trouver de réponse..... En
effet, supprimer des ornements mélodiques, *à peu près les mêmes*
que ceux qui sont exécutés de nos jours, sous prétexte qu'on ne
peut pas bien les rendre aujourd'hui que l'usage en est général,
n'est-ce pas une contradiction manifeste ? — Ajouter qu'on ne les
a pas abolis entièrement, mais qu'on en a même conservé les
principaux, bien que *les chantres d'aujourd'hui* ne soient *pas plus*
habiles que ceux d'autrefois, n'est-ce pas quelque chose de plus
absurde encore ?— Dire enfin que l'on a maintenu tel et tel agrément du chant grégorien, comme étant d'une exécution plus facile,
tandis qu'en examinant bien la question, ce qui est mis ici au
rebut n'est pas plus inexécutable que ce qui est conservé, n'est-
ce pas le comble de l'arbitraire et de la fantaisie ?

Si l'on nous disait : « Les mœurs actuelles veulent que le plain-
» chant soit interprété d'une manière calme, grave, sans fredons,
» pour le distinguer de la musique mondaine et passionnée. En
» conséquence, nous nous contentons de publier la note des can-
» tilènes liturgiques sans nous préoccuper des accessoires que le
» goût des vrais artistes pourra mettre en œuvre au besoin, en se
» gardant bien toutefois d'en abuser. » — Tout homme intelligent
comprendrait une pareille réserve, et tout le monde y applau-
dirait. Mais le P. Lambillotte s'abusait étrangement, s'il a pu
croire que l'érudition donnerait tête baissée dans le piége qu'il a

(1) *Ibidem,* p. 27.

tendu, fort innocemment sans doute, aux plus élémentaires notions du sens commun.

Du rhythme et de la mesure. — « Il est certain, dit le P. Lam-
» billotte, que le rhythme et la mesure existaient dans l'exécution
» primitive du chant Grégorien indépendamment de la quantité
» syllabique. Nous en fournirons toutes les preuves désirables,
» ajoute-t-il, dans l'ouvrage dont nous avons déjà parlé (1); il
» suffit de dire ici, qu'aux yeux des anciens, il n'y avait point de
» chant ni de musique possible sans rhythme. Tout le monde sait
» d'ailleurs, qu'un air quelconque n'est tel, que grâce à deux choses
» inséparables, l'intonation et la mesure : si bien que le refrain le
» plus populaire et le plus joyeux deviendrait méconnaissable, si on
» lui ôtait sa cadence pour l'exécuter lourdement, à notes égales.
» Ecoutez, dans une église de Paris, ces belles voix de tous les
» choristes réunis exécutant le plain-chant de l'abbé Lebeuf :
» quelle lourdeur insupportable et propre à faire fuir quiconque a
» l'oreille tant soit peu sensible à l'harmonie ! Voilà cependant à
» quoi l'on a réduit le chant Grégorien en le notant et le chan-
» tant à notes d'égales valeur, c'est-à-dire sans rhythme. Faut-il
» donc dès-lors s'étonner de la répulsion qu'éprouvent pour nos
» mélodies ainsi travesties, les personnes de goût, et nos musi-
» ciens modernes ? Et qu'on n'aille pas croire que le rhythme
» rende l'exécution plus difficile : tout au contraire ; le chant
» devenu plus beau, plus coulant, plus mélodieux, plus aisé à
» retenir, en deviendra bien plus aisé. Voilà encore pourquoi les
» anciens, malgré leur notation défectueuse, le retenaient par-
» faitement de mémoire (2). »

Je ne dirai pas, avec M. l'abbé Bonhomme, que j'ai fait cette longue citation afin d'*ennuyer une fois de plus* les amateurs de l'*ennuyeux* plain-chant parisien (3). Il ne faut ennuyer personne.

(1) C'est-à-dire, dans un livre qui est sous presse et qui a pour titre : *Esthétique, Théorie et Pratique du chant Grégorien.*
(2) *Quelques mots sur la restauration du chant liturgique*, p. 28
(3) *Simple réponse*, p. 25.

A quoi bon ? Ennuyer, ce n'est pas prouver, et l'on est d'ailleurs si souvent capable d'atteindre ce but malgré soi, que loin d'y viser, on devrait s'en garder toujours et ne s'en vanter jamais.

Mais je me hâte de revenir au P. Lambillotte, et de prouver que sa doctrine du *rhythme* et de la *mesure* dans le plain-chant est de tout point inacceptable.

« *Il est certain*, dit-il, *que le rhythme et la mesure existaient dans* » *l'exécution primitive du chant Grégorien.* » Et il ajoute quelques lignes plus bas, que le rhythme et la mesure, selon lui, s'opposent à l'exécution actuelle du plain-chant *en notes égales.* Et pour ne laisser aucun doute sur sa véritable pensée, le P. Lambillotte dit à la suite du long passage que nous avons cité : — « Qu'est- » ce donc que le rhythme ? Le rhythme en musique consiste dans » un certain mélange de notes longues et brèves qui servent à » donner de la vie et du mouvement au chant ; et aussi dans une » certaine coupe de phrase musicale, analogue à ce qu'on appelle » *nombre* dans le style. La *mesure* est le *temps* qu'on donne à » chaque note, d'après un mouvement imprimé à la mélodie dès » le commencement du morceau (1). »

Ainsi, mes lecteurs sont maintenant bien renseignés sur le véritable sens que le R. Père attache aux mots *rhythme* et *mesure.* Au besoin, ils pourraient consulter le double spécimen que cet auteur a mis à la fin de sa brochure, et qui offre la *messe du S. jour de Pâque* notée d'après son système.

Le P. Lambillotte invoque d'abord l'autorité d'Hucbald ; mais ce qu'il y a de plus clair dans les œuvres du célèbre moine de Saint-Amand, c'est que *tous les exemples y sont notés en caractères de convention qui équivalent à de simples lettres alphabétiques.* Or, si ces caractères marquent sûrement l'intonation, ils ne peuvent indiquer la longueur ou la brièveté temporaire d'aucun son musical, — preuve évidente qu'Hucbald ne donnait de valeur temporaire à quelques notes du plain-chant qu'en vertu de considérations purement théoriques et conventionnelles. Ainsi, par

(1) *Quelques mots*, etc., pp. 28-29.

exemple, après avoir cité le passage liturgique : *Ego sum via, ve-*
ritas et vita, alleluia, alleluia (1), dont il exprime la mélodie avec
sa notation particulière, il dit que ce fragment se divise en trois
périodes musicales,— que la note qui termine chaque période est
longue, — et que toutes les autres notes sont brèves : « *Solæ in*
» *tribus membris ultimæ longæ, reliquæ breves sunt* (2). » Chanter
couramment toutes les notes d'un morceau, en *appuyant* plus ou
moins sur celles qui closent les diverses incises des périodes mélodiques du plain-chant, c'est ce que le moine Hucbald appelle
chanter avec nombre, chanter avec une sorte de mesure (NUMEROSE
CANERE).

Il est vrai que cet auteur fait observer que, pour *chanter avec*
nombre, il faut faire attention aux *syllabes longues* et aux *syllabes*
brèves (3).

J'admets cette distinction dans les chants psalmodiques et rhythmiques, mais je suis profondément persuadé, qu'en dehors de
cette hypothèse, les paroles d'Hucbald n'ont pas ici la signification
qu'on leur donne, parce que cette signification est démentie PAR
TOUS LES MONUMENTS DE L'ART GRÉGORIEN QUI ONT ÉTÉ ÉCRITS OU
IMPRIMÉS AVANT LE XVII° SIÈCLE. Je le dis sans craindre la moindre
contradiction : dans tous ces monuments, *les syllabes longues*
portent souvent très-peu de notes, et les syllabes brèves en sont presque
toujours surchargées à l'excès.

Qu'on veuille bien m'expliquer ce fait irrécusable, et j'admet-
trai sans peine qu'Hucbald enseigne positivement ce qu'on lui fait
dire ; mais cette entreprise est au-dessus des forces d'une critique
sérieuse, et, *bon gré mal gré*, il faut convenir que les textes du
religieux de Saint-Amand n'ont point rapport à la valeur tempo-

(1) Apud Gerberti *Scriptores*, tom. I, p. 183.
(2) *Ibid.*
(3) « *Quid est numerose canere ? — Ut attendatur, ubi productioribus,*
» *ubi brevioribus morulis utendum sit. Quatenus uti quæ syllabæ bre-*
» *ves, quæ sunt longæ, attenditur,* » etc.

raire des notes qui sont posées, dans le chant, au-dessus des syllabes brèves ou longues du texte.

Mais on dit : « Hucbald lui-même reconnaît l'imperfection de » la notation alphabétique par rapport à l'expression des notes » longues et brèves. A ce point de vue, les neumes ou figures de notes usuelles (*consuetudinariæ notæ*) lui paraissaient préférables : « *Hæ autem consuetudinariæ notæ*, selon lui, *non omnino habentur* « *non necessariæ ; quippe cum et tarditatem cantilenæ, et ubi tremu-* » *lam sonus contineat vocem, vel qualiter ipsi soni jungantur in* » *unum, vel distinguantur ab invicem, ubi quoque claudantur inferius* » *vel superius pro ratione quarumdam litterarum, quorum nihil* » *omnino hæ artificiales notæ valent ostendere, admodum censentur* » *necessariæ* (1). » Donc, si les lettres ne marquaient pas anciennement la longueur ou la brièveté des sons musicaux, la notation neumatique, d'après Hucbald, jouissait de ce précieux privilége. Donc, suivant cet écrivain, le rhythme du plain-chant grégorien doit reposer sur un certain mélange de longues et de brèves mélodiques.

Cette objection que je formule moi-même dans toute sa force, n'offre pas à mes yeux l'ombre d'une difficulté.

Il suffit de lire les paroles d'Hucbald avec un peu d'attention, pour se convaincre que *son éloge partiel des neumes* n'exclut, en aucune manière, la règle générale de l'égalité temporaire des sons dans le chant grégorien.

De quoi s'agit-il, en effet, dans le fameux passage en question? Soulevez le voile du style un peu barbare du moine de Saint-Amand, et vous y verrez que ce bon religieux attribue aux neumes les propriétés suivantes :

1° De peindre à l'œil la lenteur d'exécution de la mélodie (*tarditatem cantilenæ*), — ce qui se comprend difficilement, à moins qu'on n'entende par là l'exécution du *pressus major* ou *minor*, c'est-à-dire, les notes doublées, triplées, etc., qui se suivaient à

(1) *Hucbaldi musica*, apud Gerberti *Scriptores*, tom. I, p. 118.

l'unisson sur une seule et même syllabe du texte dans l'ancienne sémiographie musicale, comme, par exemple :

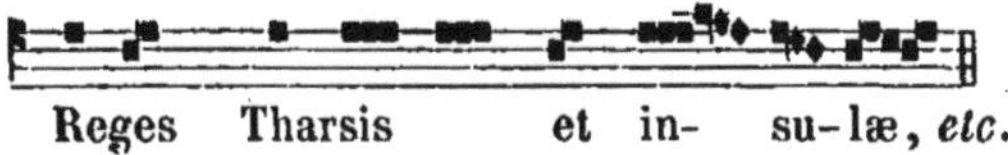

Mais, dans ce cas, l'égalité des notes n'est point mise à néant : en donnant à chaque note carrée une valeur temporaire à peu près égale, il est évident que la mélodie éprouve un retard (*tarditatem*), sans qu'il en résulte la moindre infraction à la règle, puisque chaque note, quelle qu'elle soit, y est assujettie, et que le retard est ici le fait même de cet assujettissement. Je dois dire toutefois, qu'avec la notation alphabétique, le même phénomène pouvait avoir lieu, et, sous ce rapport, le texte d'Hucbald me paraît très-obscur. Il est d'ailleurs impossible d'admettre que l'auteur ait eu en vue la *lenteur générale d'exécution mélodique d'un morceau de plain-chant*, lenteur qui serait alors indiquée par les neumes, parce que cette hypothèse est insoutenable et qu'elle est formellement démentie par les petites *lettres significatives* de Romanus. Les neumes ne marquaient point qu'une cantilène dût être chantée ou *lentement* ou *vite* : ce serait se tromper volontairement, que de croire à une pareille supposition.

2° Les neumes, suivant Hucbald, notaient clairement les notes qui se disaient avec une sorte de *trille* ou *tremolo* (TREMULAM VO-CEM), ce qui n'avait pas lieu dans la notation purement alphabétique. Je dis : *purement alphabétique*, parce que plus tard le copiste de l'*Antiphonaire de Montpellier* a su vaincre cette difficulté qui n'en était pas une, au moyen de quelques signes conventionnels ajoutés aux lettres de la notation littérale. Quoi qu'il en soit, ici encore l'égalité temporaire des sons n'est pas incompatible avec ce que l'on peut appeler, qu'on me permette ce néologisme, la *trémulation de la voix*.

3° Quant à la manière de représenter les notes *simples* et les notes *ligaturées* (QUALITER IPSI SONI JUNGANTUR IN UNUM, VEL DIS-TINGUANTUR AB INVICEM), il est évident que la notation neumatique et toutes les notations arbitraires qui en dérivent, l'emportent de beaucoup sur toutes les sémiographies musicales alphabétiques imaginables. Qu'est-ce à dire pourtant ? Hucbald prétend-il prouver par là que la facilité de peindre sur le vélin l'isolement ou la réunion de certaines notes en groupes, implique la longueur ou la brièveté temporaire de ces mêmes notes? — Il suffit de préciser les termes de ce point doctrinal, pour y répondre négativement sans crainte de se tromper.

4° Les expressions : UBI QUOQUE CLAUDANTUR INFERIUS VEL SUPERIUS PRO RATIONE QUARUMDAM LITTERARUM, qu'Hucbald emploie en finissant son énumération des avantages de la notation neumatique sont fort peu intelligibles : elles peuvent s'appliquer aux petites notes de passage ou ports de voix de la *Plique ascendante* ou *descendante;* mais, même en admettant cette hypothèse qui m'est la plus défavorable, une petite note, un fredon ajouté çà et là dans la contexture mélodique des chants grégoriens ne fait point et ne peut point faire obstacle à la règle générale de l'égalité approximative de mesure dans l'exécution des notes du plain-chant. Ceci est de toute évidence.

Après Hucbald, il fallait invoquer Gui d'Arezzo dont l'imposante autorité musicale domine tout le moyen âge. Aussi, le P. Lambillotte s'est-il bien gardé de n'en point appeler à la décision de ce grand maître. Or, cette décision qui me paraît claire, est de tout point conforme à celle d'Hucbald. « *Quomodo,* dit Gui d'Arez-
» zo, *liquescant voces, et an adhærenter vel discrete sonent? Quæve*
» *sint morosæ, et tremulæ, et subitaneæ, vel quomodo cantilena distin-*
» *ctionibus dividatur, et an vox sequens ad præcedentem gravior, vel*
» *acutior, vel æquisona sit? Facili colloquio* IN IPSA NEUMARUM FIGU-
» RA *monstratur, si, ut debent, ex industria componantur* (1). »

On peut presser, violenter, triturer même ce texte, on n'en tirera jamais autre chose, sinon que, dans le plain-chant noté en neumes bien écrits, il était facile de voir si la petite note de la pli-

(1) Gerberti *Scriptores*, tom. 2, p. 37.

que devait s'exécuter d'une manière ascendante ou d'une manière descendante ; — que les neumes rendaient sensibles la cohésion des notes ligaturées et l'isolement des notes simples ; — qu'à la seule inspection d'une mélodie bien neumée, le chanteur était renseigné sur le nombre des notes *moroses*, *tremblées* et *subites* que contenait le morceau ; — que les périodes musicales, grâce aux neumes, se dessinaient distinctement et nettement ; — et enfin, que la portée musicale dont Gui d'Arezzo était l'inventeur, permettait de noter neumatiquement tous les intervalles mélodiques avec une précision sans exemple jusqu'alors.

Le P. Lambillotte traduit les mots *morosæ* et *subitaneæ* par *notes longues* et *notes brèves* (1).

Cette seule interprétation, lancée de bonne foi au milieu de la discussion, constitue (qu'on me passe le mot) la matière d'une hérésie musicale. Le lecteur, en effet, peut être tenté de croire que, dans les neumes, il y avait des figures de notes *longues* et *brèves,* comme dans la musique mesurée du moyen âge. Le P. Lambillotte va même jusqu'à soutenir, chose inouie! que Francon de Cologne, l'un des plus anciens musiciens mensuralistes connus, a déterminé, le premier, vers l'an 1090, les formes de notes *carrées*, *losanges* et *à queue,* pour exprimer les valeurs temporaines de la musique, et que ces formes de notes se sont introduites, *longtemps après,* dans la sémiologie du plain-chant. «C'est » là, dit-il (2), un fait dont aucun archéologue ne doute au- » jourd'hui. » Pour être correct, le révérend P. aurait dû faire observer que *personne ne se doute de ce fait archéologique,* tant il est faux et inadmissible! C'est le fait opposé qui est vrai. Bien avant Francon de Cologne, les copistes de plain-chant avaient armé la partie supérieure de la virgule (,) d'un *petit point carré ;* bien avant ce célèbre auteur, le point (.) avait pris une forme carrée dans certains cas, et une forme losange dans certains

(1) *Quelques mots......,* p. 32.
(2) *Ibid.,* p. 34, note 1.

autres (1). Il faut ne pas avoir consulté un seul manuscrit du xe siècle, pour parler avec l'assurance du P. Lambillotte. Ce bon P. invoque le témoignage de Jean Cotton, disciple de la doctrine de Gui d'Arezzo vers la fin du xie siècle, et il s'écrie : « On donnait » la préférence (*alors*) à la notation guidonnienne écrite, comme » le dit Jean Cotton, *per virgas, clines, quilismata, puncta, podatos* » *cæterasque hujusmodi notulas* (2). » Oui, sans doute, mais ces anciennes figures de neumes étaient échelonnées symétriquement sur les lignes et dans les interlignes des portées, d'après la méthode du moine de Pompose, et pour rendre cette position des notes plus saillante, le point était devenu carré, et la virgule (*virga* ou *virgula*) offrait une tête quadrangulaire qui en déterminait l'emplacement exact. Les autres notes neumatiques étaient soumises également à une figure ou forme plus ou moins carrée, en rapport d'ailleurs avec la calligraphie ordinaire de l'époque, laquelle calligraphie tendit, jusqu'au xiiie siècle, à devenir de plus en plus angulaire, comme je l'ai fait remarquer le premier dans mes *Etudes sur les anciennes notations musicales de l'Europe*.

Loin d'emprunter ces phénomènes semiologiques à la musique mesurée, naissante au xie siècle, le plain-chant les a fournis, au contraire, à la musique de cette époque. C'est là une vérité qu'il faut admettre, sous peine de tomber dans l'absurde. Or, si le plain-chant mesurait ses notes avant le xe siècle, comme la musique figurée mesurait les siennes au xie siècle, lorsqu'elle fit son entrée dans le monde artistique, qu'on veuille bien me dire pourquoi la musique figurée a pris naissance, et pourquoi elle est devenue un art à part? qu'on veuille bien m'expliquer, avec un peu de logique', par quel prodige la musique figurée s'est appelée, au xie siècle, *musique mesurée*, et pourquoi le chant grégorien qui était, dit-on, une musique mesurée aussi, s'est alors nommé *plain-chant, planus cantus?*

(1) Voir l'explication que j'ai donnée de la note *brève* dans le *Dict. de Pl.-Ch.* de M. d'Ortigue, pp. 172-183, *ad finem*.

(2) *Quelques mots*....., p. 34.

Si, comme l'a dit Fontenelle, *une vérité nommée est une vérité connue*, n'est-il pas évident que si, au xie siècle, l'art musical s'est bifurqué en Europe, alors que l'art ancien était seul connu, il en résulte que la pratique ancienne ne ressemblait aucunement alors à la pratique nouvelle, à moins que les musiciens du xie siècle n'aient inventé une chose capitale et essentielle qui ne fût pas une nouveauté. Pour supposer un seul instant une billevesée pareille, il faudrait déterrer quelque monument ancien qui s'inscrivît en faux contre la prétention des musiciens mensuralistes du xie et du xiie siècle. Or, c'est une entreprise à laquelle tout homme raisonnable doit aujourd'hui renoncer à tout jamais, j'en demande bien pardon à l'ombre du P. Lambillotte et au prosélytisme soit disant archéologique de nos réformateurs actuels du chant grégorien.

Je l'ai déjà dit dans cet ouvrage : les mots *musique mesurée* et *plain-chant* portent en eux-mêmes une signification propre et une différence intrinsèque qu'il est impossible de nier. Quand on les a introduits dans le langage musical, on connaissait parfaitement cette signification et cette différence, car alors il s'agissait de deux choses bien connues, bien distinctes. Une tradition immémoriale nous a même conservé, sans interruption, le souvenir de la scission qui existe, entre la musique proprement dite et le chant grégorien, depuis l'origine de l'*ars cantus mensurabilis*. Et, par cela même qu'il y a une différence radicale entre ces deux branches de la musique européenne depuis le xie siècle, on peut et l'on doit dire que cette différence a existé de tout temps en Europe.

Les traditions dont je parle, présentent un caractère d'unité qui brave la critique et le scepticisme.

Je n'invoque point ici les monuments plus ou moins hiéroglyphiques du moyen âge : j'invoque seulement, et par dessus tout, les monuments littéraires de cette époque, les textes clairs, précis et positifs qui se trouvent, en abondance, dans les œuvres didactiques des musiciens médiévistes.

Or, tous les textes, depuis les plus nouveaux jusqu'aux plus anciens, enseignent que les notes du plain-chant doivent s'exécuter, *règle générale,* d'une manière uniforme, et d'après une égalité de mesure à peu près rigoureuse.

A côté de cet enseignement traditionnel, il y en a un autre dont il faut tenir compte, si l'on ne veut pas prendre l'*exception* pour la *règle :* c'est qu'à partir de l'invention de la musique *mesurée* en Europe, beaucoup d'auteurs et de praticiens ont voulu soumettre l'exécution du plain-chant à la mesure rigoureuse et aux lois temporaires du rhythme de la musique proprement dite.

Il en résulte une antilogie dogmatique qui n'est qu'*apparente,* lorsque l'on prend la peine d'envisager la question sous son vrai jour. Et c'est pour avoir étudié superficiellement les autorités du moyen âge, qu'on en est venu à tout confondre dans les réformes récentes auxquelles on a soumis ou voulu soumettre le plain-chant.

Dans les monuments que l'on invoque, il y a une *réalité,* et il y a aussi une *tendance* ou une *prétention.*

La *réalité* explique logiquement et parfaitement l'institution de la musique mesurée au xiᵉ siècle, et la légitimité de l'épithète de *plain-chant* donnée depuis lors à la cantilène liturgique, pour la différencier, d'un seul mot, de la musique *mesurée,* de la musique *moderne.*

La *tendance* ou la *prétention* s'efforce au contraire, à toutes les époques, de regarder avec une sorte de mépris le plain-chant, de le considérer comme une musique incomplète, comme quelque chose de naïf, de barbare, d'incomplet. La musique mesurée étant, aux yeux des artistes, la perfection de l'art, c'est d'après cette musique qu'il faut corriger la mélopée grégorienne. De tout temps, depuis le xiᵉ siècle jusqu'à nos jours, ç'a été la maladie des *musiciens,* et le P. Lambillotte n'a pas pu ou n'a pas voulu s'y soustraire. Dieu lui fasse paix et miséricorde, ainsi qu'aux innombrables victimes de son erreur! Mais tâchons du moins d'empêcher les ravages d'une épidémie d'autant plus cruelle qu'elle enlève à l'art chrétien des défenseurs fort dévoués.

Le P. Lambillotte proteste : «Ce que nous repoussons, dit-il,

» de toute notre énergie, au nom de tous les auteurs anciens ,
» tels que Hucbald, Odon de Cluni, Gui d'Arezzo, c'est l'opinion
» plus récente d'après laquelle on devrait exécuter le plain-chant
» à notes toujours égales; ce que nous repoussons aussi , c'est le
» rhythme mal défini et vraiment arbitraire, donné par la com-
» mission Rémo-Cambraisienne, d'après un texte de Jérôme de
» Moravie, qui ne nous paraît avoir ni le sens étendu, ni l'au-
» torité qu'on lui prête (1). »

Voilà donc le P. Lambillotte qui ne veut ni de notes égales ,
comme l'ont enseigné, A PEU DE CHOSES PRÈS, Nivers et les autres
maîtres depuis trois ou quatre cents ans, ni de notes d'une mesure arbitraire, comme l'exige la Commission Rémo-Cambraisienne ! Mais, en définitive, s'il n'agit pas absolument comme les
éditeurs de Reims et de Cambrai, il opère dans le même sens qu'eux.

Chose étrange ! est-il possible d'imaginer une plus inconcevable
conduite ? Est-ce bien la peine de créer un nouveau schisme, pour
aboutir à une solution radicalement identique, c'est-à-dire, également fausse, également fatale ? Arbitraire pour arbitraire, caprice
pour caprice, erreur pour erreur, peu m'importe, vraiment, que
l'on se nomme L'ABBÉ TESSON ou LE P. LAMBILLOTTE ; peu m'importe que la calamité musicale nous arrive de la rue du *Bac*, de
Brugelette ou de *Vaugirard*, de *Paris* ou de la *Banlieue*, de la *Belgique* ou de la *France !* Qu'est-ce que cela fait? L'essentiel , pour
l'Eglise, n'est-ce pas de laisser de côté toutes les fantaisies individuelles , de respecter la tradition qui est son essence et sa vie
propre, et de fermer à jamais l'arène où se débattent , avec tant
d'acharnement, tous ceux qui viennent rompre des lances en faveur de leurs idées particulières ?

Or, que nous enseigne la tradition par rapport à la mesure des
notes dans le chant grégorien ?

Récapitulons et ne craignons point les redites.

La tradition nous enseigne d'abord que la musique mesurée a
pris naissance vers le xi⁰ siècle , et qu'à cette époque on a donné

(1) *Quelques mots*....., p. 35.

au chant grégorien le nom de Plain-Chant (*Planus Cantus*). Si le plain-chant se mesurait alors comme la musique, celle-ci devient un fait historique qui n'a pas sa raison d'être; si c'est le contraire qui est vrai, les réformateurs modernes se trompent. La tradition pose donc, comme premier témoignage, un dilemme d'une haute puissance.

Comprenons bien cet argument, et, pour cela, supposons un instant que nous vivons à l'époque même de la création de la musique mesurée du moyen âge.

La musique emprunte alors ses figures de notes au plain-chant.

Ces figures de notes ne sont au fond que les figures elles-mêmes des neumes, soit dans le plain-chant, soit dans la musique, jusqu'à Philippe de Vitry, évêque de Meaux, décédé en 1361 (1), inventeur des figures de notes appelées *minime* (♦), *semi-minime* (♦), *fuse* ou *dragme* (♦), et du *temps imparfait* (2). L'identité est si grande que bien des savants pourraient confondre un morceau de plain-chant avec un morceau de musique, à la seule inspection d'un ancien monument de cette époque.

Prenons donc pour exemple un spécimen noté avant Philippe de Vitry, afin de rendre, aussi claire que possible, la thèse que je soutiens et que je résume.

En voici un que je livre à la sagacité des partisans du P. Lambillotte et de la Commission rémo-cambraisienne :

A la vue de ces différentes formes de ligatures, bien des personnes se persuaderont qu'elles doivent nécessairement indiquer des valeurs temporaires. *Oui* et *non*, répondrai-je à ces personnes : *oui*, si c'est un fragment de musique mesurée; *non*, si c'est du plain-chant. Dans le premier cas, chaque note a sa valeur tem-

(1) *Gallia Christiana*, tome VIII, p. 1636.

(2) Voir mon article *Brève* dans le *Dict. de Plain-Chant* de M. Joseph d'Ortigue, p. 175.

poraire précise. Dans le second, c'est une pure reproduction des neumes antiques placés sur une portée musicale et n'indiquant aucune valeur de mesure, car si ces neumes ou notes en indiquaient une, celle-ci serait *semblable* à celle qui est attribuée aux notes ou neumes de la musique figurée depuis le XIe jusqu'au XIVe siècle, à moins qu'on ne voulût admettre des *différences* qu'il faudrait, avant tout, prouver solidement. Si on la suppose *semblable*, on ne conçoit pas comment il n'y a pas eu, vers le XIe siècle, une réclamation unanime de la part des artistes grégoriens contre les prétentions inouïes des musiciens mensuralistes qui se sont alors intitulés les *inventeurs* ou les *théoriciens* d'une chose soi-disant nouvelle ; si on la suppose *différente,* il en résulte un autre inconvénient non moins grave : le plain-chant mesurant ses notes d'une autre manière que la musique proprement dite, mais enfin les *mesurant,* on en est à se demander pourquoi l'on s'est permis, au XIe siècle, de nommer *planus cantus* le chant grégorien, et *cantus mensurabilis* celui qui n'était pas composé dans le pur système de saint Grégoire ? L'un et l'autre, en définitive, étant soumis à une mesure temporaire quelconque, pourquoi leur a-t-on donné deux noms qui supposent, l'un la mesure, et l'autre l'absence de toute mesure... ?

La mesure temporaire des notes du plain-chant est donc, *à priori,* une théorie tout-à-fait inacceptable. Cette théorie est plus inacceptable encore, si on la conçoit à la manière soit du P. Lambillotte, soit des éditeurs de Reims et de Cambrai.

On va s'en convaincre.

Si le P. Lambillotte avait à noter le fragment que j'ai donné plus haut, voici comment il s'y prendrait à peu près :

Il traduirait ainsi le *clinis,* tantôt par deux semi-brèves, tantôt par deux notes carrées, bien que, suivant lui, deux losanges valent une simple note quadrangulaire, et que deux notes carrées soient l'équivalent de quatre losanges.

Les éditeurs de Reims et de Cambrai écriraient, au contraire :

Et, dans cette notation, la note carrée vaudrait la moitié de la note à queue.

Il est manifeste que ces deux traductions s'excluent l'une l'autre.

Laquelle est la bonne?

Aucune, et voici pourquoi.

Dès l'instant que l'on donne aux figures de notes du plain-chant une valeur temporaire qu'elles n'ont point par elles-mêmes, on tombe dans l'arbitraire. La variété des valeurs temporaires, dans le chant grégorien, devient alors un accident de fantaisie qui ne repose sur aucune règle positive : elle appartient à la *tendance* des artistes, mais non à la rigueur, à la réalité de la *tradition*. Les mêmes figures de notes présentent ainsi deux aspects : dans le plain-chant, elles rappellent avec une opiniâtre fidélité la forme des neumes antiques dont la lecture, mystérieuse encore pour nous en une foule de circonstances, exigeait de nombreux éléments sémiologiques pour tenir lieu de portée musicale et être compréhensible; dans la musique proprement dite, c'est autre chose : la portée musicale existe déjà vers le xe siècle ; à cette époque, la notation est considérablement perfectionnée, sous le rapport de la facilité de lecture. Les mêmes signes, sauf deux ou trois exceptions, servent à écrire l'ancienne et la nouvelle notation, l'une pour le plain-chant, l'autre pour l'*ars mensurabilis*. La seule différence radicale qui existe dans cette notation presque identique servant à deux usages, à deux arts distincts, c'est qu'elle n'indique point de valeurs temporaires réelles, lorsqu'il s'agit de plain-chant, et qu'elle en désigne rigoureusement lorsqu'il est question de musique mesurée ; c'est que, lorsque l'on considère l'exemple cité un peu plus haut comme un fragment de mélodie grégorienne, on est forcé, pour lui donner un autre rhythme que celui d'*une simple et uniforme émission mélodique*, on est forcé, dis-je, d'aller à l'aventure, d'imaginer des théories contradictoires, de donner pour certain ce qui est faux : tandis que la lumière la plus pure brille aux yeux de l'archéologue, lorsqu'on lui prouve que le fragment précité appartient à la musique figurée, qu'il est tiré de l'ouvrage de Francon de Cologne (1), et qu'il y sert d'exemple pour montrer comment, avec des ligatures, on peut représenter des mesures à trois temps composées chacune d'une *longue* et d'une *brève* (longue *imparfaite* valant deux temps, et brève *droite* valant un temps). A l'instant même, l'archéologue donne cette traduction en notes simples, sans craindre de se tromper :

Quel curieux enseignement! et si on l'étudiait en détail, que de conséquences n'en tirerait-on pas contre les nouveaux restaurateurs du chant grégorien! Ceux-ci veulent mesurer les notes de nos mélodies liturgiques à l'instar des anciens, et ils ne connaissent pas un mot de l'art des mensuralistes du xie siècle, de

(1) *Ars cantus mensurabilis edita a Magistro Francone de Colonia*, cap. X : *Quot et quædam figuræ simul ligabiles sunt.* — Je ne renvoie pas à la leçon que Gerbert a donnée de l'ouvrage de Francon, tom. III des *Scriptores*, car elle y est sinon indéchiffrable, du moins fort incorrecte. Le texte et les exemples du précieux ouvrage de Francon de Cologne sont loin d'être irréprochables dans le petit manuscrit n° 930 du supplément latin de la Bibliothèque impériale de Paris. J'ai préféré l'excellente leçon que Jérôme de Moravie nous en a laissée, au xiiie siècle, dans sa compilation musicale. — L'exemple dont il est ici question a joui d'une certaine popularité au moyen âge, en qualité de *ténor*, dans les compositions à plusieurs voix. Cette partie débutait en général par le mot *portare* sur la dernière syllabe duquel on vocalisait. Le splendide manuscrit H 196, de la bibliothèque de la Faculté de médecine de Montpellier, contient plusieurs motets-chansons construits harmoniquement sur ce motif diversement mesuré, comme on peut le voir aux folios 5 recto, — 120 verso, — 130 r., — 137 r., — 193 r., — 199 r., — 210 v., — 279 r., — 282 r., — 292 r., — 339 r., — 351 v., — et 386 v.

ceux-là mêmes qui connaissaient si bien le plain-chant et qui ont
créé l'art de peindre aux yeux notre mesure musicale. Ces mensuralistes subordonnaient sans exception chaque temps à la division
ternaire, et le Père Lambillotte nous donne deux semi-brèves
égales comme l'équipollence d'une note carrée, ou deux brèves de
même valeur comme l'équivalent d'une longue ; ils regardaient
deux notes carrées descendantes et formant ligature comme la
réunion d'une brève suivie d'une longue, lorsque la première avait
à sa gauche un trait descendant (▙■), et les éditeurs de Reims et
de Cambrai, trompés par les apparences, considèrent ici la note
à queue comme valant deux brèves, et la seconde note comme
une simple brève, etc, etc. Quand on veut invoquer l'art antique
et nous débarrasser des livres *qui enlaidissent nos sacristies,* ne
serait-il pas d'abord nécessaire de connaître le terrain sur lequel
on pose le pied? Si le plain-chant doit être mesuré, n'est-ce pas
avec le *mètre* et le *compas* des anciens artistes du moyen âge,
et en faisant le plus possible abstraction de toutes nos idées
modernes? Vous vous dites archéologues ; vous ne voulez pas du
plain-chant tel que les siècles nous l'ont transmis, et dont les
notes à peu près égales blessent votre oreille : hé bien ! montrez-
nous au moins que vos réformes s'appuient sur quelque chose, je
ne dirai pas de solide, mais de spécieux ; soyez plus habiles à défendre votre cause ; mais souvenez-vous que, quoi que vous fas-
siez, le *dilemme* inscrit au frontispice du xie siècle musical, est un
glaive aux blessures duquel vous n'échapperez pas.

Si quelque doute pouvait rester encore dans vos esprits, par-
courez les textes clairs, précis, nombreux, qui, s'échelonnant de
siècle en siècle, nous prouvent que la bifurcation de l'art, à l'é-
poque de Francon de Cologne, signifie bien ce que nous lui faisons
signifier.

Saint Bruno fonde l'ordre des Chartreux vers la fin du xie siècle.
Un des soins de ce religieux illustre, c'est de maintenir le chant
grégorien dans sa pureté primitive. Ses livres de chant liturgique
font l'admiration des érudits modernes ; le P. Lambillotte et les

éditeurs de Reims et de Cambrai reconnaissent, avec tous les musicographes, que les Chartreux ont respecté jusqu'à nos jours la volonté de leur saint fondateur, et le phénomène qui s'offre dans le chant cartusien, c'est l'ÉGALITÉ DE LA MESURE rendue sensible par l'unique emploi de la note carrée, et de la ligature ▄.

Au XII⁰ siècle, *Aristotiles* ou le *Pseudo-Beda* nous dit (1) que la différence qui existe entre les notes du plain-chant et celles de la musique, c'est que les premières ont, POUR TOUTE MESURE, la distance qui sépare les uns des autres les intervalles mélodiques, tandis que cela ne suffit point à la musique proprement dite, laquelle, outre cette mesure qui est *locale*, en exige une autre qui est *temporaire : « Ars ista mensurabilis musica* » *nuncupatur ad differentiam planæ musicæ, quia cum ipsa plana* » *musica locali mensura, quæ est ad distantiam vocum mensurandam* » *solummodo mensuretur, isti non solum* LOCALIS *sufficit, sed requirit* » *etiam et* TEMPORALEM. »

Dans la seconde moitié du XII⁰ siècle, saint Bernard donne cette belle définition du Plain-Chant : « *Musica plana est notularum sub* » *una et æquali mensura simplex et uniformis pronunciatio.....* »

En 1274, Elie de Salomon publie un remarquable traité de Plain-Chant qu'il dédie au Pape, et dans lequel il s'élève avec véhémence contre les corrupteurs du chant liturgique, lesquels voulaient alors soumettre les notes de ce chant à toutes les mesures temporaires de la musique proprement dite : « *Regula infal-* » *libilis*, dit-il : *omnis cantus planus in aliqua parte sui nullam festi-* » *nationem in uno loco patitur plus quam in alio, quod est de natura* » *sui : ideo dicitur cantus planus*, quia planissime *appetit can-* » *tari* (2). »

Vers la même époque, le dominicain Jérôme de Moravie pose le même principe en ces termes : « *Omnis cantus planus et eccle-* » *siasticus notas primo et principaliter æquales habet* (3). » Il

(1) Voir p. 325 du présent opuscule.
(2) *Ibid.*, p. 4.
(3) *Ibid.*, p. 328.

indique, il est vrai, quelques exceptions à cette règle, mais elles ne touchent point en général à la figure des notes, et constituent une sorte d'exécution de fantaisie dont il ne faut user, dit-il, qu'en de certaines circonstances. Ces exceptions confirment la vraie tradition, bien loin d'y porter atteinte.

A la fin du XIVᵉ siècle, le carmélite Jean Hohtby publie sa *Calliopée légale*, ouvrage dans lequel le plain-chant est entièrement séparé de la musique proprement dite, malgré l'opinion de M. de Coussemaker qui s'est étrangement mépris sur la nature de ce précieux document historique. La cause de son erreur provient de ce qu'il n'a pas compris que les expressions *canto corale* et *canto legale* ne doivent point se traduire, dans l'ouvrage d'Hohtby, la première par *musique figurée*, et la seconde par *plain-chant*, autrement il faudrait admettre, avec M. de Coussemaker, qu'au XIVᵉ siècle, on faisait usage, dans le plain-chant, de *minimes* ou suite de notes très-rapides, comme il le dit si singulièrement à la p. 335 de son *Histoire de l'Harmonie au moyen âge*. En étudiant bien Hohtby, on voit que les deux expressions citées plus haut ont rapport à l'*ars antiqua* et à l'*ars nova* de la musique figurée, dans le sens que j'ai expliqué au mot *Brève* du *Dictionnaire de Plain-Chant* de M. d'Ortigue. Le religieux carmélite laisse de côté la mélopée liturgique, et ne se préoccupe que de l'art musical solidement établi par Francon de Cologne et modifié plus tard par Philippe de Vitry.

Tinctoris et Gafori continuent la saine tradition au XVᵉ siècle.

Tinctoris enseigne positivement que les notes du plain-chant n'ont aucune valeur temporaire déterminée : « *Cantus planus,* » dit-il dans son *Diffinitorium*, *est qui simplicibus notis* INCERTI » VALORIS *simpliciter est constitutus, cujusmodi est gregorianus.* » — Gafori, au second livre de sa *Musique pratique* (chapitre 5), ajoute que ces notes d'une valeur incertaine sont conventionnellement soumises à une mesure qui les rend toutes égales quant à la durée : « *Cantus plani notulas æqua temporis mensura musici dispo-* » *suerunt.* »

Glaréan n'est pas moins explicite en 1547 : « *Cantus planus*
» ce sont les expressions de ce savant homme , *Cantus planus,*
» *quoad notulas attinet, simplex ac uniformis est* (1). »

En 1558 , le célèbre Zarlino développe la même théorie : « *La*
» *Musica piana*, dit-il , *si dimanda quell' harmonia, che nasce da*
» *vna semplice et equale prolatione nella cantilena, la quale si fa senza*
» *variatione alcuna di tempo, dimostrato con alcuni Caratteri, o fi-*
» *gure semplici, che Note li musici prattici chiamano ; le quali ne si*
» *accrescono, ne si diminuiscono della loro valuta : imperoche in essa*
» *si pone il tempo intero et indiuisibile , et da Musici volgarmente*
» *è chiamato Canto piano, ouero Canto fermo* (2). »

Au xviie siècle , même enseignement. « *Sanctus Gregorius*
» *Magnus*, dit le cardinal Bona dans son beau traité *De Divina*
» *Psalmodia* (3) , *cantum planum instituit qui de plano procedens*
» *singulas notas brevis temporis æquali mensura dimetitur.* » —
« *L'essence du chant grégorien*, dit Dom Jumilhac, *consiste dans*
» *l'égalité du temps et de la mesure de ses sons ou de ses notes* (4). »
— Dans le Plain-Chant, dit l'abbé Ouvrard, *les notes sont égales et*
n'ont point d'autres différences pour leur valeur ou durée que celle de
la quantité des syllabes (5) — « *Il Canto Fermo , o Canto Ecclesia-*
» *stico, o Musica piana*, dit Matteo Coferati, *è vn'osseruanza eguale,*
» *e simplice armonia..... Ha le Note tutte a vna medesima misura*
» *di tempo.....* (6). » — En 1690 , l'Ordre de Cîteaux public à
Paris des livres de chœur chez l'éditeur Frédéric Léonard , dans
le format in-folio. Or, dans le *Monitum* qui précède l'*Antiphonale*
Cisterciense, on lit ces paroles remarquables : « *In hâc novâ Antipho-*
» *nalis cisterciencis editione, de nonnullis te monendum duxi (Lector*
» *candide). In primis omnes omnino notas secundum peritos in arte*

(1) *Dodecach.*, lib. 3, *in proemio.*
(2) *Le Istitvtioni harmoniche*, prima parte, cap. 8, p. 18.
(3) Cap. 17 , § 4.
(4) *La Science et la Pratique du Pl.-Ch.*, nouv. édit., p. 141.
(5) Voir plus haut, p. 352.
(6) *Il Cantore addottrinato* , 2e édit. , pp. 1 et 3.

» *canendi Gregorianâ eâdem esse mensurâ et valore, nulloque alio*
» *discrimine ab invicem secerni.....* » Il n'y a d'exception qu'en
faveur dés *losanges isolées.* Encore, dit l'éditeur, n'y avait-il en
1690 qu'une quarantaine d'années environ que la losange isolée
était admise dans les livres de plain-chant à l'usage des disciples
de S. Bernard.

Est-ce assez de citations (1)? N'est-il pas évident que la bifurcation de l'art musical, au xi⁰ siècle, est un fait historique qui a
échappé à tous les partisans d'un prétendu rhythme dans le plain-
chant, rhythme qui n'a jamais existé que dans leur imagination?
n'est-il pas évident que la tradition s'offre ici à nous avec une
invincible autorité? Agitez-vous donc, messieurs les restaurateurs modernes; mais ne dites plus que l'égalité des notes dans l'exécution du chant liturgique est une monstruosité qui date de l'abbé
Lebeuf ou de Nivers. Vous avez invoqué des témoignages plus
ou moins obscurs qui remontent au-delà du xi⁰ siècle, et vous
avez eu la prétention de les expliquer autrement que tous les
siècles qui en ont conservé l'invariable, la vraie, l'inflexible signification traditionnelle. Cessez donc de poursuivre votre œuvre de
dégradation du plain-chant; cessez de barioler vos livres d'indications de rhythme sautillant, boîteux, inexécutable; laissez-nous
nos vieilles mélodies romaines simples et graves, nos vieilles
mélodies que les *Solistes* pieux et intelligents peuvent encore,
comme autrefois, exprimer avec un charme divin, mais que les
masses aiment à redire d'une manière calme, sans efforts et avec la
naïveté qui distingue la foi de la science. Le plain-chant est la
prière musicale du peuple chrétien; n'en faites pas une grossière
imitation de l'art profane.

Mais le P. Lambillotte n'est point encore complétement battu,

____

(1) Toutes les autorités que l'on pourrait invoquer depuis le xi⁰
siècle jusqu'au xviii⁰, sur ce point doctrinal, seraient innombrables :
toutes enseignent unanimement l'égalité temporaire approximative
des notes du Plain-Chant.

et, pour qu'il le soit, je ne veux laisser aucun de ses arguments sans réponse.

Il prétend d'abord que tout, dans le chant grégorien, doit être mesuré comme s'il s'agissait des différents pieds du mètre poétique : *Omne melos more metri mensurandum est.* Cette phrase est extraite des œuvres d'Hucbald. Gui d'Arezzo est du même avis, dans le chapitre xv de son *Micrologue*, du moins suivant M. l'abbé Lambillotte : « *Oportet*, dit le moine de Pompose, *oportet, ut more versuum distinctiones œquales fiant.* » Dans ce chapitre il n'est aucunement question, dit-on, du chant métrique de S. Ambroise, comme je l'ai soutenu le premier. « Qu'on n'aille pas croire, s'écrie le R. P. Jésuite, qu'il s'agisse » (*ici*) du chant Ambrosien ou du chant mesuré et figuré, comme » l'ont pensé *certains musicologues peu habitués à la terminologie du* » *moyen âge :* les bons moines ne connaissaient que le chant romain » ou grégorien, leur ordre n'en chantait pas d'autres ; tous les exem- » ples qu'ils donnent en sont tirés, tout ce qu'ils disent ne convient » qu'à lui, et *nous défions qui que ce soit* de nous montrer dans » leurs ouvrages qu'ils ont eu un autre chant en vue (1). »

Ce *qui que ce soit*, c'est nous ; ce défi, c'est une personnalité directe ; ces *musicologues peu habitués à la terminologie du moyen âge*, c'est tout bonnement le très-humble auteur du présent ouvrage que le P. Lambillotte range nominativement, p. 31, au nombre des *meilleurs théoriciens modernes*, en compagnie de l'abbé Lebeuf et des Franciscains ; ces pauvres gens qui sont si peu habitués à la terminologie musicale des temps moyens, c'est celui-là même qui était si bien en mesure, selon la correspondance du P. Lambillotte, de doter la science d'un bon *Dictionnaire de tous les termes de musique grégorienne usités au moyen âge.*

Pour être plus impartial, dans ce grave débat, je vais reproduire, d'une part, le texte latin de Gui d'Arezzo, et, d'autre part, la belle traduction qu'en a donnée M. Vincent, dans son opuscule

(1) *Quelques mots......*, p. 30.

intitulé : *De la notation musicale attribuée à Boëce, etc.; nouvelles considérations sur la musique et sur la versification du moyen âge* (1).

Mes lecteurs voudront bien retenir que M. Vincent invoque le témoignage de Gui d'Arezzo , non pour les pièces de plain-chant en général , mais uniquement à propos d'une *Séquence* ou *Prose* du commencement du XI° siècle composée en l'honneur de saint Taurin , dont il donne et justifie la traduction.

Citons :

« Metricos autem cantus dico , quia sæpe ita canimus ut quasi versus pedibus scandere videamur, sicut fit cum ipsa metra canimus , in quibus cavendum est ne superfluæ continuentur neumæ dissyllabæ sine admixtione trisyllabarum aut tetrasyllabarum. Sicut enim lyrici poetæ nunc hos nunc alios adjunxere pedes, ita et qui cantum faciunt, rationabiliter discretas ac diversas componunt neumas; rationabilis vero discretio est si ita fit neumarum et distinctionum moderata varietas, ut tamen neumæ neumis et distinctiones distinctionibus quadam semper similitudine sibi consonanter respondeant, id est ut sit similitudo dissimilis, MORE PERDULCIS AMBROSII.

« Je me sers, dit Gui d'Arrezzo, je me sers de l'expression *de chants métriques*, par la raison que souvent en chantant nous paraissons scander des vers , comme nous le faisons en effet quand nous chantons de véritables mètres. Disons à ce propos qu'il faut éviter de mettre de suite un trop grand nombre de neumes dissyllabes, sans les entremêler de quelques trisyllabes ou tétrasyllabes. De même, en effet, que les poëtes lyriques réunissent ensemble, tantôt telle espèce de pieds, tantôt telle autre , de même ceux qui composent un chant doivent combiner, dans une certaine proportion, diverses espèces de neumes bien caractérisées; et quand je me sers du mot proportion, j'entends par là qu'il doit y avoir dans les neumes et dans les membres (de phrase) une variété si bien ordonnée, que les neumes correspondent aux neumes, les membres à d'autres membres, avec une sorte de consonnance, qui , revenant

(1) *Correspondant* du 25 juin 1855 ; tirage à part, pp. 20-21.

« Non autem parva similitudo est metris et cantibus, cum et neumæ loćo sint pedum, et distinctiones loco versuum, ut pote ista neuma dactylico, illa vero spondaico, illa iambico metro decurreret (1); et distinctionem nunc tetrametram, nunc pentametram, alias quasi hexametram cernes, et multa alia, ut elevatio et positio tum ipsa sibi, tum altera alteri similis vel dissimilis præponatur, supponatur, apponatur, interponatur, alias conjunctim, alias divise, alias commixtim. Item ut in unum terminentur partes et distinctiones neumarum atque verborum, etc., etc.

« Sunt vero quasi prosaici cantus qui hæc minus observant, in quibus non est curæ si aliæ majores

constamment semblable à elle-même, produit en quelque façon la similitude dans la diversité ; et tel est le caractère des délicieuses compositions d'*Ambroise.*

« Ce n'est pas sans raison que nous comparons les chants aux mètres, puisque les neumes y jouent le rôle des pieds, et les membres de phrases celui des vers, de façon que tel neume remplace le dactyle, tel autre le spondée ou l'iambe ; de façon encore que tel membre produit l'effet d'un tétramètre, tel autre celui d'un pentamètre ou d'un hexamètre ; et bien d'autres analogies, comme celles de l'élévation et de la position (l'*arsis* et la *thésis*), qui se correspondent, tantôt chacune à chacune, tantôt l'une à l'autre, semblables ou dissemblables, avant, après, ajoutées, intercalées, tantôt conjointement, tantôt séparément, tantôt entremêlées. Il faut aussi qu'il y ait concordance dans les terminaisons des parties (du chant) et des membres (de phrase), des neumes et des mots, etc., etc.

« Il y a cependant des chants prosaïques où ces règles sont moins strictement observées, et

(1) M. Vincent suit la leçon de Gerbert ; le manuscrit de S.-Evroult et celui que l'on conserve à la Bib. impériale (ancien fonds latin, nᵒ 7211) portent *decurrit* au lieu de *decurreret.*

aliæ minores partes et distinctio-nes per loca sine discretione inveniuntur more prosarum. »

où l'on ne s'inquiète pas s'il se rencontre çà et là, comme au hasard, des phrases ou portions de phrases, plus longues ou plus courtes les unes que les autres, à la façon des *proses* proprement dites. »

Laissons ici de côté toute discussion sur le fond même de la doctrine de Gui d'Arezzo : constatons seulement que le moine de Pompose cite S. Ambroise et qu'il connaît les compositions ambrosiennes, malgré l'incroyable dénégation du P. Lambillotte. Gui d'Arezzo, dans le xve chapitre dont on vient de lire des fragments, renvoie même à S. Ambroise ceux de ses lecteurs qui désireraient plus de détails : « *Apud Ambrosium curiosus invenire poterit.* » Jean Cotton, commentant ce chapitre du *Micrologue*, dit : « *Sunt et aliæ modulandi species quamplurimæ egregiæ, quas omnes, ne tædium potius quam doctrinam lectoribus ingeramus, enarrare non oportet. Cantus autem hujusmodi musici accuratos vocant, quod in eorum compositione cura adhibeatur. Hos etiam* METRICOS *per similitudinem appellant, quod more metrorum certis legibus dimetiantur, ut sunt* AMBROSIANI (1). » N'est-il pas de toute évidence que le P. Lambillotte se trompe, et que le défi qu'il nous porte, loin de nous atteindre, le compromet grandement au tribunal de la science musicale?

Malgré son assurance apparente, le R. Père sent bien que sa thèse triomphera difficilement, si tant est qu'elle puisse triompher jamais. Tout ce qu'il nous a dit jusqu'à présent, prouve, selon lui, l'existence du rhythme dans l'ancien chant grégorien. « Mais, dit-il avec une sorte d'anxiété, comment découvrir ce » rhythme dans les formes neumatiques? » Et, se souvenant de l'Antiphonaire de Saint-Gall, il répond : — « Nous nous som-

---

(1) M. Vincent a signalé ce texte, dans son article *De la notation musicale attribuée à Boëce*, p. 20, note 3. — Voir les *Scriptores* de Gerbert, tom. 2, pp. 255-256.

» mes ici rappelé que Romanus , chantre romain , avait été en-
» voyé au VIIIe siècle dans les Gaules par le pape Adrien, pour
» y enseigner le chant romain , et qu'il avait écrit au-dessus des
» neumes des lettres significatives, pour marquer leur valeur
» temporaire (1); que l'explication de ces lettres avait été donnée
» par S. Notker, moine de Saint-Gall, où le même Romanus avait
» enseigné le chant. Nous avons donc examiné attentivement ces
» lettres, qui se réduisent à trois principales : *C, T, M.* — *C* signi-
» fie *celeriter*, *vite*, et se place sur les notes brèves ; *T* signifie
» *tenere, tenir,* et surmonte les notes longues ; *M* signifie *mode-*
» *rate, modéré ;* elle s'écrit sur les notes communes, qui tiennent
» un milieu entre la longue et la brève. En examinant attentive-
» ment ces lettres dans différents manuscrits tirés de divers pays,
» nous avons trouvé qu'ils s'accordaient entre eux, c'est-à-dire,
» que ces *lettres significatives* se rencontraient toujours sur les
» mêmes signes, ou sur les mêmes groupes neumatiques ; or, cet
» accord ne peut venir que d'une valeur uniforme attribuée géné-
» ralement aux signes neumatiques : dès lors , nous avions une
» règle sûre de la mesure des neumes. Non content de ce résultat
» important, nous avons examiné attentivement les premiers ma-
» nuscrits en notation carrée, pour voir comment on avait traduit
» dès le commencement les lettres explicatives ; or, là où il y avait
» la lettre *C ,* nous avons dans les premières notations carrées,
» des *losanges* et des *ligatures* ou brèves liées ensemble (2), et cela
» partout : preuve évidente que le signe traduit représentait des
» notes brèves. Là où se rencontrait la lettre *T,* nous avons trouvé
» des notes carrées à queue et à plusieurs points , appelées *tri-*
» *stropha :* preuve que les notes étaient longues, et ainsi du reste.
» Dès lors , il ne nous est plus resté aucune incertitude sur la

(1) Ceci n'est pas exact, dirons-nous aux partisans du P. Lambillotte, parce que les lettres de Romanus avaient très-souvent une
autre destination.

(2) Ce passage du P. Lambillotte est loin d'être clair.

» place et sur la position qu'occupaient jadis les notes longues et
» brèves dans le chant grégorien (1). »

Examinons attentivement à notre tour toutes ces assertions *exa-minées* si *attentivement* par le P. Lambillotte.

Aux yeux de ceux qui n'ont pas les monuments sous la main, le raisonnement du P. Lambillotte paraîtra d'une évidence incontestable. Il est impossible, dira-t-on, qu'un homme qui s'énonce avec tant d'assurance et de précision, puisse avancer une théorie fausse. Il invoque les plus anciens manuscrits; il les a lus et médités; il les a comparés entre eux avec le zèle et la patience d'un Bollandiste : il est donc sûr de son fait. Eût-il tort sur tous les points, si ce qu'il affirme ici est exact, sa cause est gagnée, du moins au point de vue archéologique.

Ouvrons donc l'*Antiphonaire de Saint-Gall* (2), et soumettons le P. Lambillotte à un contrôle dont il nous a donné lui-même les éléments.

Les mêmes lettres significatives de Romanus se rencontrent toujours, dit-il, *sur les mêmes signes ou sur les mêmes groupes neumatiques.*

Or, cette assertion est fausse de tout point, j'en demande humblement pardon au P. Lambillotte : pour être dans le vrai, c'est la proposition contradictoire qu'il aurait dû soutenir; mais alors le *T* ne marquerait plus les notes longues, l'*M* n'indiquerait plus les notes communes, et le *C* ne signifierait plus que les notes sont *brèves* quant à la valeur temporaire et *losanges* quant à la forme sémiologique. En un mot, l'édifice du R. Père serait détruit de fond en comble.

On va voir qu'il en est ainsi.

Premièrement, si un signe neumatique peut être considéré comme l'équivalent de la note à queue, ou *note longue* dans la

(1) *Quelques mots...*, pp. 33-34.

(2) *Antiphonaire de saint Grégoire. Fac-similé du manuscrit de Saint-Gall, (copie authentique de l'autographe, écrite vers l'an 790)...* par le R. P. L. Lambillotte, de la Compagnie de Jésus; Bruxelles, in-4º, 1851.

musique figurée, c'est assurément la *virgule*. Hé bien! la virgule porte, dans l'*Antiphonaire de Saint-Gall*, la lettre *c* (cito), p. 38, 3ᵉ. ligne, à la première syllabe du mot *ante*.

Page 70, 15ᵉ ligne, au mot *Domine*, il y a trois *virgules :* les deux premières n'ont aucune lettre, et la troisième est surmontée de la lettre *c*.

Page 38, 1ʳᵉ ligne, au mot *Principium*, il y a deux *virgules*, entre lesquelles on remarque les lettres *m c*, c'est-à-dire, *modérément, vite*.

Page 29, 16ᵉ ligne, au mot *Domine*, il y a une virgule sur les deux premières syllabes de ce mot : la première est accompagnée de la lettre *t*, et la seconde de la lettre *c*.

Donc, les mêmes lettres ne se trouvent pas toujours sur les mêmes signes neumatiques; donc, la *virgule* des neumes n'avait pas, comme la *virgule* ou *note à queue* de la musique figurée, la valeur temporaire d'une note longue, puisque Romanus lui donne indifféremment les lettres *t, m, mc, c,* et souvent, presque toujours même, ne lui en donne aucune.

En second lieu, s'il y a un signe neumatique qui puisse être comparé *à la note commune du plain-chant,* comme on veut bien le dire, c'est *le point isolé* des neumes, c'est la note brève de la musique mesurée du moyen âge.

Or, dans l'*Antiphonaire de Saint-Gall,* le *punctum* est accompagné presque indifféremment des lettres *t, m, c,* lorsqu'elle a une lettre quelconque, ce qui n'arrive que rarement.

Ainsi, p. 46 de cet *Antiphonaire,* au répons-graduel *Omnes de Saba,* les mots *et illuminare* commencent par quatre points posés un à un sur les quatre syllabes *et illumi.....* — Entre les deux premiers points, il y a un *c;* entre les deux derniers, il y a un *m*.

Page 45, on trouve exactement la même notation sur les quatre syllabes *lingua mea,* et l'observateur n'y remarque que les deux lettres *cm* entre les deux premiers points neumatiques.

Donc, le point neumatique isolé ne porte pas toujours les mêmes lettres romaniennes, et exprimait, dans l'ancien plain-chant, une note brève aussi bien qu'une note commune.

En troisième lieu, les séries descendantes de points, tels que |·. |·.. |·... etc., sont généralement représentées, dans la notation du moyen âge, par les figures suivantes :

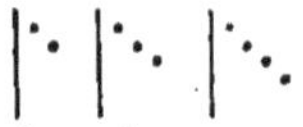

(exemple de notation musicale) etc., etc.

A coup sûr, si la sémiologie du plain-chant doit être assimilée à celle de la musique mesurée qui a pris naissance vers le XIᵉ siècle, ces sortes de points doivent être considérées comme des *semi-brèves*, Romanus doit les surmonter toujours, dans l'*Antiphonaire de Saint-Gall*, de la lettre *c*, ainsi que l'enseigne le P. Lambillotte.

Hé bien! l'*Antiphonaire de Saint-Gall* n'offre très-souvent aucune lettre sur ces groupes; souvent, il indique la lettre *c*; quelquefois il marque la lettre *t*, comme, par exemple, à la 13ᵉ ligne de la page 55, et à la 5ᵉ ligne de la page 78; parfois aussi il indique la lettre *m* (page 88, ligne 6).

Donc, voilà des points qui, contrairement à la théorie du Père Lambillotte, s'interprètent d'une manière arbitraire, tantôt *vite*, tantôt *lentement*, tantôt *modérément*, et qui, loin d'être des notes d'un mouvement vif, s'exécutent suivant la fantaisie ou le goût des artistes, n'ayant par elles-mêmes aucune mesure fixe et déterminée dans le plain-chant.

Le *clivis* ou *clinis* ∧, pour citer ici une véritable ligature neumatique, n'offre pas une valeur temporaire plus arrêtée que celle des notes simples dans le fameux manuscrit de Romanus.

Prouvons-le par quelques exemples empruntés à ce monument musical.

Page 81, ligne 2, il y a deux *clinis* successifs; ils sont tous deux surmontés de la lettre *t*.

Page 82, ligne 8, il y a deux *clinis* immédiats et surmontés des lettres *c m*.

Page 83, lignes 13 et 14, il y a également succession de deux *clinis* : le premier porte la lettre *c*, et le second, la lettre *t*.

Page 84, ligne 8, il y a quatre *clinis* de suite : on voit la lettre *c* sur le premier, la lettre *t* sur le deuxième, et la lettre *c* entre le troisième et le quatrième.

En présence de ces variantes incontestables, il est impossible, on en conviendra, d'appuyer les prétendues théories du R. Père sur les monuments anciens. L'uniformité d'exécution qu'il invoque comme un fait réglant, au moyen âge, les différentes valeurs temporaires des neumes, est démentie par l'*Antiphonaire de S.-Gall*, en ce qui concerne la mélodie du plain-chant grégorien. Et qu'on ne croie point que les preuves qui ont été dirigées plus haut contre les hypothèses imaginaires du P. Lambillotte, soient des exceptions, des erreurs de copiste ou des anomalies subreptices et rares dans le manuscrit de S.-Gall : ce que j'ai cité, constitue la doctrine fondamentale qui règne, dans ce document, en souveraine exclusive.

N'allons pas plus loin, et demandons, à tout homme de bonne foi, s'il n'est pas étonnant de voir le P. Lambillotte tomber dans des méprises du genre de celles que nous venons de réfuter ? Comment se fait-il qu'un écrivain qui se pose en réformateur du chant de saint Grégoire, soit venu nous dire pompeusement : *Voici les règles du rhythme grégorien d'après les plus vénérables manuscrits de l'antiquité catholique*, et qu'IL N'Y AIT PAS UN SEUL MOT DE VRAI dans ces prétendues règles ? Quelle étrange hallucination a pu l'égarer ? comment s'expliquer des convictions aussi fragiles ? comment comprendre que, parmi les jésuites, pas un n'ait pris la peine de contrôler les assertions du maître d'après le manuscrit de Saint-Gall, et n'ait dit au P. Dufour : « *Arrêtez, mon ami ; corrigez bien vite les erreurs du P. Lambillotte, sans quoi l'on vous accuserait de ne pas avoir le sens commun ?* »

Si ces messieurs avaient pris la peine d'étudier tant soit peu l'*Antiphonaire de S.-Gall*, ils seraient arrivés infailliblement à une conclusion qui va paraître incroyable, qui n'en est pas moins rigoureusement vraie, et que voici : — « LES LETTRES DE ROMANUS » NE MARQUENT POINT, DANS CE MANUSCRIT, LA LONGUEUR ET LA

» BRIÈVETÉ TEMPORAIRES DES NOTES NEUMATIQUES, MAIS, BIEN AU
» CONTRAIRE, LA PARFAITE ÉGALITÉ DE MESURE DE CES MÊMES
» NOTES, CONFORMÉMENT A LA DOCTRINE MUSICALE DE TOUT LE
» MOYEN AGE ET A LA PRATIQUE OBSERVÉE PAR LES ÉDITEURS DES
» LIVRES QUI ENLAIDISSENT NOS SACRISTIES. »

Cette proposition n'est point un paradoxe, mais quelque chose comme un axiome futur de l'érudition musicale.

Que les lettres romaniennes ne soient pas l'indice de telle ou telle figure de neume représentant une note longue, une note moyenne et commune ou une note brève, — c'est ce que j'ai prouvé plus haut d'une manière évidente, irrécusable. Je crois que ma démonstration est complète. Mais que la fameuse question de l'égalité temporaire des notes du chant grégorien soit affirmativement et solennellement résolue dans le manuscrit de S.-Gall, — c'est là un fait que je vais établir en peu de mots, en m'efforçant toutefois de rendre cette seconde thèse aussi inattaquable que la première.

On sait (quelques-uns de mes lecteurs le savent du moins), que j'ai pour toujours abandonné l'étude des anciennes notations neumatiques. Après avoir consumé de longues années à recueillir, sur cette matière, d'immenses documents, et après avoir posé les bases du déchiffrement rationnel des neumes, il m'a fallu songer, faute d'appui, à utiliser plus convenablement ma plume ; et, pour m'interdire à jamais toute velléité de reprendre un jour des travaux stériles, j'ai livré aux flammes des matériaux qui m'eussent été une tentation cruelle et un souvenir plus cruel encore.

En disant ici quelques mots sur le vrai rôle des lettres de Romanus, je n'ai donc point l'intention de revenir sur mes pas; mais, depuis la publication de mes *Etudes sur les anciennes notations musicales de l'Europe* qui sont et resteront inachevées, j'ai lu l'*Antiphonaire de S.-Gall* : l'intérêt *pratique* et *actuel* qui pouvait surgir de la connaissance des signes inventés par le célèbre chantre grégorien, m'a conduit à examiner le système de cet artiste avec beaucoup de soin. J'avais dit, et beaucoup d'autres avaient assuré que le chant de S. Grégoire, vivifié par les lettres de Romanus, devait offrir une admirable expression, trésor que les siècles avaient perdu et qu'il serait précieux de retrouver. Sans l'*Antiphonaire de S.-Gall* et quelques autres manuscrits, on en serait encore à regretter l'*âge d'or* et à bâtir des châteaux en Espagne. Il n'y a rien d'aussi dangereux, en histoire et en archéologie, que les faits dont on parle d'après les seuls souvenirs d'une tradition lointaine : on les exagère et on les fausse. Tel a été le sort de l'invention de Romanus.

La publication du P. Lambillotte ne permet plus de douter, un seul instant, de la vraie manière d'exécuter le plain-chant, et cette manière est conforme à l'enseignement traditionnel.

Je crois avoir montré la nature de cet enseignement qui se résume dans les trois mots : *égalité des notes*. J'ai eu soin de faire observer que le plain-chant grégorien admettait çà et là quelques petites notes ou *ports de voix* qui ne sont plus d'usage depuis longtemps, et qu'au jugement même de Gui d'Arezzo on peut, sans inconvénient, chanter comme si c'étaient des notes ordinaires ; dans tous les cas, ces petites notes de passage n'ont jamais été et ne pourraient pas être, si on les rétablissait, un obstacle à l'égalité temporaire des autres notes qui forment le tissu mélodique du plain-chant. On se rappelle aussi qu'en interprétant l'expression *tarditas cantilenæ*, employée notamment par Hucbald, j'ai prouvé que ce retard provenait de plusieurs notes répétées à l'unisson sur une seule et même syllabe du texte liturgique : ces répétitions ou répercussions (*pressus minor, — pressus major; — distropha, — tristropha*, etc.), tout en respectant l'*égalité temporaire*, prolongeaient le son dans la proportion même des notes répétées, comme on peut le voir à l'exemple *Reges Tharsis* (p. 419 de cet ouvrage), et produisaient ainsi une *tenue d'émission vocale* facile à comprendre.

Ainsi, dans le plain-chant primitif de S. Grégoire, l'égalité temporaire des sons était le principe général, à côté duquel venaient se poser tout naturellement deux exceptions, savoir : 1° la petite note de passage n'interrompant en aucune manière l'égalité en question, et 2° le prolongement d'un son quelconque en vertu même d'une répercussion plus ou moins nombreuse de ce son musical, individuellement réglé, à chaque percussion, par le principe général de l'égalité de mesure temporaire.

Or, dans l'*Antiphonaire de S.-Gall*, tout cela est parfaitement observé. L'absence des lettres *t* et *c* y indique que le copiste ne s'est point trompé, et qu'il a reproduit fidèlement la règle générale et les deux exceptions citées plus haut. La lettre *m* n'est qu'un tempérament. Y a-t-il un *t*? comparez le manuscrit de S.-Gall aux autres manuscrits anciens, et vous verrez que cette lettre corrige toujours un signe neumatique qui, calligraphiquement, offre ou peut offrir à l'œil une *note coulée*, une *note de passage*, et qu'il faut la remplacer par une *note réelle*, une *note tenue.* Comparez encore, et le rôle de la lettre *c* vous apparaîtra sous son véritable jour : c'est-à-dire, que là où elle est indiquée, on trouve un *pressus* ou une *répercussion* de notes à l'unisson qui est le fait d'une erreur du copiste, et que cette répercussion doit être remplacée par une simple note neumatique.

Je ne dirai pas que cette explication est problématique : elle repose sur des preuves si certaines et si nombreuses, que le moindre doute n'est point permis. Je donnerai la liste complète de ces preuves dans un travail particulier qui ne se fera pas attendre, et qui, j'ose l'affirmer, convaincra les plus incrédules (1).

Je crois que la question du rhythme dans le plain-chant vient d'être examinée à fond, et je ne pense pas que mes lecteurs, grâce à la polémique suscitée par le P. Lambillotte, puissent désormais hésiter, un seul instant, sur le parti qu'ils doivent prendre dans ce solennel débat.

(1) En attendant, je renvoie mes lecteurs à l'*Antiphonaire* de Saint-Gall : 1° pour l'étude de la lettre *t*, p. 28, l. 7, — p. 32, l. 4, — p. 35, l. 6, — p. 38, l. 9, — p. 41, lignes 1 et 4, — p. 43, l. 8, — et p. 44, lignes 12 et 15; 2° pour l'étude de la lettre *c*, p. 32, l. 4, — p. 41, l. 15, — p. 42, lignes 2, 14 et 15, — p. 45, l. 13, — p. 140, l. 17, etc., etc.

L'œuvre du P. Lambillotte est donc jugée au point de vue des abréviations mélodiques qu'il fait arbitrairement subir au chant grégorien , — au point de vue des anciens ornements dont il conserve les uns ou retranche les autres, suivant son pur caprice, — au point de vue enfin du rhythme qu'il comprend à sa guise et contrairement à la tradition tout entière ; il ne nous reste plus qu'à donner à nos lecteurs un petit échantillon de ce que serait le plainchant, si la réforme qu'il nous propose était adoptée :

INTROIT DU DIMANCHE DE PAQUES (1).

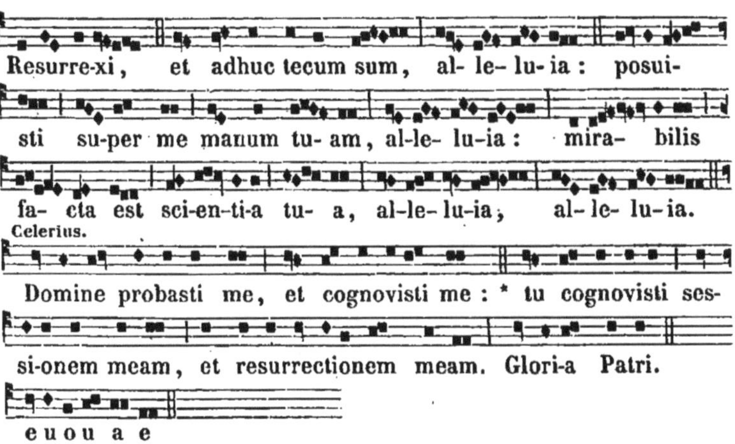

Est-il possible de concevoir quelque chose de plus plat, de plus sautillant, de plus grotesque même, que ce spécimen de soi-disant plain-chant ? n'est-ce pas le comble du mauvais goût ?

§ II. — *Réformes réalisées.*

Les éditions de chant liturgique romain, publiées depuis peu,

(1) Cet *introït* fait partie de la messe de Pâques , spécimen que le P. Lambillotte a mis à la fin de sa brochure *Quelques mots sur la restauration du chant liturgique.* Il faut battre, dit-il, une mesure à un temps. La note simple carrée vaut un temps. La double carrée vaut deux temps, avec repos à volonté. Deux notes losanges valent un temps. La note carrée à queue et une losange valent un temps.

d'après un plan de réforme ou d'amélioration avouée, sont les suivantes :

1° En 1848, à Malines, par M. Duval.

2° En 1850, à Digne, par M. l'abbé Aubert.

3° En 1851, à Paris, pour les diocèses de Reims et de Cambrai, par M. l'abbé Tesson.

4° En 1853, à Rennes, chez M. Vatar, par l'auteur du présent ouvrage (1).

5° En 1854-55, à Paris, chez M. Adrien Le Clere, par le même.

I. — Le travail de M. Duval est une œuvre sérieuse. L'estimable et consciencieux directeur de cette publication est un homme pour lequel je professe publiquement une sympathie aussi vraie que profonde. M. Duval connaît tous les arcanes du contrepoint, de l'harmonie et de la composition musicale ; il est aussi organiste et violoncelliste d'un talent fort remarquable. Laborieux comme un bénédictin, il a toute la modestie d'un enfant et le bon cœur d'un ami généreux et dévoué. Il n'agit que par conviction, et s'il trompe les autres, c'est qu'il se trompe lui-même, ayant toujours l'inébranlable volonté de ne tromper personne. Un de mes amis, M. l'abbé Fichet, maître de chapelle de la cathédrale de Lyon, a vu à Rome l'excellent M. Duval préparant sa nouvelle édition de plain-chant romain : l'artiste y succombait sous le fardeau de la tâche immense que l'on avait imposée à son zèle : souffrant, malade, exténué de fatigue, rien ne pouvait cependant le distraire de l'œuvre à laquelle il s'était voué avec autant de désintéressement que de pieuse ardeur.

Pourquoi donc M. Duval a-t-il échoué, selon nous, dans son travail ? Pourquoi son œuvre est-elle, selon nous encore, subversive de toute vraie restauration du chant romain à notre époque ? C'est ce que nous allons dire en deux mots, en demandant

(1) D'après une précédente édition que M. Vatar avait publiée avec beaucoup de soin dans le courant de l'année 1848.

bien pardon de contrister un savant que nous ne combattons qu'avec le plus vif déplaisir.

M. Duval n'est pas initié à l'idiome de la liturgie catholique occidentale : il lui a été, par conséquent, impossible de consulter, d'étudier et de méditer tous les traités didactiques des musiciens du moyen âge ; ce n'est que bien tard qu'il s'est lancé dans la recherche des faits musicaux relatifs à la tonalité du chant grégorien, et encore ces faits ne sont-ils arrivés à son esprit sagace et pénétrant qu'à travers le prisme d'une traduction incomplète et de renseignements sans homogénéité; l'archéologie, la paléographie et l'histoire de la musique, ne lui offrant point leurs ressources immédiates, il a dû s'en rapporter au témoignage d'hommes fort respectables, sans doute, mais qui ne pouvaient au fond lui être ici d'une grande utilité; enfin, fasciné par une école qui prétend qu'à Rome on sait mieux le plain-chant que partout ailleurs, que la ville éternelle est toujours la source grégorienne comme au temps de Charlemagne, et que l'édition de Paul V a été, est et sera toujours ce qu'il y a de mieux à suivre en fait de plain-chant, — il est allé à Rome et nous a donné son édition du *Graduel* et de l'*Antiphonaire* romains que nous connaissons, et qu'il nous faut apprécier maintenant à sa juste valeur.

Si j'étais à la place de M. Duval, j'éprouverais un sincère regret d'avoir contribué à l'abolition partielle des beaux livres de plain-chant sortis des presses des Plantin, des Moreti et autres anciens imprimeurs belges et français (1).

(1) Il serait à désirer que le gouvernement et l'épiscopat prissent immédiatement des mesures efficaces pour sauver, d'un naufrage certain, quelques collections complètes de toutes les vieilles éditions de chant liturgique. Ces collections seraient du plus haut intérêt pour la bibliographie de l'art religieux, car nos bibliothèques publiques sont excessivement pauvres sous ce rapport. — C'est avec une profonde reconnaissance que je recevrai, des possesseurs, les vrais titres et le prix de vente de ces vieux livres, à mon adresse : *rue des Dames*, 112, *à Batignolles* (Seine). Par le temps qui court, il faut se

Pourquoi?

La raison en est des plus simples.

Ces éditeurs ont fait de magnifiques choses ; ils avaient à leur service des hommes éminents ; ils voulaient doter le monde catholique de livres de chant abrégé, conformément au désir du Concile de Trente et de l'Episcopat ; cette abréviation du chant ne constituait pas une rupture radicale avec les traditions antiques : le fond des mélopées grégoriennes y était scrupuleusement respecté, mais les luxuriantes traînées de notes, incompatibles d'après l'Eglise avec les mœurs des temps modernes, en étaient impitoyablement émondées ; le fond restant, les abréviations avaient leur raison d'être et se trouvaient entées sur quelque chose de traditionnel.

En un mot, en France et en Belgique, on ne se séparait pas complétement du passé, on ne faisait pas *table rase* des traditions : on respectait l'ancien canevas mélodique de la liturgie, mais on en retranchait avec soin les longueurs mélodiques qui surmontaient chaque syllabe du texte dans l'œuvre de saint Grégoire.

Dans les livres de M. Duval, au contraire, le chant est très-abrégé, plus abrégé même que dans aucune autre édition ; mais, par malheur, tout y est fantaisie de l'éditeur romain qui écrivait à l'époque de Paul V, presque tout y est nouveau, presque rien ne s'y rattache à l'antique tradition grégorienne.

précautionner contre les accusations de l'avenir, et les éviter par tous les moyens possibles. Si on laisse faire les iconoclastes modernes, il ne restera bientôt plus le moindre vestige de ce qu'a été le plain-chant pendant quatre siècles. On se débarrasse à l'envi, au grand plaisir des innovateurs, des bouquins *qui enlaidissent nos sacristies* ; on les jette au feu ou à la balance des épiciers, et l'on ne songe pas même à conserver avec piété, dans quelques obscurs rayons de bibliothèque, les témoignages de la science de nos pères et de la foi de nos ancêtres. Qu'on me permette donc de demander, pour eux, une sépulture honorable, s'il est bien vrai que leur dynastie soit éteinte.........

Les conciles ont bien dit : *Abbrevietur cantus quantum fieri po-terit,* mais aucun n'a dit : *Innovetur cantus.*

Jusqu'à ce que l'Eglise se soit décidée formellement et en dernier ressort sur ce point capital, nous suivrons les conciles et nous combattrons le travail du savant musicien belge, quoi qu'il nous en coûte. Nous n'estimons pas plus, en pareille matière, les *innovations modernes* que les *résurrections archéologiques :* les unes nous poussent trop en arrière, les autres nous poussent trop en avant.

L'insuccès complet de l'édition commandée par Paul V aurait dû démontrer aux conseillers de M. Duval, que Rome, n'approuvant point et ne pouvant point approuver une semblable tentative, il était inutile ou dangereux de vouloir la réhabiliter de nos jours.

Tel est le point de départ de notre critique à l'endroit des livres de chant romain édités par l'estimable M. Duval; malgré les bonnes choses que ces livres contiennent et dont nous avons parlé dans le courant de ces *Etudes,* nous trouvons, en notre âme et conscience, qu'ils péchent par la base, et nous les rejetons impitoyablement.

Et pour mettre nos lecteurs à même de comprendre combien leur adoption consacrerait une innovation fatale à l'art grégorien, il suffira de citer ici un exemple emprunté à l'édition de M. Duval, et de le mettre en regard du chant liturgique adopté en France depuis le concile de Trente. Dans l'œuvre de M. Duval, tout est moderne, et rien ou presque rien ne se rattache à l'ancien fond mélodique : dans nos vieux livres, le chant est abrégé sans doute; mais, en consultant les plus anciens manuscrits, il est facile de constater que tout y dérive de la formule grégorienne, et que, s'il y a des coupures, celles-ci peuvent se justifier et se comprendre.

Citons, au hasard, l'introït du premier dimanche du Carême. En voici le chant dans l'édition de M. Duval :

Voici cet introït tel qu'il est noté dans le *Graduel* et le *Vespéral* de M. Vatar, édition de 1853 :

Dans le *Graduel Romain,* imprimé en 1854, par M. Adrien Le Clerc, cet introït est noté de la manière suivante :

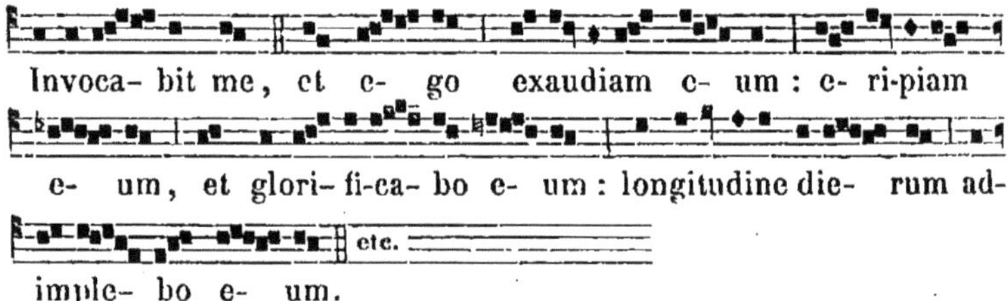

Même *introït* tiré du *Graduale Romanum* de Lyon, édition de 1681 :

(1) Sic.

Leçon mélodique du même introït , d'après le *Graduale Romanum* de Grenoble, in-4°, 1750 :

Observons ici en passant que l'édition de Grenoble que nous venons de citer — « est conforme , dit le P. Lambillotte, à celle » d'Anvers (1611) qui a été solennellement dédiée à l'archevêque » de Malines, Mathias Hovius, édition généralement suivie aujour- » d'hui dans tous les diocèses de Belgique et dans celui de Cam- » bray , édition conforme à une plus ancienne de Tournay , aux » éditions de Hollande et particulièrement à une édition d'Amster- » dam de 1754, à une ancienne édition de Mayence (1). »

Chant du même introït d'après le *Graduale secundum vsum sacri Ordinis Cartusiensis*, manuscrit de 1615 qui fait partie de ma bibliothèque :

Dans la notation du chant Cartusien qui précède , j'ai indiqué, par des barres surmontées d'une virgule , les barres coloriées en

(1) *Journal historique et littéraire de Liége*, tome XV, année 1848, p. 562.

rouge qui, dans le manuscrit que j'ai, marquent des respirations ; les autres barres ordinaires en noir se trouvent donc purement et simplement dans le même manuscrit, mais n'y désignent que la clôture des syllabes formant un seul et même mot du texte, et n'ont aucun rapport aux silences de la voix. Entre chaque syllabe, il n'y a point de traits-d'union dans le susdit manuscrit.

Citons maintenant le précédent introït d'après le *Graduel de Reims et de Cambrai,* que l'on assure être l'interprète fidèle des antiques traditions grégoriennes, chose que nous discuterons plus tard :

Je ne veux pas insister davantage ; mes lecteurs ont, dans ce qui précède, assez de monuments sous les yeux, pour suivre sans peine le raisonnement que je vais leur soumettre, et dont la conséquence immédiate s'applique à l'édition de M. Duval.

Qu'on veuille bien se rappeler l'assertion que j'ai avancée au début de cette critique.

J'ai dit et soutenu que les abréviations mélodiques de l'édition de Paul V, reproduites par M. Duval, ne reposent sur aucun monument ancien, tandis que nos vieilles éditions françaises et belges satisfont à la volonté qu'a eue l'Eglise d'abréger ou de laisser abréger le chant liturgique, en respectant en même temps l'*élé-*

______

(1) Ce n'est point pour signaler une faute avec une intention maligne que je marque ici le mot *sic* ; les meilleurs ouvrages contiennent des fautes de ce genre : c'est uniquement pour montrer que *je copie* textuellement.

ment traditionnel de ce chant avec un ensemble que l'on ne saurait assez admirer.

Les Chartreux et l'édition de Reims et de Cambrai nous représentent plus ou moins l'*élément traditionnel*.

L'édition de M. Vatar, reproduction du travail de Nivers, — celle de M. Adrien Le Clere, amélioration du chant de Douillier, — les Graduels de Lyon et de Grenoble, types de toutes les bonnes éditions modernes, sont les représentants des améliorations du chant liturgique sanctionnées par les conciles particuliers depuis le Concile œcuménique de Trente.

Enfin le travail ordonné par Paul V, abandonné depuis par Rome elle-même et remis en honneur dans ces dernières années par M. Duval, nous donne l'élément qui ne repose que sur la pure fantaisie et n'offre à l'érudit et au catholique aucun lien rattachant le présent au passé.

La thèse est claire; elle a d'autant plus de force, que l'esprit du catholicisme, en tout et partout, s'oppose, comme un rempart d'airain, à ce qui est *pure nouveauté à l'usage du culte*. L'Eglise veut bien et désire même *un sage progrès*, mais elle repousse essentiellement *toute innovation radicale*. S'il en était autrement, elle serait au niveau des passions humaines, — ce qui est inacceptable à tous les points de vue possibles.

Hé bien! la question étant ainsi posée, on peut admettre que les nouveaux livres de chant romain à l'usage de l'archidiocèse de Malines, sont le fruit d'une entreprise conduite avec toute la conscience et toute l'habileté désirable, mais il devient évident que ces livres sont un *non-sens* qui doit finir par être repoussé en Belgique, comme il a été repoussé à Rome par Paul V lui-même. L'intelligence la plus vulgaire n'a pas de peine à comprendre qu'il n'y a rien de grégorien, rien de traditionnel, dans des mélodies qui ne contiennent, çà et là, que deux ou trois bribes de l'ancien chant, et dont l'ensemble forme une collection de cantilènes fort discutables, puisqu'elles sont presque toutes écloses sous l'inspiration moderne se substituant à tous les souvenirs, à tous les faits antérieurs (1).

Donc, l'œuvre de M. Duval ne reproduit pas le *chant grégorien*.

Elle ne reproduit pas, non plus, le *chant romain*, en supposant qu'il y ait un *chant grégorien* et un *chant romain* absolument distincts l'un de l'autre, puisque Paul V n'a pas donné de suite à l'édition qui avait été entreprise par son ordre, et que ses successeurs, loin de prescrire l'usage de cette édition, ne l'ont point même tirée du profond oubli où elle est tombée depuis longtemps.

Si d'ailleurs l'édition de Paul V était le dernier mot de Rome, en matière de chant liturgique, la question de la réforme du chant grégorien cesserait d'être opportune. On pourrait dire : *Roma locuta est, causa finita est*, et, par suite de cette décision suprême, les anciens manuscrits deviendraient inutiles, les traditions mélodiques de l'Eglise cesseraient d'exister, le plain-chant ne serait plus que de mauvaise musique moderne, M. Duval aurait raison, tout le monde pourrait cependant le contester, et l'autorité religieuse ouvrirait, à deux battants, la porte du sanctuaire à toutes les excentricités dont l'art fourvoyé peut se rendre coupable.

Certainement, ce n'est pas cela que veut M. Duval, et, le voulût-il par impossible, l'Eglise s'y opposerait. Monseigneur l'archevêque de Malines ne tardera pas à s'en apercevoir, si déjà ce excellent et très-zélé prélat ne s'en est pas encore aperçu.

II. — Je n'ai presque rien à dire de l'édition de Digne. Elle est récente, mais on ne peut pas l'offrir au public comme une entreprise liturgico-musicale faite pour soutenir une légitime concurrence contre les publications du même genre qui ont paru de nos jours. Cette édition me paraît mal conçue et mal exécutée. Le fonds du chant y est conforme, sans doute, à nos vieux livres français de chant romain ; mais l'impression typographique est

(1) Dans l'introït *Invocabit me*, la leçon mélodique du *Graduel de Malines* n'a respecté le chant grégorien qu'au-dessus des deux mots : *Invocabit* et *longitudine* ; tout le reste n'est que de la fantaisie. *Ab uno disce omnes*.

loin d'en être satisfaisante. En effet, pas de marques d'accentuation
dans la psalmodie ni dans les autres textes qui, ne portant aucune
notation, doivent être cependant chantés ; — barres après chaque
mot dans la mélodie, système reconnu mauvais ; pas de dominantes indiquées pour la transposition facile des morceaux ;
pas de traits-d'union entre les syllabes d'un mot, lorsque celles-ci
sont disjointes, sinon, on ne sait pourquoi, à la fin de chaque
ligne ; division des syllabes en dépit des règles les plus élémentaires, comme, par exemple, *ves ti men to*, *jus ti ti a*, *Chris tus,
sanc tus, in dig ne, pro tec tor, i ni qui, dis ci te, ves ter, as pi ce,
in tel lec tus, ads tat, si cut*, etc., etc., et mille autres choses toutes
contraires aux prescriptions reçues, et invariablement suivies par
M. Repos comme des certitudes grammaticales ; notation entremê-
lant, d'une manière très-bizarre, dans les groupes ou ligatures
mélodiques, les notes à queue et les notes carrées ; nulle indication de pauses plus ou moins sensibles dans le chant ; nulle séparation dans les longues séries de notes placées sur une seule et
même syllabe du texte ; nul souci d'améliorer l'exécution des cantilènes liturgiques ; typographie plate et vieillotte, plus rapprochée des origines de l'imprimerie que de l'art moderne :
tout contribue, en un mot, à nous faire dire que ceux qui ont
aidé de leurs conseils l'estimable M. Repos, ont laissé cet éditeur
dans une voie rétrograde. Des livres comme ceux de l'éditeur de
Digne, fussent-ils vendus à vil prix, coûteraient toujours trop
cher, si l'on compte pour quelque chose l'amélioration, le progrès
et le triomphe du plain-chant romain. M. Repos ne peut être
placé qu'immédiatement au-dessus de M. Ganfari de Turin.

Je me résume. L'édition de Digne est bonne en principe, généralement du moins ; mais elle est et sera toujours un sérieux
obstacle aux réformes pratiques que nous proposons, et que nous
croyons être la seule planche de salut du chant grégorien en
France, et, par suite, dans le monde catholique tout entier.
M. Repos est un homme de bien, agissant en conscience dans le
sens de la bonne cause : il est des nôtres, mais il faut qu'il s'in-

quiète davantage des intérêts sérieux du chant de la liturgie, qu'il redouble d'efforts, et que, bien guidé, il entre avec courage dans la voie de la vérité. Les hommes honorables qui lui ont donné des conseils et que nous estimons singulièrement, ont certainement agi sous l'empire d'idées qu'ils croyaient bonnes et utiles ; peut-être aussi n'avaient-ils pas toute la liberté désirable d'action. Soyons juste, et en présence de cette simple hypothèse qui est fort possible, rendons hommage à la sagesse qu'ils ont montrée en évitant les innovations aventureuses, et engageons-les à nous prêter leurs concours dans toutes les réformes que nous proposons et que l'on reconnaîtra légitimes.

III. — Je n'ai nul souci de m'étendre longuement sur les éditions de chant romain que j'ai dirigées en 1853, 1854 et 1855, pour M. Adrien Le Clere à Paris et M. Vatar à Rennes. Toutes les doctrines du présent ouvrage montrent, jusque dans les plus petits détails, le but que je voudrais pouvoir atteindre, *si j'étais parfaitement libre*, et la tendance de mes travaux en vue d'une édition définitive de chant grégorien à l'usage des temps modernes. Ce que j'ai fait, ce que je pourrai faire plus tard en pareille matière, tendra toujours à la réalisation complète d'une réforme prudente du chant grégorien, tel que les besoins présents l'exigent. J'écarterai le plus possible, de ma route, les obstacles qui s'opposent à l'accomplissement d'une restauration que je crois être la seule vraie. Je profiterai des bons conseils, je respecterai le travail de mes devanciers, je ne ferai le deuxième pas que lorsque je serai sûr d'avoir bien fait le premier, je tâcherai de ne jamais compromettre la vérité, et je prendrai, partout où elles se trouvent, les choses vraiment utiles à la cause du plain-chant. En un mot, m'identifier avec l'esprit de l'Eglise catholique, sacrifier mon amour-propre à l'autorité légitime, me défier des hasards d'une vaine érudition, bien étudier ce que je propose pour ne point proposer des améliorations litigieuses et incertaines, m'efforcer de servir la sainte Eglise elle-même avant de servir ma petite vanité qui parfois pourrait être très-grande et très-désastreuse, ne rien mettre du mien autant que possible, puiser toujours, et de préférence, aux sources des traditions qui relient le présent au passé, tenir compte des intérêts de l'art religieux et du budget des diocèses, me rappeler constamment qu'entre saint Grégoire et le XIXe siècle il y a le Concile de Trente et beaucoup de conciles provinciaux, — telle sera toujours, si le bon Dieu m'en fait la grâce, la ligne de conduite de son pauvre serviteur.

En 1853, M. de la Fage écrivait ce qui suit dans une note de son ouvrage intitulé : *De la reproduction des livres de Plain-Chant romain* : « On vient de commencer à Paris l'impression d'une » édition nouvelle des livres du chant romain, et chacun croyait » que l'on profiterait de l'occasion pour faire quelque chose de » meilleur que ce qui existait. Point du tout ; j'apprends au con- » traire que l'on reproduira sans changements le texte d'une édi- » tion de Dijon. J'ignore quel motif a causé cette préférence. Si » l'on voulait absolument se borner à une réimpression, que ne » prenait-on pour base l'édition de Rome 1614, publiée par » ordre du pape Paul V, devenue fort rare et qui se recommande » à tant de titres ? Mais je crois qu'il y avait encore mieux à faire, » et qu'après avoir choisi M. Théodore Nisard pour diriger l'édi- » tion nouvelle, il ne fallait pas, en pareille circonstance, réduire » un musiciste qui connaît si bien le plain-chant dans sa pra- » tique, sa théorie et son histoire, à la très-utile, mais inerte, » passive et triste profession de correcteur d'épreuves (1). »

A cette époque, l'excellent M. de la Fage écrivait sous l'empire de certaines idées dont les unes se trouvent en rapport de parfaite conformité avec celles que je défends dans ces *Etudes*, et dont les autres constituent des théories que je combats dans tout le cours de ce même ouvrage. M. de la Fage ne connaissait alors mon plan de réforme du chant grégorien que d'après des bruits fort vagues ; mais, aujourd'hui, ma thèse est nettement posée, ma ligne de conduite est connue, développée, expliquée, prouvée et

____

(1) P. 144.

défendue dans son ensemble et ses détails. On sait pourquoi je rejette l'édition du pape Paul V ; on connaît les motifs qui me font adopter toutes les vieilles éditions françaises de chant romain. Entre le but final que je propose et ces vieilles éditions que je défends, il y a un milieu qu'il faut combler avec prudence, lentement, d'une manière successive et partielle, en s'efforçant toujours d'amener chaque progrès aussi doucement que possible, afin de ne point jeter de perturbation dans le culte et dans les usages religieux.

C'est à ce dernier point de vue qu'il faut se placer, si l'on veut bien comprendre la portée des éditions de livres de chant romain qui, à titre de *transitoires*, pourraient se publier en vue d'une restauration sagement progressive. Celles que j'ai dirigées, rentrent nécessairement dans cette catégorie, et n'aspirent point, on peut m'en croire, au rang d'*éditions définitives et complètes*. Ce n'est pas à dire, pour cela, que je m'y restreigne *à la très-utile, mais inerte, passive et triste profession de correcteur d'épreuves;* et, au pis aller, je préférerais encore ce rôle, humble, fécond, honorable, à celui de gâte-pâte en fait de plain-chant. Je sens que je porte en moi l'étoffe d'un innovateur, mais je me défie tellement de moi-même et de mes prétendues connaissances dans *la pratique, la théorie* et *l'histoire du plain-chant,* que j'ai toujours peur de m'égarer et d'égarer les autres, lorsque j'écris sur ces matières délicates et difficiles. Plus je lis, plus je vois que l'horizon de la science est vaste, et que j'ai médité mille fois tel ou tel passage des vieux écrivains sur le plain-chant, sans me douter le moins du monde que, mille fois aussi, j'ai coudoyé la vérité sans m'en apercevoir, et souvent soudé un anneau de plus à la chaîne de l'erreur ou de la routine, avec la meilleure volonté du monde de défendre énergiquement les vrais principes et la bonne doctrine..... Aussi, ai-je soigneusement écarté, de mes essais pratiques, toute réforme dont le caractère aurait pu entraver la solution définitive et complète d'une entreprise qui offre déjà, par elle-même, assez de difficultés sérieuses.

Plus que jamais , je m'en tiens au programme suivant : —

« En ce qui concerne l'état présent de la question du chant
» liturgique, nous dirons que deux systèmes sont l'objet d'une
» attention toute particulière.

» Dans l'un, on veut revenir purement et simplement au chant
» original de saint Grégoire, tel du moins que les plus anciens
» manuscrits nous l'ont conservé.

» Dans l'autre, on tient compte des modifications successives
» que l'œuvre grégorienne a subies, des abréviations mélodiques
» que Paul V semble avoir ordonnées et que plusieurs conciles
» ont formellement prescrites. On y tient compte aussi des chan-
» gements introduits par l'observation des règles de l'accentua-
» tion latine et par des habitudes enracinées maintenant dans
» l'esprit des peuples.

» Dans l'un, on veut l'unité comme au temps de Charlemagne;
» mais les circonstances n'étant plus les mêmes, ce qui n'était
» alors qu'une restauration régulière devient une restauration
» *archéologique.*

» Dans l'autre, on veut aussi l'unité, mais on désire conserver
» les changements sanctionnés par les siècles sous l'influence de
» l'autorité religieuse, et les régulariser autant que possible par
» les monuments traditionnels.

» Dans l'un, on ne reconnaît que saint Grégoire.

» Dans l'autre, on avoue hautement que saint Grégoire se per-
» pétue dans la succession divine des Pontifes romains.

» Dans l'un, c'est une révolution au profit de l'art antique.

» Dans l'autre, c'est une restauration au profit de l'art religieux.

» En présence de ces deux systèmes, nous n'hésitons pas : le
» second nous paraît être le plus sage et même le seul possible.
» S'il y a des changements nombreux dans la liturgie musicale,
» nous ne les regardons point comme le résultat exclusif de la
» fantaisie ou de l'ignorance. Les évêques, les conciles, les papes
» ont approuvé, au moins d'une manière tacite, tous ces change-
» ments que nécessitaient des besoins nouveaux; et il serait témé-

» raire de dire, ce nous semble, que le chant liturgique s'est
» abrégé, modifié, simplifié, à l'insu et contre la volonté de l'au-
» torité supérieure. L'histoire, qui nous révèle les égarements de
» l'art musical abandonné à ses propres inspirations, nous révèle
» aussi l'impulsion légitime qui lui a été donnée depuis plusieurs
» siècles, par ce qu'il y a de plus généreux et de plus sage dans
» les rangs de l'Eglise enseignante.

» Réduite à ces proportions, la question du retour à la liturgie
» musicale de Rome se présente à nous sous un aspect moins
» effrayant et moins compliqué. Au lieu de se perdre dans des
» détails inextricables et d'être fugitive comme une énigme, la
» solution en devient facile et presque immédiate.

» Et en effet, que faut-il, dans cette hypothèse, pour arriver
» au but?

» Supposons un instant que l'épiscopat français pose en prin-
» cipe que les diocèses, en revenant à la liturgie romaine, adop-
» teront les livres de chant grégorien en usage chez nous depuis
» le Concile de Trente, c'est-à-dire, depuis la fin du xvi° siècle.
» Supposons encore que ces livres, avant leur adoption définitive,
» subissent une révision qui aurait pour but : 1° de confronter le
» chant actuel avec celui des plus anciens manuscrits; 2° d'ad-
» mettre les abréviations et les coupures mélodiques de nos édi-
» tions, toutes les fois qu'elles sont identiques entre elles, et
» qu'elles dérivent de l'ancien fonds du chant grégorien convena-
» blement respecté; 3° de rejeter impitoyablement toutes les va-
» riantes arbitraires, toutes les superfétations capricieuses;
» 4° d'obtenir enfin une parfaite unité liturgique, même sous le
» rapport du chant, dans tous les *Graduels* et *Antiphonaires* que
» l'on publierait en France.

» Or, voici quelles seraient les conséquences d'une pareille
» décision.

» On éprouverait un grand étonnement à la vue du petit
» nombre de variantes mélodiques qui se trouvent, en réalité,
» dans toutes les éditions françaises. Cette circonstance prouve-

» rait combien il est facile de fondre toutes ces éditions pour
» n'en faire qu'une seule qui, par le fait, respecterait nos
» vieilles traditions de liturgie musicale. La restauration du chant
» romain se réaliserait ainsi sans secousse, et donnerait l'exemple
» au monde d'une magnifique et complète unité dans un vaste
» royaume. Cet exemple recevrait l'approbation de toutes les per-
» sonnes calmes, sensées et prudentes; et, à la vue d'une unité
» liturgique opérée sans trouble, basée sur l'esprit et non sur la
» lettre des monuments, approuvée par la science et conciliant
» les souvenirs du passé avec les besoins et les habitudes du pré-
» sent, la France aurait bientôt de nombreux imitateurs. —
» Rome n'hésiterait plus (1). »

Tels sont les principes à la défense et au triomphe desquels
j'ai désormais voué mon activité littéraire et religieuse : je me
félicite d'avoir obtenu l'assentiment de M. l'abbé Jouve qui déclare avec une noble sympathie que, dans la précédente *Préface*,
— « *les véritables principes de la restauration du chant liturgique*
» *romain sont exposés avec autant de justesse que de clarté* (2); » —
j'attends avec confiance une décision plus motivée de la part de
mon ami M. de la Fage; — j'espère enfin mériter l'adhésion franche et complète de tous les amateurs d'une prudente et véritable
restauration du chant ecclésiastique en France. Si je me trompe
en quoi que ce soit, j'accepte d'avance et sans répliquer toutes les
modifications et tous les redressements qu'une critique impartiale
et solide voudra bien m'indiquer. Ceci est même d'autant plus
facile pour moi, que je cherche autant que possible à ne rien
mettre du mien, et que mon unique préoccupation est de servir
l'Eglise pour l'Eglise elle-même, comme je l'ai déjà dit.

IV. — Me voici finalement arrivé à l'examen des nouveaux livres
de chant romain publiés par la Commission de Reims et de Cambrai en 1851. C'est par cet examen que je veux clore mes *Etudes*.

(1) Préface du *Graduel* et du *Vespéral romains*, de M. Vatar, édition de 1853, pp. vij-viij.

(2) *Du chant liturgique*, etc., p. 152.

Résumons d'abord les critiques partielles qui se trouvent disséminées çà et là dans le présent ouvrage, et qui sont directement relatives au *Graduel* et au *Vespéral* de Reims.

1° Trouver beaux les chants interminables du nouveau Graduel rémo-cambraisien, c'est faire violence aux notions les plus élémentaires de l'esthétique musicale ; c'est l'aveuglement d'un parti pris. La longueur des vocalises pouvait plaire aux âmes mystiques des temps primitifs, mais elle n'est plus dans le goût des oreilles de notre époque, si graves, si sérieuses et si chrétiennes qu'on les suppose (p. 21).

2° Les tendances de l'Eglise et la discipline ecclésiastique actuelle veulent l'*abréviation des offices*, quant au chant; la Commission de Reims et de Cambrai, entraînée plus loin qu'elle ne le voulait dans la voie de l'archéologie, a été forcée de reconnaître cette vérité pratique, et s'est donnée ainsi un démenti véritable à elle-même (p. 22). Ceux qui ont voulu nier cette vérité, sont tombés dans l'absurde (p. 409).

3° L'édition de Reims et de Cambrai est généralement en opposition directe avec ce que veut l'Eglise aujourd'hui (p. 23).

4° Reims et Cambrai devaient savoir qu'à l'époque de saint Grégoire, et bien longtemps après ce saint pape, l'*accentuation latine* n'était pas observée ; et ici, les nouveaux rédacteurs ont pris et abandonné, selon leur fantaisie, ce qu'ils voulaient ou ne voulaient pas dans le domaine de l'archéologie liturgique (p. 41).

5° La Commission rémo-cambraisienne n'a pas toujours raison, elle si scrupuleuse, dans la partie rhythmique des versets des Introïts et des pièces du même genre (p. 59).

6° La typographie des barres de silences, dans les livres de cette Commission, est aussi difforme qu'inutile (pp. 67-68 et 285-287).

7° Les règles générales et vagues, données par M. Tesson et consorts pour indiquer les silences ou respirations légitimes dans les chants de nature psalmodique, sont absolument insignifiantes et n'ont aucune utilité pratique : chose qui n'était cependant point à dédaigner à notre époque, où le latin n'est plus une langue ac-cessible à tous les chantres (p. 71).

8° Les éditeurs de Reims et de Cambrai n'ont absolument rien compris à la facture métrique des hymnes et des proses (p. 120).

9° Les livres liturgiques de ces éditeurs sont loin d'être exacts *quant au texte littéraire* (p. 228).

10° Les mots *dactyliques*, dans les mêmes livres, sont notés d'une manière spécieuse : jamais les chantres ne suivront une pareille notation (p. 231).

11° Les éléments sémiographiques du plaint-chant ne sont ni archéologiques ni nouveaux, dans l'œuvre de nos modernes éditeurs (p. 265).

12° Le mélange des longues, des brèves et des semi-brèves dans les ligatures constitue, dans les nouvelles éditions de ces messieurs, un rhythme musical qui est loin d'être à la portée des masses, lesquelles, bien au contraire, le trouvent *inexécutable* (p. 369); ce rhythme bâtard n'offre que des sautillements boiteux, aussi étranges en musique qu'en plain-chant (*ibid.*) ; il est manifestement *opposé à toute la tradition catholique* (Ch. VII, § I, n° VIII, p. 409), et les hommes les plus habiles proclament hautement que les maîtres dans l'art d'exécuter le plain-chant, et les membres de la commission rémo-cambraisienne *eux-mêmes*, ne parviendront jamais à exécuter facilement et convenablement la leçon mélodique des nouveaux livres de chœur (1).

Tels sont les points de départ de ma critique du *Graduel* et de l'*Antiphonaire* de Reims et de Cambrai.

Mais, avant d'aller plus loin, je crois nécessaire de faire une importante déclaration de principes. J'ai stygmatisé précédemment l'œuvre du P. Lambillotte, malgré la profonde et sincère amitié qui m'unissait à lui ; ici, je vais combattre, de toutes mes forces encore, l'œuvre de la Commission de Reims et de Cambrai,

(1) *De la reproduction des livres de Plain-Chant romain*, par M. Adrien de la Fage, § LXIII.

sans que mes sentiments de respect et d'obéissance filiale puissent
en souffrir la moindre altération à l'égard des vénérables prélats
de ces deux diocèses. Je mets leurs personnes augustes bien au-
dessus de tout débat concernant la musique , comme j'exclus la
sainte compagnie de Jésus de ma lutte avec le P. Lambillotte. Les
évêques et les jésuites ne sont pas nécessairement des professeurs
de musique ancienne ou moderne, et je crois même que si je leur
décernais ce titre , ils le déclineraient tous , parce qu'ils n'en ont
que faire , et qu'il n'entre pas essentiellement dans leur mission
divine. Il est inutile d'ajouter que mes attaques vont être dirigées
contre l'œuvre elle-même de la Commission de Reims et de Cambrai , mais non contre les personnes , fort estimables sous tous
les rapports, qui ont fait partie de cette Commission.

Maintenant , que nous voilà tranquillisé sur un point fort essentiel , entrons résolûment dans la lice.

Etablissons d'abord , avec le plus grand soin , les *principes généraux* qui caractérisent l'œuvre de la Commission de Reims et
de Cambrai.

Ces principes sont au nombre de trois :

1° Aucune des éditions de livres de chant , actuellement en
usage , *n'étant convenable,* il en fallait une nouvelle (1).

2° On a donc publié des recueils liturgiques dont les mélodies
sont, *autant que possible, conformes à l'antiquité* (2), sans que l'on
ait eu cependant la prétention de donner aux diocèses *une œuvre
d'archéologie* (3).

3° Afin d'atteindre sûrement ce double but , les nouveaux éditeurs ont pris, *pour point de départ,* le célèbre *manuscrit de Montpellier , répertoire complet de tous les* types *ou* formules *du chant
grégorien,* sans toutefois négliger de consulter quelques autres documents, notamment les livres des Chartreux , *où le chant gré-*

(1) *Graduale Romanum*, Paris, 1851 , in-8°, *Introduction,* p. j.
(2) *Ibid.,* p. j.
(3) *Ibid.,* p. iij.

*gorien se trouve conservé avec plus de fidélité que partout ail-
leurs* (1).

EXAMEN DU PREMIER PRINCIPE. — « Deux raisons surtout, di-
» sent les éditeurs rémo-cambraisiens dans le *Mémoire* qu'ils ont
» publié en 1852, deux raisons surtout établissent (*la nécessité
» d'une nouvelle édition des livres de chant romain*) : l'imperfection
» des éditions que nous possédons ; les différences qui se trouvent
» entre elles. 1° Le chant de saint Grégoire est plus ou moins dé-
» figuré dans tous nos livres actuels. C'est un fait que personne
» ne nie, et que les travaux de plusieurs érudits, surtout dans
» ces dernières années, ont mis hors de doute..... 2° L'impor-
» tance de l'unité liturgique est maintenant comprise de tout le
» monde. Or, comment cette unité se manifeste-t-elle surtout ?
» quelle est sa forme la plus populaire et la plus saisissante ?
» sinon l'unité du chant ecclésiastique. Vainement on aura le
» même texte et les mêmes prières : si le chant est différent, on
» peut dire que, pour les fidèles, l'unité n'existe pas. »

Et ces messieurs ajoutent tout aussitôt : —

« Cela posé, que l'on cherche parmi les nombreuses éditions
» du *Graduel* et de l'*Antiphonaire*. Il n'y en a peut-être pas deux
» qui se ressemblent. Dans les unes, comme celles de Lyon, de
» Dijon, de Digne, etc., on s'est borné à reproduire le plain-
» chant défiguré que nous ont légué les siècles derniers, en lais-
» sant s'introduire à chaque réimpression des variantes nouvelles
» qui augmentent la confusion. A Turin, à Malines, on a refait
» le chant d'après des règles arbitraires. Qui ne sent ce qu'il y a
» de pénible dans une pareille anarchie, quelles fâcheuses suites
» peuvent en résulter, et qui n'a désiré y voir un terme ? — Or,
» si l'on s'en tient à ces éditions, nul moyen de revenir à l'unité ;
» car il n'y en a pas une qui ait une autorité morale assez grande
» pour se faire accepter généralement, parce que, nous venons de
» le dire, il n'y en a pas une qui donne le vrai chant grégorien (2). »

(1) *Ibid.*, p. ij.
(2) Pp. 2-3.

468

Il ne faut point un grand effort d'esprit pour remarquer une à
une toutes les témérités que renferme la citation que je viens de
transcrire. Il est impossible , ou je me trompe fort , d'accumuler
plus d'erreurs en un si court espace typographique. Il est bien entendu que je suis parfaitement d'accord avec ces messieurs quant
au rôle que joue la mélodie dans l'unité liturgique ; mais, en dehors de cet ordre d'idées , comment est-il possible de concevoir
que des hommes sérieux , ou qui se disent tels , se soient laissés
séduire par des utopies insoutenables dont la fausseté saute aux
yeux des moins clairvoyants en matière d'érudition musicale ?

Le chant de saint Grégoire est, dit-on , *plus ou moins défiguré
dans tous nos livres actuels.* — Vous l'affirmez, messieurs les éditeurs de Reims et de Cambrai , mais j'affirme le contraire. J'a-
bandonne au dépècement de votre critique les livres de Turin et
de Malines. Quant aux autres qui existent en France et en Belgique , depuis le concile de Trente, je vous déclare hautement et
hardiment que l'*anarchie* que vous y trouvez, n'est qu'imaginaire.
Ces livres offrent un chant grégorien abrégé , c'est vrai ; mais ils
se ressemblent tous au fond, et « *ce serait vainement,* comme le re-
» marque M. l'abbé Jouve, *qu'on oserait espérer, dans l'avenir, une
» édition, n'importe laquelle, qui réunît tant de conditions morales
» et matérielles d'une bonne et économique exécution,* » que ces livres que l'on veut remplacer, et que l'on calomnie d'une manière
si violemment injuste. Avec ces livres, l'unité est possible demain,
aujourd'hui même ; avec l'édition de Reims et de Cambrai , elle
n'existera jamais. Il n'y a pas deux éditions anciennes qui se ressemblent, dites-vous, et moi je vous déclare que cela est faux, et
que vous exagérez singulièrement les variantes mélodiques résul-
tant de quelques notes qui , soit en plus , soit en moins , ne sont
qu'une pure bagatelle en comparaison des cantilènes rémo-gré-
goriennes où tout ce que l'Eglise a sanctionné , depuis plus de
trois siècles , se trouve complétement anéanti (1). Quelques notes

(1) C'est là une assertion que le présent ouvrage prouve surabondamment.

constituent une *anarchie pénible;* eh bien! messieurs les restaurateurs, comment qualifierons-nous celle dont vous êtes les ardents apôtres? Il ne s'agit pas de quelques notes en plus ou en moins dans vos livres : il s'agit d'un bouleversement complet, d'un texte mélodique qui déroute toutes les idées reçues, d'une révolution radicale, en un mot! Et vous dites : « *Si l'on s'en tient* (à nos » vieilles éditions de chant romain), *nul moyen de revenir à l'unité;* » *car il n'y en a pas une qui ait une autorité morale assez grande* » *pour se faire accepter généralement.* » N'est-ce pas là proclamer, avec fort peu d'humilité, que vous avez plus d'autorité que trois siècles, plus de jugement que les conciles, plus de force morale qu'une longue tradition, plus d'aptitude à la paix que ceux qui ne sont ni turbulents ni audacieux, plus de prudence enfin que l'Eglise elle-même? Une pareille prétention n'est pas soutenable, et la suite de cette discussion le prouvera jusqu'à l'évidence.

EXAMEN DU DEUXIÈME PRINCIPE. — La Commission de Reims et de Cambrai a voulu revenir *purement* et *simplement* au vieux chant grégorien. C'est en cela qu'elle place *sa force morale :* « Donner » une édition des livres de chœur, dit-elle, où le chant fût re- » produit dans toute sa pureté primitive, et par là contribuer à » ramener l'unité dans cette partie de la liturgie : tel est le double » but que l'on voulait atteindre. — Ce seul énoncé montre que » nous sommes loin de partager l'opinion de ceux qui regardent » le chant grégorien comme très-imparfait, digne à peine des » siècles barbares qui l'ont vu naître, rudiment grossier qui de- » mande de nombreux perfectionnements, afin d'être mis à la » hauteur de la science musicale actuelle. Pour être de cet avis, » il faut regarder comme vraies deux choses, selon nous, fort » contestables : la première, que l'on a fait, depuis saint Gré- » goire, un progrès réel en matière de musique *populaire* et *re-* » *ligieuse ;* la seconde, que les auteurs des divers plains-chants » perfectionnés sont capables de réformer et d'embellir l'œuvre » de ce grand Pontife. Nous croyons au contraire qu'admettre un

» tel principe, c'est méconnaître l'esprit traditionnel de l'Eglise ;
» c'est ouvrir la porte à un arbitraire sans frein , livrer le chant
» ecclésiastique au caprice et au mauvais goût du premier venu ,
» et anéantir à jamais la possibilité même de l'unité (1). »

Il est incontestable , d'après ce qui précède, que la Commission
de Reims et de Cambrai a voulu mettre au jour *une édition archéologique des livres de chant grégorien ;* mais l'entreprise est des
plus hardies , et ces messieurs, effrayés de leur audace et sans
paraître se douter de la contradiction dans laquelle il vont tomber , nous apprennent furtivement qu'ils n'ont pas eu en vue *une
œuvre d'archéologie, mais un livre pratique qui pût être adopté pour
l'usage des églises et exécuté par le peuple* (2). Si la publication de
ces messieurs n'est pas une entreprise archéologique, qu'est-elle
donc? Rejeter tous nos *Graduels* et tous nos *Antiphonaires*, parce
que le chant grégorien s'y trouve défiguré, et *rétablir* ce chant
dans sa beauté première en remontant aux sources (3) , n'est-ce pas
là un travail qui est essentiellement du domaine de l'archéologie?
Quant à la prétention de faire accepter ce travail comme quelque
chose de *pratique,* d'*usuel* et d'*exécutable par le peuple*, c'est une
autre question.

Ainsi, l'œuvre de la Commission rémo-cambraisienne doit être
jugée à un double point de vue, car elle est tout à la fois une
restauration archéologique et une *restauration pratique.*

Etudions-la donc sous ce double aspect.

Et d'abord , est-elle bien réellement *pratique?* S'adresse-t-elle
bien directement aux fidèles pour lesquels on dit avoir tra-
vaillé (4) ?

Je pense qu'en répondant d'une manière affirmative , les nouveaux éditeurs se sont mépris d'une manière étrange.

Ces messieurs avouent eux-mêmes que leur chant *peut offrir*

(1) *Mémoire*, pp. 6-8.
(2) *Graduale*, Introduction, p. iij.
(3) *Mémoire*, p. 8.
(4) *Ibid.*, p. 73.

quelques difficultés au premier abord, qu'*il faut rompre avec* UNE ROUTINE ENRACINÉE , *se plier à* DES RÈGLES NOUVELLES (1). Si c'est ainsi qu'ils comprennent le côté *pratique* et *populaire* de leur restauration , nous n'avons rien à répliquer.

Ils soutiennent que les mélodies qu'ils donnent sont *plus riches* que nos vieux chants liturgiques , parce qu'*elles sont composées d'un grand nombre de notes d'inégale valeur.* Il en résulte, disent-ils, un chant plein d'abondance et d'expression (2). Et, comme si cette thèse ne leur paraissait pas assez solide , ils ajoutent en se mettant un peu en colère : « Il serait bien étrange que ce chant , » exécuté dans tous les pays catholiques et par tous les fidèles , » depuis le temps de saint Grégoire jusqu'à ces derniers siècles , » fût inexécutable. Donc, *a priori*, par le seul fait de leur exis- » tence comme chant de l'Eglise catholique , ces mélodies ne » peuvent pas offrir de difficultés réelles (3). »

Voilà , certes, un langage surprenant! Ah! M. d'Ortigue, vous prétendez que — « ni le *Sylvain*, ni *Alceste*, ni la *Vestale*, ne » sauraient être représentés aujourd'hui sur la scène » ; — vous ajoutez — « qu'avant dix ans, nous aurons perdu les traditions » de Rossini », — et voici les restaurateurs de Reims et de Cambrai qui s'indignent à la seule pensée que l'œuvre musicale de saint Grégoire , telle que cet illustre Pape l'a donnée au monde catholique vers la fin du VIᵉ siècle de notre ère , pourrait offrir quelque difficulté d'exécution pratique, après plus de mille ans de transformations ! Voici des hommes qui soutiennent que si l'on a modifié la *forme* du plain-chant , depuis trois siècles au moins , il est on ne peut plus facile aux oreilles et aux habitudes modernes de revenir au goût et à la pratique des musiciens de l'antiquité, — et que, par cela seul que l'on a chanté les mélodies de saint Grégoire de telle et telle manière à l'époque où vivait ce pontife,

(1) *Mémoire*, p. 73.
(2) *Ibid.* et *passim.*
(3) *Ibid.*, p. 75.

on peut et l'on doit les chanter encore de cette même manière
en plein xixe siècle.

Je le répète, c'est là un langage surprenant. Lorsque l'on parle
ainsi, on ne se défend pas : on se condamne soi-même. Il n'est
jamais venu à l'esprit d'aucun homme sérieux d'établir la nature
pratique d'un livre usuel et populaire, quel qu'il soit, sur les
principes qu'invoque la Commission de Reims et de Cambrai. Soutenir une pareille thèse, c'est tout simplement renverser les notions les plus élémentaires de la logique et de la physiologie,
c'est courir les risques d'une accusation capitale dont on ne se
réhabilite jamais.

Ainsi, les éditeurs rémo-cambraisiens ont voulu publier une
œuvre *pratique*, et, pour arriver à ce but, ils ont fait quelque
chose de *difficile à exécuter* : ils en conviennent, ils le proclament
eux-mêmes à haute voix. « Nous irons plus loin, ajoutent ces
» messieurs. Depuis quand, disent-ils, depuis quand le peuple
» ne mêle-t-il plus sa voix à celle du clergé dans les *Offices di-*
» *vins,* sinon depuis que l'exécution du chant a été rendue si *fa-*
» *cile,* par l'invention des notes carrées d'égale valeur? Nous ne
» disons pas que ce soit là l'unique cause de cette déplorable in-
» différence ; on peut, et avec raison, en assigner beaucoup
» d'autres. *Osera-t-on dire que cette mutilation n'y ait pas contri-*
» *bué* (1) ? »

Je ne veux point envenimer la question, mais il me semble que
les éditeurs rémo-cambraisiens, en reconnaissant d'une manière
expresse la difficulté d'exécution musicale qu'offrent leurs livres,
se placent sur un très-mauvais terrain. On connaît maintenant la
valeur logique qu'il faut attribuer à la prétendue perpétuité du
chant grégorien *envisagé dans ses détails;* on sait que saint Grégoire n'est pas l'Eglise tout entière ; on comprend que les successeurs de ce saint pape ont, comme lui, la juridiction suprême en
fait de discipline ecclésiastique, et qu'ils se conduisent tous, suivant
les nécessités morales et religieuses des siècles auxquels ils pré-

(1) *Ibid., ibid.*

sident ; on a une idée du chant liturgique tel que le concevait saint
Grégoire, et l'on est en possession de ce même chant adapté aux
besoins modernes du culte ; on peut appeler ce chant *nouveau* et
ancien tout à la fois, parce que, sous l'influence des conciles et
de l'épiscopat, il pose ses assises sur les plus antiques traditions,
conserve scrupuleusement toutes les lois de son essence, et ne se
modifie que dans sa partie variable pour suivre pas à pas la partie variable aussi de la discipline catholique elle-même ; on peut
dire maintenant, en toute connaissance de cause, que le chant
romain, qui existe depuis le concile de Trente, est aussi bien et
au même titre le chant de l'Eglise que celui de saint Grégoire ;
on reste convaincu enfin que, de toute la phraséologie des éditeurs de Reims et de Cambrai, il ne reste qu'une conclusion
certaine : c'est que leur chant est plus difficile à exécuter que le
nôtre ; c'est qu'il est *moins populaire*, parce qu'il est *moins pratique* et *moins connu* que celui qu'ils veulent remplacer ; c'est enfin
qu'avec nos éditions séculaires de plain-chant, nous avons une
unité liturgique qui repose sur une base solide, admirable, et
contre laquelle ne prévaudront jamais les utopies individuelles,
embrouillées et inintelligibles des innovateurs modernes.

On pourrait croire, d'après ce qui précède, qu'il ne nous reste
plus rien à dire contre les prétentions inouïes de M. l'abbé Tesson
et de ses honorables collègues.

On se tromperait. — Non contents d'avoir donné des leçons
mélodiques tout-à-fait en dehors des chants connus et devenus
traditionnels ; non contents d'avoir accumulé, sur chaque syllabe, *des montagnes de notes,* comme le dit M. l'abbé Jouve (1) ;
non contents d'avoir morcelé, haché et réduit en parcelles chaque
phrase de nos cantilènes liturgiques, — ces messieurs, pour cen-
tupler la difficulté d'exécution pratique qui est leur but final, se
sont imaginé de donner des règles de goût musical qui, si elles
étaient adoptées, rendraient le plain-chant inaccessible aux masses

(1) *Du chant liturgique*, p. 125.

et souverainement ridicule aux yeux des vrais artistes chétiens. Il suffit, pour s'en convaincre, de parcourir le § II intitulé : *Règles pratiques pour l'exécution* (du plain-chant rémo-cambraisien), dans le petit ouvrage que M. l'abbé A. Delatour a publié, en 1853, sous ce titre : *Exercices sur les formules du chant grégorien*, etc.

M. l'abbé Delatour y base son enseignement sur les *notes* que lui ont fournies M. l'abbé Tesson et M. l'abbé Alauzet (1). Je me contente de citer un seul spécimen de l'exécution du chant grégorien, comme l'entendent les restaurateurs de Reims et de Cambrai. Le voici, et mes lecteurs en jugeront :

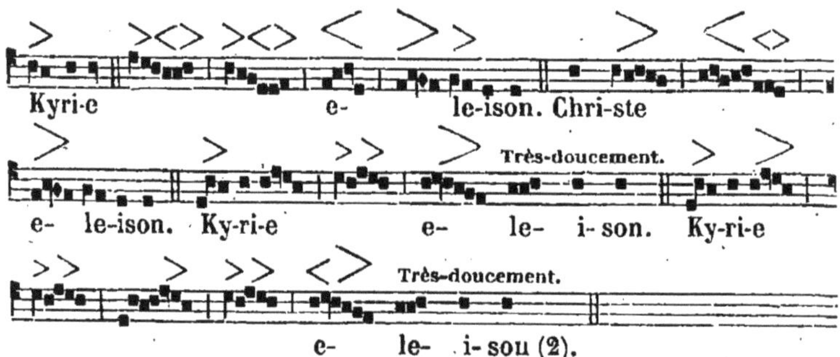

En reproduisant cet exemple, j'ai soigneusement choisi l'un de ceux qui ont le plus de rapport avec une mélodie connue de nos livres usuels; les ligatures bariolées de longues et de losanges n'y apparaissent point; c'est à peu près le chant ordinaire : mais, en revanche, quel étalage d'afféteries sentimentales de *sforzendo* et de *smorzendo!* quelle accumulation puérile de nuances qui se pressent et tendent à transformer le plain-chant en une véritable minauderie sans nom et sans exemple! ne semble-t-il pas qu'Élie de Salomon faisait allusion à ces exagérations au xiiie siècle, lorsqu'il disait, en parlant des corrupteurs efféminés de la canti-lène liturgique : — «... *Speculando dicentes in aere* miau miau, » *ut appareat et audiat hospes; et fortassis, quod damnabilius est, ut*

(1) P. 68.
(2) P. 65.

» *magis frequenter oblationes afferantur, forte ad illicitos usus con-*
» *vertendæ, et in marsupiis recludendæ* (1)? »·

Que l'on veuille bien ajouter toutes ces difficultés de sentimentalisme musical aux difficultés considérables et *bien avouées* des chants contenus dans la nouvelle édition de Reims et de Cambrai, et l'on aura une idée de ce que les éditeurs regardent comme *une restauration pratique et populaire du plain-chant grégorien...* En vérité, si ces messieurs ont voulu atteindre le *nec plus ultra* de la difficulté d'exécution musicale, il faut leur rendre hommage, car ils ont réussi au-delà même de leurs désirs et de leurs efforts! si la difficulté est une condition *sine qua non* de la popularité, n'insistons pas : la victoire est complète, Reims et Cambrai l'emportent sur tous leurs rivaux. J'en appelle à M. l'abbé Jouve, à M. de la Fage, à M. Duval, à tous les pauvres chantres enfin à qui l'on impose la traduction vocale d'hiéroglyphes qui exigeraient un nouveau Champollion. Hélas! des races comme celle de Champollion ne constituent point le *profanum vulgus !*

Examen du troisième principe. — Il s'agit tout bonnement ici de la restauration rémo-cambraisienne jugée au point de vue archéologique.

Ce point de vue est évident; les nouveaux rédacteurs disent eux-mêmes, en termes clairs et formels, qu'ils ont voulu *donner une édition des livres de chœur où le chant fût reproduit* DANS TOUTE SA PURETÉ PRIMITIVE (1).

(1) Gerberti *Scriptores*, tom. III, p. 17. — M. de la Fage a traduit, de la manière suivante, ce curieux passage : « Ils regardent si
» l'on écoute leurs miaulements, afin que celui qui entre dans l'é-
» glise les remarque et les entende; peut-être, et ce serait bien au-
» trement damnable, afin de rendre les offrandes plus fréquentes, et
» qui sait? en employer le produit en œuvres illicites, ou bien le
» faire passer dans leur escarcelle. » (*De la reproduction des livres de plain-chant romain*, pp. 20-21).

(1) *Mémoire sur la nouvelle édition du Graduel et de l'Antiphonaire romains*, p. 6.

Plus cette prétention est grande, plus la critique en doit être rigoureuse et sévère.

Nous ne faillirons pas à cette tâche.

Et d'abord, que faut-il pour opérer une véritable restauration musicale basée sur l'archéologie ?

Quatre choses : 1° reproduire l'ancienne contexture mélodique ; 2° faire revivre le vrai rhythme employé par saint Grégoire ; 3° retrouver le goût et la manière de chanter des anciens ; 4° respecter les bases tonales de la musique usitée dans les âges primitifs de l'Eglise.

De ces quatre choses, de ces quatre éléments fondamentaux, j'en retranche immédiatement deux : le *rhythme* et le *goût musical*.

Le *rhythme* est une question jugée et sur laquelle je ne veux point revenir : sous ce rapport, on a pu s'en convaincre, Reims et Cambrai ont *inventé*, mais non *restauré*, tout aussi bien que le P. Lambillotte.

Le *goût musical* de l'antiquité catholique est une conquête chimérique, qu'aucune oreille moderne ne parviendra jamais à ressaisir, et, cela fût-il possible, ce serait une absurdité physiologique que d'y vouloir soumettre des organisations profondément modifiées par l'habitude et les transformations de l'art. Le *spécimen* emprunté à l'abbé Delatour révèle, jusqu'à l'évidence, une velléité d'imiter plus ou moins adroitement les délicatesses de la musique sensuelle et profane qui existe de nos jours au théâtre et dans les boudoirs, mais ne prouve absolument rien en fait d'esthétique musicale ancienne. De pareilles tentatives ne sont point sérieuses, et il n'en faut point trop parler pour l'honneur même de nos modernes éditeurs.

Quant aux bases tonales du plain-chant, telles qu'on les concevait au moyen âge, c'est un point sur lequel l'érudition moderne commence tout au plus à entrevoir la vérité. Mes lecteurs ont pu s'assurer, dans ces *Études*, que la notion de l'ancienne tonalité liturgique doit être débarrassée des préjugés qui l'obscurcissent encore. J'ai dissipé, je le crois du moins, quelques-uns de ces préjugés : d'autres, plus heureux, ne tarderont pas à faire luire à nos yeux toute la philosophie de l'une des plus grandes questions qui puissent intéresser un artiste chrétien (1); mais je ne crois pas que les travaux de M. l'abbé Tesson et de ses collègues soient de nature à jamais produire ce résultat si désirable : leurs livres de chant grégorien sont fort imparfaits sous ce rapport (M. Duval l'a bien prouvé), et ils admettent comme principe fondamental cette règle singulière : « Si la » théorie semble contredire quelquefois la tradition des manus- » crits, suivre la tradition malgré la théorie, *avec la certitude* » *qu'une théorie plus savante et plus profonde que la première vien-* » *dra plus tard donner raison à la tradition* (2). » Ainsi, les plus anciens manuscrits ne donnant l'indication d'aucun signe altératif, ou, s'ils en donnent, ces signes étant des mystères pour ces messieurs de Reims et de Cambrai, ils en concluent qu'il leur suffit de copier tout simplement la note naturelle du chant, comme ils la voient dans les manuscrits usuels et pratiques de l'antiquité, sans s'inquiéter des règles théoriques qui guidaient les chanteurs de cette époque, — et c'est ce qu'ils appellent *la tradition des manuscrits*. Heureuse tradition, s'il en fut! érudition bienfaisante qui ne possédera jamais le souffle puissant d'Ezéchiel vivifiant les os blanchis et décharnés des générations éteintes! Avec les aphorismes rémo-cambraisiens, on peut être sûr que la musique du moyen âge restera toujours, pour nous, à l'état d'énigme, et que Palestrina lui-même sera le plus absurde et le plus faux compositeur qui ait jamais existé. Et cependant, Palestrina vivait encore, il y a 270 ans, et on le regarde, à bon droit, comme le *Prince des musiciens religieux!*

N'insistons pas, et disons tout de suite que l'œuvre rémo-cambraisienne n'a eu du retentissement, que parce qu'elle avait la prétention de *reproduire l'ancienne contexture mélodique du chant grégorien.*

(1) Voir plus haut, pp. 8-20 de cet ouvrage.
(2) *Mémoire..*, p. 8.

Cette prétention a déjà séduit plusieurs prélats, plusieurs musiciens, plusieurs diocèses.

Elle en séduira d'autres, il n'est pas possible qu'il en soit autrement; mais je crois que la discussion que je vais établir sur ce point portera ses fruits; et comme, en définitive, l'épiscopat français est composé de pontifes dont la science, le jugement et la piété me sont une garantie de l'impartialité la plus auguste que je puisse concevoir, j'ai confiance dans le succès de mes efforts et dans le désespoir de mes convictions : *Contra spem in spem credidit* (1).

Si la Commission de Reims et de Cambrai avait reproduit *un seul manuscrit ancien* avec un certain soin et de certaines restrictions, montrant le désir sincère d'éviter toute fantaisie d'individualisme, je serais le premier à proclamer que ces messieurs ont mis à jour une œuvre archéologique. En supposant des inexactitudes dans une œuvre semblable (ce qu'il n'est guère possible d'éviter complétement), je chercherais à les excuser, en montrant combien une telle entreprise est difficile et ardue; et, s'il y avait critique, l'erreur, une fois démontrée, se corrigerait sans peine, avec ensemble et précision.

Mais, dans les livres de Reims et de Cambrai, les redressements ne sont point aussi aisément réalisables. Pourquoi? par la seule raison que les auteurs n'ont point fait *une œuvre purement archéologique, mais une sorte d'éclectisme soi-disant basé sur l'archéologie.*

S'ils avaient uniquement reproduit l'*Antiphonaire de Montpellier*, on pourrait suivre pas à pas leur travail; mais ils déclarent eux-mêmes qu'*ils l'ont comparé à d'autres manuscrits des bibliothèques publiques de Paris, Cambrai, Reims, etc., et qu'ils ont consulté également les anciennes éditions imprimées, et particulièrement les livres de chœur des Chartreux, où le chant grégorien se trouve conservé avec plus de fidélité que* PARTOUT AILLEURS (2). Dans l'éloge qu'ils font du précieux document signalé à la science

(1) *Epist. B. Pauli ad Rom.*, cap. IV, v. 18.
(2) *Graduale Romanum*, Introduction, p. ij.

par M. Danjou, ces messieurs ont soin de nous prévenir que le fameux manuscrit de Montpellier, *répertoire complet de tous les types et formules du chant grégorien* (1), a été le *point de départ* (2) de leur travail.

Il résulte de ce qui précède que, pour juger archéologiquement la restauration rémo-cambr-aisienne sous le rapport de la contexture des mélodies qu'elle contient, il faut la comparer successivement aux monuments principaux qui lui ont servi de base, et montrer que le titre de *restauration archéologique* ne lui convient pas plus que celui de *restauration pratique* qui, on l'a vu, ne peut lui être décerné en aucune manière.

Pour mettre un peu d'ordre dans cette discussion délicate et pénible, je comparerai le *Graduel* et l'*Antiphonaire* de Reims et de Cambrai, 1º à l'*Antiphonaire de Montpellier;* 2º aux livres des Chartreux; 3º aux autres autorités anciennes citées par les nouveaux éditeurs. Il est bien entendu qu'il ne s'agit ici que du tissu mélodique, du chant en un mot, abstraction faite des notes d'agrément, de la valeur temporaire et de la tonalité des cantilènes reproduites par ces messieurs. Toutes ces questions sont vidées, c'est du moins ma conviction; mais il n'en est pas de même des notes qui, dit-on, doivent essentiellement composer les mélodies de saint Grégoire. Quand on restaure archéologiquement un édifice d'architecture, ou en compte les pierres; nous compterons donc les notes, puisque la polémique nous y oblige.

I. De la restauration rémo-cambraisienne dans ses rapports avec l'Antiphonaire de Montpellier.

Les éditeurs de Reims et de Cambrai ont pris le manuscrit de Montpellier pour *point de départ* de leur entreprise. C'est donc par là que je dois commencer mon examen comparatif.

Mieux que qui ce soit au monde, je connais l'Antiphonaire de

(1) *Ibid., ibid.*
(2) *Mémoire,* p. 11, § 4.

Montpellier, puisque, par ordre du gouvernement français, j'ai été chargé, en 1850, d'en faire un fac-similé complet qui a été déposé, l'année suivante, au département des manuscrits de la bibliothèque de la rue de Richelieu (1), sous le n° 1307 du supplément latin.

« Cette copie fac-similée avec le plus grand soin et la plus
» scrupuleuse exactitude, dit M. Adrien de la Fage,... est un
» véritable chef-d'œuvre de calligraphie, qui évite le voyage de
» Montpellier à quiconque en voudra prendre connaissance (2). »

M. Ludovic Vitet, l'un de nos plus spirituels académiciens, a aussi daigné dire en parlant de ce fac-similé : « Copie exécutée
» par M. Nisard avec un talent calligraphique admirable, sur la
» demande du ministre de l'instruction publique (3). »

M. Vincent, membre de l'Institut, dont l'autorité musicale doit être bien connue de mes lecteurs, a également loué mon travail dans son examen critique de l'*Histoire de l'Harmonie au moyen âge* par E. de Coussemaker (4) : « Je ne puis passer
» outre, dit cet éminent archéologue, sans payer ici un juste
» tribut de reconnaissance, d'abord à M. Danjou, pour avoir
» signalé le précieux Antiphonaire (de Montpellier) à l'attention
» des érudits musiciens, puis à M. Th. Nisard, pour sa remar-
» quable copie, véritable chef-d'œuvre calligraphique, et pour la
» savante étude dont il l'a accompagnée... »

M. Joseph d'Ortigue n'est pas moins explicite : « La copie de
» M. T. Nisard, dit-il, que l'on peut voir aujourd'hui à la
» bibliothèque nationale, est un merveilleux chef-d'œuvre (5). »

Je pourrais citer d'autres approbations encore, mais je risque-

(1) Aujourd'hui *bibliothèque impériale de France.*

(2) *De la reproduction des livres de plain-chant romain*, p. 42.

(3) *Journal des Savants*, cahier de nov. 1851, tirage à part, p. 12.

(4) *Correspondant* du 25 juin et du 25 juillet 1853, tirage à part, pp. 12-13.

(5) *Journal des Débats*, n° du vendredi 11 juin 1852, feuilleton intitulé : *Histoire et archéologie musicales* (11° colonne).

rais de dépasser le but que je me propose, et qui est tout simplement de bien prouver à mes lecteurs, que je puis parler de
l'*Antiphonaire de Montpellier* en parfaite connaissance de cause et
avec une certaine autorité.

Ceci posé, je dois d'abord constater que l'*Antiphonarium roma-*
num des éditeurs rémo-cambraisiens n'a aucun rapport avec l'*An-*
tiphonaire de Montpellier, lequel ne contient que les pièces liturgiques relatives à la messe chantée. Sans prétendre insinuer le
moins du monde que ces messieurs ont voulu faire croire que le
manuscrit de Montpellier leur a servi de guide dans leur restauration du Vespéral, je crois cependant pouvoir soutenir que, sur
mille partisans de l'œuvre *tessonnienne*, il y en a plus de neuf
cents qui subordonnent la correction du nouvel Antiphonaire à
l'autorité du manuscrit découvert par M. Danjou.

Il n'en est rien cependant. Le monument de Montpellier n'a
pas de rapport, je le répète, avec l'*Antiphonarium romanum* des
nouveaux réformateurs. Ces messieurs ont soin de faire observer
que le manuscrit de S.-Gall n'a qu'*une importance scientifique*
très-limitée (1), parce qu'*il ne contient ni Introïts, ni Offertoires,*
ni Communions (2); mais pourquoi n'ont-ils pas dit, avec la
même franchise, dans l'*Avertissement* de leur *Antiphonarium,*
que le trésor de Montpellier, bien qu'un peu plus complet sous le
rapport du contenu n'avait, lui aussi, qu'*une importance scienti-*
fique très-limitée? pourquoi n'ont-ils pas dit nettement : « Dans
» la confection de notre Vespéral, il nous a été impossible de re-
» courir à l'Antiphonaire de Montpellier, puisque celui-ci n'a de
» rapport qu'avec le recueil auquel on donne, depuis longtemps,
» l'épithète de *Graduel.* Notre *Vespéral* ou *Antiphonaire* est donc
» une œuvre d'*éclectisme,* qu'IL FAUT ACCUEILLIR AVEC AUTANT DE
» DÉFIANCE qu'une restauration des chants du *Graduel* faite avec
» le seul manuscrit de S.-Gall, servant de *point de départ* à une
» pareille entreprise. »

(1) *Mémoire,* p. 9.
(2) *Ibid.,* p. 8, note 1.

Et la défiance se serait accrue, s'ils avaient dit nettement en-core : « Privés de l'autorité du fameux monument bilingue, nous » annonçons que nous nous sommes servis de différents manus-» crits du XIII° siècle et de quelques vieux livres imprimés (1), » mais, EN RÉALITÉ, notre *Antiphonaire* n'est que la reproduction » pure et simple d'un petit *Vespéral romain, noté sur un manuscrit* » *du* XIII° *siècle,* édité par l'un de nous à Paris, en 1847. » Bien certainement, à cette simple annonce, l'admiration du public se serait singulièrement refroidie !

Et si ces messieurs avaient ajouté : « Nous avons dit, dans la » *Préface* de notre petit *Vespéral* de 1847, que — *le chant des* » *Vêpres de tous les Dimanches de l'année, et de toutes les Fêtes* » *établies avant* le XIII° siècle, avait été copié scrupuleusement » *sur un manuscrit* (du XIII° siècle), dont *les chants sont d'une* » *grande pureté et d'une admirable simplicité* (2); mais cette nota-» tion si fidèle en 1847, n'a pas été respectée par nous en 1852 : » nous l'avons remplacée par une autre notation qui ne res-» semble en rien à la première, et qui est identique à celle » que nous avons imaginée pour reproduire les mélodies de l'An-» tiphonaire de M. Danjou. » — Bien certainement encore, les évêques et les membres du clergé se seraient écriés : *Voilà qui est bien surprenant !*

Et si ces messieurs avaient dit enfin : « Ni dans l'Antiphonaire » de Montpellier, ni dans le manuscrit du XIII° siècle, on ne » trouve l'indication de XIV modes. Il n'y en a que HUIT, bien et » dûment marqués dans le premier monument, et il n'y a aucune » indication dans le second. A ceux qui nous demanderont pour-» quoi nous avons dit HUIT, là où il n'y avait aucun chiffre, et » pourquoi nous avons dit QUATORZE, là où il n'y avait que HUIT, » nous répondons, en l'an de grâce 1852, qu'il nous a plu d'agir » à notre guise, parce que *le nombre des modes est une question*

(1) *Antiphonarium Romanum*, 1852, Avertissement, p. vij.
(2) *Vespéral romain*, préface, pp. viij-ix.

» *secondaire* (1). » — En entendant ce langage, on aurait acclamé de toutes parts : « Mais ces messieurs tournent donc à tout vent » de doctrine, et ne savent sur quel pied danser! Si *le nombre* » *des modes est une question secondaire,* pourquoi ne pas s'en » tenir à la pratique ordinaire? »

L'œuvre de la Commission de Reims et de Cambrai nous apparaît déjà sous son véritable jour : il suffit d'y toucher pour que l'auréole d'archéologie dont on a voulu ceindre son front, se dissipe comme une ombre.

Les nouveaux éditeurs ont proclamé bien haut, que l'*Antiphonaire de Montpellier* a été *le point de départ* de leur entreprise; tandis que ce monument n'a été que le *prétexte* et le *palliatif* de leur restauration. Il leur fallait une sorte de blason qui ennoblît leur édition nouvelle. La trouvaille de l'*Antiphonaire de Montpellier* fut ce blason. Je l'avais critiqué : on trouva, dans ma critique, *quelques assertions erronées, quelques-unes peut-être déloyales* (2). On se garda bien de rectifier l'âge fabuleux qu'on avait d'abord attribué au manuscrit dans l'origine de sa découverte : le prestige eût disparu, si l'on avait rajeuni le monument de TROIS SIÈCLES ET DEMI. On avait dit : « La restauration » du chant romain peut désormais s'effectuer sans incertitude, » sans difficulté, et presque sans aucune intervention de la » science et de la critique, par la simple transcription de ce » précieux et unique manuscrit », — et, comme beaucoup de personnes éminentes s'étaient laissé séduire par ces magnifiques promesses, on évita d'en détruire l'illusion si favorable, d'ailleurs, à une entreprise qui devait tout bouleverser dans le chant liturgique.

En un mot, il fallait à ces messieurs une copie authentique notée en lettres et en neumes de l'Antiphonaire de saint Gré-

(1) *Mémoire,* p. 63.

(2) *Mémoire,* p. 11. On ne nomme personne, mais l'attaque est trop transparente pour qu'il soit difficile d'en nommer la victime.

goire ; il leur fallait surtout la copie même qui avait été envoyée à Charlemagne par le pape Adrien. M. Danjou pensait avoir trouvé ce précieux trésor, mais peu à peu cette prétention , tout en restant debout dans l'opinion du vulgaire , finit par-être impitoyablement rejetée du domaine de la science. Qui est-ce qui a aidé au maintien de l'erreur en cette circonstance? ce n'est pas moi... Qui est-ce qui a aidé au triomphe de la vérité? ce ne sont pas ces messieurs. Ceux-ci avaient trop besoin de l'assertion de M. Danjou pour la combattre jamais.

Qu'on en juge par le fait suivant dont je garantis sur l'honneur la parfaite authenticité.

M. l'abbé Tesson était revenu de Montpellier, où il avait relevé une copie de la notation littérale du célèbre manuscrit (1).

Il était dans une exaltation facile à comprendre.

J'eus occasion de le voir quelques jours après son retour à Paris, et , dans un entretien fort aimable et fort expansif, il me fit entrevoir toutes les richesses dont il était l'heureux possesseur. Il me lut quelques passages d'un traité de musique fort curieux qui se trouvait en tête du manuscrit de Montpellier, et qui, disait-il, était de la plus haute importance. « Malheureusement, ajouta-
» t-il, l'auteur de ce traité n'est pas connu, et il serait à dési-
» rer qu'il le fût, parce que cette circonstance pourrait peut-être
» aider à découvrir l'auteur même de l'*Antiphonaire de Mont-*
» *pellier.* »

« Qu'à cela ne tienne , lui répondis-je : demain, je viendrai
» vous lire un petit travail que, d'ici là, je pourrai vous sou-
» mettre sur cette intéressante question , car les quelques pas-
» sages dont vous venez de m'entretenir, m'indiquent, à l'instant
» même, l'auteur véritable du *Traité,* et par conséquent peut-
» être , celui de tout le manuscrit. »

---

(1) Je dis : *notation littérale,* car les *neumes* ne furent copiés par lui que par fragments, et encore ces fragments étaient-ils peu nombreux.

M. l'abbé Tesson parut étonné, et je le quittai tout pénétré de la promesse que je venais de lui faire.

Le lendemain ou le surlendemain, je revins le voir : mes prévisions ne m'avaient point trompé, pas plus que ma mémoire. L'auteur du Traité était bien incontestablement Réginon de Prum, et, n'ayant pas vu par moi-même l'*Antiphonaire de Montpellier*, j'en concluais que le préambule de ce document devait être du même auteur que tout le reste du manuscrit, d'autant plus probablement que Réginon, dans son *Epistola de Institutione harmonica*, annonce en termes formels qu'il a corrigé et mis en ordre toutes les pièces des livres de chant liturgique de la cathédrale de Trèves, lesquels étaient alors remplis de fautes et d'erreurs.

On prit les *Scriptores* de Gerbert que M. l'abbé Tesson possédait, et qui ne faisaient pas encore partie de ma bibliothèque à cette époque : force fut d'avouer que je venais de faire une découverte fort importante qui avait échappé à la sagacité de M. Danjou. Seulement, M. l'abbé Tesson, voyant que je destinais ma petite dissertation à la *Revue archéologique* de M. Leleux, dans laquelle j'écrivais alors, me supplia de n'en rien faire : « Par amitié pour moi, me dit-il, remettez cette publication à » une autre époque, car on croit que le monument de Montpel- » lier est une copie contemporaine de Charlemagne, et *vous pour-* » *riez nuire à la restauration du plain-chant qui m'occupe....* »

La dissertation ne fut point publiée ; j'en conserve seulement le manuscrit comme un souvenir.

Quelques semaines après, M. le docteur Kühnholtz, bibliothécaire de la Faculté de médecine de Montpellier, recevait une lettre de M. l'abbé Tesson, lettre dans laquelle celui-ci lui annonçait que l'auteur du traité en question était Réginon de Prum, écrivain du xe siècle, sans lui faire soupçonner que je fusse pour quelque chose dans la découverte de ce fait archéologique : si bien même, que lorsque j'arrivai à Montpellier pour y transcrire l'Antiphonaire par ordre du ministère de l'Instruction pu-

blique , le docteur Kühnholtz m'aborda , en me disant : « *Con-*
» *naissez-vous la trouvaille de l'abbé Tesson?* »

Il est inutile de faire observer à mes lecteurs que la conduite
de M. l'abbé Tesson parut étrange au digne et savant bibliothécaire ; mais ce qui doit surprendre bien plus, c'est cette idée fixe
et arrêtée d'empêcher la lumière de se produire sur l'origine véritable de l'*Antiphonaire de Montpellier;* c'est cette préoccupation
étroite et mesquine que l'on avait à l'endroit du succès de la fu-
ture restauration de Reims et de Cambrai , succès que l'on crai-
gnait ne pas obtenir , si l'on avait émis un seul doute sérieux
sur l'origine *non grégorienne* du fameux manuscrit !

Aujourd'hui , le mal est consommé ; la prétendue restauration
court les diocèses comme une mendiante orgueilleuse qui se croit
le droit d'avoir un asile partout : elle traite de *déloyaux* tous ceux
qui ne veulent pas reconnaître que ses haillons cachent une souveraine de race légitime et antique. La moindre contradiction l'irrite : elle n'admet ni discussion ni contrôle. Et , à ce propos , on
me permettra de raconter un petit fait historique qui , lui aussi ,
a bien sa moralité.

Ma copie de l'Antiphonaire de Montpellier était déposée depuis
peu à la bibliothèque de la rue de Richelieu , lorsqu'un beau
jour un abbé , cheville ouvrière de l'œuvre rémo-cambraisienne,
vint demander communication de mon manuscrit. M. Claude, l'un
des principaux employés , homme dont l'érudition et la complaisance à toute épreuve égalent l'aimable modestie, s'empressa de
satisfaire au désir de l'ecclésiastique : l'énorme in-folio fut mis
sous les yeux du visiteur qui parut enchanté. Malheureusement ,
la scène changea bientôt de face : à l'admiration succéda soudain
une colère telle, que la bibliothèque impériale n'en a guère vu de
plus violente depuis son origine jusqu'à nos jours.

Que s'était-il donc passé dans l'esprit du lecteur? Ah ! disons-
le tout de suite ! Celui-ci , en tournant et retournant les pages du
volume , était arrivé au titre d'une dissertation que j'y ai insérée,
et dans laquelle je démontre le peu de ressemblance qui existe

entre l'*Antiphonaire de Montpellier* et le *Graduale romanum* édité par la Commission (1). Lire cette dissertation, exclamer à chaque passage que mes assertions étaient mensongères, calomnieuses, infâmes, — demander tout haut comment on osait conserver à la bibliothèque de pareilles choses, — exiger qu'on lui permît d'effacer ou de réfuter sur les marges du volume toutes mes erreurs et toutes mes impostures : tout cela serait impossible à décrire, mais tout cela est tristement vrai, tristement réel, tristement significatif. M. de la Fage, témoin de la scène, n'y pense jamais sans en rire beaucoup ; quant à moi, je n'y songe qu'avec tristesse, parce qu'elle confirme, à mes yeux, l'idée fixe qu'ont les nouveaux restaurateurs, de prétendre toujours à l'infaillibilité, et de ne souffrir jamais la moindre contradiction. Rien ne me semble plus lamentable qu'un triomphe qui se poursuit par des moyens hostiles au triomphe de la vérité elle-même.....

Quoi qu'il en soit, et dussé-je soulever de nouvelles tempêtes, je dirai que, depuis ma mission scientifique, je n'ai jamais cessé de songer à ce que pouvait être l'origine de l'*Antiphonaire de Montpellier*. J'ai toujours cru, et je crois encore, que résoudre cette question capitale, ce serait rendre à la science archéologique un signalé service. Dieu aidant, j'y arriverai peut-être quelque jour. Qui sait ?

En attendant, qu'on veuille bien me permettre de rappeler ici les découvertes que j'ai faites sur cette matière importante.

J'ai d'abord prouvé paléographiquement que l'*Antiphonaire de Montpellier* avait été exécuté, non à l'époque de Charlemagne, mais au xiie siècle (2). « Vainement, dirait-on, écrit l'éminent » académicien M. Ludovic Vitet, que le traité de Réginon peut » n'avoir été intercalé qu'après coup (*dans le manuscrit de Mont-*

---

(1) Dissertation nº ix, *De la réforme du Plain-Chant entreprise par ordre des archevêques de Cambrai et de Reims*, d'après l'*Antiphonaire de Montpellier*.

(2) Copie de l'Antiphonaire, *Préface du transcripteur*, 12 mars 1851, § III, p. 18.

» *pellier*) : le traité et l'Antiphonaire sont de la même main , et ,
» selon toute apparence , à en juger par la forme des lettres , ils
» ont été écrits l'un et l'autre au xII^e siècle ; on pourrait tout au
» plus les faire remonter au xI^e ; mais M. Nisard insiste , NON
» SANS RAISON , pour le xII^e ; or , il faut le reconnaître , c'est là
» porter UNE RUDE ATTEINTE A LA NOBLESSE ET A L'AUTORITÉ DE CE
» MANUSCRIT. Au lieu d'une copie authentique de l'Antiphonaire
» de saint Grégoire , nous n'avons plus qu'un livre de chant écrit
» à cette époque de transition où très-peu de gens comprenaient
» encore les neumes primitifs , et où ceux qui croyaient les com-
» prendre risquaient de se tromper quelquefois (1). »

Dans la note n° II , placée à la fin de mon *fac-similé* de l'Antiphonaire, je renvoie à ma préface, § III, p. 16, et, faisant
allusion à ces paroles que j'y avais émises : *Je crois que l'écriture
appartient au commencement du* xII^e *siècle*, je dis : — « Bouhier
» lui-même est à peu près de cet avis (2), dans son catalogue
» (*Bibliotheca Buheriana*, Faculté de Montpellier, manuscrit n° 19,
» grand in-fol., tome 2, p. 23 , C. 54). Voici ses paroles que je
» ne connaissais pas quand j'écrivis ma *préface*, et qui donnent
» beaucoup de poids à mon opinion : CODEX IN PARGAMENO SCRI-
» PTUS SŒCULO CIRCITER XII ELEGANTISSIME. »

M. de la Fage rend compte de cette découverte précieuse dans
son ouvrage *De la reproduction des livres de plain-chant romain*,
p. 40; toutefois ses expressions, un peu vagues, ne précisent pas
formellement que j'en sois l'auteur. C'est un honneur auquel je
tiens beaucoup, et dont certainement mon excellent ami n'a pas

(1) Articles relatifs à mes *Etudes sur les anciennes notations musicales de l'Europe* (Journal des Savants, cahier de février 1852,
tirage à part, in-4°, p. 32).

(2) On sait que l'illustre Bouhier, président-à-mortier du parlement
de Dijon, membre de l'Académie française en 1727, était un savant
et un bibliophile fort remarquable. Une partie de sa riche bibliothèque forme le fonds actuel de celle de la Faculté de médecine de
Montpellier.

eu la moindre velléité de me priver. Je reconnais bien haut que son cœur est incapable d'une pareille forfaiture.

Depuis lors, une fois lancé sur la voie de la vraié chronologie de l'*Antiphonaire de Montpellier*, je me suis souvent demandé si cette donnée ne pouvait pas aboutir à quelque grand fait musical du moyen âge.

Ce fait, il m'a paru qu'on pouvait le faire coïncider avec la réforme du chant liturgique opérée par saint Bernard vers le milieu du xiie siècle.

L'histoire ne permet pas d'invoquer une autre origine : la réforme de saint Bruno date, en effet, du xie siècle; celle des Prémontrés remonte à l'an 1222, et a été exécutée par l'abbé Emon, ainsi que le constate le P. Lambillotte (1). Ce sont les seules réformes grégoriennes de cette époque, dont l'existence nous soit connue.

Le manuscrit de Montpellier doit avoir appartenu primitivement à quelque église de la Bourgogne : j'en vois la preuve dans une intercalation fort importante et très-ancienne que l'on trouve, folio 112 verso, et qui commence par ces paroles liturgiques : *In Jerusalem cœlestem urbem quo* (sic) *almus jubilat* BENIGNUS... Il en résulterait que Bouhier n'aurait fait qu'acquérir un vieux manuscrit provenant de la province où il était président-à-mortier, et cette province, c'est justement la patrie de la maison de Clairveaux.

La physionomie générale de l'Antiphonaire, dont l'original existe actuellement à Montpellier, vient d'ailleurs confirmer mes conjectures.

Ce manuscrit, disposé en forme de *tonarius* complet, accuse une œuvre de remaniement, de correction, de classement, plutôt qu'une œuvre usuelle et pratique à l'usage des chantres. Les premiers feuillets surtout, où la main du copiste a écrit, effacé et écrit encore les premiers mots notés de chaque morceau liturgique d'après l'ordre des huit modes grégoriens, comme pour

(1) *Clef des mélodies grégoriennes*, in-4°, 1851, p. 27.

coordonner entre eux les différents matériaux de son vaste ouvrage, indiquent avec évidence quelque chose comme une restauration du chant religieux à l'époque où le manuscrit a été exécuté. Enfin, la double notation, l'une en neumes, l'autre en lettres, assez exacte quant aux neumes, mais très-négligée quant aux lettres, nous montre que le rédacteur faisait en quelque sorte un travail préparatoire en vue d'un autre travail définitif et solennel.

Plus je réfléchis à l'Antiphonaire de Montpellier, à l'époque où il a vu le jour et à la nature intime de la disposition de son contenu, plus j'incline à croire qu'il est véritablement la minute et la base de la restauration du chant liturgique exécuté par ordre de saint Bernard et sous les yeux mêmes de ce saint docteur.

D'ailleurs, le président Bouhier ne possédait pas que ce précieux trésor provenant de Clairveaux. Lorsque j'étais à Montpellier, j'y ai découvert, à la bibliothèque de médecine de cette ville, de nombreux fragments d'un *Graduale*, très-grand in-folio, écrit sur parchemin, dont les prédécesseurs de M. Kühnholtz s'étaient servis pour faire recouvrir une grande quantité de volumes de ce dépôt. Avant d'achever la destruction complète des feuillets qui restaient encore de cet ouvrage, le docteur Kühnholtz me consulta, et ma réponse favorable fut, pour lui, un motif de plus de préserver d'une ruine complète un document qui me paraissait avoir la plus haute importance. Ce document se termine par ces mots : « *Hunc librum et alios similes ad reque-* » *stam et procurationem Domni Petri, abbatis Clarevallis, scripsit* » *et notavit frater Gervasius de Felleria, religiosus de Jardineto,* » *Anno Dni* 1496. *Orate pro eis.* »

Je n'avais vu les fragments de ce *Graduale* que quelques jours seulement avant mon départ de Montpellier, et, absorbé par d'autres soucis, il m'avait été impossible d'en rien copier. Heureusement pour moi, j'avais dans cette ville quelques bons et fidèles amis qui pouvaient me venir en aide dans cette circonstance. L'un d'entre eux, M. Alcide Paladilhe, docteur en méde-

cine, musicien fort distingué et père d'un admirable petit enfant
à qui les surprenantes dispositions musicales ont mérité les fa-
veurs du conseil municipal de Montpellier (1), cet ami, dis-je,
sur ma demande, se mit à mon entière disposition, et me trans-
crivit, avec la patience d'un vrai paléographe, presque tout ce
qui reste de la copie du frère *Pierre de Feller*.

Ceci se passait en mai et en août 1853.

(1) C'est en 1851 que j'eus l'occasion de voir, à Montpellier, le
petit Emile Paladilhe, chez le docteur Lordat, l'éminent professeur
de physiologie que toute l'Europe vénère comme un chef d'école. Le
docteur Kühnholtz m'avait ménagé cette heureuse rencontre. L'enfant avait alors sept ans à peine. Mon étonnement fut profond et ne
s'effacera jamais de ma mémoire. — Le 22 mars 1851, je faisais paraître un article sur cet enfant merveilleux dans l'*Echo du Midi*.—
Le 28 juillet suivant, M. Vincent, membre de l'Institut, lisait un
rapport à l'Académie des sciences sur Emile Paladilhe, d'après les
documents que j'avais révélés au monde musical; ce rapport, qui fit
sensation, fut reproduit dans tous les grands journaux de Paris. —
Le 31 mars de la même année, M. Halévy, l'illustre compositeur,
s'exprimait ainsi sur le petit Emile : « Il est certain que tout ce que
» dit M. Nisard, indique chez cet enfant une aptitude incontestable
» et une organisation merveilleuse. J'ai le plaisir de connaître M.
» Nisard : c'est un excellent juge, un juge irrécusable en ces ma-
» tières; son témoignage a donc ici une haute valeur. Je pense,
» comme lui, que ce jeune prodige trouverait à Paris les facilités de
» développer ses étonnantes dispositions; il faut donc absolument
» trouver le moyen de l'y faire venir. » — Aujourd'hui, grâce à
Dieu, le Conseil municipal de Montpellier a eu la haute sagesse et la
sympathie de voter un subside qui permet à notre petit Paladilhe de
fréquenter les cours du Conservatoire de musique de Paris. M. Halévy
est l'heureux professeur de haute composition musicale de l'enfant
artiste qu'il admirait d'abord sans le connaître, et qu'il aime aujour-
d'hui avec toute la tendresse d'un père. Quant à M. le docteur Alcide
Paladilhe, c'est le demeurant d'un autre âge pour la loyauté des affections : son âme ardente et pleine du plus noble dévouement m'honore d'une amitié et d'une reconnaissance que je suis loin de mériter,
mais qui me dédommage de bien des ingratitudes dont j'ai été la victime...

Hé bien ! je dois le dire : de 1150 à 1496, texte et chant se sont certainement modifiés chez les religieux de Clairveaux, mais, au fond, l'étude la plus patiente et la plus minutieuse m'a fait découvrir des analogies si frappantes et si profondes entre le *Graduale Cisterciense* de 1496 et l'*Antiphonaire de Montpellier*, qu'il m'est impossible aujourd'hui d'assigner à la découverte de M. Danjou une autre origine que celle de la réforme grégorienne opérée par saint Bernard.

Plus j'y réfléchis, plus je crois être dans la plus stricte vérité historique.

J'ai vu, étudié et comparé entre eux les *Graduels* de tous les ordres religieux dont l'origine remonte au moyen âge. Tous se ressemblent au fond, mais ils offrent de nombreuses nuances qui permettent de les classer à coup sûr en catégories bien distinctes. Malgré l'identité fondamentale qui montre leur source commune, il ne reste pas moins évident que le chant des Chartreux, par exemple, n'est pas celui des Prémontrés, et que la liturgie musicale de Cluni diffère un peu de celle de Clairveaux.

J'ai les documents sous les yeux ; mais la thèse que j'ai à soutenir, n'exige pas le moins du monde que je prouve la légitimité de ma proposition. Il me suffit de l'énoncer, en laissant aux érudits le soin de la vérifier d'après les monuments archéologiques.

Or, les monuments sont là ; on peut les analyser, les étudier, les comparer. Cette analyse, cette étude, cette comparaison, c'est une faveur, en quelque sorte, que je sollicite de toutes les forces de mon âme, tant je suis sûr de la victoire.

En attendant le résultat de cette enquête scientifique, je pose le dilemme suivant :

L'*Antiphonaire de Montpellier* est, dit-on, une copie authentique de l'œuvre de saint Grégoire, et j'ajoute que ce manuscrit, selon moi, est peut-être bien le travail original de la réforme de chant liturgique opérée par saint Bernard au xiie siècle.

S'il est une copie authentique de l'Antiphonaire grégorien, il faut convenir que la Commission rémo-cambraisienne se con-

duit, à l'endroit de ce monument, d'une manière fort étrange.
Ces messieurs, en effet, disent à qui veut l'entendre, qu'il y
a des fautes dans l'*Antiphonaire de Montpellier* (1), que les traits
Eripe me et *Ad te levavi* contiennent des formules inexactes, et
que le graduel *Speciosus forma* y est *tout-à-fait dénaturé par une
mauvaise transposition* (2).

Quelle irrévérence! et que penser de nos modernes réforma-
teurs qui traitent, sans plus de façon, un spécimen apporté en
France par des artistes de l'école grégorienne à l'époque de
Charlemagne?

Si l'*Antiphonaire de Montpellier* n'est que la minute et le canevas de la réforme liturgico-musicale opérée au XIIe siècle par
saint Bernard, c'est pis encore, car saint Bernard est l'ennemi
déclaré du chant grégorien, comme nous le rappelle si spirituel-
lement M. Adrien de la Fage dans son opuscule intitulé : *De la
reproduction des livres de plain-chant romain.* « Saint Bernard nous
» apprend, dit M. de la Fage, que les abbés de Cîteaux, voulant
» avoir de l'office chanté un texte musical aussi pur que possible,
» s'adressèrent à Metz, où, disait-on, se conservait l'ancien An-
» tiphonaire *grégorien ;* on en eut bientôt une copie, qui, tout
» exacte qu'elle était ou peut-être bien à cause de cela, trompa
» l'attente de tout le monde. On reconnut que cet antiphonaire
» tant réputé était fort corrompu et fort mal digéré, *vitiosum et
» incompositum nimis.* On s'en servit toutefois pendant quelque
» temps, c'est-à-dire jusqu'à ce que l'on chargeât saint Bernard
» et les cisterciens les plus habiles dans le chant d'en faire une
» révision générale. Ils se mirent au travail, et nous apprenons
» comment et par quels motifs il fut procédé, dans une Pré-
» face dont le rédacteur fut bien certainement saint Bernard.
» L'ancien antiphonaire y est traité avec le plus extrême mépris :
» de graves et nombreuses absurdités l'obscurcissent, *gravis et*

(1) *Mémoire*, p. 14.
(2) *Ibid.*, p. 15.

494

» *multiplex offuscet absurditas;* c'est chose indigne pour des régu-
» liers de chanter les louanges de Dieu de façon si peu régu-
» lière, *indigne videbatur qui regulariter vivere proposuerunt, hos*
» *irregulariter laudes Deo decantare;* les réviseurs ont écarté toute
» l'ordure de faussetés et toutes les licences illicites qu'y
» avait introduites l'ineptie, *eliminata falsitatum spurcitia expulsis-*
» *que illicitis ineptorum licentiis.* Quiconque examinera le nouvel
» antiphonaire, ne devra ni s'étonner ni s'offenser d'y rencontrer
» un chant tout autre que ce qu'il a jusqu'alors entendu, *aliter*
» *quam hucusque audierit,* et presque toujours différent, *in ple-*
» *risque mutatum;* si l'on a conservé de l'ancien antiphonaire
» quelques parties tolérables, ce n'est pas qu'elles n'eussent pu
» être traitées infiniment mieux, *multo melius possent haberi;*
» enfin, ajoutent saint Bernard et ses collaborateurs, La mu-
» sique étant l'*art de bien chanter,* elle rejette tout ce qui au lieu
» d'exactitude n'offre qu'irrégularité et désordre, *Denique cum*
» *Musica sit* recte canendi scientia, *omnes hujusmodi cantus a mu-*
» *sica excluduntur, qui nimirum non recte sed irregulariter et inor-*
» *dinate cantantur.* — N'oubliez pas, dit en terminant M. de la
» Fage, que cet antiphonaire si maltraité était la copie sans
» doute identique de celui de Metz, pour lequel on professait
» alors une si grande estime, que l'on disait avoir été envoyé à
» Charlemagne par le pape Adrien, et qui était, ajoutait-on, une
» copie exacte et authentique de celui de saint Grégoire (1). »

Voilà peut-être le *point de départ* des éditeurs de Reims et de
Cambrai! Leur œuvre repose peut-être sur celle de saint Bernard *qui n'a conservé que très-peu de choses de l'ancien chant gré-*
gorien! On s'est peut-être pris d'une admiration sans bornes
pour un manuscrit fort précieux sans aucun doute, mais dont le

---

(1) *De la reproduction des livres de plain-chant romain,* pp. 16-17.
Le texte latin de saint Bernard se trouve à la fin du volume de M. de
la Fage, pp. 155-156. Si ce texte est curieux, l'analyse qu'en a faite le
maestro moderne et que l'on vient de lire, est fort curieuse aussi.

495

contenu, en définitive, est l'antipode des traditions musicales
de saint Grégoire! Voilà bien certainement un horizon inattendu
qui s'ouvre aux regards de l'archéologie. « Cherchez, dirons-
» nous donc à la science moderne, cherchez à consolider ou à
» renverser mes conjectures sur l'origine réelle de l'*Antiphonaire*
» *de Montpellier*, et tournez de ce côté la patience de vos inves-
» tigations. Si la découverte se confirme, il ne restera plus à
» ces messieurs de Reims et de Cambrai que l'ennui d'avoir pris
» l'abbaye de Clairveaux pour la ville de Rome, et saint Bernard
» pour saint Grégoire-le-Grand. Ils seront contraints d'avouer
» alors qu'en trouvant des fautes dans l'Antiphonaire cistercien
» de saint Bernard, ils ne s'attendaient pas le moins du monde
» à se rencontrer face à face avec un docteur qui ne doit pas
» être bien satisfait de leurs corrections ni charmé de leurs cri-
» tiques. »

Quoi qu'il en soit, que l'*Antiphonaire de Montpellier* nous vienne
de l'école grégorienne ou de la réforme bernardine, il y a un fait
qui subsiste dans toute sa force : ce fait, c'est qu'à Reims et à
Cambrai, on a beaucoup moins respecté qu'on le pense communément, le fonds, la phrase mélodique du manuscrit bilingue. Sous
prétexte que *tous les anciens réponds-graduels se ressemblent* et que
cette unanimité atteste manifestement l'identité d'origine qui est l'Antiphonaire de saint Grégoire (1), les nouveaux éditeurs en sont
venus à corriger beaucoup trop le manuscrit de Montpellier, ce
qui tendrait à prouver qu'il ne ressemble pas aux autres ou que
les autres ne lui ressemblent pas.

Je vais essayer de faire connaître à mes lecteurs, par quelques
citations, la véritable part d'influence que le manuscrit découvert
par M. Danjou a exercée sur la restauration de Reims.

Pour bien comprendre ce que le *Graduale romanum* nouveau
est à l'*Antiphonaire de Montpellier*, il faut d'abord tenir compte
d'un grand principe posé par les éditeurs eux-mêmes. Ces

(1) *Graduale romanum*, 1851, Introduction, pp. ij et iij.

messieurs crient à la corruption du chant ecclésiastique à la vue de la plus petite variante mélodique qu'ils aperçoivent dans nos vieilles éditions. *Une note de plus, une note de moins, une note changée*, c'en est assez pour alarmer leur puritanisme archéologique. Or, lorsque l'on est sévère à ce point pour les autres, n'est-il pas juste que l'on soit payé de retour? N'est-ce pas le cas de dire : *In qua mensura mensi fueritis, remetietur vobis, et adjicietur vobis?*

Hé bien ! en prenant une loupe, puisque ces messieurs nous en donnent l'exemple, et en mettant leur œuvre de restauration soidisant grégorienne et rigoureuse en regard du manuscrit de Montpellier, on y voit d'abord, et à l'instant même, des myriades de taches et d'imperfections qui pourraient passer pour insignifiantes chacune en particulier, mais dont l'ensemble forme comme une vaste plaie d'une effrayante laideur. L'arbitraire y coudoie la négligence ; l'inexactitude la plus incroyable y tient lieu de régularité parfaite. En étudiant une ligne de ce fatras, car c'en est un, l'œil le plus indulgent voit une faute, une dissemblance, — quelquefois deux, — quelquefois trois, — quelquefois davantage, mais on se dit : *Ce sont des* LAPSUS ; en poussant l'examen plus loin, on ajoute : *Ceci devient grave;* en soumettant enfin tout l'ouvrage à une critique générale, on finit par avouer, malgré soi, que la restauration de Reims et de Cambrai est une entreprise faite en dépit du bon sens. Le mot est dur, mais je n'y puis rien.

Il y a plusieurs genres d'inexactitudes dans le *Graduale romanum* de ces messieurs.

On y remarque d'abord, à chaque instant, les mêmes signes neumatiques de l'Antiphonaire de Montpellier, très-diversement traduits en notation moderne.

Ici, ce sont des notes ajoutées ou substituées à celles de l'original, on ne sait pourquoi ; quelquefois même ce sont des coupures mélodiques plus ou moins considérables.

Là, ce sont les dictions qui se terminent d'une manière dactylique, et dont le chant primitif a été arrangé tantôt d'une façon tantôt d'une autre , pour l'assouplir plus ou moins bien à une exigence littéraire dont il serait difficile de se départir aujourd'hui.

Ailleurs, ce ne sont plus des dissidences de détail : ce sont des bouleversements complets de mélodie liturgique dont les types se trouvent partout et ne se trouvent nulle part.

Enfin , là où le chant est presque semblable à celui dont on se sert depuis des siècles en France , il est modifié par une certaine forme de sémiologie , sans que la cantilène y gagne quelque chose.

Si je voulais dresser un procès-verbal en bonne et due forme , il me faudrait faire un volume in-folio , comme en écrivaient les bollandistes et les bénédictins ; ce serait , pour une pareille discussion , perdre plus de temps que la chose n'en vaut.

Rendons service à l'art religieux, mais réservons notre patience et notre courage à des travaux plus dignes du chant de saint Grégoire et de l'Eglise.

J'atteindrai le but que je me propose , en me contentant de donner quelques preuves des différents genres d'altérations signalés plus haut et qui existent dans le *Graduale* de Reims et de Cambrai , comparé à l'*Antiphonaire de Montpellier*.

PREMIER GENRE D'ALTÉRATIONS. — *Mêmes signes neumatiques très-diversement traduits.*

Le *podatus* , par exemple , est une ligature composée de deux notes ascendantes, quel que soit l'intervalle qui les sépare, pourvu toutefois que cet intervalle n'excède pas celui de quinte.

Le *podatus* est écrit des trois manières suivantes dans l'*Antiphonaire de Montpellier* : ♩ ♪ ♪ .

Je ne veux pas entrer dans des discussions que je crois fort inutiles ici , sur la vraie méthode de traduire en notation moderne ces trois formes de *podatus* : il suffit à ma thèse de constater quel est le système sémiographique adopté *en principe* par ces messieurs , et de montrer à mes lecteurs , par un petit échantillon , qu'en pratique le *Graduale* rémo-cambraisien nous offre mille fantaisies capricieuses, sans frein ni règle. La sévérité m'est d'autant plus permise , en cette circonstance , que les nouveaux éditeurs disent à intelligible voix : « Avec les autres manuscrits , » on peut faire, sur la valeur des signes neumatiques des con- » jectures plus ou moins savantes , mais toujours incertaines ; » avec le manuscrit de Montpellier, on les lit (1). »

Or , ces messieurs indiquent , dans l'*Introduction* de leur *Graduale* , la traduction suivante :

(2)

Ce qui revient à dire que , chaque fois que le manuscrit de Montpellier contiendra un *podatus* dont de pied consiste en un point allongé horizontalement , ils le traduiront par une note carrée ordinaire suivie d'une autre note carrée à queue ; secondement , qu'ils remplaceront la note carrée ordinaire par une losange , lorsque le pied du neume sera *plié;* et, en troisième lieu, que la première note de l'interprétation du *podatus* sera une double carrée ordinaire, quand le neume aura la troisième forme indiquée plus haut.

Voilà qui est clair. Ceci , d'ailleurs , a d'autant plus d'importance , que ces messieurs attachent le plus haut prix à ces variantes sémiologiques , lesquelles , suivant eux , reproduisent autant que possible l'*expression de l'ancien chant grégorien* (3).

Or , que l'on ouvre le nouveau *Graduel* à tout hasard , et l'on verra que les éditeurs se soucient fort peu des règles données par eux-mêmes.

Ils traduisent la première espèce de *podatus* , ici par deux notes

---

(1) *Mémoire sur la nouvelle édition du Graduel* , etc., p. 13.

(2) *Page* viij.

(3) *Graduale* , Introduction , p. vij.

carrées, là par une note carrée et une note caudée ou virgulaire, et souvent même, quand la seconde note est armée d'une queue, ils posent cette queue à gauche de cette note au lieu de la placer à droite, ce qui ressemble alors à une liaison mal exécutée par la typographie (); ailleurs, c'est la première note qui est accompagnée d'un trait ascendant ou descendant écrit à droite de cette même note, tandis que la seconde est une carrée ordinaire (); plus loin, le *podatus* dont nous parlons, est représenté par une losange et une carrée munie d'une virgule ().

Dans l'Introït du quatrième dimanche après la Pentecôte, il n'y a que deux *podati* de cette espèce ; pas un n'est traduit d'après la sémiologie adoptée comme principe.

Dans l'Introït de saint François-Xavier, il y a sept *podati*, de la même espèce encore : les éditeurs emploient quatre traductions différentes pour les exprimer.

Dans le Graduel du deuxième dimanche de l'Avent, il y en a quatorze : dix sont traduits logiquement par ces messieurs ; trois sont écrits par deux notes carrées ; le dernier se trouve coupé en deux et termine le morceau autrement que ne l'indique le manuscrit bilingue.

Dans le Graduel de la troisième messe de Noël, il y en a vingt : l'un d'entre eux n'est pas traduit à cause de l'accentuation qu'il fallait rétablir ; un autre est encore coupé en deux avec repos intermédiaire et deux notes carrées pour exprimer le dernier son de la ligature qui n'existe plus ; douze suivent la règle de l'introduction du nouveau *Graduale ;* cinq sont figurés par deux notes quadrangulaires, et un se trouve timidement interprété par la notation suivante : .

Est-ce la peine de continuer mon travail d'analyse critique ? Faut-il faire remarquer à mes lecteurs, que si, pour un signe neumatique dont la signification n'est douteuse pour personne, la Commission de Reims et de Cambrai a varié à chaque page et à chaque ligne, il s'ensuit qu'elle n'a pas le moins du monde respecté *le fameux Antiphonaire* sur l'autorité duquel elle s'appuie avec tant d'emphase.

Ce qui précède est de nature , je le crois fermement, à ébranler la foi des admirateurs les plus obstinés de l'œuvre rémo-cambraisienne. Ils peuvent m'en croire : l'échantillon que je viens de leur donner, n'est pas choisi entre mille, et j'affirme que le désordre qui règne dans la notation du nouveau *Graduale romanum* , est partout aussi effrayant , aussi incroyable , que celui dont on vient de voir des preuves manifestes.

Ceux qui voudront s'en assurer par eux-mêmes, en établissant une comparaison loyale entre le livre de Reims et de Cambrai , et le manuscrit de Montpellier , ceux-là , dis-je , n'auront pas le courage de pousser la besogne jusqu'au bout ; pour moi , je me contente de les renvoyer à la IXe dissertation que j'ai mise à la fin de ma copie de l'Antiphonaire bilingue , qui est déposée à la bibliothèque impériale de Paris. Je suis loin d'y épuiser la matière, mais j'y pose les assises d'une critique féconde en résultats : — « *Si quis me mentiri putat, veniat, experiatur et vi-* » *deat* (1). »

DEUXIÈME GENRE D'ALTÉRATIONS. — *Notes ajoutées ou substituées à celles de l'Antiphonaire de Montpellier. Coupures mélodiques.*

Les additions ou substitutions sont de peu d'étendue dans le Graduel de Reims. Par-ci par-là , les éditeurs glissent ou changent une note, quelquefois parce qu'ils ont mal copié, mais quelquefois aussi pour corriger la leçon du manuscrit qu'ils ont pris pour *point de départ* et qu'ils enrichissent en vertu de leur goût musical.

Ainsi, par exemple, la Communion du XXVIIe dimanche après la Pentecôte commence , dans le manuscrit de Montpellier , par la formule suivante :

Vovete.

----

(1) Gui d'Arezzo , *Prologue prosaïque* de son *Antiphonaire*.

Les éditeurs trouvant ce début un peu plat pour leur oreille, ils l'ont remplacé par cet autre emprunté aux Chartreux :

Y avait-il nécessité de faire ce changement ? Je ne le crois pas, puisqu'aucune règle connue de l'ancienne tonalité n'était ici mise à néant par le copiste du monument digrapte.

Autre exemple. — Dans l'Introït des saints Innocents, la première syllabe du mot *tuos* qui termine ce morceau liturgique, est ainsi notée dans le manuscrit :

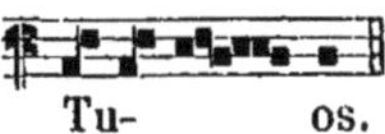

Cette formule déplaisant encore à ces messieurs, ils lui ont substitué celle-ci qui leur a paru de meilleur goût :

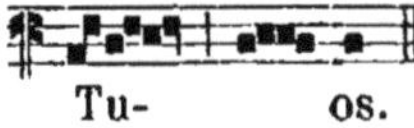

Malheureusement, les Chartreux ne sont point ici de l'opinion de la Commission rémo-cambraisienne, puisque leur chant, dans cette circonstance, est parfaitement d'accord avec celui de Montpellier ; le voici :

Autre exemple. — Citons l'*Alleluia.* ℣. *Surrexit Dominus* de la 3ᵉ férie après Pâques, tel que les nouveaux éditeurs l'ont donné, pp. 205-206 de leur *Graduale :*

(1) Le manuscrit de Montpellier porte *Altissimus* au lieu de *Dominus*, mais c'est là un fait liturgique en dehors de toute discussion, puisqu'il dépend de la seule volonté de l'Eglise.

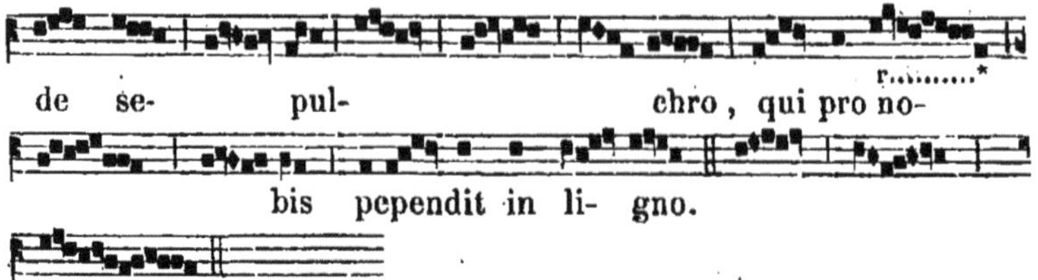

En comparant la leçon du manuscrit de Montpellier (fol. 65 verso) à la transcription qu'en donne ici la Commission rémo-cambraisienne , et que je viens de mettre *in extenso* sous les yeux de mes lecteurs, on y remarque de nombreuses atteintes portées à la *mélodie* du précieux monument, abstraction faite des notes d'agrément et de la vraie manière de traduire les neumes.

Ainsi, même en admettant que les nouveaux éditeurs ne se soient point trompés dans leur interprétation sémiologique de l'Antiphonaire bilingue , leur exactitude, malgré cette hypothèse inadmissible , serait encore en défaut dans une foule de circonstances , et leur œuvre ne mériterait , à aucun égard , le titre d'*archéologique*.

La preuve de cette assertion est on ne peut plus facile, comme on va le voir.

Dans le verset alléluiatique que j'ai cité quelques lignes plus haut , les éditeurs modernes notent la seconde syllabe du mot *sepulchro* de la manière suivante : 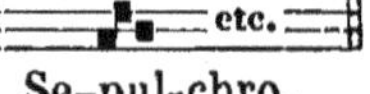 , tandis que ,

pour être conformes au manuscrit , ils auraient dû écrire :

Ils indiquent une répétition (r.........*) de huit notes sur la première syllabe du pronom *nobis;* ce qui veut dire que cette série de notes se trouve deux fois de suite dans l'*Antiphonaire de Montpellier*, et que les amateurs peuvent, s'ils le désirent, se conformer littéralement à la leçon de ce manuscrit (1). Or ,

____

(1) *Graduale Romanum*, Introduction , p. iij.

dans le cas présent, les éditeurs ne sont pas exacts. Au lieu de :

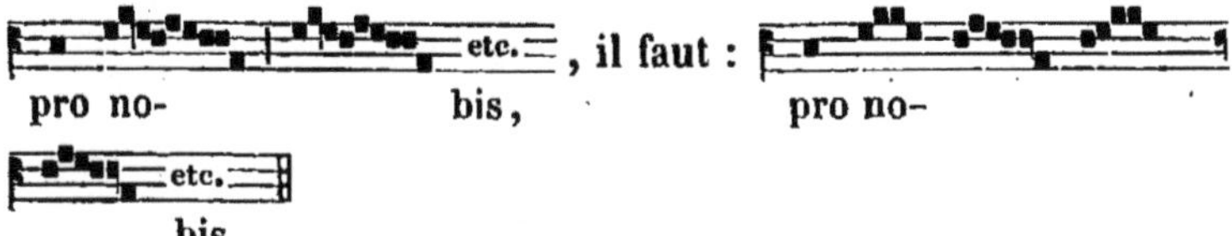

Dans la vocalise qui règne sur cette même première syllabe du mot *nobis*, la Commission de Reims et de Cambrai a écrit un *si naturel* (); tandis que le manuscrit bilingue marque positivement un *si bémol*. Ici, comme en des milliers de cas analogues, les restaurateurs modernes ont oublié ces paroles qu'ils ont insérées dans leur *Mémoire sur la nouvelle édition du Graduel* : — « Disons, en passant, que le manuscrit de Montpellier est le » seul (1) qui fasse distinguer le *si bémol* du *si naturel*. La lettre l, » qui représente le *si*, est droite quand le *si* est naturel, et pen- » chée quand il doit être bémolisé. Nous avons pu constater par » là l'emploi du *si* bémol dans une foule de circonstances où il » n'est nullement nécessaire pour éviter la relation du triton. Il » sert à donner à la mélodie un caractère particulier, comme » dans le magnifique Graduel de la fête de saint André : *Consti-* » *tues eos principes.* Comment retrouver, sans cette traduction, » ces nuances que rien ne peut faire soupçonner ? Et si on ne » les reproduit pas, que devient la beauté des mélodies gré- » goriennes (2) ? »

Mais voici qui est plus fort : ces messieurs, effrayés en quelque sorte des interminables vocalises qu'ils avaient à reproduire, ont pris le parti d'en retrancher un grand nombre sans en rien dire à personne, et tout en proclamant *la richesse de la mélodie grégo- rienne*, de ces *neumes ou suites de notes qui se trouvent sur cer- taines syllabes, et particulièrement aux finales des Graduels et des*

(1) Cette assertion de ces messieurs n'est rien moins que vraie.
(2) Page 14.

ALLELUIA (1). Que diront mes lecteurs, quand je leur apprendrai que l'*Antiphonaire de Montpellier* termine le verset alléluiatique cité plus haut de cette manière :

In li- gno.

, et que la Commission rémo-cambraisienne le finit ainsi :  ?...

In li- gno.

TREIZE NOTES DE MOINS ! Bien certainement, c'est là une mutilation dont on n'aurait jamais eu l'idée d'accuser les défenseurs

(1) *Ibid.*, p. 27. « Le maintien ou la suppression des neumes, dit
» M. l'abbé Jules Bonhomme dans sa *Simple réponse à la brochure du*
» *P. Lambillotte*, est UNE QUESTION DE VIE OU DE MORT pour le chant
» ecclésiastique. Ce sont ces neumes qui distinguent la mélodie gré-
» gorienne de toute autre ; qui lui donnent cette allure originale et
» saisissante que n'ont jamais su contrefaire les inventeurs de litur-
» gie du siècle dernier. Ce qui, au premier abord, ne paraît qu'une
» interminable suite de notes, lorsqu'on l'étudie, se détache bientôt
» en phrases et en périodes ; les périodes à leur tour s'harmonisent en
» cadences qui s'appellent et se répondent avec une parfaite récipro-
» cité ; et cet ensemble, à la fois réglé et libre dans sa marche, ex-
» prime admirablement la variété et la délicatesse de tous les senti-
» ments chrétiens. Accompagnant d'ordinaire l'*Alleluia* de la messe,
» les neumes sont destinés à peindre les mystérieuses jubilations de
» l'âme. Tant que le chant a roulé sur les paroles du verset, c'était la
» bouche qui énonçait avec précipitation la pensée dont l'âme était
» remplie ; mais, dès que les mots ont cessé et que le neume com-
» mence, le cœur revient sur ce qui a été dit, et, cette fois, il s'é-
» panche avec complaisance, il s'abandonne sans mesure à ses trans-
» ports. L'allégresse le déborde et ruisselle comme la liqueur d'un
» vase trop plein. Le chrétien ne saurait plus parler en ce moment,
» il chante. »

Voilà, certes, un magnifique langage ! On va voir, cependant, que toutes ces belles phrases n'aboutissent pas à grand'chose, et que M. Bonhomme connaît mieux sa rhétorique que le *Graduale romanum* dont il prend si poétiquement la défense.

de la *richesse des mélodies grégoriennes!* Est-ce le seul acte de vandalisme de cette espèce que l'on puisse reprocher à ces messieurs? Hélas! non.... leur livre est là ; c'est le glaive suspendu sur la tête de Damoclès. A ceux donc qui soutiendraient qu'il faut de nombreuses citations pour asseoir solidement l'accusation que je formule contre Reims et Cambrai, je me contenterais de répondre :

« Voyez le *Graduale romanum* de 1851, comparez-le au manuscrit
» bilingue, et vous conviendrez vous-mêmes que, loin de m'ap-
» puyer dans cette discussion sur quelques rares erreurs, j'ai pour
» moi, et contre la Commission rémo-cambraisienne, des milliers
» de passages semblables à ceux que je viens de signaler. »

Troisième genre d'altérations. — *Remaniements mélodiques occasionnés par le rétablissement de l'accentuation latine.*

Je ne donnerai qu'un exemple.

Les nouveaux restaurateurs, ayant à noter le mot *Dominus* qui, dans la communion du Jeudi-Saint, se trouve deux fois avec la même mélodie, avaient à éviter trois notes que l'Antiphonaire de Montpellier place au-dessus de la syllabe *mi.*

Avec un plan tant soit peu arrêté et de l'ordre dans la marche à suivre en pareil cas, ces messieurs ne seraient pas tombés dans l'arbitraire et la fantaisie; ils se seraient abstenus, surtout, de traduire de deux manières différentes une seule et même chose dans un seul et même morceau.

Mais les restaurateurs n'y ont pas seulement pris garde, et ils ont écrit :

Cette critique pourra paraître à plusieurs d'une bien minime valeur, mais tel n'est pas mon avis. M. Fétis a fait remarquer, dans ses beaux articles sur les *Origines du plain-chant,* la difficulté qu'il y a de rétablir l'œuvre de saint Grégoire en y introduisant la quantité latine. L'érudit et éminent musicographe est dans le vrai : la difficulté dont il parle est des plus sérieuses. Si l'on restaure le plain-chant d'une manière archéologique, il faut respecter l'inobservance de l'accentuation latine ; si on le restaure d'une manière pratique, il faut s'en tenir aux usages reçus et ne pas remonter aux sources, comme le veut la Commission de Reims. Tenir un milieu entre ces deux limites, c'est une périlleuse besogne, dont le résultat peut froisser également et l'archéologie et la pratique ; c'est un écueil, en un mot. Les nouveaux éditeurs sont venus se heurter, se briser même contre cet écueil : le remarquable exemple qu'on vient de lire, prouve l'embarras dans lequel leur système de transaction les a jetés. Si, dans un seul et même morceau, leur sagacité se trouve prise en flagrant délit, que penser de l'ensemble de leur travail considéré sous le rapport du chant grégorien accommodé à la quantité de la langue liturgique? Que d'inconséquences ! que de formules arbitraires ! que de rhabillages maladroits ! J'ai soigneusement examiné la restauration rémo-cambraisienne sous ce rapport, et j'avoue, en toute sincérité, que je ne voudrais pas avoir la conscience chargée des mutilations innombrables que leur inexpérience a fait ici subir au texte mélodique de l'*Antiphonaire de Montpellier*.

QUATRIÈME GENRE D'ALTÉRATIONS. — *Mélodies de l'Antiphonaire de Montpellier entièrement méconnues par les nouveaux éditeurs.*

Ces messieurs en conviennent eux-mêmes : « Le Graduel *Spe-* » *ciosus*, disent-ils, y est tout-à-fait défiguré par une mauvaise » transposition. Etc.... (1). »

Je prie mes lecteurs de faire attention au singulier *Et cetera* qui termine la citation précédente. Il n'est pas de moi ; il est de ces messieurs, et c'est un aveu formidable, ou je me trompe fort.

J'ai constaté dans la dissertation n° IX, placée à la fin de ma copie de l'Antiphonaire bilingue, que le *Speciosus* de ce manuscrit ne peut pas être corrigé et n'a pas été corrigé par le seul redressement de la *mauvaise transposition* dont se plaint la Commission de Reims et de Cambrai; j'y ai constaté également que cette Commission

(1) *Mémoire,* p. 15.

avait frappé d'anathème, en cette circonstance, la leçon des Chartreux, et je me suis permis de dire : « Ainsi, voilà donc le » fameux Graduel des Chartreux et le célèbre *Antiphonaire de » Montpellier,* traités peu respectueusement par les éditeurs dans » cet exemple remarquable.... Et cependant, à les en croire, ces » deux monuments, identiques au fond, sont les guides les plus » sûrs pour toute bonne restauration du plain-chant romain. Il » faut en convenir, la réputation de copie authentique de l'Anti- » phonaire de saint Grégoire, attribuée au monument de Mont- » pellier, reçoit ici une grave atteinte, car UNE PAREILLE COPIE » DEVRAIT FAIRE LA LOI, ET NON LA RECEVOIR. »

Je reviendrai plus loin sur l'examen du *Speciosus forma ;* mais, dès maintenant, je conclus que les nouveaux éditeurs se sont établis juges d'un manuscrit dont ils proclamaient l'excellence et l'auguste origine. Or, ils croyaient ou ils ne croyaient pas à cette excellence et à cette origine. S'ils n'y croyaient pas, ils ne l'ont pas dit, et ils devaient le dire. S'ils y croyaient, ils devaient être plus circonspects, plus *archéologues,* et se souvenir que si *la théorie semble contredire quelquefois la tradition des manuscrits,* il faut *suivre la tradition malgré la théorie, avec la certitude qu'une théorie plus savante et plus profonde que la première, viendra plus tard donner raison à la tradition.*

Si toucher à *un seul point de la loi,* c'est toucher à *la loi tout entière,* ne suis-je pas en droit de conclure que les restaurateurs rémo-cambraisiens, en avançant qu'il y a des morceaux entière- ment défigurés dans l'Antiphonaire bilingue, jettent une déconsi- dération générale sur tout le manuscrit? Du moment, en effet, que ces messieurs y découvrent de pareilles énormités, j'en puis découvrir d'autres à mon tour, et ainsi le prestige est détruit, la confiance perdue, le doute mis à la place de l'autorité. Que de- vient alors le fameux monument? que devient la restauration elle-même de Reims et de Cambrai? cette restauration est-elle archéologique, ou plutôt, ne doit-on pas la regarder simplement comme une œuvre de pure fantaisie, qui a l'exorbitante prétention d'être tout autre chose? Qu'on veuille bien maintenant répondre à ces questions.....

CINQUIÈME GENRE D'ALTÉRATIONS. — *Manie de défigurer, par la forme sémiographique, les chants de la nouvelle édition qui ressemblent à ceux de nos vieilles éditions de livres de chœur.*

Cette manie est un parti pris chez ces messieurs. Ils s'imaginent que les apparences sauvent tout, et, à défaut de restauration dans le fond, ils en font une dans la forme. Plus cette forme et ce vêtement de notation s'écartent de la forme et du vêtement que l'on trouve dans nos vieux livres, plus ils croient donner de l'importance à l'œuvre dont ils sont les patrons et les créateurs.

A mon avis, ce n'est là qu'une toile d'araignée dont le piége n'est pas bien dangereux.

Il faut être plus grave que cela dans une affaire qui est si grave par elle-même.

Or, tout l'*Antiphonarium romanum* des nouveaux éditeurs est exécuté sous l'empire de ce charlatanisme (j'emploie ce mot, parce que je n'en trouve pas d'autre qui exprime mieux ma pensée).

Quant à leur *Graduale*, il offre à chaque page, et souvent à chaque ligne, de nombreuses marques de cet empirisme qui croit produire des merveilles, lorsqu'il mesure la longueur d'un *iota,* cette pauvre neuvième lettre de l'alphabet grec dont la figure est cependant la plus simple de toutes.

En veut-on des exemples? Qu'on ouvre le volume de ces messieurs, et la moisson sera plus qu'abondante, et, après la moisson, les glaneurs trouveront encore une ample récolte.

Donnons quelques preuves à l'appui de notre assertion : — 1° Introït du XVe Dimanche après la Pentecôte :

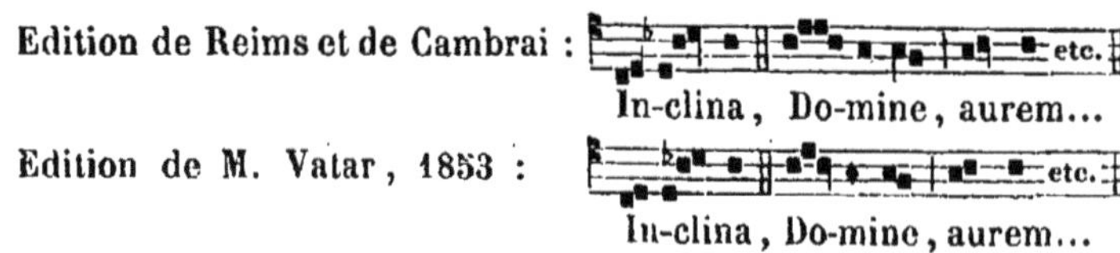

2° Introït de la Vigile de Noël :

Edition de Reims et de Cambrai : 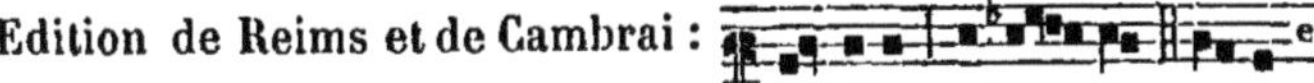

Edition de M. Vatar, 1853 : 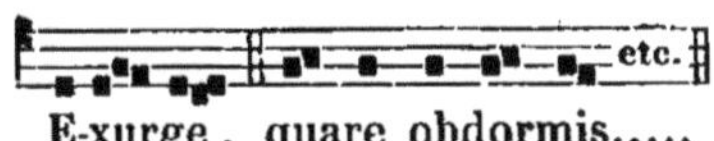

3° Introït de la Sexagésime :

Edition de Reims et de Cambrai : 

Edition de M. Vatar, 1853 : 

4° Communion du IV⁰ Dimanche du Carême :

Edition de Reims et de Cambrai :

Edition de M. Vatar , 1853 :

En voilà bien assez pour que mes lecteurs comprennent que , dans une foule de circonstances, les nouveaux livres de Reims et de Cambrai ne donnent que la leçon des éditions *qui enlaidissent nos sacristies*, mais qu'ils ont alors soin de racheter la pauvreté du fond, suivant eux, par de certains enjolivements dans la forme notationnelle. On doit maintenant comprendre ce que j'entends par ce *cinquième genre d'altérations* que je reproche aux nouveaux éditeurs rémo-cambraisiens. Les chantres avoueront avec moi que des réformes de cette espèce sont, pour eux, des vétilles dont ils ne tiendront jamais compte dans la pratique. Si les éditeurs regardent de pareilles minuties comme des choses importantes et nécessaires , ils doivent prendre résolument leur parti : ils n'avaient pas besoin, pour cela, de l'*Antiphonaire de Montpellier* ; il leur suffisait de lâcher la bride à la verve féconde de leurs caprices.

II. De la restauration rémo-cambraisienne dans ses papports avec les livres des Chartreux et les autres autorités anciennes que l'on invoque.

Je réunis ici deux objets de comparaison, afin d'abréger un examen dont les résultats ne peuvent plus être maintenant à l'avantage des nouveaux restaurateurs. Ceux qui aiment la vérité, sont d'ailleurs fixés sur le mérite de l'œuvre rémo-cambraisienne considérée comme opération archéologique. Sous tous les rapports donc, il importe que je mette un terme à une polémique qui m'est pénible, et qui est de nature à fatiguer les lecteurs les plus intrépides et les plus patients.

Je demande d'abord la permission de citer ici un curieux passage qui se trouve dans le *Mémoire* des nouveaux éditeurs, et qui a pour titre : *De l'unité des manuscrits* (1).

« On s'imagine généralement, disent ces messieurs, que les
» différences entre les manuscrits sont très-considérables. Jamais
» préjugé ne fut plus mal fondé. Une telle mobilité serait contre
» l'esprit éminemment traditionnel qui est le caractère particulier
» de l'Eglise dans tout ce qui touche au culte divin. Qu'on ouvre
» au hasard des manuscrits d'origine diverse, qu'on examine ces
» notations en points, en lettres, en notes analogues aux nôtres,
» on verra que le type du chant est toujours le même, on trou-
» vera partout la même formule mélodique. L'identité n'est pas
» mathématique. La chercher en pareil cas serait demander un
» miracle; mais elle est aussi grande qu'on peut le désirer dans
» des livres écrits à la main, en différents siècles, soumis à toutes
» les causes d'altération que le cours des âges amène nécessaire-
» ment avec lui, surtout dans une matière aussi délicate. Les
» variantes portent, non pas sur les formules, mais sur la ma-
» nière de les relier entre elles..... La manière de couper ou de
» réunir les divers membres des phrases de chant est une autre
» source de divergence..... Cette remarque s'applique surtout aux

(1) Pp. 15-18.

» Introïts et aux Communions. Les Graduels et les Traits, au
» contraire, à cause de la fréquence des formules, sont partout
» les mêmes.

» Cette unité, ajoutent les restaurateurs, cette unité des ma-
» nuscrits est pour nous une conviction profonde, appuyée sur
» une foule de preuves. Tous les manuscrits que nous avons pu
» consulter, ceux des bibliothèques de Paris, de Reims, de Cam-
» brai ; ceux des monastères de Suisse, envoyés en France après
» le pillage des couvents, et maintenant transportés à Rome, et
» rachetés par le Saint-Père pour être rendus à leurs possesseurs
» dans des temps plus calmes ; les anciennes éditions imprimées
» des Chartreux et de Portugal, tous se ressemblent, tous re-
» produisent les mêmes formules, et nous sommes persuadés que,
» si jamais on lit les manuscrits neumés, le premier résultat sera
» la confirmation sans réplique de notre assertion (1). »

A cette longue citation que je viens d'emprunter aux nouveaux
éditeurs, je me contenterai de faire deux simples réponses :

La première, c'est qu'ils n'ont point suivi, dans leur œuvre
d'éclectisme archéologique, la marche indiquée par les Chartreux
dont les livres attestent *l'égalité temporaire des notes dans l'exécution
du chant grégorien*.

La seconde, c'est que l'*unité* prétendue des manuscrits n'est pas
aussi grande que ces messieurs veulent bien le dire.

Si l'UNITÉ DES MANUSCRITS était un fait réel, les restaurateurs
rémo-cambraisiens auraient pu se contenter de reproduire le
chant des Chartreux, puisque ces saints religieux ont conservé la
phrase grégorienne plus purement que les autres chantres du
moyen âge.

Si cette UNITÉ n'était pas une fiction, l'Antiphonaire de Mont-

---

(1) Pp. 15-17. Voir aussi, dans la *Lettre de Monseigneur Parisis,
évêque d'Arras, à Monseigneur l'évêque de ***, sur le choix d'une édition de livres de chant romain*, le RAPPORT de feu M. le chanoine
Planque à Sa Grandeur Monseigneur l'évêque d'Arras.

pellier ne contiendrait pas des morceaux de chant liturgique, et en assez grand nombre, dans lesquels les mutilations sont tellement considérables, qu'il faut absolument recourir à d'autres manuscrits.

On parle de l'identité des types de la phrase grégorienne dans les manuscrits anciens. Soit! mais cette identité que l'on invoque, prouve en général une source, une origine commune, mais non cette unité que l'on proclame. On a beau dire le plus adroitement possible que les formules sont les mêmes dans tous les monuments, et qu'il n'y a de différences que dans la manière de relier ces formules entre elles ou de les séparer les unes des autres : ce sont là des finesses de style que la plupart des lecteurs ne comprennent point, et qui laissent dans leur esprit des idées plus ou moins vagues touchant la vraie nature des faits en question.

La thèse des éditeurs de Reims et de Cambrai serait moins hasardée, si elle consistait dans la proposition suivante : — « En » général, les chants grégoriens, contenus dans les vieux manus- » crits, se ressemblent au fond malgré beaucoup de variantes de » détail, mais cette ressemblance est beaucoup moins grande que » celle qui existe dans les chants romains, tels qu'on les trouve » dans nos livres de chœur publiés depuis le Concile de Trente. » Dans les manuscrits anciens, les divergences se dessinent en » assez grande quantité sur le fond même du chant primitif, » tandis que dans les éditions modernes, le fond est respecté avec » un admirable ensemble, et les antonomies, excessivement peu » nombreuses, n'ont rapport qu'à la méthode d'abréviation em- » ployée par les plain-chantistes du xvie siècle. »

Cette proposition, qui est incontestable, n'entrait pas dans le plan de ces messieurs. Aussi l'ont-ils évitée comme d'habiles navigateurs éviteraient un écueil. Ils ont signalé bien haut les variantes que tout le monde peut constater dans nos livres usuels, en criant à l'*anarchie;* et ils ont caché sous les plis de leurs toges les bigarrures mélodiques des antiques parchemins, accessibles seulement à quelques érudits, en criant à l'*unité.*

Ces messieurs, emportés comme par une sorte de vertige, n'ont pas compris qu'en invoquant, en faveur des manuscrits anciens, *l'esprit éminemment traditionnel qui est le caractère particulier de l'Eglise catholique dans tout ce qui touche au culte divin*, ils réhabilitaient avec éclat les livres de chant de l'Eglise actuelle, et se donnaient ainsi à eux-mêmes un solennel démenti.

Que l'on dise : on peut restaurer archéologiquement le plainchant grégorien en s'appuyant sur les passages que le plus grand nombre des manuscrits nous montreront identiques entre eux ; — rien ne sera plus vrai, puisque la copie originale de saint Grégoire nous manque. Mais il ne faut pas confondre une restauration faite d'après ce principe, le seul possible, avec *l'unité des manuscrits*, qui est tout autre chose et même une chose absurde.

Les lecteurs comprendront la doctrine que je soutiens, lorsque je l'aurai rendue sensible par des preuves.

Examinons donc à ce point de vue le Graduel *Speciosus forma*, morceau qui était difficile pour les anciens, mais qui ne doit pas l'être moins pour les modernes.

Ceux-ci notent le commencement de cette pièce liturgique de la manière suivante :

Edition de La Caille, in-8°, 1666 :

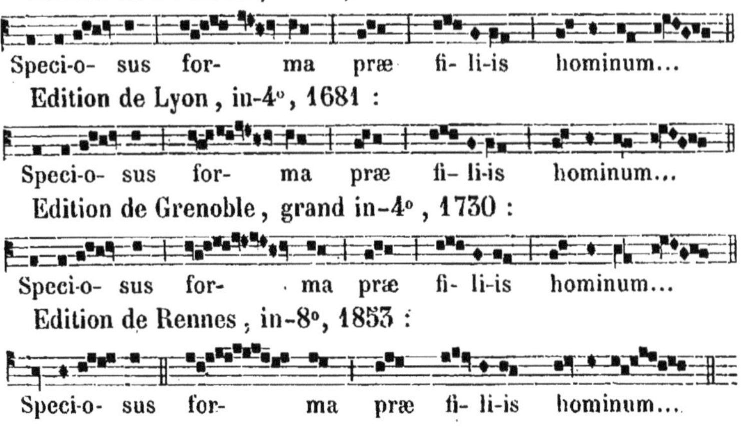

Edition de Paris , in–12 , 1854 :

Dans ce début, c'est à peine s'il y a des variantes réelles : quelques notes seulement diffèrent, et encore faudrait-il, pour être juste, tenir compte ici des distractions de la typographie, distractions auxquelles il serait facile de remédier dans uue édition définitive.

Ouvrons maintenant le *Graduale romanum* de Reims et de Cambrai , et voyons les résultats produits par l'UNITÉ DES MANUSCRITS ANCIENS tant vantée par les restaurateurs modernes.

Voici la leçon de ces messieurs : —

Cette simple citation est–elle aux manuscrits antiques ce que nos éditions françaises sont entre elles depuis le xviie siècle ? — Pas le moins du monde.

Elle ne ressemble point d'abord au chant grégorien conservé *si purement*, dit–on , par les Chartreux. Ceux-ci notent le mot *forma* de la manière suivante :

Les nouveaux éditeurs ne sont pas plus d'accord avec les Chartreux sur le chant qu'il convient de donner aux mots *præ filiis hominum*. On va s'en convaincre :

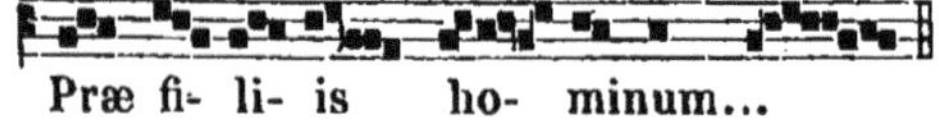

Il résulte , de ce qui précède , qu'entre le chant des Chartreux et celui de la Commission rémo-cambraisienne , il existe, sur les mots *forma præ filiis hominum* , CINQ DIFFÉRENCES MÉLODIQUES , grâce à l'unité prétendue des manuscrits !

Et qu'on ne croie point que si le Graduel cartusien et l'Antiphonaire de Montpellier diffèrent si considérablement entre eux , l'identité est peut-être plus intime et plus sensible dans l'ensemble des autres monuments du moyen âge. Ce serait une erreur qui se dissiperait bien vite à la seule inspection de ces monuments.

J'ai sous les yeux la copie que j'ai faite, il y a plusieurs années, d'un grand nombre de leçons mélodiques du *Speciosus*, et j'y trouve des variantes assez considérables (1).

J'en laisse juges mes lecteurs.

(1) Je citerai ici quelques-uns des manuscrits que j'ai consultés pour posséder ces leçons mélodiques et beaucoup d'autres :

VIIIe SIÈCLE : — *Antiphonaire de Saint-Gall.*

IXe SIÈCLE : — *Antiphonarium romanum*, petit in-fol. mutilé au commencement et en divers endroits. Je l'ai découvert à la bibliothèque Mazarine de Paris (T. 748). Il est écrit en neumes primitifs d'un type admirable.

Xe SIÈCLE : — *Antiphonarius romanus ordinatus à S. Gregorio*, in-4°; beaux neumes primitifs; le premier feuillet manque. (Bib. impér. de Paris, anc. f. lat., n° 1087).

XIe SIÈCLE : — Missel-Graduel in-folio, écrit sur deux colonnes et mutilé en plusieurs endroits; neumes primitifs. (*Ibid.*, f. lat. de S.-Germain-des-Prés, n° 168).

— *Graduale*, énorme in-fol.; notation en points posés sur une ligne sèche. (*Ibid.*, anc. f. lat., n° 903).

— *Graduale ad usum monasterii Lemovicensis.* (*Ibid.*, même f., n° 1132), in-fol. noté comme le précédent manuscrit.

— *Répons, graduels, versets alléluiatiques*, etc., provenant de S. Martial de Limoges; notation des manuscrits 903 et 1132. (*Ibid.*, même f., n° 1134).

XIIe SIÈCLE : — Missel-Graduel en neumes de transition, mais sans aucune ligne dans le parchemin; bel in-fol. faisant partie de ma bibliothèque.

— *Graduale cum notis musicis*, in-fol. oblong comme un agenda; ce manuscrit excessivement curieux dont la fin est mutilée, est écrit en

Chant posé sur la première syllabe du mot FORMA.

Traduction de Saint-Gall :

For.....

Traduction du manuscrit 748 :

For.....

Traduction du manuscrit 1087 :

For.....

Traduction du manuscrit 168 :

For.....

neumes primitifs qui, par leurs types, méritent de fixer l'attention des archéologues. (Bibl. impér. de Paris, f. de Corbie, n° 8).

— *Missel-Graduel*, in-fol., daté, par le copiste lui-même, du 2 août 1133; neumes primitifs très-beaux, en écriture gothique. (*Ibid.*, f. lat. de S.-Germain-des-Prés, n° 170.)

XIIIe SIÈCLE : — *Missale cum notis cantus*, in-4° mutilé au commencement et à la fin; notation ordinaire de plain-chant posée sur quatre ou cinq lignes rouges, avec deux lettres servant presque toujours simultanément de clefs. (*Ibid.*, même f., n° 712).

— *Vetus antiphonale Arelatense cum notis*, grand in-fol. contenant les chants du graduel notés en points sur une ligne sèche. (*Ibid.*, anc. f. latin, n° 780.

— *Antiphonale vetus* (Graduel), in-4° mutilé à la fin; notation guidonienne sur quatre lignes. (*Ibid.*, f. lat. de S.-Germain-des-Prés, n° 1241).

XIVe SIÈCLE : — *Graduale* in-fol. dont il manque le commencement et la fin; notation ordinaire de plain-chant. (*Ibid.*, anc. f. latin, n° 904).

— *Graduale parisiense* (n° 155 A), *Graduale ad usum S. Victoris parisiensis* (n° 155 B), *Breviarium et pars missalis* (n° 129), — *Graduale* (n° 123 C), Bibl. de l'Arsenal à Paris, département des manuscrits, T). Notation ordinaire.

XVe SIÈCLE : — *Graduale* in-fol. (Bibl. impériale de Paris, anc. f. latin, n° 905).

XVIe SIÈCLE : — *Graduel à l'usage de l'Eglise de Nevers*, petit in-fol. écrit en 1532. (*Ibid.*, même f., n° 908).

Traduction du manuscrit 903 : 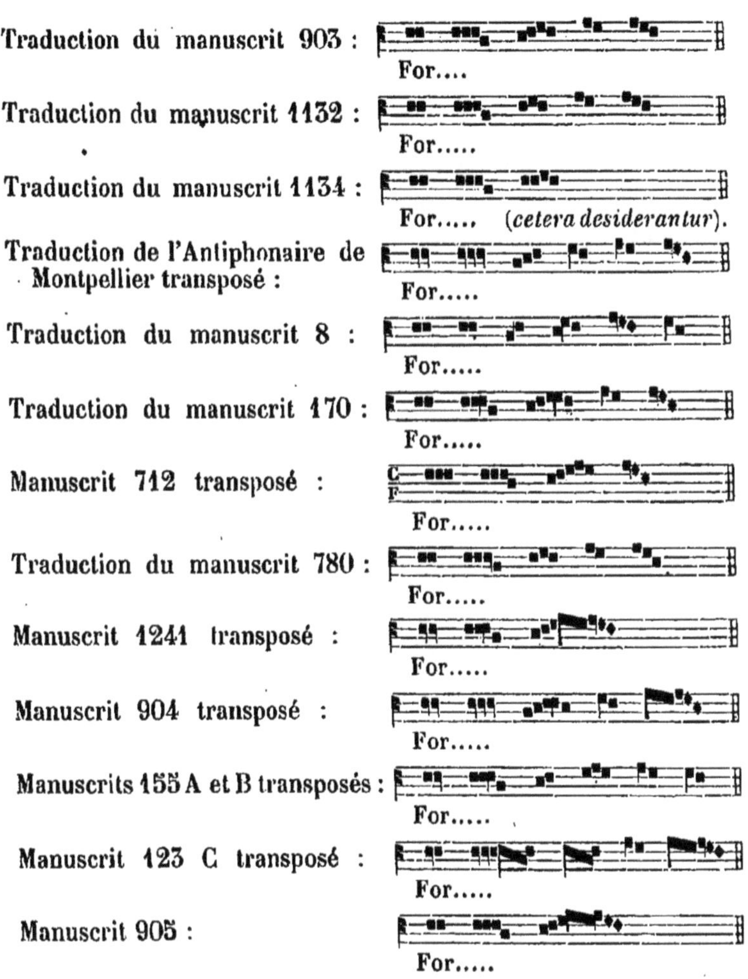

For....

Traduction du manuscrit 1132 :

For.....

Traduction du manuscrit 1134 :

For..... *(cetera desiderantur)*.

Traduction de l'Antiphonaire de Montpellier transposé :

For.....

Traduction du manuscrit 8 :

For.....

Traduction du manuscrit 170 :

For.....

Manuscrit 712 transposé :

For.....

Traduction du manuscrit 780 :

For.....

Manuscrit 1241 transposé :

For.....

Manuscrit 904 transposé :

For.....

Manuscrits 155 A et B transposés :

For.....

Manuscrit 123 C transposé :

For.....

Manuscrit 905 :

For.....

Je ne veux pas insister, parce qu'il me semble que, d'après ce simple échantillon, l'UNITÉ DES ANCIENS MANUSCRITS ne doit plus être maintenant, de l'aveu de tous, une thèse aussi incontestable que le prétendent les nouveaux éditeurs.

Mais, puisque j'en suis sur ce point, le dernier fort heureusement de ma polémique, je dirai, en terminant, que s'il y a

unité dans les manuscrits, c'est à coup sûr sur cette règle :
« Non-seulement le ton du psaume est toujours le même que
» celui de l'antienne qui le précède, mais *c'est aussi le commen-*
» *cement de l'Antienne qui règle le choix du* SECULORUM AMEN ou de
» *l'*E U O U A E *du psaume* (1). »

Les anciens *tonarii* ou *formulaires* sont unanimes là-dessus, et
l'on peut, sans crainte de se tromper, faire remonter jusqu'à
saint Grégoire lui-même cette *unanimité* de tous les vieux didacticiens du moyen âge. Gui d'Arezzo invoque l'autorité d'un opuscule du saint Pontife, et Francon de Cologne nous apprend que
l'illustre centonisateur a bien mérité de la musique liturgique
en composant son ouvrage *De formulis tonorum.*

Cette double citation se rapporte évidemment à un seul et
même livre, qui est perdu, mais dont la substance se retrouve
dans tous les *tonaires anciens* où la connexion des antiennes et des
différences psalmodiques est solidement observée.

Or, voici que, sur cette partie de l'érudition musicale, un de
mes bons amis s'est avisé de soumettre l'*Antiphonarium* de Reims
et de Cambrai à une rude épreuve à laquelle personne n'avait
songé le moins du monde. M. l'abbé Guichené, curé de Saint-
Médard (Landes), a examiné l'œuvre rémo-cambraisienne à ce
point de vue vraiment nouveau, et il a ici trouvé une TREN-
TAINE D'INFRACTIONS aux règles antiques et universellement suivies, — savoir :

1° Première Antienne des 2es Vêpres du IVe Dimanche de l'A-
vent.

2° Première Antienne des 2es Vêpres de Noël.

3° Antienne du *Magnificat* des 2es Vêpres du Dimanche dans
l'Octave de Noël.

4° Cinquième Antienne des 1res Vêpres de l'Epiphanie.

(1) *Méthode élémentaire de Plain-Chant,* par M. F.-J. Fétis, 1843,
grand in-8°, p. 38.

5° Antienne du *Magnificat* des 2es Vêpres des XIVe, XVIIe, XXIe et XXIIe Dimanches après la Pentecôte.

6° Troisième Antienne des 1res Vêpres du 8 décembre.

7° Première Antienne des 2es Vêpres de sainte Luce.

8° Deuxième Antienne des 1res Vêpres du Saint Nom de Jésus.

9° Première Antienne des 2es Vêpres de la Purification.

10° Antienne du *Magnificat* des 2es Vêpres de Notre-Dame-des-Sept-Douleurs.

11° Quatrième Antienne des 1res Vêpres de saint Pierre.

12° Cinquième Antienne des 1res Vêpres de la Visitation.

13° Quatrième Antienne des 1res Vêpres de saint Pierre-aux-Liens.

14° Quatrième Antienne des 1res Vêpres de saint Laurent.

15° Deuxième Antienne des 2es Vêpres de la Décollation de saint Jean-Baptiste.

16° Deuxième Antienne des 1res Vêpres de saint Michel.

17° Première Antienne des 1res Vêpres de saint Martin.

18° Première Antienne des 2es Vêpres de saint Clément.

19° Deuxième et cinquième Antiennes des 1res Vêpres du Commun des Apôtres.

20° Cinquième Antienne et Antienne du *Magnificat* des 1res Vêpres du Commun des Confesseurs Pontifes.

21° Cinquième Antienne des 1res Vêpres du Commun des Confesseurs non Pontifes.

22° Troisième et cinquième Antiennes des 1res Vêpres de la Dédicace.

Ai-je besoin d'ajouter quelque chose pour compléter ma critique des éditions de Reims et de Cambrai?

Je ne le crois pas.

L'entraînement de la discussion a pu me rendre parfois un peu vif, mais le fond de la discussion elle-même me semble épuisé. D'autres pourront entrer dans plus de détails et compléter en quelque sorte la matière : pour moi, cette marche n'entrait point dans mon but que je crois avoir atteint sans trop fatiguer les lecteurs.

Plus la tâche que je me suis imposée était difficile, plus on me tiendra compte, je l'espère, de cette circonstance elle-même.

Non-seulement je m'attends à des critiques, mais je les désire et les sollicite. La situation que l'on fait au chant grégorien ne peut rester ce qu'elle est : il faut enfin que la lumière se fasse, et la lumière ne peut sortir que d'une polémique franche, approfondie, solennelle.

Est-ce trop demander?.......

CHAPITRE VIII.

Conclusion.

En terminant cet ouvrage, je sens la nécessité d'en bien préciser les principales conséquences.

Je regarde toute restauration archéologique du plain-chant grégorien comme une chose possible peut-être pour la science, mais comme une chose mauvaise en tant qu'entreprise pratique et usuelle.

Je ne crois pas que la tonalité du plain-chant soit incompatible avec notre tonalité musicale moderne. Seulement, la tonalité grégorienne n'est pas encore bien connue, et il faut que les érudits l'étudient d'une manière sérieuse et profonde.

A côté de la question de tonalité, il y a une question de purs détails dans le nombre des notes qui doivent former le chant liturgique actuel.

Depuis trois cents ans au moins, l'Eglise veut l'abréviation de ce chant. Je demande que l'on respecte la volonté de l'Eglise, ici comme en toutes choses.

Le nouveau chant doit donc être abrégé, mais à la condition cependant qu'il dérivera de l'ancien.

Depuis trois siècles, cet immense travail d'abréviation s'est fait avec beaucoup d'ensemble. On doit en tenir compte et respecter nos vieilles éditions de chant liturgique, parce qu'en les méprisant on nuirait à l'unité qui est le vœu de tous et la plus ardente aspiration de l'Eglise.

La France qui a reçu de Rome, au viiie siècle, le précieux dépôt de l'œuvre grégorienne, a maintenant une obligation de reconnaissance et d'honneur à remplir. Elle doit rendre à Rome ce que Rome lui a donné; elle doit consacrer l'influence qu'elle exerce sur le monde à obtenir la réalisation d'une unité liturgique qu'elle a brisée elle-même au xviiie siècle; il faut, en un mot, que, de son vaste génie, jaillisse enfin la conquête rêvée par Charlemagne.

La France, c'est toujours et peut-être même plus que jamais la fille aînée de l'Eglise. L'unité liturgique existe en dehors d'elle, mais tant que la France ne sera pas à la tête de cette unité, il manquera toujours à celle-ci son plus beau fleuron et son plus ferme appui.

Pour que la France soit ici dans son vrai rôle, dans un rôle digne d'elle, il convient de lui laisser racheter les faiblesses du xviiie siècle par la glorieuse réaction qui la travaille au xixe. Et d'ailleurs, la Providence ne lui a-t-elle pas donné une sublime et glorieuse mission, puisqu'elle l'a choisie pour être, de nos jours, le berceau et le foyer d'une science inconnue de nos ancêtres, d'une science qui a pour but l'archéologie de la musique religieuse?

Par une admirable destinée encore, la France a préludé, plus qu'aucune autre nation, à l'unité de liturgie musicale que l'on veut aujourd'hui. Sous la grande inspiration du Concile de Trente, la Fille aînée de l'Eglise a mis, sur le front du chant liturgique, une sorte de marque indélébile qui en détermine nettement les destinées futures. C'est là le point de départ de toute restauration possible et bonne pour les âges modernes.

La tâche du xixe siècle n'en sera pas moins méritoire, quoique modeste. Considérée même à ce point de vue, la réforme du chant grégorien offre encore des difficultés sérieuses. Indépendamment des questions rhythmiques et métriques dont on n'a pas assez tenu compte parce qu'on ne les avait pas suffisamment étudiées, n'a-t-on pas devant soi toute la révision de nos livres de chœur d'après les anciens manuscrits? N'est-il pas évident qu'il faut vérifier l'exactitude et la convenance des coupures mélodiques qui ont été faites aux xvie et xviie siècles? N'y a-t-il pas aussi des améliorations à réaliser dans la typographie du chant? Ne doit-on pas créer tout un système de moyens pratiques qui puissent permettre aux fidèles de chanter le latin comme s'ils le comprenaient? Est-ce peu de chose que de déterminer, une bonne fois pour toutes, l'harmonie qui convient à l'austère tonalité du plain-chant? Enfin, compte-t-on pour rien l'établissement d'écoles spéciales pour l'enseignement philosophique, historique et pratique de tout ce qui se rattache à l'auguste langage musical que l'Eglise maintient et veut maintenir, de préférence à tout autre, dans les cérémonies de son culte?

On le voit : il y a beaucoup à faire, et si j'ai publié ce livre, c'était afin de sonder l'étendue du travail, d'en préciser la nature, d'en circonscrire les limites, et d'empêcher, par tous les moyens possibles, que les forces vives des ouvriers appelés à restaurer le chant de saint Grégoire, ne se consumassent plus longtemps en pure perte dans des entreprises inutiles ou dangereuses.

Et maintenant, je termine en faisant un loyal appel à tous les érudits qui ont consacré leurs veilles à l'étude de la restauration du chant liturgique. Plus que jamais, les dissensions intestines doivent s'effacer en présence des périls qui menacent l'avenir de l'œuvre de saint Grégoire. Le sort de la question est entre les mains des savants hommes qui, de de nos jours, font la gloire du monde musical.

APPENDICE.

APPENDICE.

—

*
* *

Ce que je dis des *lettres romaniennes* , pp. 4 , 28 et 419 , doit Page 4.
être modifié par la discussion que je soulève *ex-professo* sur cette
importante question d'archéologie musicale, pp. 439 et suivantes.

*
* *

Mes lecteurs verront avec plaisir la belle définition du mot *to-* Pp. 9 et 10.
nalité, que donne M. Stéphen Morelot.

« Ce mot dont on fait grand usage aujourd'hui, dit-il , est
» susceptible de deux sens fort différents. En effet , la tonalité ne
» consiste pas seulement dans les rapports mathématiques des
» sons de l'échelle musicale , mais encore dans les affinités qui
» les unissent entre eux , et qui sont du pur domaine de l'art.
» Selon la première de ces deux acceptions , on dira qu'il existe
» une différence essentielle de tonalité entre notre musique euro-
» péenne, par exemple , et celle de tel peuple de l'Orient dont la
» gamme , contraire à toutes nos idées d'euphonie , est consti-
» tuée d'après d'autres proportions que celles qui sont admises
» par notre sens auditif. En sorte que nos chants sont aussi odieux
» aux oreilles de ce peuple que le pourraient être à notre égard ,
» habitués que nous sommes à un système musical tout différent,
» des mélodies comme celles des Orientaux , dans lesquelles on
» fait souvent emploi des tiers ou des quarts de tons.

» Il n'en est pas ainsi de la différence qui existe entre la mu-
» sique européenne antérieure à la fin du xvie siècle et celle qui
» lui a succédé depuis cette époque. Dans toutes deux l'échelle
» diatonique , leur base commune, se compose des mêmes inter-
» valles ; les mêmes instruments peuvent, sans changer leur ac-
» cord , exécuter les productions de ces deux arts issus l'un de

» l'autre , bien qu'appartenant à des *tonalités* diverses. Ici la *to-*
» *nalité* n'est plus considérée comme la loi qui préside à la for-
» mation même de l'échelle, mais comme l'ensemble des rapports
» qui règnent entre les différents degrés de cette échelle, et qui ,
» constitués différemment dans chacune des deux tonalités, leur
» impriment aussi à chacune un caractère absolument différent
» (*De la Solmisation*, Revue de M. Danjou, n° de Septembre
» 1847, pp. 290-291). »

*
* *

Page 29.   « C'est un fait certain, disait Léonard Poisson en 1750, qu'au-
» trefois on n'observoit point la Quantité dans le Chant. Tous les
» Livres qui précèdent le tems de l'impression , sont uniformes
» dans ce défaut. Les Chartreux qui ont conservé la Liturgie telle
» qu'ils l'ont trouvée dans le tems de leur Institution, ne l'ob-
» servent point encore. Le Livre Graduel dont on se sert à la
» Sainte-Chapelle de Paris est encore suivant cet ancien goût,
» *on y réforme ce défaut en chantant* (*Traité théorique et pratique*
» *du Plain-Chant*, etc., pp. 28-29). »

*
* *

Page 122.   Remy Carré, p. 7 de son traité de Plain-Chant imprimé en
1744 sous le titre de *Le Maistre des novices dans l'art de chanter* ,
dit : — « Charles-le-Chauve passe pour avoir composé un Office
» du saint Suaire ; et le Roy Robert, pour avoir fait vers l'an 1000,
» les Répons *Judæa et Jerusalem....* *Ad nutum Domini.... Stirps*
» *Jesse....* & *Solem justitiæ....*
     » Tous ces Répons, ajoute-t-il, se chantent encore en plu-
» sieurs endroits, spécialement dans tout l'Ordre de Prémontré :
» sçavoir le premier aux premières Vêpres de Noël ; et les autres
» dans les Offices de la Conception et Nativité de la très-Sainte
» Vierge , en l'honneur de laquelle ils ont été composés. »

L'abbé Lebeuf, homme d'une érudition historique aussi vaste que solide, dit au contraire : — « Charles-le-Chauve passe pour
» avoir composé un Office du saint Suaire, dont l'Eglise de Com-
» piègne qu'il affectionnoit, fut enrichie de son tems. Le Roi
» Robert fit vers l'an 1000. une infinité de Chants, entr'autres le
» Répons, *Judæa et Jerusalem*. qui se chantoit ci-devant aux pre-
» mières Vêpres de Noel, et le Répons, *O constantia*. Comme il
» étoit en grande relation avec Fulbert, Evêque de Chartres, qui
» introduisit dans son Eglise quelques nouveaux Répons en l'hon-
» neur de la sainte Vierge ; il y a lieu de croire que cet Evêque
» les lui communiqua, afin de les répandre dans le reste de ses
» Etats. Ces Répons sont, *Ad nutum Domini. Stirps Jesse. Solem*
» *justitiæ*, qu'on trouve dans tous les anciens livres du Royaume,
» même dans ceux de la Provence et du Languedoc, ainsi que
» je m'en suis assuré par la recherche que j'ai faite dans les Ma-
» nuscrits de la Bibliothèque du Roy (*Traité historique et pratique*
» *sur le Chant ecclésiastique*, pp. 15-16). »

*
* *

« Lorsque j'entends chanter nos pseaumes à quatre parties, je Page 163.
» commence toujours par être saisi, ravi de cette harmonie pleine
» et nerveuse ; et les premiers accords, quand ils sont entonnés
» bien juste, m'émeuvent jusqu'à frissonner. Mais à peine en ai-je
» écouté la suite pendant quelques minutes, que mon attention
» se relâche, le bruit m'étourdit peu à peu ; bientôt il me lasse,
» et je suis enfin ennuyé de n'entendre que des accords (J.-J. Rous-
» seau, *Dict. de musique*, art. *Unité de mélodie*). »

*
* *

Dans sa brochure intitulée : *Quelques mots sur la restauration* Pp.169-202.
du chant liturgique, le P. Lambillotte reconnaît avec M. Vincent

qu'il y avait dans le chant grégorien des notes *attractives*. Je crois devoir réclamer la priorité de cette découverte, comme on peut s'en convaincre par l'article sur *l'accompagnement du plain-chant* que j'ai publié, en 1854, dans le *Dictionnaire* de M. Joseph d'Ortigue. J'ai, le premier, appelé l'attention des savants sur ce point important de l'harmonie palestrinienne (voir pp. 179-181 de ces *Etudes sur la restauration du chant grégorien*). Mais le P. Lambillotte ne s'en tient pas là, et, de ce qu'il y a des *notes attractives* dans le plain-chant, il en conclut que — « rien ne s'oppose à ce que » nous adaptions à ces notes l'harmonie moderne que l'on ap- » pelle *attractive*, qui se réduit à l'accord de septième dominante. » — « C'est une absurdité, ajoute-t-il, de croire que cette harmonie » rendra le Chant Grégorien dramatique, car nous avons des airs » profanes très-passionés, très-dramatiques, qui se passent fort » bien de cette harmonie, et d'autres harmonisés à la moderne, » qui n'en sont pas plus dramatiques pour cela. D'un autre côté, » ce serait une autre exagération d'enlever à la musique grégo- » rienne ce qui peut lui donner de la vie et du mouvement. » L'homme n'est pas une statue qui chante; et Palestrina, le » prince des compositeurs religieux, n'a pas donné dans cette » exagération. Sa Messe du pape Marcel, regardée comme son » chef-d'œuvre et basée sur la tonalité antique, comme le recon- » naît M. Fétis, contient plusieurs exemples de cette harmonie. »

Je ne m'arrêterai pas à réfuter une à une les assertions *plus que singulières* qui précèdent. Le P. Lambillotte voulait, en écrivant les paroles citées plus haut, répondre aux reproches que je lui avais adressés dans mon article *accompagnement* du *Dictionnaire* de M. d'Ortigue; mais sa réponse aggrave ses torts. Je prie mes lecteurs de parcourir le commencement de mon article (pp. 169-171 des *Etudes*); ils y verront que la tonalité antique et l'harmonie moderne sont des choses qui ne peuvent s'associer en aucune manière. Quant aux exemples que le P. Lambillotte emprunte à Palestrina, ils ne prouvent qu'une chose : c'est que le R. Père n'entendait absolument rien à l'harmonie du *Prince des*

compositeurs religieux. Dans ces exemples, en effet, le premier n'a
aucun rapport à l'accord de septième sur la dominante : on y
trouve tout simplement une cadence précédée d'un agrégat harmonique de tierce mineure et sixte majeure; dans les quatre
autres, il ne s'agit que d'accords consonnants modifiés par des
notes de passage, d'après la théorie que j'ai développée, pp. 182
et 183 des présentes *Etudes.*

*
 * *

J'apprends, en terminant mon livre, que M. Vincent prépare
un curieux travail qui jettera un grand jour sur les *épisèmes* de
l'*Antiphonaire de Montpellier.* Cette fois, c'est avec un texte positif de Gui d'Arezzo qu'il défendra sa thèse. Voici ce texte : Pages
244-245.

» Diesis..., quæ locum semitonii sumit, nusquam sumenda est,
» nisi isto modo, cum tritus canitur, et tetrardus producendus est
» in proto, iterumque deponendus est in semetipso, vel in eodem
» trito, vel etiam magis infimo. Tunc tritus, qui præest tetrardo
» protove, subducendus est modicum; quæ subductio appellatur
» diesis, et medietas sequentis semitonii, sicut semitonium est me-
» dietas sequentis toni. Metitur autem hoc modo. Cum a G ad finem
» feceris novem passus reperisque *a*, tunc ab *a* ad finem partire
» per septem, et in termino primæ partis reperies primam diesim,
» inter ♮ et *c.* Mox secundus et tertius passus erunt vacui, quartus
» vero tertiæ diesis obtinebit locum, qui similiter erit inter ♯/♮ et c/c.
» Modo simili a *d* passus fiant totidem ad finem, moxque secundæ
» patebit locus, supradicto ordine, quæ erit inter *e* et *f.* Tunc re-
» vertens ad primam diesim, divide ad finem per quatuor, et pri-
» mus item passus terminabit inter *e* et *f*, secundus inter ♯/♮ et c/c; re-
» liqui vacant ». (*Micrologi* cap. X).

M. Vincent traduit ainsi ce remarquable passage : — « Le diésis qui
» prend la place du demi-ton, ne doit jamais être employé autrement
» que de cette manière, savoir : Lorsqu'on chante le troisième son
» (*tritus*, F = *fa*), et que le quatrième son (*tetrardus*, G = *sol*, [qui suit]
» doit être conduit [jusque] dans le premier (*protus*, *a* = *la*), puis ra-
» mené sur lui-même ou sur le troisième son, ou encore sur un plus

» grave. Alors, le son F qui précède le G ou le *a*, doit être un peu
» baissé. Cet abaissement se nomme *diésis; il est la moitié du demi-*
» *ton qui suit*, de même que le demi-ton est la moitié du ton. Or, le
» diésis se mesure de la manière suivante : faites *neuf* divisions
» (*passus*) depuis G jusqu'à la fin [c'est-à-dire la fin du *monocorde :* soit
» Z ce dernier point] : vous trouvez *a* [à la première division]; alors,
» partagez la distance de *a* à la fin, en *sept* parties, et au terme de la
» première partie vous trouvez le premier diésis, *entre* ♮ *et c.* La se-
» conde et la troisième division restent vacantes; la quatrième est la
» place du troisième diésis, qui est de même situé entre ♮ et ᶜ. Par
» le même procédé, faites ce même nombre de divisions [*sept*] depuis
» *d* jusqu'à la fin, et vous aurez la place du second diésis dans l'ordre
» déjà indiqué, *entre e et f.* Alors [comme vérification], revenant au
» premier diésis, divisez le reste jusqu'à la fin, par *quatre :* la pre-
» mière division se terminera de même entre *e* et *f*, et la seconde entre
» ♮ et ᶜ; les autres divisions restent vacantes. »

✶
✶ ✶

Page 262.   La méthode de Démotz consistait, dit Léonard Poisson (*Traité*
théorique et pratique, p. 52), — « à figurer les notes de manière
» que chaque figure marque une telle note. Par exemple, pour
» figurer les notes *ut, ré, mi, fa, sol, la, si*, il employoit un point
» avec des queues différemment tournées :

» Les figures étant placées après chaque syllabe, en montroient
» le Chant , *etc., etc.* »

✶
✶ ✶

P. 264.   Au nombre des livres de chant liturgique qui ont été publiés ,
dans ces derniers temps, en notation plus ou moins moderne,
nous citerons le *Paroissien noté en musique à l'usage du clergé et*
des fidèles du diocèse de Paris, par notre ami M. F. Koenig
(Paris, in-18). C'est le meilleur travail que l'on ait fait dans un
système que nous réprouvons.

533

*
* *

L'impartialité me fait un devoir de reproduire ici une lettre que M. l'abbé Jouve m'a fait l'honneur de m'adresser par rapport à ce que j'ai dit sur l'*armature des clefs*. Pages
288 et 289.

Voici cette lettre :

Valence, le 1er novembre 1855.

MONSIEUR,

Je viens de parcourir avec autant de plaisir que de profit vos belles « Etudes sur la restauration du chant grégorien. » Les questions les plus importantes, soit théoriques, soit pratiques du chant liturgique, et en particulier celle de l'emploi de l'harmonie, y sont traitées avec une science, une logique, une clarté et une hauteur d'idées, qui en rendent la lecture on ne peut plus attrayante. Cet ouvrage, si remarquable, causera une vive sensation dans le public compétent. J'essaierai bientôt d'en rendre compte ; mais l'objet de cette lettre, c'est de vous donner quelques explications que vous voudrez bien transmettre à vos lecteurs, au sujet de la citation que vous faites (page 288) d'un passage de mon livre sur le « chant liturgique, » qui a trait à l'armature de la clef. La critique que je fais de cet usage, ou plutôt, de cet abus, a une portée plus grande que vous ne semblez le croire, en la réduisant à une question de pure convenance typographique. Sans doute, elle n'est pas à dédaigner, cette convenance, qui exige que la vue ne soit pas trompée, même par l'apparence, par le semblant d'une infraction grave au principe constitutif de la tonalité grégorienne, lorsque d'ailleurs, comme il arrive quelquefois, tous les *si* d'une pièce de chant étant et devant être bémolisés, on arme la clef uniquement pour simplifier la lecture et l'impression de la mélodie. Mais ma critique porte avant tout, sur le cas bien plus grave et beaucoup trop fréquent où cette armature a lieu, *sans justification aucune*, pour les pièces de chant qui, à raison de leur contexture mélodique et primitive, offrent l'alternance du *si* naturel et du *si* bémol ; du *si* naturel en l'état normal de cette note, et du *si* bémol, par exception, dans les cas où il s'agit d'éviter le triton direct ou indirect, alternance qui, soit dit en passant, est le cachet propre de la tonalité grégorienne, et qui la distingue parfaitement de la tonalité moderne. Or, n'est-ce pas bouleverser de fond en comble ce principe fondamental de la tonalité grégorienne, que de rendre forcément, au moyen de l'armature de la clef, comme dans le cas dont il s'agit, que de rendre, dis-je, forcément bémols tous les *si* d'une pièce entière et quelquefois même d'un office entier de chant? N'est-ce pas faire une violence gratuite à la raison d'être du plain-chant elle-même? Qu'on essaie, par exemple, de chanter d'abord sans bémol à la clef, avec le simple *si bémol* accidentel, ensuite avec tous les *si bémols*, le Kyrie (5e mode) des *doubles ordinaires*, et l'on verra clairement combien la même mélodie, dans le premier cas, diffère d'elle-même dans le deuxième, ou tout au moins, combien elle est sensiblement modifiée. Mais l'abus est plus grave encore, lorsqu'il dégénère, comme on l'a vu dans certains livres de chant modernes, jusqu'à armer la clef d'un *si* bémol, indistinctement pour toutes les pièces des 5e et 6e modes, afin de les réduire le plus possible à la gamme majeure d'*ut*. Cet abus, je le sais, n'est pas tout-à-fait nouveau, puisqu'on s'en plaignait déjà du temps de saint Bernard; mais il a été si fort exagéré depuis par l'influence toujours croissante de la tonalité musicale, qu'on ne saurait, ce me semble, être trop sévère sur le point dont il s'agit, afin de l'extirper entièrement. Pour le maintenir, au moins dans le 5e mode, les prétextes ne manquent pas, ne fût-ce que celui, assez spécieux du reste, qu'on tire de la nécessité de transposer dans ledit 5e mode certaines pièces composées primitivement dans le mode jastien ou ionien dont l'échelle était diatoniquement la même que celle de notre gamme majeure d'*ut*. Sans entrer à ce sujet dans une discussion qui serait ici un hors-d'œuvre inutile, je me contenterai de faire observer, que même en admettant l'armature de la clef pour ces quelques cas, ce ne serait jamais qu'une rare exception qui ne saurait justifier les graves et nombreux abus dont je me plains, et qui, d'ailleurs, trouverait son excuse dans cette considération, qu'il ne s'agirait alors que d'une infraction apparente et non réelle au principe constitutif de la tonalité grégorienne.

Je regrette que les bornes d'une simple lettre me permettent à peine d'indiquer seulement des questions qui exigeraient des volumes pour être convenablement traitées; mais l'essentiel pour moi, c'est que vous ayez compris la pensée qui m'a suggéré l'explication, objet principal de cette missive, et cela uniquement dans l'intérêt de la bonne cause du chant liturgique dont vous êtes le champion si docte et si éloquent.

Agréez, etc.

***

« On sait qu'en France, dans des intentions respectables...,   Page 296.
» mais qu'un artiste ne peut s'empêcher de trouver malheureuses,
» tout ce qui a le moindre rapport aux beaux-arts est exclu de la
» manière la plus absolue des études ecclésiastiques, et n'est pas
» même admis comme moyen de récréation, en sorte que les sé-
» minaristes qui s'en occuperaient seraient sévèrement blâmés, et
» quelquefois même arrêtés dans leur carrière (*Notice sur Mon-*
» *seigneur Nicolas Olivier, Evêque d'Evreux*, par M. Adrien de la
» Fage). »

***

Voir, pour les ouvrages de Gui d'Arezzo, l'intéressante bro-   Page 316.
chure intitulée : *Notice bibliographique sur les travaux de Guido d'Arezzo*, par *M. Bottée de Toulmon* (Extraite du tom. XIII des *Mémoires de la société royale des Antiquaires de France*).

Cette brochure se trouve à la Bibliothèque du Conservatoire de musique de Paris (n° 7242 du catalogue de ce dépôt scientifique).

***

L'espagnol dont je parle à l'article CERONE, était un certain   Page 345.
Marquez. Nous n'avons, sur ce musicien, aucun renseignement biographique.

***

C'est involontairement que j'ai omis de citer le beau livre que   Pages
M. l'abbé Petit, supérieur du grand séminaire de Verdun, a pu-   359-365.

blié, en 1855, sous le titre de *Dissertation sur la Psalmodie et les autres parties du chant grégorien dans leurs rapports avec l'accentuation*, 1 vol. in-8. de xvi-400 pp. Cet ouvrage est, sans contredit, le plus complet et le meilleur qui existe sur cette intéressante question. Je ne le connaissais pas quand j'ai composé mes *Etudes*, et je regrette beaucoup cette circonstance qui prive mon opuscule de beaucoup de citations qui l'eussent enrichi. J'espère réparer ma faute dans la *Revue de musique ancienne et moderne*.

*
* *

Page 445. Afin de ne laisser aucun doute sur la vraie manière dont nous comprenons ici l'*égalité temporaire des notes* en plain-chant, on nous permettra de citer comment nous avons considéré pratiquement cette question dans la *Préface* du *Graduel et Vespéral romains* (Rennes, 1853, tome I, p. xxij, et dans notre petite *Méthode de plain-chant à l'usage des écoles primaires* (*Ibid.*, 1855, p. 20).

« Il faut se souvenir constamment, disions-nous dans la *Pré-
» face* du *Graduel et Vespéral* de Rennes, que la mesure des notes
» du chant grégorien n'est pas et ne peut pas être une mesure ri-
» goureuse et inflexible. Sans aucune mesure, le plain-chant de-
» vient quelque chose de désordonné; avec une mesure trop forte-
» ment sentie, il cesse d'avoir ce caractère propre qui le distingue
» de l'art moderne où l'ampleur du rhythme n'existe pas. C'est
» le précepte que contenait la préface de l'édition in-12 de ce
» graduel, publiée en 1851 : Quoique dans nos livres, disait-on,
» toutes les notes soient brèves, à l'exception de quelques semi-
» brèves et de quelques longues qui précèdent toujours les semi-
» brèves, cela ne veut pas dire que le mouvement doive être aussi
» égal qu'il le serait s'il était donné par un métronome. Ainsi,
» quand les syllabes sont surchargées de notes, comme dans cer-
» tains graduels surtout, il est bon de passer un peu plus légère-
» ment sur ces longues suites de notes et d'appuyer seulement
» un peu plus sur les notes principales du ton ou mode dans le-

» quel on chante; c'est un moyen de donner au chant plus de vie
» et de mouvement. Lorsqu'au contraire chaque syllabe n'est
» guère surmontée que d'une note, et, dans quelques passages
» rares, de deux ou trois, comme cela arrive dans un grand
» nombre d'antiennes, le chant doit être plutôt syllabique que
» mesuré. Il serait, par exemple, ridicule, lorsqu'on chante
» une préface, un cantique ou un psaume, d'appuyer également
» sur chaque note et de mesurer tellement son chant qu'aucune
» syllabe ne fût plus longue ou plus brève qu'une autre. Il faut,
» en ce cas, chanter de la même manière que l'on réciterait, et
» avoir plutôt égard à la prononciation des mots latins, qu'à une
» mesure sévère et rigoureuse qui ne convient nullement à ces
» sortes de pièces. Il en est de même du *Te Deum*, du *Credo* et en
» général de toutes les pièces où l'on ne rencontre qu'une note
» par syllabe, et de loin en loin seulement deux ou trois sur une
» même syllabe. »

Voici maintenant ce que nous disons dans la *Méthode* sur ce
point important de l'exécution des mélodies grégoriennes : —
« Pour bien se figurer le rhythme du plain-chant, ou, pour mieux
» dire, le mouvement principal qui en mesure les notes ordi-
» naires et communes, il faut se représenter le *tic-tac* d'un ba-
» lancier d'horloge.

» Ce balancier peut parcourir sa course d'une manière plus
» ou moins rapide; mais s'il coïncide avec le battement du pouls
» d'un homme en bonne santé, on aura, dit S. Augustin, une
» idée assez exacte de la durée de chaque note.

» On pourra choisir un rhythme plus ou moins lent, plus ou
» moins vif : cela dépendra uniquement des circonstances dans
» lesquelles il faut exécuter le chant liturgique. *En moyenne* ce-
» pendant, c'est-à-dire, dans les circonstances ordinaires, on peut
» prendre le *battement du pouls* pour règle du *mouvement* et de la
» *durée* des notes communes. Seulement, il faut bien retenir que
» si les notes communes indiquent une série de sons qui vont en
» montant, la prononciation ou plutôt le chant doit avoir lieu

» avec une certaine fermeté de mesure. Gui d'Arezzo compare
» la voix qui exécute ces séries ascendantes de notes, à un cheval
» traînant avec un certain effort une charge sur une route qui
» s'élève. Si, au contraire, les notes expriment des séries des-
» cendantes, l'effort de la voix sera beaucoup moindre : elle
» éprouvera même une sorte d'entraînement qu'il lui faudra
» modérer un peu, si elle ne veut pas perdre *tout-à-fait* la me-
» sure dans le plain-chant. Ici encore, c'est la comparaison de
» Gui d'Arezzo, mais prise au point de vue opposé : le cheval
» descend, précipite sa marche, et finirait même par ne plus
» *aller au pas*, s'il n'opposait quelque résistance à la pente qui
» l'entraîne.

» Le *tic-tac* d'un balancier d'horloge peut, aussi bien que le
» battement du pouls ou la marche du cheval, fixer l'élève sur
» la vraie mesure des notes communes du plain-chant; mais je
» ne saurais trop le répéter, il faut que la voix soit un *balancier*
» *intelligent* qui fonctionne sans une précision absolue, sans mar-
» tellement, sans raideur et sans coups de gosier. »

*
* *

Pages
463-520.

La vie d'isolement que je mène, depuis plusieurs années, ne m'a pas permis de connaître les beaux articles que M. Ludovic Vitet nous a donnés, dans le *Journal des Savants*, sur l'ouvrage de M. de Coussemaker *(Hist. de l'harmonie au moyen âge)*, en 1853 et 1854. Je le regrette beaucoup, car l'incontestable autorité de ce savant homme aurait apporté beaucoup plus qu'un appoint aux critiques que je formule contre l'édition de Reims et de Cambrai.

Je vais essayer de combler ici cette lacune, le mieux possible.

Dans le numéro de décembre 1853, M. Vitet reconnaît que si l'auteur de l'*Histoire de l'harmonie au moyen âge* a trouvé, dans les accents grammaticaux, la véritable origine des neumes, j'avais le bonheur d'arriver à la même découverte en même temps que M. de Coussemaker (p. 728).

Il parle avec bienveillance de « l'*Antiphonaire* ou *tonarium* de
» Montpellier, si merveilleusement copié par M. Th. Nisard »
(p. 733), et constate que j'ai bien réellement trouvé, pour le
déchiffrement des neumes, un *signe-clef* que MM. de Coussemaker
et Tardif n'ont fait que signaler après moi.

Dans le numéro de février 1854, M. Vitet proclame la justesse
de mon appréciation relativement à l'âge du manuscrit bilingue.
« Bientôt, dit-il, on reconnut, à des signes manifestes, que
» quatre siècles au moins avaient dû s'écouler entre la mort de
» Charlemagne et la naissance du manuscrit. Les juges les plus
» compétents adoptèrent, à cet égard, l'opinion de l'habile et
» savant calligraphe à qui nous devons la copie déposée depuis
» deux ans à la Bibliothèque. Maintenant tout le monde est d'ac-
» cord pour refuser au manuscrit de Montpellier ce genre d'au-
» torité souveraine qu'on voulait lui attribuer d'abord. Cela
» n'ôte rien au mérite de la découverte : elle n'en est pas moins
» d'un prix inestimable (p. 89) ».

L'illustre académicien, faisant peser toute la responsabilité
des éditions de Reims et de Cambrai, non sur les prélats qui
les ont commandées, mais sur les auteurs qui les ont faites avec
la plus incroyable précipitation, ajoute ces réflexions parfaitement
justes : — « Nous ne savons si à Reims et à Cambrai, on pos-
» sède des secrets inconnus à Paris ; mais jusqu'à preuve con-
» traire, nous croyons qu'*en aucun lieu du monde* on ne peut
» aujourd'hui exécuter d'*une façon tolérable* les passages du nou-
» veau *Graduel*, etc. (p. 91). »

« Qu'on fasse appel, continue M. Vitet, à tous les sectateurs
» des idées de restauration purs de plain-chant primitif, eussent-
» ils tous la voix la plus juste, l'intonation la plus sûre, le sens
» musical le plus exquis, *ils n'en sauraient venir à bout*. Nous
» LES METTONS AU DÉFI de phraser et de rendre intelligibles ces
» interminables périodes, surtout s'ils chantent en chœur
» comme le veut le rite actuel de l'Eglise. Malgré les *barres de*
» *repos*, malgré l'inégalité des notes, malgré tous les moyens

» d'accentuation *inventés* par la Commission, jamais ils ne don-
» neront la vie à ces redondantes séries de notes agglomérées sur
» une même syllabe, et se balançant à satiété de degrés en de-
» grés sans qu'il soit possible d'en saisir ni le dessin ni l'inten-
» tion (p. 91). »

Nous ne citerons plus qu'une phrase du deuxième article de
M. Vitet, mais cette phrase résume, d'une manière brillante,
toute la théorie que j'ai soutenue dans mes *Etudes*. « La Com-
» mission, dans un mémoire justificatif concernant son travail,
» a, dit-il, constamment oublié deux choses : CE QU'ÉTAIENT NOS
» PÈRES AU VIIe SIÈCLE, CE QUE NOUS SOMMES AUJOURD'HUI
» (p. 93). »

TABLE ANALYTIQUE DES MATIÈRES.

Dédicace.

Préface.

Errata.

CHAPITRE I. — Des principes qui doivent servir de base a la restauration du chant grégorien, pp. 1-27.

Sommaire. — De l'archéologie musicale, science du xixe siècle, p. 1. — Des mélodies liturgiques au temps de Charlemagne, *ibid*. — Cause de l'inutilité des efforts de ce prince, p. 3. — Le chant grégorien est-il possible aujourd'hui, dans l'hypothèse d'une restauration archéologique? p. 4. — Un mot sur l'expression *cantus planus*, p. 6. — La tonalité grégorienne n'est-elle pas incompatible avec la tonalité moderne? p. 8. — Le retour à cette tonalité n'est-il pas un rêve? p. 19. — Du plain-chant romain actuel comparé à celui des vieux manuscrits, quant au fonds mélodique, p. 20.

CHAPITRE II. — Continuation du même sujet, pp. 28-123.

Sommaire. — De l'accentuation latine, p. 28. — Du chant *poétique*, p. 42.— Division du chant poétique en *rhythmique* et *métrique*, *ibid*. — Du rhythme, p. 44. — Du mètre, p. 48. — Remarques sur le chant des psaumes, p. 51. — Nécessité d'un psautier entièrement noté, p. 63. — Pauvreté des formules psalmodiques dans le chant romain, p. 72. — Des hymnes, p. 76. — Des proses, p. 80.

CHAPITRE III. — De la restauration du chant grégorien dans ses rapports avec la musique profane, pp. 124-142.

Sommaire. — Etat d'hostilité de la musique profane contre le plain-chant, p. 124. — Preuves historiques anciennes, *ibid*. et pages suivantes. — Preuves historiques modernes, p. 128. — Analyse de l'ouvrage de Cousin de Contamine, p. 130. — Opinions de J.-J. Rousseau, du P. Eveillon, du P. Kircher, de Benoît XIV, du Concile de Trente et de M. Fétis, p. 135. — La musique profane ne doit point intervenir dans la restauration du plain-chant, p. 137.

CHAPITRE IV. — DE LA RESTAURATION DU CHANT GRÉGORIEN DANS SES RAPPORTS AVEC LE CONTREPOINT OU L'HARMONIE, pp. 143-221.

SOMMAIRE. — Le contrepoint n'est pas l'apanage exclusif de la musique moderne, p. 143. — Le plain-chant à l'usage du culte est compatible avec le contrepoint, p. 145. — Jusqu'où doit aller le rôle de l'harmonie appliquée au plain-chant? p. 162. — Quelle doit être la vraie nature de cette harmonie? p. 167. — Recueil de faux-bourdons psalmodiques à quatre parties, p. 206.

CHAPITRE V. — DE LA RESTAURATION DU CHANT GRÉGORIEN DANS SES RAPPORTS AVEC LA TYPOGRAPHIE, pp. 222-294.

SOMMAIRE. — Défaut d'unité dans l'impression des textes liturgiques, p. 222. — Variantes orthographiques, p. 226. — De l'observation typographique des règles de l'accentuation latine, p. 228. — De la division des syllabes, p. 231. — De la manière de noter la musique de la liturgie : *Premier système* tendant à remplacer les signes musicaux du plain-chant par d'autres signes de convention, p. 237. — *Deuxième système* dans lequel on veut remplacer la notation ordinaire du plain-chant par celle de la musique moderne, p. 262. — *Troisième système* dans lequel on s'efforce de ramener la notation grégorienne aux formes des anciens neumes de l'Europe, p. 264. — *Quatrième système* en vertu duquel la notation du plain-chant doit être conservée, à la double condition que l'on respectera l'œuvre du temps et que l'on modifiera les habitudes acquises avec une sage modération, p. 267. — Conclusions de ce qui précède, p. 268.

CHAPITRE VI. — DE LA RESTAURATION DU CHANT GRÉGORIEN DANS SES RAPPORTS AVEC L'ENSEIGNEMENT DE CE CHANT, pp. 294-366.

SOMMAIRE. — L'étude du plain-chant est partout négligée, p. 294. — Des mandements épiscopaux en faveur du plain-chant, *ibid.* — Des commissions nommées pour la réforme du chant ecclésiastique, *ibid.* — Des maîtrises, p. 295. — Des méthodes actuelles de plain-chant, *ibid.* — Des séminaires au point de vue du chant grégorien, *ibid.* — Nécessité de l'enseignement du chant sacré 1° par rapport à la conservation de ce chant, *ibid.* — 2° par rapport à l'importance liturgique de ce chant lui-même; témoignages de Mgr Parisis, p. 298; de M. Danjou, p. 299; de Dom Jumilhac, p. 300. — Quelles doivent être les bases de l'enseignement du plain-chant à l'époque actuelle? p. 301. — Documents pour former une bonne bibliothèque d'ouvrages relatifs au plain-chant : Auteurs des iv° et v° siècles, p. 305; du ix° siècle, p. 310; du x° siècle, p. 313; du xi° siècle, p. 315; du xii° siècle, p. 323; du xiii° siècle, p. 326; du xiv° siècle, p. 332; du xv° siècle, p. 334; du xvi° siècle, p. 338; du xvii° siècle, p. 344; du xviii° siècle, p. 354; du xix° siècle, p. 358. — Réflexion sur l'importance des traditions didactiques du plain-chant.

CHAPITRE VII. — DE LA RESTAURATION DU CHANT GRÉGORIEN DANS SES RAPPORTS AVEC LES RÉFORMES PROPOSÉES OU RÉALISÉES DE NOS JOURS, pp. 367-520.

SOMMAIRE. — Importance et difficulté de l'examen qui fait l'objet de ce chapitre, p. 367. — Caractère principal des restaurations actuelles du plain-chant, p. 368. — Quelle doit être la marque distinctive d'une bonne restauration grégorienne, p. 369. — § I. Des réformes proposées : 1° par M. Fétis, p. 371; 2° par M. Danjou, p. 376; 3° par M. l'abbé Cloet, p. 377; 4° par M. de la Fage, p. 389; 5° par M. l'abbé Jouve, p. 392; 6° par M. Joseph d'Ortigue, p. 396; 7° par M. Herland, p. 400; 8° par le R. P. Lambillotte, p. 404. — § II. Des réformes réalisées : 1° par M. Duval, p. 448; 2° par les éditeurs de Digne, p. 456; 3° par l'auteur du présent ouvrage, p. 458: 4° par la Commission de Reims et de Cambrai, p. 463.

CHAPITRE VIII. — CONCLUSION, pp. 521-523.

SOMMAIRE. — La restauration du chant grégorien *usuel* ne doit pas être *archéologique*, p. 521. — Elle peut et doit respecter l'ancienne tonalité musicale de l'Europe, *ibid.* — Il faut que le chant soit *abrégé* et dérive du fonds grégorien, *ibid.* — C'est un travail exécuté depuis trois siècles, *ibid.* — Rôle de la France dans la révision de ce travail, *ibid.* — Simple bilan des autres réformes à opérer aujourd'hui dans le chant liturgique, p. 522. — Appel aux hommes qui s'occupent sérieusement des questions liturgico-musicales, p. 523.

APPENDICE, pp. 527-540.

Sommaire. — *Lettres significatives* de Romanus, p. 527. — Définition du mot *tonalité* par M. Stéphen Morelot, *ibid.* — Note sur la question de la quantité latine dans le chant liturgique du moyen âge, p. 528. — Notes de Remy Carré et de l'abbé Lebœuf sur le roi Robert et Fulbert, évêque de Chartres, *ibid.* — J.-J. Rousseau et les faux-bourdons, p. 529. — Le P. Lambillote et ses idées sur l'harmonisation du plain-chant, *ibid.* — Nouvelle découverte de M. Vincent à propos des *épisèmes* de l'*Antiphonaire de Montpellier*, p. 531. — Notation de Démotz, p. 532. — *Paroissien* de M. Koenig, *ibid.* — Lettre de l'abbé Jouve à l'auteur sur l'*armature de la clef* dans le plain-chant, p. 533. — De l'étude des beaux-arts dans les séminaires de France, p. 535. — Opuscule de M. Bottée de Toulmon sur les œuvres de Gui d'Arezzo, *ibid.* — Note sur Cerone, *ibid.* — Ouvrage de M. l'abbé Petit sur la *Psalmodie*, *ibid.* — Manière d'observer pratiquement l'égalité temporaire des notes dans le plain-chant, p. 536. — M. Ludovic Vitet et la Commission de Reims et de Cambrai, p. 538.